建设工程消防设计审查与验收技术实务

Practice of Fire Protection Design Review and Acceptance Technology for Construction Engineering

李孝斌　徐匆匆　蔡　芸　赵　杨　编著

中国建筑工业出版社

图书在版编目（CIP）数据

建设工程消防设计审查与验收技术实务 ＝ Practice of Fire Protection Design Review and Acceptance Technology for Construction Engineering / 李孝斌等编著. — 北京 ：中国建筑工业出版社，2021. 8（2023. 3重印）
ISBN 978-7-112-26412-4

Ⅰ. ①建… Ⅱ. ①李… Ⅲ. ①建筑工程-消防设备-建筑设计 Ⅳ. ①TU892

中国版本图书馆 CIP 数据核字(2021)第 152308 号

责任编辑：杜　洁
责任校对：芦欣甜

建设工程消防设计审查与验收技术实务
Practice of Fire Protection Design Review and Acceptance
Technology for Construction Engineering
李孝斌　徐匆匆　蔡　芸　赵　杨　编著

*

中国建筑工业出版社出版、发行（北京海淀三里河路 9 号）
各地新华书店、建筑书店经销
北京红光制版公司制版
北京建筑工业印刷厂印刷

*

开本：787 毫米×1092 毫米　1/16　印张：22¼　字数：554 千字
2021 年 9 月第一版　　2023 年 3 月第三次印刷
定价：**89.00** 元

ISBN 978-7-112-26412-4
(37740)

版权所有　翻印必究
如有印装质量问题，可寄本社图书出版中心退换
（邮政编码 100037）

前　言

建设工程消防设计审查验收工作，事关人民群众的生命财产安全，是严把建设工程消防安全源头关的重要措施，是实现社会消防安全、落实总体国家安全观的重要组成部分。做好建设工程消防设计审查验收工作，能够督促建设、设计、施工、监理等单位在工程建设过程中，认真执行国家消防法规和技术规范，加强对建设工程防火工作的管理；能够有效落实建设工程中的各项防火措施，提高建设工程防火抗灾的能力，预防建筑火灾发生或有效防止火灾蔓延，为及时扑救火灾创造有利条件。

在国家关于消防监管体制改革总体安排下，2019年3月13日，国务院办公厅发布《关于全面开展工程建设项目审批制度改革的实施意见》；3月27日，住房和城乡建设部、应急管理部联合下发《关于做好移交承接建设工程消防设计审查验收职责的通知》；4月23日，新修订的《中华人民共和国消防法》发布实施，建设工程消防设计审查验收改革进入实质性贯彻落实阶段。建设工程消防设计审查验收改革，对从业人员的能力和素质有了新的要求，大量从业人员对建设工程消防设计审查验收的相关知识和技能也表现出迫切的需求。

本书共分为13章，包括建设工程消防设计审查与验收政策、建设工程消防设计审查技术。结合发展历史详细解读了建设工程消防设计审查验收的相关政策、发展趋势、法律法规体系，结合实际案例系统阐述了建设工程消防设计审查验收的内容、要点和方法。本书主要面向一线相关工作人员和技术人员的实际工作需要，侧重政策实施和技术实现，以期能够为从业人员尽快熟悉相关业务知识和技能提供帮助。

本书可以作为住房和城乡建设主管部门相关工作人员，施工图审查机构、消防设施检测机构等第三方技术服务机构相关技术人员，相关专业在校本科生和研究生学习建设工程消防设计审查验收政策和技术的参考用书。

本书由中国人民警察大学防火工程学院李孝斌、蔡芸、赵杨、陈鑫、王跃琴、李胜利、李文莉、保彦晴、韩海云、董新庄以及救援指挥学院张福东等教师，中国城市规划设计研究院徐匆匆、李昂等编写。参加编著人员具体分工如下：李孝斌编写第1章、第4章4.1～4.3节、第9章9.1节、第10章10.1节；徐匆匆、李昂编写第2章；韩海云编写第3章；陈鑫编写第4章4.4节、4.5节、第10章10.2节、10.3节；蔡芸编写第4章4.6节、4.8节、4.9节、第10章10.5节、10.6节、第11章；李文莉编写第 4 章 4.7 节、第 10 章 10.4 节；董新庄编写第 4 章 4.10 节、第 10 章 10.7 节；王跃琴编写第 5 章；保彦晴编写第 6 章、第 12 章；张福东编写第 7 章 7.1 节、7.2 节、第 13 章 13.1 节、13.2 节；赵杨编写第 7 章 7.3～7.5 节、第 9 章 9.2 节、第 13 章 13.3～13.5 节；李胜利编写第 8 章。赵杨、王跃琴负责全书审阅工作，李孝斌统稿审定。

本书在编写过程中得到了住房和城乡建设部建筑节能与科技司、北京市住房和城乡建设委员会建设工程消防验收处、北京市建设工程安全质量监督总站、河北省住房和城乡建设厅工程质量安全监管处的大力支持。感谢中国建筑科学研究院有限公司建筑防火研究所刘文利研究员、应急管理部天津消防研究所阚强研究员审阅书稿，并提出了很多宝贵意见和建议。

本书作者均长期从事建设工程消防设计审查验收政策和技术方面教学、科研和实践工作，积累了丰富的教学和实践经验。由于作者水平有限，难免存在一些欠妥和不足之处，希望广大读者批评指正。

编　者

目　录

第1章　绪　　论

1.1　背景

建设工程消防设计审查验收工作，事关人民群众的生命财产安全，是严把建设工程消防安全源头关的重要措施，是实现社会消防安全、落实总体国家安全观的重要组成部分。做好建设工程消防设计审查验收工作，能够督促建设、设计、施工、监理等单位在工程建设过程中，认真执行国家消防法规和技术规范，加强对建设工程防火工作的管理；能够有效落实建设工程中的各项防火措施，提高建设工程防火抗灾的能力，预防建筑火灾发生或有效防止火灾蔓延，为及时扑救火灾创造有利条件。

在国家关于消防监管体制改革总体安排下，2019年3月13日，国务院办公厅发布《关于全面开展工程建设项目审批制度改革的实施意见》；3月27日，住房和城乡建设部、应急管理部联合下发《关于做好移交承接建设工程消防设计审查验收职责的通知》；4月23日，新修订的《中华人民共和国消防法》发布实施，建设工程消防设计审查验收改革进入实质性贯彻落实阶段。建设工程消防设计审查验收改革，对从业人员的能力和素质有了新的要求，大量从业人员对建设工程消防设计审查验收的相关知识和技能也表现出迫切的需求。

本书从建设工程消防设计审查验收政策、消防技术标准体系、建设工程消防设计审查内容和方法、建设工程消防验收内容和方法、特殊消防设计等方面进行了详细阐述，并附有实际案例，以期能够为从业人员尽快熟悉相关业务知识和技能提供帮助。

1.2　建设工程消防设计审查验收发展过程

建设工程消防设计审查验收制度（之前公安消防部门称“建审验收制度”或者“建设工程消防监督管理制度”），从无到有、从粗到细，经历了很多阶段，可以说它是伴随着社会的进步而逐渐成熟起来的。

在民国时期，上海、天津等大城市已经开展了建设工程消防设计审查工作。新中国成立后，1955年，公安部消防局成立，专门设立了指导建设工程消防设计审查验收工作的机构。1956年发布了《工业企业和居民区建筑设计暂行防火标准》，并要求各省、自治区、直辖市公安厅、局和有基建任务的省辖市的公安局应将建筑设计的防火审核工作建立起来，使新建、扩建的工业与民用建筑的设计基本上合乎建筑设计暂行防火标准的要求。1960年8月，国家建委、公安部联合发布《关于建筑设计防火的原则规定》的通知，要求各部、各省、自治区、直辖市必须重视这项工作，当地公安机关应积极地参加建筑设计审核和验收工作。1963年9月，公安部在北京召开了全国消防工作会议，会议批转了

《关于城市消防管理工作的规定》（试行草案）等三个规定，进一步强调了建审工作。至此全国大中城市的建审工作普遍开展了起来。

最早涉及建设工程消防设计审查验收制度的法律是1984年颁布的《中华人民共和国消防条例》，其中第五条、第八条以及第二十六条第四、五项涉及了建设工程的设计、审核的相关要求。规定新建、扩建、和改建工程的设计和施工，必须执行国务院有关部门关于建筑设计防火规范的规定。1987年公安部颁布了《中华人民共和国消防条例实施细则》，对建设工程消防监督管理进行了细化，但由于全国的消防机构并不完善，所以规定也比较笼统。

为了适应形势需要，公安部1991年发布《消防监督程序规定》（公安部令第7号），该《规定》共36条，其中第四章为建筑工程消防监督，共4条，主要规定了建筑工程消防监督的基本要求，但总的来说，还是粗线条的。为了规范建筑工程消防监督，1997年公安部发布了《建筑工程消防监督审核管理规定》（公安部令第30号），规定了两级审核制度，是《消防法》颁布前第一部比较系统的单项消防监督审核管理制度程序规章，对于规范建筑工程消防监督发挥了巨大作用。1997年1月8日，公安部消防局发出《关于认真贯彻执行〈建筑工程消防监督审核管理规定〉若干问题的通知》，对贯彻规定提出了要求，并对有关条文进行了说明。建审工作步入了正规化和规范化。

1998年《中华人民共和国消防法》（以下简称《消防法》）颁布，其中第十条对建筑工程消防监督管理制度进行了明确。2008年10月31日，全国人大常委会通过了新修订的《消防法》，并于2009年5月1日起施行，为适应新《消防法》的实施，公安部对《建筑工程消防监督审核管理规定》进行了全面修订，并更名为《建设工程消防监督管理规定》（公安部令第106号）发布，与新修订的《消防法》同步实施。2012年7月6日《公安部关于修改〈建设工程消防监督管理规定〉的决定》（公安部令第119号）发布，对原《建设工程消防监督管理规定》（公安部令第106号）进行了修订，2012年11月1日起施行。

公安部令第119号发布前后，公安部消防局已经开始进行建设工程消防行政审批改革试点工作。2012年2月，公安部消防局决定在北京、辽宁、江苏、浙江、安徽、山东、湖北、广西、重庆等9个省、市开展“建设工程消防行政审批改革”试点工作。2013年7月16日，公安部消防局召开的“全国建设工程消防行政审批改革工作现场会”在总结试点工作经验的基础上，提出建设工程消防行政审批改革的总体思路是：在《消防法》确定的建设工程消防设计审核、消防验收行政审批制度框架下，改进行政审批方式，实行技术审查检测与行政审批分离制度。将依法应当进行消防设计审核的建设工程消防设计文件委托施工图审查机构审查；将依法应当进行消防验收的建设工程由建设单位组织设计、施工、工程监理单位自查验收，消防设施委托消防设施检测机构现场检查测试；消防机构对建设单位申请消防行政审批的申报材料、社会技术服务机构提交的技术报告进行形式审查，并对消防设计审查、自查验收、消防设施检测质量实行监督抽查，作出消防行政许可决定。这项改革旨在简政放权，简化行政审批程序，转变消防部门的职能，充分发挥施工图审查机构和消防检测机构等第三方技术服务机构的作用，提高审批质量和工作效率，提高建设工程消防整体技术水平。

2018年5月国务院办公厅颁布了《国务院办公厅关于开展工程建设项目审批制度改

革试点的通知》(国办发〔2018〕33号),明确要求将采取一定措施来大力精简审批环节,其中包括:将消防设计审核、人防设计审查等技术审查并入施工图设计文件审查,相关部门不再进行技术审查;将工程质量安全监督手续与施工许可证合并办理。规划、国土、消防、人防、档案、市政公用等部门和单位实行限时联合验收,统一竣工验收图纸和验收标准,统一出具验收意见。对于验收涉及的测量工作,实行“一次委托、统一测绘、成果共享”。该项制度仍在探索和尝试过程中。

根据党的十九届三中全会审议通过的《深化党和国家机构改革方案》和第十三届全国人民代表大会第一次会议批准的《国务院机构改革方案》,2018年9月13日,中共中央办公厅和国务院办公厅下发《关于调整住房和城乡建设部职责机构编制的通知》,明确将原公安部指导的建设工程消防设计审查验收职责划入住房和城乡建设部。

2019年3月27日,住房和城乡建设部与应急管理部联合下发《关于做好移交承接建设工程消防设计审查验收职责的通知》,指出2019年4月1日—6月30日为建设工程消防设计审查验收职责移交承接期,各地应于6月30日前全部完成移交承接工作。2019年4月23日,新修订的《消防法》发布实施,明确了对按照国家工程建设消防技术标准需要进行消防设计的建设工程,实行建设工程消防设计审查验收制度,住房和城乡建设部门为这项工作的政府主管部门。标志着建设工程消防设计审查验收改革进入实质性贯彻落实阶段。

2020年6月1日,住房和城乡建设部令第51号《建设工程消防设计审查验收管理暂行规定》颁布,6月16日住房和城乡建设部印发了《建设工程消防设计审查验收工作细则》和《建设工程消防设计审查、消防验收、备案和抽查文书式样》,各省住房和城乡主管部门也陆续发布了配套的管理规定,为建设工程消防设计审查验收工作改革的推进打下了更为坚实的基础。

1.3 建筑防火策略

建筑消防安全是一项系统性工程,只有各项消防技术措施匹配合理,才能发挥各自的作用,最大限度实现系统安全。了解建筑火灾的基本规律和建筑防火的基本策略,熟悉各项消防技术措施的作用和在系统中的相互关系,对于正确理解规范条文、依据规范条文的法理开展建设工程消防设计审查验收工作会有很大帮助。

1.3.1 起火条件

起火的必要条件是可燃物、助燃物、点火源,充分条件是三者有足够的量,并相互作用,如图1-1所示。三者去其一则不会发生火灾,发生火灾后三者去其一则火灾熄灭。这是建筑防火各项措施的理论基础。

1.3.2 室内火灾的发展过程

一般用室内烟气的平均温度-时间曲线来描述,如图1-2所示。横坐标为时间,纵坐标为室内烟气的平均温度。根据室内烟气平均温度-时间曲线的变化,在没有人为干预、通风良好的情况下,室内火灾发展蔓延的过程分为三个阶段:初期阶段、全面发展阶段、熄灭阶段。

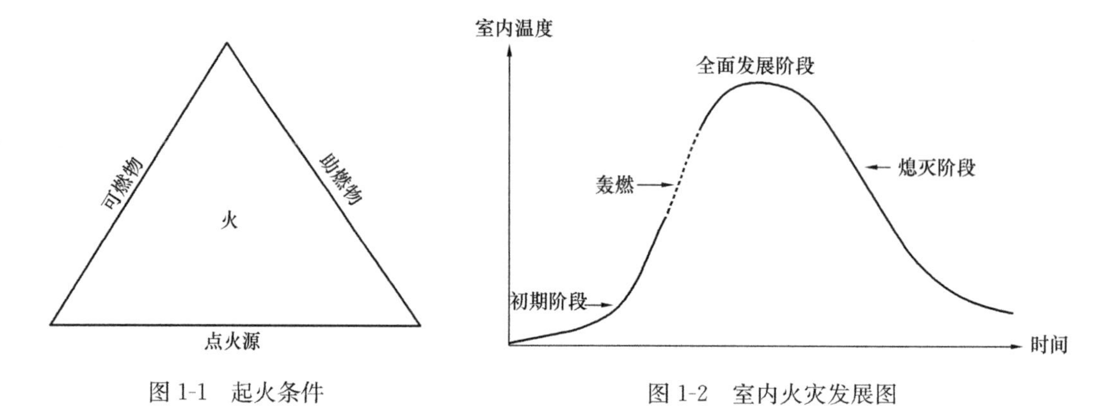

图 1-1　起火条件　　　　图 1-2　室内火灾发展图

火灾初期阶段的特点是：燃烧范围小，燃烧速度慢，室内平均温度低。所以该阶段是灭火和人员疏散的最佳时机。

火灾经过初期阶段一定时间后，燃烧范围不断扩大、温度不断升高，其他可燃物不断进行热分解，产生可燃气体。当温度达到一定值时，室内从局部燃烧立即过渡到全面燃烧，这种现象叫轰燃。发生轰燃后，室内火灾进入全面发展阶段。

火灾进入全面发展阶段后期，可供燃烧的可燃物减少，燃料表面因炭灰覆盖而燃烧速度减小，所以温度逐渐下降。当室内温度降到其最高温度的 80%时，则认为火灾进入熄灭阶段。当所有可燃物烧尽后，室内温度逐渐恢复到常温。

1.3.3　建筑防火策略

根据建筑火灾发生、发展的规律和特点，在建筑防火设计中主要采取四种策略：防火—避火—控火—耐火。首先，考虑防火，通过破坏起火条件，防止发生火灾。其次，防火策略失效，一旦发生火灾，首先考虑人员安全，即人员避火。同时，考虑把火灾控制在一定范围之内，进而灭火，即控火策略。最后，如果控火策略失效，就剩下建筑防火策略的底线，建筑结构耐火，在一定时间内，建筑不会被火烧垮，为消防员灭火救援争取时间。一旦耐火策略失效，整个建筑防火策略失效。

1.3.4　建筑防火措施

为了实现建筑防火策略，采取了各种建筑防火技术措施。一类是提高或增强建筑构件或材料承受火灾破坏能力的被动性防火技术措施，例如，建筑材料防火，建筑构件耐火，总平面布局和平面布置，防火分区与防火分隔，安全疏散路径的设计等。一类是主动式自防、自救的主动防火技术措施，例如，消防给水系统，火灾自动报警系统，火灾自动灭火系统，防排烟系统，消防电源，安全疏散诱导系统等。

建筑防火具有系统性特点，需要以上各种技术措施相互配合、分工合作，以不同的方式在火灾的不同阶段影响火灾发展过程。如图 1-3 所示。

防止起火是火灾防治的第一个重要环节。首先对那些容易着火的场所或部位应当严格控制火灾载荷，将可燃物的量限制在一定限度之内，其次应当严格管理点火源，在那些不

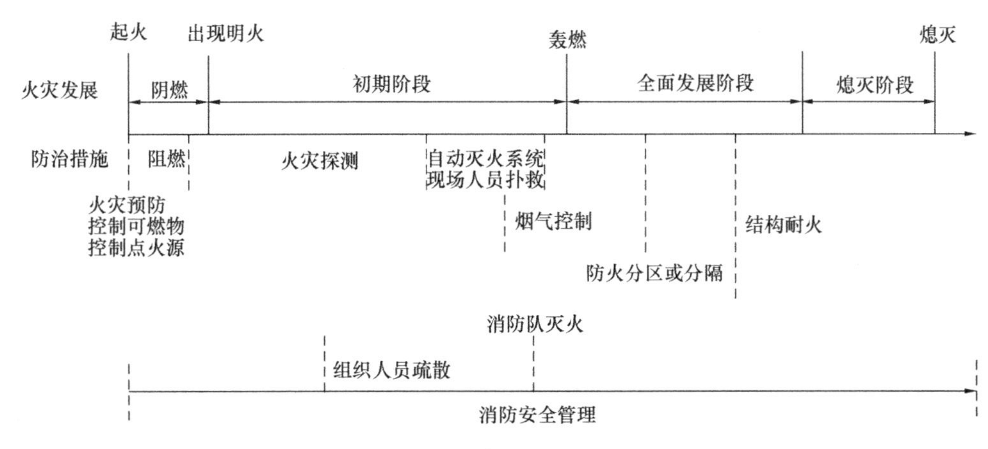

图 1-3 建筑防火措施

可避免会存在可燃物的场合必须设法消除或控制点火源。

一旦起火，在未成灾之前，可以通过限制材料的燃烧性能，使用难燃材料或不燃材料，或者通过阻燃技术改变某些易燃或可燃材料的燃烧性能，使得燃烧终止，或者减缓燃烧发展的速度和范围，为控制燃烧争取时间，不至于发展成灾。

在发生火灾的早期，首先要考虑准确地探测到火情并迅速报警，这是实现人员安全疏散和及时控火的必要条件。火灾探测有两种方法，一种方法是依靠火灾自动报警系统，利用设备实现火灾探测并报警。这需要根据建筑物的结构特点和建筑物的火灾特征选用适合的火灾自动报警设备；第二种方法是通过人员巡查，人员及时发现火情并报警。

一旦发现火灾，首先要组织人员疏散。而在设计阶段，就要考虑为人员疏散提供良好的条件。例如，足够的安全出口数量和安全疏散宽度、适宜的安全疏散距离、可靠的疏散设施或避难设施等。

同时，迅速采取有效控火措施。控火时间越早、措施采用的越合理，取得的效果越好。在那些存在着较多可燃、易燃物品的建筑物中，一旦发生火灾，火灾的发展速度很快，单纯依靠外来消防队扑灭火灾，往往会延误时机。加强建筑物在火灾中的自防自救能力已成为现代消防的基本理念。换句话说，只要火灾初期控火措施有效发挥作用，一般不会造成太大的人员伤亡和经济损失。在火灾初期阶段，控火措施主要有两种：一种是依靠自动灭火系统。目前，绝大部分自动灭火系统用于控制初期火灾。例如，湿式自动喷水灭火系统在现代化大型建筑物中被广泛采用。一般满足设计要求的情况下，作用面积范围内的喷头打开，可以保证控火效果；如果大于作用面积范围内的喷头打开，喷头出水压力和流量就不一定能再保证有效控火。另一种是依靠现场人员扑救。现场人员利用灭火器、消防卷盘或者消火栓控制或者扑灭初期火灾。

控制火灾烟气的蔓延是减少火灾危害的另一个重要方面。一方面，可以保证在烟气对人员构成危险之前就将人员撤离到安全地带。另一方面，防止或减缓火灾蔓延速度，减少财产损失。控制火灾烟气的措施包括防烟和排烟。

如果火灾初期阶段自动灭火系统或者现场人员扑救失效，只能依靠消防队到场灭火。这时，火灾往往发展到了初期阶段的后期或者全面发展阶段，需要依靠第二道控火措施，即防火分区或者防火分隔。利用防火墙、防火卷帘、防火门窗等防火分隔构件将火灾控制在一定范围之内，为消防队灭火创造条件。

一旦火灾突破防火分区或者防火分隔单元，需要依靠建筑结构耐火措施，即通过建筑结构耐火设计、对建筑构件进行耐火保护等措施，使得建筑物在一定时间内不会被火烧垮，为消防队灭火救援争取时间。一旦建筑物坍塌，则依附于建筑物的各种设施和财物均会损毁，保护对象不复存在，所有消防技术措施失效。

以上技术措施的有效实现，还依赖于良好的消防安全管理措施。

第 2 章　建设工程消防设计审查验收政策解读

2.1　政策背景和重大意义

建设工程消防设计审查验收工作事关人民群众生命财产安全，与人民对美好生活的向往息息相关，是保证建设工程消防设计、施工工作规范性和安全性的一项关键性、系统性工作，对于减少火灾隐患、降低建设工程火灾事故的火灾损失、促进经济社会协调健康发展和保持长期和谐稳定的社会环境有着重要意义。

为坚决贯彻执行党中央国务院《深化党和国家机构改革方案》《关于深化消防执法改革的意见》等政策要求，住房和城乡建设部于 2019 年正式承接了公安部指导建设工程消防设计审查验收的职责。2019 年 4 月 23 日修订的《中华人民共和国消防法》第十四条规定："建设工程消防设计审查、消防验收、备案和抽查的具体办法，由国务院住房和城乡建设主管部门规定"。为切实指导各地住房和城乡建设主管部门依法依规履行建设工程消防设计审查验收职责，住房和城乡建设部围绕明确工作内容、理顺工作程序、健全工作机制的目标，于 2020 年 4 月 1 日正式印发了《建设工程消防设计审查验收管理暂行规定》（住房和城乡建设部令第 51 号）（以下简称《暂行规定》），已于 2020 年 6 月 1 日起正式施行。2020 年 6 月 16 日印发了《建设工程消防设计审查验收工作细则》（以下简称《工作细则》）和《建设工程消防设计审查、消防验收、备案和抽查文书式样》（以下简称《文书式样》）作为《暂行规定》的配套政策文件。

2.1.1　制定《暂行规定》及配套文件的必要性

《暂行规定》及配套文件的制定和出台是建设工程消防设计审查验收工作全面走向有法可依进程中迈出的重要一步，是全国住房和城乡建设主管部门切实履行建设工程消防设计审查验收职责的重要基础和工作依据，有助于提高建设工程消防设计审查验收管理水平，降低建设工程火灾隐患，推动安全韧性城市建设。

（1）制定《暂行规定》及配套文件是全面推进国务院一系列改革工作的重要举措

住房和城乡建设部为落实国务院关于"放管服"改革、优化营商环境、推动工程建设项目审批制度改革等一系列政策的要求，已开展了包括加快推进建设工程施工图联审和竣工联验，全面推行"双随机、一公开"监管制度等工作，形成了住房和城乡建设系统在工程质量管理等方面的基础和经验。此次《暂行规定》及配套文件对建设工程消防设计审查验收管理思路的设计，一方面结合住房和城乡建设系统已有的特点和优势，充分落实了上述改革的政策要求，例如明确规定推行政府购买服务、加强部门协同、强化信用管理、实行"双随机、一公开"监管等落实简政放权、加强事中事后监管的做法；另一方面，《暂行规定》及配套文件的制定，本身也是全面推进国务院一系列改革政策中的一项重要举措。

(2) 制定《暂行规定》及配套文件是住房和城乡建设主管部门履行工作职责的必然要求

承接建设工程消防设计审查验收职责初期，全国住房和城乡建设主管部门在有关消防设计审查验收管理的工作经验和专业技术力量方面都较为薄弱，此项全新的任务带来了一系列现实难题。2019 年 4 月 23 日新修订实施的消防法，主要对建设工程消防设计审查验收工作的管理主体、责任主体进行了变更，而有关工作范围、内容、流程等的具体规定，仍以《建设工程消防监督管理规定》(公安部第 119 号令，已废止)(以下简称 119 号令)为准。然而，住房和城乡建设部门与原公安部消防部门在管理体制、工作机制、工作范围、技术能力等方面，存在着较大差别，各地住房和城乡建设部门在依照原有规定开展工作的过程中，很快就感受到了不适与阻碍。针对上述情况，住房和城乡建设部门急需以落实细化新消防法有关条款为指导思想，对建设工程消防设计审查验收管理的整体思路和制度进行重构和再造，制定一部适合住房和城乡建设系统管理机制特点和优势的政策法规，作为明确的工作依据，从而指导全国各级主管部门更好地落实国务院工作要求，履行建设工程消防设计审查验收职责。

2.1.2 制定《暂行规定》及配套文件的现实意义

(1) 推动改革创新

《暂行规定》及配套文件落实“依法治国”，在依据有关法律法规的基础上，坚持改革创新，通过进一步精简证明事项、优化审批流程，将住房和城乡建设部近年来在房屋建筑和市政基础设施工程领域形成的成熟经验，如强化五方主体责任、强化工程质量过程控制等，充分应用到建设工程消防设计审查验收工作中，进一步将改革举措在制度层面予以固化。

(2) 解决实际问题

住房和城乡建设主管部门承接建设工程消防设计审查验收工作，面临着工作技术要求高、难度大，但专业人员不足、技术支撑力量短缺的现实矛盾，无法按照原公安部消防部门的模式开展工作。为解决“无米之炊”的实际问题，《暂行规定》及配套文件从审批模式、人员配置等制度设计的各个方面，将消防设计审查验收工作制度与现有的建设工程项目管理制度相融合，将技术环节与行政审批相分离作为核心思想，重点关注购买技术服务、激发市场主体活力等做法，对管理程序和管理内容进行调整优化。

2.2 总体思路和基本原则

《暂行规定》是住房和城乡建设部承接建设工程消防设计审查验收职责以来出台的第一部部门规章，一方面紧密围绕党中央、国务院的相关决策部署，受到执行落实《中华人民共和国消防法》等相关上位法律法规的现实政策约束；同时为保证实施效果，兼顾了各地在工作开展中的实际需求，与职责移交前的做法相比有了一定的创新。

2.2.1 《暂行规定》及配套文件的总体思路

《暂行规定》及配套文件以落实党中央、国务院关于深化“放管服”改革和优化营商环境相关政策部署为指导，以坚决破除建设工程消防设计审查验收工作各种不合理门槛和限制为方向，以保证建设工程消防设计、施工质量为目标，以政府主导为支撑，以公开透明、规范有序为原则，以优化调整消防设计审查验收工作模式和监管方式为路径，明确了开展建设工程消防设计审查验收工作的依据和总体要求；细化了有关单位的消防设计、施工质量责任与义务；强调要严格按照国家工程建设消防技术标准开展工作；严格规范特殊消防设计管理，减少自由裁量权；规定特殊建设工程消防设计审查和消防验收、特殊消防设计专家论证，以及其他建设工程消防的消防设计、备案和抽查等的程序和内容等。

按照机构改革的要求，《暂行规定》及配套文件的制定遵循不立不破、平稳移交、有序开展的原则，贯彻了以下三个统一：

（1）坚持全面承接与局部优化相统一。为不折不扣完成党中央国务院机构改革的部署任务，保证建设工程消防设计审查验收工作的连续性和稳定性，《暂行规定》首先全面承接了原公安部有关消防设计审查验收职责的建设工程范围。同时，针对以往工作中暴露出的问题，根据“放管服”等改革要求和现实环境的重大变化，结合住房和城乡建设系统在监管力量、工作流程等方面的特点，对原消防设计审查验收的工作模式予以优化调整。

（2）坚持依法依规与改革创新相统一。坚持法治思维，严格依据《消防法》《建筑法》《建设工程质量管理条例》等上位法律法规，规范各方主体行为，明确各方责任。同时，全面落实近年来党中央、国务院关于深化“放管服”改革、工程审批制度改革、优化营商环境等一系列重大方针政策，进一步精简证明事项，最大力度破除消防设计审查验收工作中的不合理门槛和限制；进一步优化审批流程，缩短审批时间，提升服务质量。对实践证明行之有效的如联合审图和联合验收等做法，通过相关条文设计，提供必要的法规支撑，并为下一步改革创新预留空间。

（3）坚持问题导向与目标导向相统一。从社会反映强烈的消防执法突出问题抓起，针对审批时间长、审批标准不透明、“红顶中介”、执法自由裁量权过大等问题，以保证建设工程消防设计、施工质量，保障人民群众生命财产安全为核心目标，严格规范和约束行政部门行为，推行政府购买服务，实行“双随机一公开”监管等。

2.2.2 《暂行规定》及配套文件制定的基本原则

（1）政府主导、稳步推进

强调政府主导主要有以下几个原因：一是建设工程消防设计审查验收职责移交承接初期，在工作过渡和衔接的过程中存在大量需要协调解决的事宜；二是建设工程类型多、范围广，涉及了多个行业主管部门的管理范畴；三是与以往公安部消防部门自上而下、垂直管理的体制不同，住房和城乡建设系统的体制是政府层级管理体制，上级主管部门的权限和职责主要以行业指导为主。此时，就需要遵循政府主导的原则，依靠各级属地政府对消防设计审查验收工作的重视、把握和协调，提高工作效能、稳步推进工作。

（2）因地制宜、分步实施

受自然条件、地理环境、经济发展等多因素影响，不同地区建设工程有关火灾隐患等方面的问题不尽相同。同时，住房和城乡建设系统多年以来在工程领域开展了大量探索，各地在合法合规的范畴内，积累了多种多样的适合本地实际情况的管理模式。《暂行规定》及配套文件充分考虑了上述情况，在规定了原则框架的基础上，给各地预留了政策制定和执行的弹性空间和自主决策权限空间，授权住房和城乡建设主管部门进一步制定和细化适应于本地区的规定。

(3) 优化程序、便民高效

《暂行规定》及配套文件贯彻落实优化营商环境、工程项目审批制度改革等政策的要求，从制度设计层面开展深入研究，采取了取消消防设计备案、减少申报要件、简化审批程序等一系列举措，在保证建设工程消防质量的前提下，切实做到便民高效。

(4) 公开透明、规范有序

为切实解决以往工作中社会反映强烈的一些问题，《暂行规定》在设置具体的工作内容及流程时，坚持程序、环节的公开透明，明确每一项行为有法可依，从制度设计层面尽可能压缩自由裁量权，强调公众监督，约束各方行为，确保消防设计审查验收工作的规范有序。

2.3 主要内容及政策措施

2.3.1 与原公安部消防部门以及119号令的区别和对比

(1) 理念思路的区别

长期以来，原公安部消防部门将建设工程作为管理对象，建立了从设计、建设、施工到使用的全过程闭合式监管模式，自然形成了“管结果、管安全”的理念和局面。同时，采取实质性审批的方式将技术环节封闭在全行政管理环节中，培养了大批专业技术经验丰富的行政管理人员。相比较对象管理而言，住房和城乡建设系统长期以来以行为管理为主，强调事中过程的监管把控，具体到消防设计审查验收工作，则要针对审查、验收过程中的行为加强环节把控，为后续的安全奠定基础。同时，住房和城乡建设系统长期以来本着“专业人做专业事”的原则，在推动技术服务走市场化道路、明确市场主体责任并强化监管等方面，有着较为成熟的经验。在消防设计审查验收专业人才不足、技术经验缺乏的前提下，更加形成了将技术环节从行政管理中单独剥离、借助现有的市场化技术服务力量提高工作效率的理念和模式。

(2) 名称和职责范围的区别

建设工程消防管理包含消防设计审查验收和消防日常监督管理两部分内容，119号令的名称是《建设工程消防监督管理规定》，内容大体分成建设工程消防设计审核、消防验收和备案、抽查以及消防日常监督等部分。而住房和城乡建设部门此次仅承接了工程阶段的消防设计审查验收职责，《暂行规定》及配套文件相应突出的是消防设计审查、消防验收、备案和抽查等相关内容，日常监督属于应急管理部门消防救援机构的职责范围。

另外，《暂行规定》及配套文件不再使用119号令中“适用于新建、扩建、改建（含室内外装修、建筑保温、用途变更等建设工程)”的表述方式。《暂行规定》及配套文件严格执行《消防法》规定的“对按照国家工程建设消防技术标准需要进行消防设计的建设工程，实行建设工程消防设计审查验收制度”，对新建、扩建、改建或装修、保温等，以及其他各种按工程行为分类的各种特定类型的建设工程，采用一致的管理方式，故不在界定范围时进行列举。

(3) 消防设计、施工质量责任体系的区别

考虑到参与建设工程的各市场主体严格履行消防设计和验收的法定职责，是保证建设工程消防设计施工质量的关键，结合《国务院办公厅转发住房城乡建设部关于完善质量保障体系提升建筑工程品质指导意见的通知》（国办函〔2019〕92 号）《建筑工程五方责任主体项目负责人质量终身责任追究暂行办法》（建质〔2014〕124 号）等文件中关于明确五方主体责任方面的规定，《暂行规定》相应建立了“建设单位对消防设计、施工质量负首要责任，设计、施工、工程监理、技术服务等单位负主体责任，从业人员承担相应的个人责任”的责任体系，并对各方主体应当履行的义务进行了细化规定。

(4) 对技术服务机构定位的区别

建设工程消防设计审查验收工作涉及技术服务的内容，主要涉及消防设计的图纸技术审查、施工过程中和竣工验收消防查验时的消防设施检测，以及消防验收主管部门开展现场评定等环节。因此，《暂行规定》在责任约定部分专门强化了技术服务机构的地位，将其看作与五方主体同等的一方市场主体，以明确工作内容的方式夯实其技术责任，并对相关单位和个人的责任都作出了约定。这同样也是落实有关提升建筑工程品质和建筑工程五方责任主体的相关要求的体现。

(5) 工程项目审批制度改革、优化营商环境等要求带来的区别

为贯彻落实工程项目审批制度改革、优化营商环境等政策要求，增加了“信息化和信用管理”“联合审图”“联合验收”“政府购买服务方式委托开展图纸技术审查、检测、综合评定等技术服务”，消防验收备案抽查“双随机一公开”等内容，同时减少了申报要件（如将申请消防设计审查材料由 7 项减为 4 项，将申请消防验收材料由 8 项改为 3 项）、证明事项和审批程序，缩短了审批时间（如将 30 日内召开专家评审会改为 10 个工作日内），切实提高了政务服务水平。

(6) 其他具体区别

上述区别主要是从宏观层面的总体思路上进行了分析比较，更多具体的区别则体现在详细的条款和内容设置中，主要包括以下几点。

1）特殊消防设计专家评审

在 119 号令的基础上，进一步严格规范专家评审程序，增加对专家资历、利害关系回避、专家独立出具意见等提出要求，将 119 号令“对三分之二以上评审专家同意的特殊消防设计文件，可以作为消防设计审核的依据”修改为“经四分之三以上评审专家同意方为评审通过”。

2）消防验收现场评定

《暂行规定》及配套文件将 119 号令中的现场测试和综合评定环节，整合为现场评定环节，进一步明确环节设置，并增加了消防验收时现场评定的具体技术性内容，同时将现场评定结果作为主管部门出具验收意见的依据，这样简化了验收的环节，也提高了程序透明度，以规范工作行为、提高工作效率。

3）增加了建设单位竣工验收消防查验制度

增加规定建设单位组织竣工验收，应当对建设工程是否符合消防要求进行查验，这既是为满足消防质量过程控制的需要，也是对住房和城乡建设部近年来形成的如强化五方主体责任、强化工程质量过程控制等成熟经验的总结，同时也为以后的体系融合留下接口。

此外，《暂行规定》还增加了对经费保障、信息共享、从业人员职业能力、配套规定等内容的规定。

2.3.2 重点政策内容解读

(1) 关于适用工程类别

根据《消防法》第四条和第十条，除军事设施、矿井地下部门、核电厂、海上石油天然气设施外，其余所有按照国家工程建设消防技术标准需要进行消防设计的建设工程，均需实行建设工程消防设计审查验收制度。根据实际情况，按照国家工程建设消防技术标准需要进行消防设计的建设工程，远不限于房屋建筑和市政基础设施工程。根据《建设工程分类标准》GB/T 50841—2013 中按使用功能的分类方式，建设工程还包括石油天然气工程、化学工程、煤炭矿山工程、铁路民航、水利水电工程等 29 类。为确保全面承接消防设计审查验收职责，对于这些住房城乡建设系统过去接触少、缺经验的专业工程，各地住房城乡建设主管部门已逐渐着手开展了一系列探索，并正在逐步积累可复制的经验。例如河南省开展了铁路线性工程的消防验收；北京市、陕西省开展了机场项目的消防验收；上海市开展了能源项目的消防验收；福建省开展了化工项目的消防验收；湖北省开展了水利项目的消防验收等。

(2) 关于特殊建设工程、其他建设工程的界定

目前《暂行规定》及配套文件关于申请消防设计审查许可和消防验收许可工程范围的规定，基本沿用了 119 号令中“必审必验”的工程范围，将这部分工程明确为“特殊建设工程”进行严格的行政许可管理。对特殊建设工程以外的按照国家工程建设消防技术标准需要进行消防设计的建设工程，统称为“其他建设工程”，进行消防验收备案和抽查管理。

(3) 关于特殊建设工程的消防设计审查和消防验收

《暂行规定》第三章明确了对特殊建设工程实行消防设计审查制度，列明了特殊建设工程的范围，规定了特殊建设工程的建设单位应当将消防设计文件报送消防设计审查验收主管部门审查，消防设计审查验收主管部门应对审查合格的依法发放许可。未经消防设计审查或者审查不合格的，建设单位、施工单位不得施工。同时，对申请消防设计审查的程序、审批资料、审批条件、审批时限等予以细化。

《暂行规定》第四章明确了对特殊建设工程实行消防验收制度，规定了特殊建设工程竣工后，建设单位应当向消防设计审查验收主管部门申请消防验收，消防设计审查验收主管部门应对验收合格的依法发放许可。未经消防验收或者消防验收不合格的，禁止投入使用。同时，对申请消防验收的程序、审批资料、审批条件等予以细化，明确消防验收时现场评定包括“对建筑物防（灭）火设施的外观进行现场抽样查看；通过专业仪器设备对涉及距离、高度、宽度、长度、面积、厚度等可测量的指标进行现场抽样测量；对消防设施的功能进行抽样测试等内容”，增强消防验收审批的透明度和可操作性。

有关对特殊建设工程的消防设计审查和消防验收管理，重点有以下三点需要关注。

1) 有关行政许可的保留

《消防法》规定，建设单位应当将特殊建设工程的消防设计文件报送住房和城乡建设主管部门审查，住房和城乡建设主管部门依法对审查的结果负责；国务院住房和城乡建设主管部门规定，应当申请消防验收的建设工程竣工，建设单位应当向住房和城乡建设主管部门申请消防验收。“对结果负责”以及“向……申请验收”的表述，均代表了《消防法》的明确规定，即保留了原公安部消防部门的消防设计审查和消防验收两项行政许可。虽然行政许可的管理模式暂时与住房和城乡建设系统熟悉的过程监管和市场主体负责的模式不同，但考虑到住房和城乡建设部门在消防设计审查验收工作方面的经验不足，没有充足把握对原有做法进行大刀阔斧的调整，为保证工作平稳承接，落实改革不立不破、平稳过渡的要求，《暂行规定》最终保留了上述两项许可。

2）有关审批形式

原公安消防部门的建设工程消防设计审验都是实质性的，既包括技术内容，也包括行政内容。消防设计审查除了依据标准规范审查图纸资料，还要赴现场查看建设条件；消防验收包括照图施工的查验、审查检测技术机构提供的检测报告、赴现场查验设施性能和系统联调联试，再通过综合评定给出结论。住房和城乡建设部门承接后，在技术力量不足的情况下，技术审查环节、设施检测、综合评定等技术性强的工作是否可以通过社会化的方式解决，由政府购买服务，将消防设计审验工作与建设工程联审联验并联甚至融合，都需要积极探索，提高可行性和可操作性。

目前，《消防法》只明确了审批结论，即住房和城乡建设主管部门要对消防设计审查和验收结果负责，有关审批形式问题，则可由住房和城乡建设主管部门根据自身情况选择。近年来，消防设计审查的技术服务起步较早，职责移交前，很多地方原消防部门已经开始了根据消防设计技术审查结论，进行程序上的确认，并发放消防设计审查许可的做法；而在消防验收方面，依旧实行现场验收的实质审批方式。《暂行规定》及配套文件的制定，考虑到住房城乡建设部门面临的实际困难，以及实际操作和管理工作中的习惯性做法，在一定程度上将技术审查与程序审查进行了分离，推动技术审查市场化，这样可以通过在一定范围内采取购买服务的方式，减少主管部门的审批压力，同时可以由相应的技术服务机构对技术质量进行更专业的把关。

3）有关联审联验的落实

考虑到工程审批制度改革中有关联审联验的要求，《暂行规定》及配套文件要求在已经开展联审联验的地区，要将有关技术环节纳入到联审联验中。《消防法》规定的消防设计审查、消防验收这两项行政许可，可以通过文件的发放、联合执行等多种方式与联审联验结合，但还是要通过发放许可文书的方式进行确认，不能因为技术环节的合并而取消。例如施工图联合审查是一种技术管理手段，可以将消防设计图纸技术审查纳入施工图联合审查，但消防设计审查是行政审批的环节。同理，消防验收许可也是区别于住房和城乡建设系统原来所习惯的管理模式，是整个审批流程中不可缺少的行政审批环节。

（4）关于特殊建设工程特殊消防设计专家评审管理

为规范特殊建设工程的特殊消防设计工作，尽可能引导建设工程依法、依规、依标准进行设计，《暂行规定》将能够开展特殊消防设计的情形，由过去的第一款、第三款合并为一款，将“或”修改为“且”的关系，目的是尽可能收窄能够开展特殊消防设计专家评审的范围：一是国家工程建设消防技术标准没有规定，必须采用国际标准或者境外工程建设消防技术标准的情形；二是消防设计文件拟采用的新技术、新工艺、新材料不符合国家标准规定的情形。

为提升城市设计水平、丰富建筑文化、鼓励技术进步，《暂行规定》第三章沿袭了

119号令的专家评审制度，但对其制定了更加严格规范的管理规定，对专家评审程序、专家资历、利害关系回避等提出要求。规定了经四分之三以上评审专家同意方为评审通过；将专家合议出具意见改为专家独立出具意见，并要对出具的意见负责；根据专家意见和四分之三比例的要求，直接得出结论；明确只对特殊消防设计技术资料进行评审，而不是对整个消防设计进行评审，专家评审意见是作为消防设计审查验收主管部门出具意见的参考，也是出具消防设计审查合格意见的条件之一，而不能替代消防设计审查意见。上述规定是为了充分发挥专家的作用，进一步规范特殊消防设计专家评审，降低自由裁量权影响，确保工程的消防安全。

(5) 关于竣工验收消防查验制度

建设工程消防是建设工程的一部分，根据《建设工程质量管理条例》中的明确要求，结合住房城乡建设部门近年来在房屋建筑和市政基础设施工程领域形成的强化五方主体责任、强化工程质量过程控制等成熟经验，为满足对建设工程消防设计施工质量过程控制的需要，进一步强化建设单位首要责任，《暂行规定》新增了建设单位组织竣工验收应当进行消防查验的要求，规定对建设工程消防涉及施工、材料设备和安装质量，以及消防设施性能和系统功能是否符合相关要求进行查验。同时还明确了消防查验不能符合要求的，建设单位不得编制工程竣工验收报告。《暂行规定》明确了建设单位在竣工验收阶段进行消防查验，在查验内容方面，从设计、实施、产品的性能、实施的结果等方面都进行了约定，目的是希望能够充分发挥建设单位的首要责任，确保建设工程消防部分按照设计施工，确保效果。

(6) 关于其他建设工程的消防验收备案和抽查

《消防法》和《暂行规定》第三十二条均规定，其他建设工程，建设单位申请领取施工许可证或者申请批准开工报告时，应当提供满足施工需要的消防设计图纸及技术资料。值得说明的是，此条规定是针对建设单位申请施工许可或者申请批准开工报告时，应向发放施工许可证或者批准开工报告的部门提供的有关消防材料的要求，即应提供满足施工需要的消防设计图纸及技术资料。上述材料不需向消防设计审查验收主管部门单独提供。

《消防法》规定，建设单位在验收后应当报住房和城乡建设主管部门备案，住房和城乡建设主管部门应当进行抽查。为落实《消防法》，《暂行规定》第五章明确规定了其他建设工程竣工后未经备案或者备案后经依法抽查不合格的，应当停止使用。同时，规定了抽查工作推行“双随机、一公开”制度，抽取比例由省、自治区、直辖市住房和城乡建设主管部门结合辖区内消防设计、施工质量情况确定，并向社会公示。

对于依法不需办理施工许可的建设工程是否可以不办理消防验收备案的问题，119号令规定不办理施工许可证的项目可以不进行备案，但在《暂行规定》中，没有做出相关规定。消防法关于建设工程消防设计审查验收工作范围的规定，并没有约定前置条件或例外情况，因此《暂行规定》遵循上位法要求，规定不需要进行消防审验的项目，都要进行验收备案，与是否依法需要办理施工许可无关。同时，规定了各地可以根据实际情况，确定消防验收备案抽查的比例。

(7) 强调部门间的沟通和协作

1）加强与应急管理部门消防救援机构的协作

消防设计审查验收职责的划转，使建设工程消防的管理主体由一个变为两个，由此带来了工程阶段监管与试用阶段监管之间的对接问题。为加强与消防救援机构的信息共享，《暂行规定》在第 6 条中规定“消防设计审查验收主管部门应当及时将消防验收、备案和抽查情况告知消防救援机构，并与消防救援机构共享建筑平面图、消防设施平面布置图、消防设施系统图等资料”。此条规定在职责移交承接正式开始时，两部印发的《住房和城乡建设部 应急管理部关于做好移交承接建设工程消防设计审查验收职责的通知》（建科函〔2019〕52 号）中就已强调。工作中的全过程留痕和相关信息资料的共享，既是日后消防安全管理和火灾救援的依据，同时也可以切实证明消防设计审查验收工作是否进行了严格把关，从而成为火灾责任倒查的科学依据。

2）加强与有关行业主管部门的沟通协作

虽然房屋建筑和市政基础设施工程以外的专业建设工程依旧由行业主管部门进行监管，但其消防设计审查验收部分由住房和城乡建设主管部门负责。这些专业建设工程的特殊性给各地住房和城乡建设主管部门开展工作带来了很大的困惑。所以，住房和城乡建设部门需要与其他行业主管部门建立长效沟通协作机制，例如通过尝试行业主管部门配合开展消防设计审查验收的技术工作、加强工作信息的共享移交等协作方式，确保专业建设工程的消防质量安全。

(8) 关于标准的适用和执行问题

各地开展消防设计审查验收工作的技术依据是国家工程建设标准规范，经初步梳理，涉及 700 余部，已经公布的国家消防技术规范有 160 余部，常用的有 50 余部。其中既有全文相关的，如《建筑设计防火规范》《自动喷水灭火规范》等，也有散落在专业规范中的消防篇章，涉及的强制性条款近万条。除强制性条款之外，过去消防部门还审查涉及防火灭火的非强制性条款（B 款、C 款），并设置了相应的执行和审批要求。

如何清晰界定标准规范内容的具体执行要求，是《暂行规定》及配套文件在制定过程中一直在思考的问题。关于 B 款、C 款标准的执行，没有找到上位执行依据，为避免自由裁量权和选择性执法的嫌疑，《暂行规定》对于标准适用和执行做了一定的调整，在已公布的《工作细则》中，强调了强制性条文和带有“严禁”“必须”“应”“不应”“不得”等非强制性条文规定的内容（即 A 款和 B 款）需全部执行，力求合理、合法、合规。

下一步，住房和城乡建设部门将系统梳理建设工程消防技术标准规范，包括国家标准、行业标准以及地方标准，从标准规范入手，解决根本性问题。

(9) 其他问题

《暂行规定》及配套文件还设定了授权条款、经费保障，以及在第四条对信息化和信用管理进行了约定，第四十条对标准的适用情况进行约定，明确新颁布的国家工程建设消防技术标准实施之前，建设工程的消防设计已经依法审查合格的，按原审查意见的标准执行。在第七条对从业人员职业培训提出了要求，要求从业人员应当具备相应的专业技术能力，并定期参加职业培训等。

2.3.3 《工作细则》简要情况

《工作细则》是对应《暂行规定》第三章至第五章内容，对开展建设工程消防设计审查验收工作的具体工作流程、审批内容、审批条件的进一步细化明确。《文书式样》主要落实《暂行规定》第三十九条有关配套规定的要求，总体与目前各地住房和城乡建设主管部门正在使用的原公安消防行政文书（式样）保持一致，为与《工作细则》规定的工作流程和环节相对应，进行了局部调整，并允许各地根据实际需要进行补充和细化。《住房和城乡建设部关于印发〈建设工程消防设计审查验收工作细则〉和〈建设工程消防设计审查、消防验收、备案和抽查文书式样〉的通知》的内容包括以下九个部分：总体要求；完善工作机制；及时做好《暂行规定》宣贯培训；建立完善标准规范体系；严格规范特殊消防设计管理；加强技术服务机构和人员管理；推动信息化建设；推进部门协作；完善保障措施。条款内容一方面进一步强化了《暂行规定》的工作原则、思路、目标、路径和总体要求，夯实各级住房和城乡建设主管部门主要负责人作为第一责任人的组织领导责任；另一方面突出强调了《暂行规定》第一章中有关信息化和信用管理、信息共享、从业人员执业能力等规定，第二章中有关各方责任制度和加强技术服务机构和人员从业条件等方面管理等规定，第六章中有关部门协作、标准适用、授权条款等规定；同时再次强调工作中应严格特殊消防设计审查、加强监督指导、加强社会监督，坚持公开透明、规范有序、减少自由裁量权的原则。

2.4 有关政策的下一步思考

2.4.1 有关既有建筑改造、二次装修工程的消防设计问题

目前，我国的城镇化发展已进入下半场，未来城市建设更多的工作是既有设施的更新改造及活化利用，很多地方反映，老旧建筑改造、二次装修等工程的消防设计不能满足现行标准，问题多、情况复杂，特别是如何执行标准规范技术要求、如何实施工程消防设计审查验收，这些问题在过去一直存在，下一步需要从标准规范体系入手，开展深入探讨研究。

2.4.2 有关“放”与“管”的博弈

当前，我国正在推动“放管服”改革，为优化营商环境，国家工程建设审批制度改革要求缩短审批流程、放宽审验范围，随之而来的是各地都正在探讨提高免审免验项目的规模，强调加强事中事后监管。然而建设工程消防设计事关人民群众生命财产安全，在落实工程改革工作要求的同时，监管工作的责任也随之加重。建议各地可考虑提早谋划，尽快制定形成可操作的政策措施，探索一条在保证建设工程消防质量安全的基础上，稳步推进“放管服”改革的正确之路。

第3章　建设工程消防设计审查与验收法规体系

3.1　建设工程消防设计审查与验收法规概述

建设工程消防设计审查与验收法规是指建设工程消防监管主体做出消防设计审查与验收许可与检查行政行为所应依据的一系列规范性文件的总称，包括行政性法规和技术性法规。其中法律依据主要作用是明确建设工程消防设计审查与验收过程中的各种权利、义务和责任；技术依据的主要作用是规范建设工程设计、施工以及管理的技术性要求和操作指导。

3.1.1　建设工程消防设计审查与验收法规的类别

(1) 行政性法规

行政法规主要为广义的法律依据，包括宪法、法律、有法律效力的解释及其行政机关为执行法律而制定的规范性文件。

1）人大立法法律

消防审验直接相关的法律有《中华人民共和国消防法》《中华人民共和国建筑法》，是我国关于消防工作和建筑活动的专门法律；还有一些法律不是专门为消防或建设工程活动管理制定的，但在建设工程审验中会涉及个别相关内容，例如《中华人民共和国安全生产法》《中华人民共和国治安管理处罚法》《中华人民共和国城乡规划法》《中华人民共和国土地管理法》《中华人民共和国森林法》《中华人民共和国草原法》《中华人民共和国产品质量法》等。建设工程消防设计审查与验收是国家行政行为，必须要遵循国家行政管理基本法律对行政行为的要求，主要有《中华人民共和国行政许可法》《中华人民共和国行政处罚法》《中华人民共和国行政诉讼法》《中华人民共和国行政复议法》《中华人民共和国行政强制法》《中华人民共和国国家赔偿法》《中华人民共和国行政监察法》等。此外，针对以上法律发布的法律解释，即全国人民代表大会常务委员会对以上法律做出的有关解释也应作为法律依据。

2）行政法规

即由国务院根据宪法和法律，制定并颁布的规范性文件。建设工程审验涉及的行政法规主要有：《建设工程质量管理条例》《森林防火条例》《草原防火条例》《危险化学品安全管理条例》《民用核设施安全监督管理条例》《特别重大事故调查程序暂行规定》《生产安全事故报告和调查处理条例》等。

3）地方性法规

即由省、自治区、直辖市、较大的市的人民代表大会及其常务委员会根据本行政区域的具体情况和实际需要，在不同宪法、法律、行政法规相抵触的前提下，制定并颁布的规范性文件。如由省、自治区、直辖市、较大的市的立法机关制定的地方消防条例。还有由民族自治地方的人民代表大会依照当地民族的政治、经济和文化的特点，制定并颁布的与建设工程有关的规范性文件，属于自治条例和单行条例。

4）部门规章

即由国务院各部、委员会等具有行政管理职能的直属机构，根据法律和国务院的行政法规、决定、命令，在本部门的权限范围内，制定并颁布的规范性文件。目前，建设工程消防审验直接应用的规章是《建设工程消防设计审查验收管理暂行规定》（中华人民共和国住房和城乡建设部令第 51 号）。与建设工程审验工作相衔接的事项还可参考的规章依据有：《消防监督检查规定》（中华人民共和国公安部令第 120 号）、《火灾事故调查规定》（中华人民共和国公安部令第 121 号）、《消防产品监督管理规定》（中华人民共和国公安部令第 122 号）、《社会消防安全教育培训规定》（中华人民共和国公安部令第 109 号）《公共娱乐场所消防安全管理规定》（中华人民共和国公安部令第 39 号）、《机关、团体、企事业单位消防安全管理规定》（中华人民共和国公安部令第 61 号）等。

5）地方政府规章

即由省、自治区、直辖市和较大的市的人民政府，根据法律、行政法规和本省、自治区、直辖市的地方性法规，制定并颁布的规范性文件。部分地方政府根据法律、行政法规和国家工程建设项目审批制度改革的要求制定出台的关于建设工程审批操作的具体规定，也可作为地方消防审验工作实践执行的主要依据。

（2）技术性法规

消防审验工作的技术法规主要为消防相关技术标准。消防标准是我国各部委或各地方部门依据《中华人民共和国标准化法》的有关法定程序，经协商一致，单独或联合制定颁发，为各种活动或其结果提供消防安全规则或指南，供共同使用和重复使用的文件。消防标准侧重科学性、技术性和可操作性，当这些标准在法律上被确认和引用后，将具有法律上的约束力，即技术性要求纳入法律规定义务和责任的执行范畴。例如《消防法》第九条、第二十二条、第二十四条分别要求建筑工程设计施工、城乡消防安全布局、消防产品等符合消防技术标准，从而使消防技术标准得到《消防法》的确认而具备了法律效力，成为消防审验工作必须遵循的技术法规。

消防技术标准是消防科学管理的重要技术基础，是社会各单位在工程建设的设计、施工、生产管理，消防产品的生产销售以及公安消防机构实施消防监督管理的重要依据，对提高消防产品质量、合理调配资源、保护人身和财产安全以及创造经济效益和社会效益都有相当重要的作用。目前，我国国家标准化管理委员会设有专门的全国消防标准化技术委员会，组织和管理消防技术标准的编制修订工作，目前，已发布与消防有关的技术标准 500 余部。

1）根据发布部门分类

根据标准立项和发布的部门可划分为国家标准、行业标准、地方标准、团体标准和企业标准。

① 国家消防技术标准。国家消防技术标准是消防技术标准的主要组成部分，其内容涉及建设工程、工矿企业、设备设施、消防装备、消防管理以及其他相关专业领域。如《建筑设计防火规范》GB 50016、《石油化工企业设计防火规范》GB 50160、《气体灭火系

统施工及验收规范》GB 50263、《建筑防烟排烟系统技术标准》GB 51251、《A类泡沫灭火剂》GB 27897、《公共场所阻燃制品及组件燃烧性能要求和标识》GB 20286、《重大火灾隐患判定方法》GB 35181等。

② 行业标准。行业标准又称部门标准，是由国务院有关行政主管部门在没有国家标准的情况下，为了在全国消防行业范围内统一有关技术要求而制定的，在本行业范围内适用。如《建设工程消防验收评定规则》GA 836、《消防产品现场检查判定规则》GA 588、《人员密集场所消防安全管理》GA 654。制定行业标准，必须报国务院标准化行政主管部门备案，在相应的国家标准公布实施之后，该项行业标准即行废止。

③ 地方标准。地方标准由省、自治区、直辖市标准化行政主管部门在没有国家标准和行业标准的情况下，为了在本辖区范围内统一消防技术要求而制定，在本行政区域范围内适用。如辽宁省地方标准《消防设施检测技术规程》DB 21/T 2869—2017、青海省地方标准《消防设施检测评定》DB 63/T 1676—2018、重庆市地方标准《重庆市坡地高层民用建筑设计防火规范》DB 50/5031—2004。制定地方标准，必须报国务院标准化行政主管部门和国务院有关行政主管部门备案，在相应的国家标准或者行业标准公布实施之后，该项地方标准即行废止；或者颁布的行业标准的技术水平高于行标或国标。

④ 团体标准。团体标准是由团体按照团体确立的标准制定程序自主制定发布，由社会自愿采用的标准。社会团体可在没有国家标准、行业标准和地方标准的情况下，制定团体标准，快速响应创新和市场对标准的需求，填补现有标准空白。

⑤ 企业标准。企业标准是企业生产的产品在没有国家标准和行业标准的情况下，由企业制定的标准，作为组织生产的依据。企业标准须报当地政府标准化行政主管部门和有关行政主管部门备案。已有国家标准或者行业标准的，国家鼓励企业制定严于国家标准或者行业标准的企业标准，在企业内部适用。在没有国家标准和行业标准的情况下，企业标准就是判定该企业产品是否合格的依据；当企业标准高于国家标准或行业标准时，企业产品承诺的企业标准就是判定该企业产品是否合格的依据，而不是国家标准或行业标准。

2）根据内容分类

消防标准根据其内容可分为基础标准、工程技术标准、产品标准和管理标准。

① 消防基础标准。主要是规范消防基本术语、基本方法、基本概念的标准，如《火灾分类》GB 4968—2008。

② 消防工程技术标准。主要是规范建筑、库房、桥梁、涵洞以及消防设施等建设工程的设计、施工和验收等方面的标准，如《人民防空工程设计防火规范》GB 50098—2009、《火灾自动报警系统设计规范》GB 50116—2003、《建筑内部装修设计防火规范》GB 50222—2017。

③消防产品标准。主要是规范固定灭火系统、灭火剂、消防车、防火材料、建筑构件、灭火器、消防装备等消防产品的技术参数、性能要求、检测试验以及使用维护等方面的标准，如《消防员隔热防护服》XF 634—2015、《独立式感烟火灾探测报警器》GB 20517—2006。

④ 消防管理标准。主要是规范消防安全管理方面的技术标准，如《住宿与生产储存经营场所消防安全技术要求》GA 703—2007、《建设工程消防设计审查规则》XF 1290—2016。

3）根据约束力分类

按照消防技术标准的强制约束力不同，可分为强制性标准和推荐性标准。国家标准分为强制性标准、推荐性标准，行业标准、地方标准、团体标准是推荐性标准。

① 强制性标准是指具有法律属性，在一定范围内通过法律、行政法规等强制手段加以实施的标准。对于强制性标准，无论是建设、设计、施工、生产、销售、使用的社会单位和个人，还是住房与城乡建设主管部门、消防救援机构、城乡规划主管部门，都必须执行。

② 推荐性标准，又称非强制性标准，是指生产、交换、使用方面，通过经济手段调节而自愿采用的一类标准。这类标准是否采用由单位自己决定，国家鼓励采用推荐性标准，而不能强制。对生产性企业一旦承诺采用某推荐性标准，其产品就必须符合该标准，否则为不合格产品。

3.1.2 建设工程消防设计审查与验收法规的效力

(1) 效力范围

建设工程消防设计审查与验收法规的效力指法律规范作为国家意志对行为主体所具有的约束力，这种约束力不以主体自身的意愿为转移，并以国家强制力为外在保障。约束力所及的范围为效力范围，即生效范围或适用范围，包括空间效力、时间效力、对象效力。

1）空间效力

空间效力指生效的地域范围、法律的效力及制定机关管辖的全部领域。《建筑法》《消防法》在全国范围内有效。地方性消防法规、地方政府消防规章在本行政区内有效。法律规范的域外效力指法律在制定发布主体管辖领域以外的效力。一般情况下，审验法规的效力只及于制定机关管辖的部分或者全部领域。

2）时间效力

时间效力是有效时间，包括何时生效、何时失效以及有无溯及力。法律规范的溯及力是指法律规范对其生效前发生的事件和行为是否适用。如果可以适用，则有溯及力；不适用，则无溯及力。一般来讲，我国的法规不具有溯及力，例如，新颁布的国家工程建设消防技术标准实施之前，建设工程的消防设计已经依法审查合格的，按原审查意见的标准执行。

3）对象效力

对象效力指可以适用的主体范围，即对哪些主体有效。凡是在中国领域范围内的自然人和法人以及机关等社会单位一律适用。

(2) 效力等级

法规的效力等级也称效力层次或效力位阶，指在效力方面的等级差别。

1）效力等级的确定原则

法规的效力等级首先取决于其制定机关在国家机关体系中的地位。除特别授权的情况外，一般来讲，制定机关的地位越高，法律规范的效力等级也就越高。

“特殊法优于一般法”。当同一制定机关在某一领域既发布一般性法规，又发布特殊法规时，特殊法规的效力优于一般性法规。

“后法优于前法”。当同一制定机关先后就同一领域的问题制定了两个以上的法规时，最新制定颁布的法规在效力上高于先前制定的法规。

同一主体制定的法规中，按照特定的、更为严格的程序制定的法规效力等级高于按照一般程序制定的法规。

被某一国家机关授权的下级机关在授权范围内制定的该项法规在效力上通常等同于授权机关自己制定的法规，但授权制定实施细则者除外。

2）效力等级关系

建设工程消防设计审查与验收法规体系是由不同层次的法律、行政法规、地方性法规、行政规章所构成的法规体系。依据我国《立法法》规定，法规体系中各个法律规范效力等级具有自上而下的效力差别。

① 宪法具有最高的法律效力；

② 法律的效力高于行政法规、地方性法规和行政规章的效力；

③ 地方性法规的效力高于本级和下级地方政府规章的效力；

④省级地方性法规的效力高于其所属的较大市的地方性法规的效力；

⑤国务院部门规章之间、部门规章与地方政府规章之间具有同等效力，在各自的权限范围内施行；

⑥ 省、自治区的人民政府制定的规章的效力高于本行政区域内的较大的市的人民政府制定的规章的效力。

3.1.3　建设工程消防设计审查与验收法规的适用冲突

适用冲突是指不同的法规对同一事实或关系，作了不同规定，适用不同的规定将产生不同结果的情形。

(1) 适用冲突的表现

1）特别冲突

特别冲突是指消防普通法与消防特别法之间的冲突。这种冲突表现为消防普通法规与消防特别法规之间就同一消防事项的规定不一致时所产生的冲突。

2）层级冲突

层级冲突是指不同效力等级法规就同一消防事项的规定不一致时所产生的冲突。这种冲突包括：①消防行政法规与消防法律的冲突；②地方性消防法规与消防法律的冲突；③地方性消防法规与消防行政法规的冲突；④消防规章与消防法律、消防行政法规的冲突；⑤不同层级地方性消防法规之间的冲突；⑥不同层级消防规章之间的冲突。

3）同级冲突

同级冲突是指处于相同效力等级的法规就同一消防事项的规定不一致而产生的部门、地区之间的平级冲突。同级冲突包括：①消防法律之间的冲突；②消防行政法规之间的冲突；③同一层级地方性消防法规之间的冲突；④同一层级地方政府消防规章之间的冲突；⑤部门消防规章与地方政府消防规章的冲突；⑥部门消防规章之间的冲突等。

4）新旧冲突

新旧冲突，是指新、旧法规之间就同一消防事项的规定不一致所产生的冲突。

(2) 解决法规适用冲突的原则

在建设工程审验实践中遇到法规适用冲突时，可以遵循以下原则：

1）宪法至上原则

宪法是由我国最高权力机关制定的，是一切法律的母法。凡是与宪法相抵触的消防法律法规都视为无效。

2）下位法服从上位法原则

根据规范性文件在法的位阶中处于不同的位置和等级，可以将规范性文件分为上位法、下位法。上位法是指相对于其他规范性文件，在法的位阶中处于较高效力位置和等级的规范性文件。下位法是指相对于其他规范性文件，在法的位阶中处于较低效力位置和等级的规范性文件。当上位法和下位法发生冲突时，通常应优先适用上位法。只有在上位法授权下位法作特别规定时，才可优先适用与上位法不一致的下位法。

3）新法优于旧法原则

在同等级的新旧法并存，新法与旧法不一致时，一般优先适用新的法律规范。

4）特别法优于普通法原则

普通法是指在效力范围上具有普遍性的法律，即针对一般的人或事，在较长时期内，在全国范围普遍有效的法律。特别法是指对特定主体、事项，或在特定地域、特定时间有效的法律。一般而言，特别法的效力优于普通法，但特别法与普通法必须是同一个层级的法律文件。

5）区际法律冲突的处理原则

区际法律冲突，是指不同行政区域之间法律规范的冲突，是一种基于地方立法权相对独立而产生的法律冲突。由于区际法律冲突的复杂性，目前法律还没有规定明确的解决办法，通常是适用违法发生地法优先的原则。

3.2 《中华人民共和国消防法》

《消防法》是我国消防基本法，1998 年 4 月 29 日第九届全国人民代表大会常务委员会第二次会议通过，2008 年 10 月 28 日第十一届全国人民代表大会常务委员会第五次会议修订，根据 2019 年 4 月 23 日第十三届全国人民代表大会常务委员会第十次会议《关于修改〈中华人民共和国建筑法〉等八部法律的决定》第一次修正，根据 2021 年 4 月 29 日第十三届全国人民代表大会常务委员会第二十八次会议《关于修改〈中华人民共和国道路交通安全法〉等八部法律的决定》第二次修正。发布修正案。《消防法》规定了建设工程消防设计审查与验收的基本制度、责任主体、监管主体与要求以及违法责任追究。

3.2.1 建设工程审验基本制度

《消防法》规定，按照国家工程建设消防技术标准需要进行消防设计的建设工程，实行建设工程消防设计审查验收制度，并区分特殊建设工程和其他建设工程为许可审批和备案抽查两种监管方式。

（1）消防设计审查制度

《消防法》第 11、12 条规定了建设工程的消防设计审查制度，即特殊建设工程未经消防设计审查或者审查不合格的，建设单位、施工单位不得施工；其他建设工程，建设单位未提供满足施工需要的消防设计图纸及技术资料的，有关部门不得发放施工许可证或者批准开工报告。

对于国务院住房和城乡建设主管部门规定的特殊建设工程，建设单位应当将消防设计文件报送住房和城乡建设主管部门审查，住房和城乡建设主管部门依法对审查的结果负责。以外的其他建设工程，建设单位申请领取施工许可证或者申请批准开工报告时，应当提供满足施工需要的消防设计图纸及技术资料。

（2）消防验收许可和备案抽查制度

《消防法》第 13、14 条规定了建设工程的消防验收与备案抽查制度。国务院住房和城乡建设主管部门规定，应当申请消防验收的建设工程项目在竣工后，建设单位应当向住房和城乡建设主管部门申请消防验收。依法应当进行消防验收的建设工程，未经消防验收或者消防验收不合格的，禁止投入使用。

其他建设工程，建设单位在验收后应当报住房和城乡建设主管部门备案，住房和城乡建设主管部门进行抽查。经依法抽查不合格的，应当停止使用。

由此可见，纳入审批范围的建设工程消防实行消防验收许可制度，其他建设工程实行行政检查备案制度。

3.2.2　责任主体及违法责任

建设工程的消防设计、施工的责任主体为建设、设计、施工、工程监理等单位；建设、设计、施工、工程监理等单位依法对建设工程的消防设计、施工质量负责。建设工程的消防设计、施工必须符合国家工程建设消防技术标准。建设、设计、施工、工程监理单位及其工作人员不依法履行职责的违法责任如表 3-1 所示。

建设、设计、施工、工程监理单位违法责任　　　　表 3-1

<table>
<tr><th>责任主体</th><th>违法行为</th><th>违法责任</th></tr>
<tr><td>建设单位</td><td>（1）未经依法审查或者审查不合格，擅自施工
（2）未经依法进行消防验收或者消防验收不合格，擅自投入使用
（3）建设工程投入使用后经住建部门依法抽查不合格，不停止使用</td><td>责令停止施工、停止使用或者停产停业，并处 3 万元以上 30 万元以下罚款</td></tr>
<tr><td>建设单位</td><td>未在组织验收后的规定期限内申报验收备案</td><td>责令改正，并处 5000 元以下罚款</td></tr>
<tr><td>建设单位</td><td>要求建筑设计单位或者建筑施工企业降低消防技术标准设计、施工</td><td rowspan="4">责令改正或者停止施工，并处 1 万元以上 10 万元以下罚款</td></tr>
<tr><td>设计单位</td><td>不按照消防技术标准强制性要求进行消防设计</td></tr>
<tr><td>施工单位</td><td>不按照消防设计文件和消防技术标准施工，降低消防施工质量</td></tr>
<tr><td>工程监理</td><td>与建设单位或者建筑施工企业串通，弄虚作假，降低消防施工质量</td></tr>
</table>

3.2.3　监管主体职责与要求

（1）职责内容

建设工程的消防设计审查与验收的主体为各级住房和城乡建设主管部门。承担建设工程消防监管职责有：

1）特殊建设工程的消防设计审批；

2）特殊建设工程的消防验收许可；

3）其他建设工程的消防验收的备案与抽查；

4）对建设工程消防审验中发现的违法行为实施行政处罚。

（2）履职要求

《消防法》明确规定住房和城乡建设主管部门及其工作人员应按照法定的职权和程序进行消防设计审查、消防验收、备案抽查和消防安全检查，做到公正、严格、文明、高效，并自觉接受社会和公民的监督。履职过程中不得利用职务谋取利益；不得利用职务为用户、建设单位指定或者变相指定消防产品的品牌、销售单位或者消防技术服务机构、消防设施施工单位。对滥用职权、玩忽职守、徇私舞弊，有下列行为之一，尚不构成犯罪的，依法给予处分；构成犯罪的，依法追究刑事责任：

1）对不符合消防安全要求的消防设计文件、建设工程、场所准予审查合格、消防验收合格、消防安全检查合格的；

2）无故拖延消防设计审查、消防验收、消防安全检查，不在法定期限内履行职责的；

3）利用职务为用户、建设单位指定或者变相指定消防产品的品牌、销售单位或者消防技术服务机构、消防设施施工单位的。

3.3 建设工程消防设计审查验收管理暂行规定

《建设工程消防设计审查验收管理暂行规定》是住房和城乡建设主管部门指导如何开展建设工程消防设计审查验收工作而发布的部门规章。规章于2020年1月19日第15次部务会议审议通过，自2020年6月1日起施行。该规章是对《建筑法》和《消防法》关于建设工程消防设计审验职责的细化，以及审验工作的开展实施做出具体规定和指导。

3.3.1 监管分工与管辖

国务院住房和城乡建设主管部门负责指导监督全国建设工程消防设计审查验收工作。县级以上地方人民政府住房和城乡建设主管部门依职责承担本行政区域内建设工程的消防设计审查、消防验收、备案和抽查工作。跨行政区域建设工程的消防设计审查、消防验收、备案和抽查工作，由该建设工程所在行政区域消防设计审查验收主管部门共同的上一级主管部门指定负责。

3.3.2 建设工程消防责任与义务

在《消防法》明确建设、设计、施工、工程监理等单位是建设工程消防设计和施工质量责任主体的基础上，该规章进一步细化了各主体的法定义务与责任类别。建设单位依法对建设工程消防设计、施工质量负首要责任。设计、施工、工程监理、技术服务等单位依法对建设工程消防设计、施工质量负主体责任。建设、设计、施工、工程监理、技术服务等单位的从业人员依法对建设工程消防设计、施工质量承担相应的个人责任。

（1）建设单位

建设单位作为建设工程的甲方，对工程消防设计、施工质量负首要责任，应当履行下列消防设计、施工质量责任和义务：

1）依法申请建设工程消防设计审查、消防验收，办理备案并接受抽查；

2）委托具有相应资质的设计、施工、工程监理单位；实行工程监理的建设工程，依法将消防施工质量委托监理；

3）按照工程消防设计要求和合同约定，选用合格的消防产品和满足防火性能要求的建筑材料、建筑构配件和设备；

4）不得明示或者暗示设计、施工、工程监理、技术服务等单位及其从业人员违反建设工程法律法规和国家工程建设消防技术标准，降低建设工程消防设计、施工质量；

5）组织有关单位进行建设工程竣工验收时，对建设工程是否符合消防要求进行查验；

6）依法及时向档案管理机构移交建设工程消防有关档案。

（2）设计单位

设计单位依法对建设工程消防设计质量负主体责任，应当履行下列责任和义务：

1）按照建设工程法律法规和国家工程建设消防技术标准进行设计，编制符合要求的消防设计文件，不得违反国家工程建设消防技术标准强制性条文；

2）在设计文件中选用的消防产品和具有防火性能要求的建筑材料、建筑构配件和设备，应当注明规格、性能等技术指标，符合国家规定的标准；

3）参加建设单位组织的建设工程竣工验收，对建设工程消防设计实施情况签章确认，并对建设工程消防设计质量负责。

（3）施工单位

设计单位依法对建设工程消防施工质量负主体责任，应当履行下列责任和义务：

1）按照建设工程法律法规、国家工程建设消防技术标准，以及经消防设计审查合格或者满足工程需要的消防设计文件组织施工，不得擅自改变消防设计进行施工，降低消防施工质量；

2）按照消防设计要求、施工技术标准和合同约定检验消防产品和具有防火性能要求的建筑材料、建筑构配件和设备的质量，使用合格产品，保证消防施工质量；

3）参加建设单位组织的建设工程竣工验收，对建设工程消防施工质量签章确认，并对建设工程消防施工质量负责。

（4）工程监理单位

工程监理单位依法对建设工程消防施工质量负主体责任，履行下列责任和义务：

1）按照建设工程法律法规、国家工程建设消防技术标准，以及经消防设计审查合格或者满足工程需要的消防设计文件实施工程监理；

2）在消防产品和具有防火性能要求的建筑材料、建筑构配件和设备使用、安装前，核查产品质量证明文件，不得同意使用或者安装不合格的消防产品和防火性能不符合要求的建筑材料、建筑构配件和设备；

3）参加建设单位组织的建设工程竣工验收，对建设工程消防施工质量签章确认，并对建设工程消防施工质量承担监理责任。

（5）技术服务机构

提供建设工程消防设计图纸技术审查、消防设施检测或者建设工程消防验收现场评定等服务的技术服务机构，应按照建设工程法律法规、国家工程建设消防技术标准和国家有关规定提供服务，并对出具的意见或者报告负责。

3.3.3 消防设计审查

《消防法》明确对特殊建设工程实行消防设计审查制度，该规章则对特殊建设工程的范围以及审查流程作出具体规定。

（1）特殊建设工程的范围

1）总建筑面积大于20000m^2的体育场馆，会堂，公共展览馆、博物馆的展示厅；

2）总建筑面积大于15000m^2的民用机场航站楼、客运车站候车室、客运码头候船厅；

3）总建筑面积大于10000m^2的宾馆、饭店、商场、市场；

4）总建筑面积大于2500m^2的影剧院，公共图书馆的阅览室，营业性室内健身、休闲场馆，医院的门诊楼，大学的教学楼、图书馆、食堂，劳动密集型企业的生产加工车间，寺庙、教堂；

5）总建筑面积大于1000m^2的托儿所、幼儿园的儿童用房，儿童游乐厅等室内儿童活动场所，养老院、福利院，医院、疗养院的病房楼，中小学校的教学楼、图书馆、食堂，学校的集体宿舍，劳动密集型企业的员工集体宿舍；

6）总建筑面积大于500m^2的歌舞厅、录像厅、放映厅、卡拉OK厅、夜总会、游艺厅、桑拿浴室、网吧、酒吧，具有娱乐功能的餐馆、茶馆、咖啡厅；

7）国家工程建设消防技术标准规定的一类高层住宅建筑；

8）城市轨道交通、隧道工程，大型发电、变配电工程；

9）生产、储存、装卸易燃易爆危险物品的工厂、仓库和专用车站、码头，易燃易爆气体和液体的充装站、供应站、调压站；

10）国家机关办公楼、电力调度楼、电信楼、邮政楼、防灾指挥调度楼、广播电视楼、档案楼；

11）包含1)～6）项的大型人员密集场所的建设工程；

12）单体建筑面积大于40000m^2或者建筑高度超过50m的公共建筑。

（2）消防设计审查流程

消防设计审查属于行政许可，包含四个基本流程，即被许可人提出申请、监管主体受理、实施技术审查、出具审查意见并送达。

1）建设单位提出申请

特殊建设工程的建设单位应当向消防设计审查验收主管部门申请消防设计审查，在未经消防设计审查之前或者审查不合格的，建设单位、施工单位不得施工。申请时应提交下列资料：

① 消防设计审查申请表；

② 消防设计文件；

③ 依法需要办理建设工程规划许可的，应当提交建设工程规划许可文件；

④ 依法需要批准的临时性建筑，应当提交批准文件。

对于采取特殊消防设计的两类建设工程，即国家工程建设消防技术标准没有规定，必须采用国际标准或者境外工程建设消防技术标准，或消防设计文件拟采用的新技术、新工艺、新材料不符合国家工程建设消防技术标准规定时，还应补充提交消防设计技术资料，包括：

① 特殊消防设计文件；

② 设计采用的国际标准、境外工程建设消防技术标准的中文文本；

③ 有关的应用实例、产品说明等资料。

2）住建部门受理

住建部门收到建设单位提交的消防设计审查申请后：

① 对申请材料齐全的，应当出具受理凭证；

② 申请材料不齐全的，应当一次性告知需要补正的全部内容。

3）组织审查

组织审查环节的流程区别为一般特殊建设工程和采用特殊消防设计的特殊建设工程。一般特殊建设工程的设计审查，由受理该工程的住房城乡建设主管部门组织本单位审查人员依据审查规则进行审查；对实行施工图设计文件联合审查的，应当将建设工程消防设计的技术审查并入联合审查。采用特殊消防设计的特殊建设工程的设计审查，需要由受理该工程的住房城乡建设主管部门在受理后五个工作日内将申请材料报送省、自治区、直辖市人民政府住房和城乡建设主管部门组织专家评审。专家评审的流程为：

① 省、自治区、直辖市人民政府住房和城乡建设主管部门从建立的审验专家库中随机抽取，总数不得少于七人；对于技术复杂、专业性强或者国家有特殊要求的项目，可以直接邀请相应专业的中国科学院院士、中国工程院院士、全国工程勘察设计大师以及境外具有相应资历的专家参加评审；与特殊建设工程设计单位有利害关系的专家应回避评审。

② 在收到申请材料之日起十个工作日内组织召开专家评审会，对建设单位提交的特殊消防设计技术资料进行评审。

③ 评审专家独立出具评审意见。特殊消防设计技术资料经四分之三以上评审专家同意即为评审通过，评审专家有不同意见的，应当注明。

④ 省、自治区、直辖市人民政府住房和城乡建设主管部门将专家评审意见书面通知报请评审的消防设计审查验收主管部门，同时报国务院住房和城乡建设主管部门备案。

4）出具审查意见

消防设计审查主管部门应自受理消防设计审查申请之日起十五个工作日内出具书面审查意见。依照本规定需要组织专家评审的，专家评审时间不超过二十个工作日。对符合下列条件的，消防设计审查验收主管部门应当出具消防设计审查合格意见：

① 申请材料齐全、符合法定形式；

② 设计单位具有相应资质；

③ 消防设计文件符合国家工程建设消防技术标准或特殊消防设计技术资料通过专家评审。

对不符合以上条件的，消防设计审查验收主管部门应当出具消防设计审查不合格意见，并说明理由，建设单位组织修改后重新申报。此外，建设、设计、施工单位不得擅自修改经审查合格的消防设计文件，确需修改的，建设单位应当依照规定重新申请消防设计审查。

3.3.4 消防验收

《消防法》明确对部分建设工程实行消防验收许可制度，具体由国务院住房和城乡建设主管部门规定，该规章则对实行消防验收许可的建设工程范围以及审查流程作出具体规定。

(1) 消防验收的建设工程范围

该规章则明确，建设工程验收许可的建设工程范围与消防设计审查许可的建设工程范围一致，即为上述特殊建设工程的范围。

(2) 消防验收流程

特殊建设工程竣工验收后，建设单位应当向消防设计审查验收主管部门申请消防验收；未经消防验收或者消防验收不合格的，禁止投入使用。消防验收属于行政许可，包含四个基本流程，即被许可人提出申请、监管主体受理、实施技术审查、出具审查意见并送达。

1) 建设单位组织自验

建设单位提出验收申请前应组织设计、施工、工程监理、技术服务机构进行查验：

① 完成工程消防设计和合同约定的消防各项内容；

② 有完整的工程消防技术档案和施工管理资料，含涉及消防的建筑材料、建筑构配件和设备的进场试验报告；

③ 建设单位对工程涉及消防的各分部分项工程验收合格；

④ 施工、设计、工程监理、技术服务等单位确认工程消防质量符合有关标准；

⑤ 消防设施性能、系统功能联调联试等内容检测合格。

2) 建设单位提出申请

建设单位符合上述自验要求后，编制工程竣工验收报告申请住建部门验收，应当提交下列材料：

①消防验收申请表；

②工程竣工验收报告；

③涉及消防的建设工程竣工图纸。

3) 住建部门受理

消防验收主管部门收到建设单位提交的消防验收申请后，对申请材料齐全的，应当出具受理凭证；申请材料不齐全的，应当一次性告知需要补正的全部内容。

4) 组织验收

消防验收主管部门受理消防验收申请后，按照国家有关规定，依据验收评定规则，对特殊建设工程进行现场评定。现场评定包括：

① 对建筑物防（灭）火设施的外观进行现场抽样查看；

② 通过专业仪器设备对涉及距离、高度、宽度、长度、面积、厚度等可测量的指标进行现场抽样测量；

③ 对消防设施的功能进行抽样测试、联调联试消防设施的系统功能等内容。

5) 出具验收意见

消防验收主管部门应自受理消防验收申请之日起十五日内出具消防验收意见。对符合下列条件的，出具消防验收合格意见；对不符合下列条件的，消防验收主管部门出具消防验收不合格意见，并说明理由。

① 申请材料齐全、符合法定形式；

② 工程竣工验收报告内容完备；

③ 涉及消防的建设工程竣工图纸与经审查合格的消防设计文件相符；

④ 现场评定结论合格。

对于实行规划、土地、消防、人防、档案等事项联合验收的建设工程，消防验收意见由地方人民政府指定的部门统一出具。

3.3.5　消防验收备案与抽查

除特殊建设工程以外的其他按照国家工程建设消防技术标准需要进行消防设计的建设工程称为其他建设工程，但不包括住宅室内装饰装修、村民自建住宅、救灾和非人员密集场所的临时性建筑工程。

(1) 其他建设工程的消防设计

对于其他建设工程的消防设计不需要备案，但建设单位在申请施工许可或者申请批准开工报告时，应当提供满足施工需要的消防设计图纸及技术资料，对于未提供满足施工需要的消防设计图纸及技术资料的，有关部门不得发放施工许可证或者批准开工报告。

(2) 对其他建设工程消防验收

其他建设工程消防验收实行备案抽查制度。验收备案和抽查的流程包括建设单位申请备案、主管部门受理、随机抽取组织验收、抽查公告与查处等基本环节。

1）备案申请

其他建设工程竣工验收合格之日起五个工作日内，建设单位在组织查验满足要求后，应报消防验收主管部门备案。建设单位办理备案，应当提交下列材料：

① 消防验收备案表；

② 工程竣工验收报告；

③ 涉及消防的建设工程竣工图纸。

2）主管部门受理

消防设计审查验收主管部门收到建设单位备案材料后，对备案材料齐全的，应当出具备案凭证；备案材料不齐全的，应当一次性告知需要补正的全部内容。

3）随机抽取组织验收

消防验收主管部门应当对备案的其他建设工程进行抽查。抽查工作推行“双随机、一公开”制度，即随机抽取检查对象和随机选派检查人员。抽取比例由省、自治区、直辖市人民政府住房和城乡建设主管部门，结合辖区内消防设计、施工质量情况确定，并向社会公示。

消防验收主管部门自其他建设工程被确定为检查对象之日起十五个工作日内，按照建设工程消防验收有关规定完成检查，制作检查记录。

4）抽查结果公告与不合格工程的查处

检查结果应当通知建设单位，并向社会公示。对于抽查结果不合格的，送达检查不合格整改通知后，并要求建设单位停止使用建设工程，并对责任主体的违法行为实施处罚。

建设单位根据意见组织整改，整改完成后，向消防设计审查验收主管部门申请复查。消防验收主管部门应当自收到书面申请之日起七个工作日内进行复查，并出具复查意见。复查合格后方可使用建设工程。

3.4 建设工程消防设计审查验收工作细则

3.4.1 特殊建设工程的消防设计审查受理要求

消防设计审查验收主管部门收到建设单位提交的特殊建设工程消防设计审查申请后，符合下列条件的，应当予以受理；不符合其中任意一项的，消防设计审查验收主管部门应当一次性告知需要补正的全部内容：

（1）特殊建设工程消防设计审查申请表信息齐全、完整；

（2）消防设计文件内容齐全、完整；

（3）依法需要办理建设工程规划许可的，已提交建设工程规划许可文件；

（4）依法需要批准的临时性建筑，已提交批准文件。

3.4.2 特殊建设工程的消防设计审查提交的资料内容

(1) 封面

封面内容包括项目名称、设计单位名称、设计文件交付日期。

(2) 扉页

扉页内容包括设计单位法定代表人、技术总负责人和项目总负责人的姓名及其签字或授权盖章，设计单位资质，设计人员的姓名及其专业技术能力信息。

(3) 设计文件目录

(4) 设计说明书

1）工程设计依据，包括设计所执行的主要法律法规以及其他相关文件、所采用的主要标准（包括标准的名称、编号、年号和版本号）、县级以上政府有关主管部门的项目批复性文件、建设单位提供的有关使用要求或生产工艺等资料、明确火灾危险性。

2）工程建设的规模和设计范围，包括工程的设计规模及项目组成、分期建设情况、本设计承担的设计范围与分工等。

3）总指标，包括总用地面积、总建筑面积和反映建设工程功能规模的技术指标。

4）标准执行情况，包括：

① 消防设计执行国家工程建设消防技术标准强制性条文的情况；

② 消防设计执行国家工程建设消防技术标准中带有“严禁”“必须”“应”“不应”“不得”要求的非强制性条文的情况；

③ 消防设计中涉及国家工程建设消防技术标准没有规定的内容的情况。

5）总平面，包括有关主管部门对工程批准的规划许可技术条件，场地所在地的名称及在城市中的位置，场地内原有建构筑物保留、拆除的情况，建构筑物满足防火间距情况，功能分区，竖向布置方式（平坡式或台阶式），人流和车流的组织、出入口、停车场（库）的布置及停车数量，消防车道及高层建筑消防车登高操作场地的布置，道路主要的设计技术条件等。

6）建筑和结构，包括项目设计规模等级、建构筑物面积、建构筑物层数和建构筑物高度、主要结构类型、建筑结构安全等级、建筑防火分类和耐火等级、门窗防火性能、用料说明和室内外装修、幕墙工程及特殊屋面工程的防火技术要求、建筑和结构设计防火设计说明等。

7）建筑电气，包括消防电源、配电线路及电器装置，消防应急照明和疏散指示系统，火灾自动报警系统，以及电气防火措施等。

8）消防给水和灭火设施，包括消防水源，消防水泵房、室外消防给水和室外消火栓系统、室内消火栓系统和其他灭火设施等。

9）供暖通风与空气调节，包括设置防排烟的区域及其方式、防排烟系统风量确定、防排烟系统及其设施配置、控制方式简述，以及暖通空调系统的防火措施，空调通风系统的防火、防爆措施等。

10）热能动力，包括有关锅炉房、涉及可燃气体的站房及可燃气、液体的防火、防爆措施等。

（5）设计图纸

1）总平面图

包括场地道路红线、建构筑物控制线、用地红线等位置；场地四邻原有及规划道路的位置；建构筑物的位置、名称、层数、防火间距；消防车道或通道及高层建筑消防车登高操作场地的布置等。

2）建筑和结构

平面图，包括平面布置，房间或空间名称或编号，每层建构筑物面积、防火分区面积、防火分区分隔位置及安全出口位置示意，以及主要结构和建筑构配件等；立面图，包括立面外轮廓及主要结构和建筑构造部件的位置，建构筑物的总高度、层高和标高以及关键控制标高的标注等；剖面图，应标示内外空间比较复杂的部位（如中庭与邻近的楼层或者错层部位），并包括建筑室内地面和室外地面标高，屋面檐口、女儿墙顶等的标高，层间高度尺寸及其他必需的高度尺寸等。

3）建筑电气，应当包括电气火灾监控系统、消防设备电源监控系统、防火门监控系统、火灾自动报警系统、消防应急广播，以及消防应急照明和疏散指示系统等。

4）消防给水和灭火设施，应当包括消防给水总平面图，消防给水系统的系统图、平面布置图，消防水池和消防水泵房平面图，以及其他灭火系统的系统图及平面布置图等。

5）供暖通风与空气调节，应当包括防烟系统的系统图、平面布置图，排烟系统的系统图、平面布置图，供暖、通风和空气调节系统的系统图、平面图等。

6）热能动力，应当包括所包含的锅炉房设备平面布置图、其他动力站房平面布置图，以及各专业管道防火封堵措施等。

3.4.3　特殊消防设计审查提交的资料内容

（1）设计说明

1）采用国际或国外标准的建设工程。说明设计中涉及国家工程建设消防技术标准没有规定的内容和理由；必须采用国际标准或者境外工程建设消防技术标准进行设计的内容和理由；特殊消防设计方案说明以及对特殊消防设计方案的评估分析报告、试验验证报告或数值模拟分析验证报告等。

2）超规范范围或要求设计的建设工程。说明设计不符合国家工程建设消防技术标准的内容和理由；必须采用不符合国家工程建设消防技术标准规定的新技术、新工艺、新材料的内容和理由；特殊消防设计方案说明以及对特殊消防设计方案的评估分析报告、试验验证报告或数值模拟分析验证报告等。

(2) 设计图纸

涉及采用国际标准、境外工程建设消防技术标准，或者采用新技术、新工艺、新材料的消防设计图纸。

(3) 必要技术文件

1）采用国际或国外标准的建设工程，应提交设计采用的国际标准、境外工程建设消防技术标准的原文及中文翻译文本。

2）采用新技术、新工艺的建设工程，应提交新技术、新工艺的说明；采用新材料的建设工程，应提交产品说明，包括新材料的产品标准文本（包括性能参数等）。

(4) 应用实例

1）采用国际或国外标准的建设工程，应提交两个以上、近年内采用国际标准或者境外工程建设消防技术标准在国内或国外类似工程应用情况的报告。

2）采用新技术、新工艺的建设工程，应提交采用新技术、新工艺、新材料在国内或国外类似工程应用情况的报告或中试（生产）试验研究情况报告等。

(5) 建筑高度大于 250m 的建筑

建筑高度大于 250m 的建筑，除上述四项以外，还应当说明在符合国家工程建设消防技术标准的基础上，所采取的切实增强建筑火灾时自防自救能力的加强性消防设计措施。包括建筑构件耐火性能、外部平面布局、内部平面布置、安全疏散和避难、防火构造、建筑保温和外墙装饰防火性能、自动消防设施及灭火救援设施的配置及其可靠性、消防给水、消防电源及配电、建筑电气防火等内容。

3.4.4 特殊消防设计专家评审

对开展特殊消防设计的特殊建设工程进行消防设计技术审查前，应按照相关规定组织特殊消防设计技术资料的专家评审，省、自治区、直辖市人民政府住房和城乡建设主管部门应当按照规定将专家评审意见装订成册，及时报国务院住房和城乡建设主管部门备案，并同时报送其电子文本，专家评审意见应作为技术审查的依据。

(1) 专家评审内容

专家评审应当针对特殊消防设计技术资料进行讨论，评审专家应当独立出具评审意见。讨论应当包括下列内容：

1）设计超出或者不符合国家工程建设消防技术标准的理由是否充分；

2）设计必须采用国际标准或者境外工程建设消防技术标准，或者采用新技术、新工艺、新材料的理由是否充分，运用是否准确，是否具备应用可行性等；

3）特殊消防设计是否不低于现行国家工程建设消防技术标准要求的同等消防安全水平，方案是否可行；

4）建筑高度大于250m的建筑，讨论内容除上述三项以外，还应当讨论采取的加强性消防设计措施是否可行、可靠和合理。

（2）专家评审意见

专家评审意见应当包括下列内容：

1）会议概况，包括会议时间、地点，组织机构，专家组的成员构成，参加会议的建设、设计、咨询、评估等单位；

2）项目建设与设计概况；

3）特殊消防设计评审内容；

4）评审专家独立出具的评审意见，评审意见应有专家签字，明确为同意或不同意，不同意的应当说明理由；

5）专家评审结论，评审结论应明确为同意或不同意，特殊消防设计技术资料经3/4以上评审专家同意即为评审通过，评审结论为同意；

6）评审结论专家签字；

7）会议记录。

3.4.5 消防设计技术审查的实施

（1）技术审查基本形式

1）委托审查。消防设计审查验收主管部门可以委托具备相应能力的技术服务机构开展特殊建设工程消防设计技术审查，并形成意见或者报告，作为出具特殊建设工程消防设计审查意见的依据。

2）联合审查。实行施工图设计文件联合审查的，应当将建设工程消防设计的技术审查并入联合审查，一并出具审查意见。消防设计审查验收主管部门根据施工图审查意见中的消防设计技术审查意见，出具消防设计审查意见。

（2）技术审查结论判定

提供消防设计技术审查的技术服务机构，应当将出具的意见或者报告及时反馈消防设计审查验收主管部门。消防设计技术审查意见或者报告的结论应清晰、明确。符合下列条件的，结论为合格；不符合下列任意一项的，结论为不合格：

1）消防设计文件编制符合相应建设工程设计文件编制深度规定的要求；

2）消防设计文件内容符合国家工程建设消防技术标准强制性条文规定；

3）消防设计文件内容符合国家工程建设消防技术标准中带有“严禁”“必须”“应”“不应”“不得”要求的非强制性条文规定；

4）具有《暂行规定》第十七条情形之一的特殊建设工程，特殊消防设计技术资料通过专家评审。

3.4.6 特殊建设工程消防验收的受理

消防设计审查验收主管部门收到建设单位提交的特殊建设工程消防验收申请后，符合下列条件的，应当予以受理；不符合其中任意一项的，消防设计审查验收主管部门应当一次性告知需要补正的全部内容：

（1）特殊建设工程消防验收申请表信息齐全、完整；

(2) 有符合相关规定的工程竣工验收报告，且竣工验收消防查验内容完整、符合要求；

(3) 涉及消防的建设工程竣工图纸与经审查合格的消防设计文件相符。

3.4.7 特殊建设工程消防验收的现场评定

(1) 消防验收的现场评定基本要求

1) 消防设计审查验收主管部门开展特殊建设工程消防验收，建设、设计、施工、工程监理、技术服务机构等相关单位应当予以配合。

2) 消防设计审查验收主管部门可以委托具备相应能力的技术服务机构开展特殊建设工程消防验收的消防设施检测、现场评定，并形成意见或者报告，作为出具特殊建设工程消防验收意见的依据。

3) 提供消防设施检测、现场评定的技术服务机构，应当将出具的意见或者报告及时反馈消防设计审查验收主管部门，结论应清晰、明确。

4) 现场评定技术服务应严格依据法律法规、国家工程建设消防技术标准和省、自治区、直辖市人民政府住房和城乡建设主管部门有关规定等开展，内容、依据、流程等应及时向社会公布公开。

(2) 消防验收的现场评定的内容与方法

现场评定应当依据消防法律法规、国家工程建设消防技术标准和涉及消防的建设工程竣工图纸、消防设计审查意见，对建筑物防（灭）火设施的外观进行现场抽样查看；通过专业仪器设备对涉及距离、高度、宽度、长度、面积、厚度等可测量的指标进行现场抽样测量；对消防设施的功能进行抽样测试、联调联试消防设施的系统功能等。其中每一项目的抽样数量不少于 2 处，当总数不大于 2 处时，全部检查；防火间距、消防车登高操作场地、消防车道的设置及安全出口的形式和数量应全部检查。

1) 建筑类别与耐火等级；

2) 总平面布局，应当包括防火间距、消防车道、消防车登高面、消防车登高操作场地等项目；

3) 平面布置，应当包括消防控制室、消防水泵房等建设工程消防用房的布置，国家工程建设消防技术标准中有位置要求的场所，如儿童活动场所、展览厅等的设置位置等；

4) 建筑外墙、屋面保温和建筑外墙装饰；

5) 建筑内部装修防火，应当包括装修情况，纺织织物、木质材料、高分子合成材料、复合材料及其他材料的防火性能，用电装置发热情况和周围材料的燃烧性能和防火隔热、散热措施，对消防设施的影响，对疏散设施的影响等项目；

6) 防火分隔，应当包括防火分区，防火墙，防火门、窗，竖向管道井，其他有防火分隔要求的部位等项目；

7) 防爆，应当包括泄压设施，以及防静电、防积聚、防流散等措施；

8) 安全疏散，应当包括安全出口、疏散门、疏散走道、避难层（间）、消防应急照明和疏散指示标志等项目；

9) 消防电梯；

10) 消火栓系统，应当包括供水水源、消防水池、消防水泵、管网、室内外消火栓、系统功能等项目；

11）自动喷水灭火系统，应当包括供水水源、消防水池、消防水泵、报警阀组、喷头、系统功能等项目；

12）火灾自动报警系统，应当包括系统形式、火灾探测器的报警功能、系统功能以及火灾报警控制器、联动设备和消防控制室图形显示装置等项目；

13）防烟排烟系统及通风、空调系统防火，包括系统设置、排烟风机、管道、系统功能等项目；

14）消防电气，应当包括消防电源、柴油发电机房、变配电房、消防配电、用电设施等项目；

15）建筑灭火器，应当包括种类、数量、配置、布置等项目；

16）泡沫灭火系统，应当包括泡沫灭火系统防护区，以及泡沫比例混合、泡沫发生装置等项目；

17）气体灭火系统的系统功能；

18）其他国家工程建设消防技术标准强制性条文规定的项目，以及带有“严禁”“必须”“应”“不应”“不得”要求的非强制性条文规定的项目。

(3) 消防验收的现场评定的结论判定

消防验收现场评定符合下列条件的，结论为合格；不符合下列任意一项的，结论为不合格：

1）现场评定内容符合经消防设计审查合格的消防设计文件；

2）现场评定内容符合国家工程建设消防技术标准强制性条文规定的要求；

3）有距离、高度、宽度、长度、面积、厚度等要求的内容，其与设计图纸标示的数值误差满足国家工程建设消防技术标准的要求；国家工程建设消防技术标准没有数值误差要求的，误差不超过5%，且不影响正常使用功能和消防安全；

4）现场评定内容为消防设施性能的，满足设计文件要求并能正常实现；

5）现场评定内容为系统功能的，系统主要功能满足设计文件要求并能正常实现。

3.4.8 其他建设工程的消防验收备案受理

消防设计审查验收主管部门收到建设单位备案材料后，对符合下列条件的，应当出具备案凭证；不符合其中任意一项的，消防设计审查验收主管部门应当一次性告知需要补正的全部内容：

(1) 消防验收备案表信息完整；

(2) 具有工程竣工验收报告；

(3) 具有涉及消防的建设工程竣工图纸。

3.4.9 其他建设工程的消防验收抽查要求

(1) 抽查比例。消防设计审查验收主管部门应当对申请备案的火灾危险等级较高的其他建设工程适当提高抽取比例，具体由省、自治区、直辖市人民政府住房和城乡建设主管部门制定。

(2) 抽查的验收资料审查。消防设计审查验收主管部门对被确定为检查对象的其他建设工程，应当按照建设工程消防验收有关规定，检查建设单位提交的工程竣工验收报告的编制是否符合相关规定，竣工验收消防查验内容是否完整、符合要求。

（3）抽查的现场检查。应当依据涉及消防的建设工程竣工图纸和建设工程消防验收现场评定有关规定进行。

（4）复查实施。消防设计审查验收主管部门对整改完成并申请复查的其他建设工程，应当按照建设工程消防验收有关规定进行复查，并出具复查意见。

3.4.10 建设工程的消防设计审查与验收档案管理

（1）建立档案信息化管理系统。消防设计审查验收主管部门应当严格按照国家有关档案管理的规定，做好建设工程消防设计审查、消防验收、备案和抽查的档案管理工作，建立档案信息化管理系统。

（2）档案的完整性和真实性要求。消防设计审查验收工作人员应当对所承办的消防设计审查、消防验收、备案和抽查的业务管理和业务技术资料及时收集、整理，确保案卷材料齐全完整、真实合法。

（3）档案的保存形式与期限。建设工程消防设计审查、消防验收、备案和抽查的档案内容较多时，可立分册并集中存放，其中图纸可用电子档案的形式保存。建设工程消防设计审查、消防验收、备案和抽查的原始技术资料应长期保存。

3.5 建设工程消防技术标准

建设工程消防技术标准是指规范建（构）筑物以及消防设施等建设工程的设计、施工和验收等方面的技术标准，是建设工程审验工作中主要的技术依据。

3.5.1 建设工程消防技术标准的体系结构

建设工程消防技术标准是消防标准体系的重要组成部分，数量众多，构成建设工程消防技术标准的体系。体系结构分为综合类和专业类两大类别，其中专业类又分为三个层级，即基础类、通用类和专用类。

（1）综合类

综合类技术标准重点提出各类建设工程的防火准则、目标及达到目标的关键技术要求。对于其他层次规范的制定及建设工程防火设计具有指导作用。综合类技术标准一般为全文强制性规范。

（2）专业类规范

专业类规范是相对综合类规范而言的，是规范不同专业或行业领域的一系列工程消防技术标准。

1）基础类规范。规定建设工程中的防火专业术语、图形符号标志及基础数据参数等；

2）通用类规范。针对某一类或某一方面的建设工程的防火要求作出规定；

3）专用类规范。在通用规范规定的范围内，对某一方面或某一局部内容提出具体的防火要求。

3.5.2 国家建设工程消防技术标准

截至 2021 年底，已经发布国家建设工程消防技术标准 50 部，其中 25 部为建（构）筑物消防设计技术标准，25 部为消防设施类设计及施工验收技术标准。

(1) 建（构）筑物消防技术标准

1)《建筑设计防火规范》GB 50016—2014（2018 年版）
2)《城市消防规划规范》GB 51080—2015
3)《建筑内部装修设计防火规范》GB 50222—2017
4)《建筑内部装修防火施工及验收规范》GB 50354—2005
5)《建设工程施工现场消防安全技术规范》GB 50270—2011
6)《汽车库、修车库、停车场设计防火规范》GB 50067—2014
7)《酒厂设计防火规范》GB 50694—2011
8)《火力发电厂与变电站设计防火标准》GB 50229—2019
9)《人民防空工程设计防火规范》GB 50098—2009
10)《纺织工程设计防火规范》GB 50565—2010
11)《钢铁冶金企业设计防火标准》GB 50414—2018
12)《石油天然气工程设计防火规范》GB 50183—2004
13)《有色金属工程设计防火规范》GB 50630—2010
14)《飞机库设计防火规范》GB 50284—2008
15)《石油化工企业设计防火标准》GB 50160—2008（2018 年版）
16)《核电厂常规岛设计防火规范》GB 50745—2012
17)《水电工程设计防火规范》GB 50872—2014
18)《煤炭矿井设计防火规范》GB 51078—2015
19)《农村防火规范》GB 50039—2010
20)《地铁设计防火标准》GB 51298—2018
21)《城市消防站设计规范》GB 51054—2014
22)《民用航站楼设计防火规范》GB 51236—2017
23)《建筑钢结构防火技术规范》GB 51249—2017
24)《精细化工企业工程设计防火标准》GB 51283—2020
25)《核电厂防火设计规范》GB/T 22158—2021

(2) 消防设施类技术标准

1)《消防给水及消火栓系统技术规范》GB 50974—2014
2)《火灾自动报警系统设计规范》GB 50116—2013
3)《火灾自动报警系统施工及验收标准》GB 50166—2019
4)《城市消防远程监控系统技术规范》GB 50440—2007
5)《自动喷水灭火系统设计规范》GB 50084—2017
6)《自动喷水灭火系统施工及验收规范》GB 50261—2017
7)《水喷雾灭火系统设计规范》GB 50219—2014
8)《细水雾灭火系统技术规范》GB 50898—2013

9)《泡沫灭火系统技术标准》GB 50151—2021
10)《自动跟踪定位射流灭火系统技术标准》GB 51427—2021
11)《干粉灭火系统设计规范》GB 50347—2004
12)《固定消防炮灭火系统设计规范》GB 50338—2003
13)《固定消防炮灭火系统施工及验收规范》GB 50498—2009
14)《气体灭火系统设计规范》GB 50370—2005
15)《气体灭火系统施工及验收规范》GB 50263—2007
16)《二氧化碳灭火系统设计规范》GB 50193—2010
17)《建筑防烟排烟系统技术标准》GB 51251—2017
18)《消防应急照明和疏散指示系统技术标准》GB 51309—2018
19)《消防通信指挥系统设计规范》GB 50313—2013
20)《消防通信指挥系统施工及验收规范》GB 50401—2007
21)《卤代烷 1301 灭火系统设计规范》GB 50163—1992
22)《卤代烷 1211 灭火系统设计规范》GB J110—1987
23)《建筑灭火器配置设计规范》GB 50140—2005
24)《建筑灭火器配置验收及检查规范》GB 50444—2008
25)《防火卷帘、防火门、防火窗施工及验收规范》GB 50877—2014

参 考 文 献

[1] 全国人民代表大会常务委员会．中华人民共和国消防法[S]．北京：中国法制出版社，2021.
[2] 住房和城乡建设部．建设工程消防设计审查验收管理暂行规定[S]. 2020.
[3] 住房和城乡建设部．建设工程消防设计审查验收工作细则[S]. 2020.
[4] 住房和城乡建设部．建设工程消防设计审查、消防验收、备案和抽查文书式样[S]. 2020.
[5] 景绒．消防监督管理[M]．北京：中国人民公安大学出版社，2014.

第4章　建筑防火设计审查

4.1　审查方法

4.1.1　法律依据

建设工程消防设计审查属于行政许可的范围，整个审查过程都要依法实施。审查过程主要遵照的法律依据包括：

《中华人民共和国消防法》（2019年4月23日起施行，以下简称《消防法》）。《消防法》是我国消防安全领域应该遵循的国家法律文件。

《建设工程消防设计审查验收管理暂行规定》（住房城乡建设部令第51号，2020年6月1日起施行，以下简称《暂行规定》）。为了落实《消防法》关于建设工程消防设计审查验收的相关要求，明确建设工程消防设计、施工质量和安全责任，规范审查验收工作，主管部门制定了该规章。规定了建设工程消防设计审查验收的范围、职责、方法、程序、内容等具体内容。各省主管部门为保证审查验收工作的顺利实施，还会根据本省的实际情况，制定本省的具体实施办法或者规定。

《建设工程消防设计审查验收工作细则》（以下简称《工作细则》）。为规范建设工程消防设计审查验收行为，保证建设工程消防设计、施工质量，根据《建筑法》《消防法》《建设工程质量管理条例》等法律法规，在《暂行规定》的基础上，制定了该实施细则。同样，各省主管部门也可以根据本省的实际情况，制定本省的配套实施细则。

《建设工程消防设计审查规则》GA 1290—2016（2016年7月8日起施行）。在技术层面规定了建设工程消防设计审查的具体内容、方法、依据、合格评定方法等内容。在《工作细则》发布之后，应当以《工作细则》为依据。但是在《工作细则》中，对具体审查内容未作说明。因此，《建设工程消防设计审查规则》中关于审查内容的部分值得参考。

各类国家工程建设消防技术标准，是在建设工程消防设计文件技术审查时判定审查内容是否合格的依据。技术审查的主要工作，就是对照这些技术标准，审查消防设计文件是否符合相关要求。

4.1.2　审查内容

建设工程消防设计审查的内容包括资料审查和消防设计文件审查。审查步骤一般按照先资料审查，再消防设计文件审查的程序进行。

(1) 资料审查

根据《暂行规定》第十六条和第十七条，资料审查包括：

1）消防设计审查申请表；

2）消防设计文件；

3）依法需要办理建设工程规划许可的，应当提交建设工程规划许可文件；

4）依法需要批准的临时性建筑，应当提交批准文件。

需要进行特殊消防设计的建设工程，还应当同时提供特殊消防设计文件，或者设计采用的国际标准、境外消防技术标准的中文文本，以及其他有关消防设计的应用实例、产品说明等技术资料，专家评审论证材料。

根据《工作细则》第七条和第八条，消防设计文件应当包括：封面、扉页、设计文件目录、设计说明书、设计图纸。特殊消防设计技术资料包括：特殊消防设计文件（设计说明、设计图纸）；设计采用的国际标准、境外工程建设消防技术标准的原文及中文翻译文本；采用新技术、新工艺的，应提交新技术、新工艺的说明，采用新材料的，应提交产品说明，包括新材料的产品标准文本（包括性能参数等）；应用实例；建筑高度大于250m的建筑，除上述四项以外，还应当说明在符合国家工程建设消防技术标准的基础上，所采取的切实增强建筑火灾时自防自救能力的加强性消防设计措施。

除此以外，根据各省的具体实施办法或者规定，审查相应要求提交的资料。

(2) 消防设计文件审查

消防设计文件审查的要点，可以参照《建设工程消防设计审查规则》，主要包括10个单项：

1）建筑类别和耐火等级；

2）总平面布局和平面布置；

3）建筑防火构造；

4）安全疏散设施；

5）灭火救援设施；

6）消防给水和消防设施；

7）供暖、通风和空气调节系统防火；

8）消防用电及电气防火；

9）建筑防爆；

10）建筑装修防火。

每个单项内又有若干子项。例如，建筑类别和耐火等级单项内包含建筑类别、建筑耐火等级和建筑构件的燃烧性能和耐火极限3个子项。详见《建设工程消防设计审查规则》附录A“建设工程消防设计审查记录表”。每个子项内，根据各类国家工程建设消防技术标准，又有若干具体审查要点。详见《建设工程消防设计审查规则》附录B“建设工程消防设计审查要点”。

4.1.3 判定规则

(1) 资料审查判定

根据《暂行规定》第十八条，消防设计审查验收主管部门收到建设单位提交的消防设计审查申请后，对申请材料齐全的，应当出具受理凭证；申请材料不齐全的，应当一次性告知需要补正的全部内容。

(2) 消防设计文件审查判定

根据《工作细则》第十三条，消防设计技术审查符合下列条件的，结论为合格；不符合下列任意一项的，结论为不合格：

1）消防设计文件编制符合相应建设工程设计文件编制深度规定的要求；

2）消防设计文件内容符合国家工程建设消防技术标准强制性条文规定；

3）消防设计文件内容符合国家工程建设消防技术标准中带有“严禁”“必须”“应”“不应”“不得”要求的非强制性条文规定；

4）具有《暂行规定》第十七条情形之一的特殊建设工程，特殊消防设计技术资料通过专家评审。

(3) 综合评定

根据《暂行规定》第二十三条，对符合下列条件的，消防设计审查验收主管部门应当出具消防设计审查合格意见：

1）申请材料齐全、符合法定形式；

2）设计单位具有相应资质；

3）消防设计文件符合国家工程建设消防技术标准（具有本规定第十七条情形之一的特殊建设工程，特殊消防设计技术资料通过专家评审）。

4.2 建筑类别审查

4.2.1 审查要点

根据建筑物的使用性质、火灾危险性、疏散和扑救难度、建筑高度、建筑层数、单层建筑面积等要素，审查建筑物的分类和设计依据是否准确，具体审查以下内容：

(1) 根据生产中使用或产生的物质性质及数量，或储存物品的性质和可燃物数量等，审查工业建筑的火灾危险性类别是否准确；

(2) 根据使用功能、建筑高度、建筑层数、单层建筑面积，审查民用建筑的分类是否准确。

4.2.2 审查方法

通过查阅规划许可证和施工图设计说明，确定建筑的使用性质，对于工业建筑，确定建筑的火灾危险性类别。通过查阅施工图设计说明，结合建筑平面图和立面图，确定建筑的建筑高度、建筑层数、单层建筑面积、总建筑面积等参数。依据《建筑设计防火规范》或其他相关规范，通过建筑的使用性质、建筑高度、建筑层数、单层建筑面积、总建筑面积，确定建筑的建筑类别，进而可以确定建筑的适用标准，从而审查建筑的设计依据和采用标准是否准确。如图4-1所示。在执行标准时，要注意建筑消防安全是一项系统性工程，要根据建筑的功能和性质综合确定，不能简单、片面、有选择性的执行标准或条文，更不能采用要求低于国家标准的行业标准和地方标准。

4.2.3 审查实例

通过查阅施工图设计说明，如图4-2所示，结合规划许可证和建设单位告知情况，该

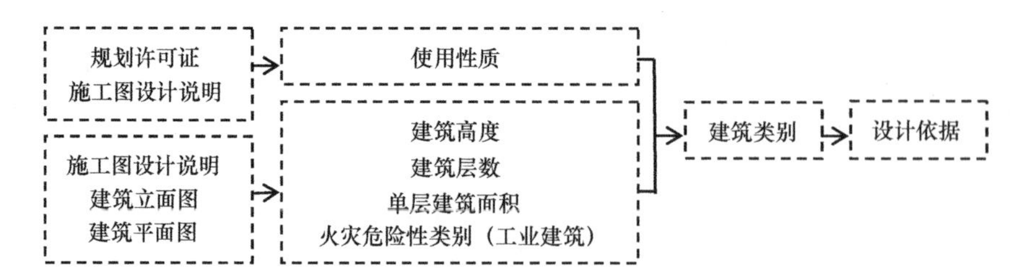

图 4-1 建筑类别确定步骤示意图

建筑使用性质为综合性商业建筑。结合平面图进一步可知，一至五层局部为商场，局部为酒店餐饮区和会议区，六层为桑拿浴室和游泳池，七至二十层为酒店客房，地下一层为汽车库兼作人防工程。

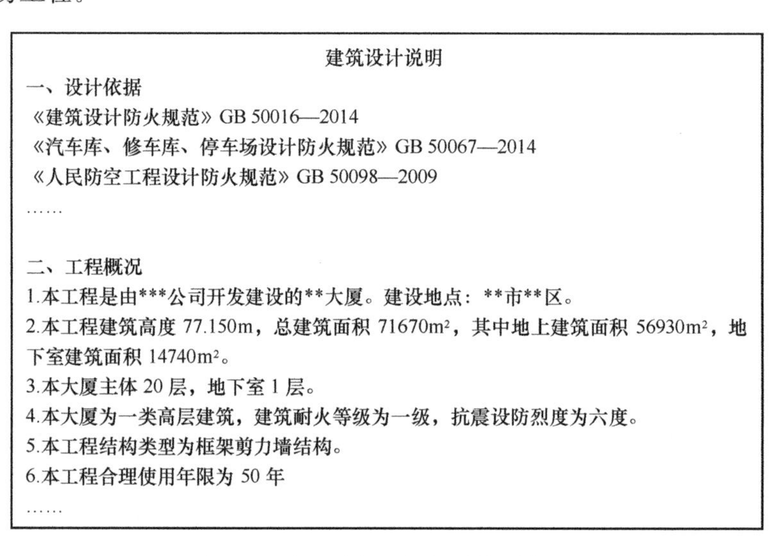

建筑设计说明

一、设计依据

《建筑设计防火规范》GB 50016—2014

《汽车库、修车库、停车场设计防火规范》GB 50067—2014

《人民防空工程设计防火规范》GB 50098—2009

……

二、工程概况

1.本工程是由***公司开发建设的**大厦。建设地点：**市**区。

2.本工程建筑高度 77.150m，总建筑面积 71670m²，其中地上建筑面积 56930m²，地下室建筑面积 14740m²。

3.本大厦主体 20 层，地下室 1 层。

4.本大厦为一类高层建筑，建筑耐火等级为一级，抗震设防烈度为六度。

5.本工程结构类型为框架剪力墙结构。

6.本工程合理使用年限为 50 年

……

图 4-2 某建筑施工图设计说明截图

通过查阅施工图设计说明，结合立面图和平面图，如图 4-3 和图 4-4 所示，可知建筑室外地坪标高为－0.100m，屋顶为平屋顶，屋面面层标高为 77.150m，依据《建筑设计防火规范》附录 A 建筑高度计算方法，该建筑高度为 77.250m。

结合平面图进一步可知，总层数、各层建筑面积和使用功能如表 4-1 所示。

各层建筑面积和使用功能 **表 4-1**

楼层	建筑面积（m^2）	使用功能
地下一层	15000	局部汽车库：2 层机械车位和普通车位，合计 418 个；局部设备用房；兼作人防工程
一层	7260	局部为商场，局部为酒店大堂
二层	7239	局部为商场，局部为酒店餐饮区
三层	5042	局部为商场，局部为酒店餐饮区
四层	5042	局部为商场，局部为酒店餐饮区
五层	4790	局部为商场，局部为酒店会议区

续表

楼层	建筑面积（m^2）	使用功能
设备层	1886	设备用房
六层	1886	桑拿浴室和游泳池
七至二十层	1886	酒店客房

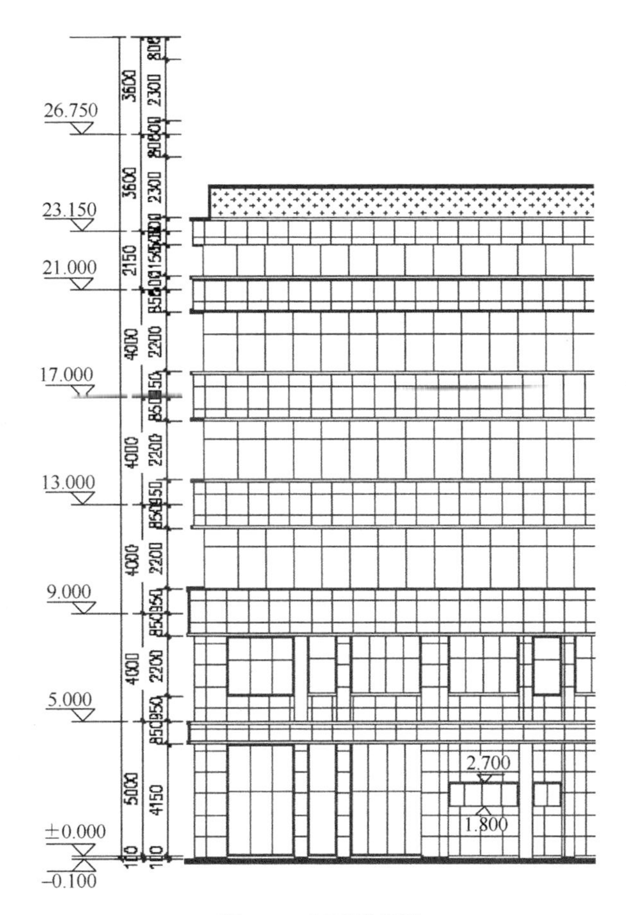

图 4-3　立面图截图

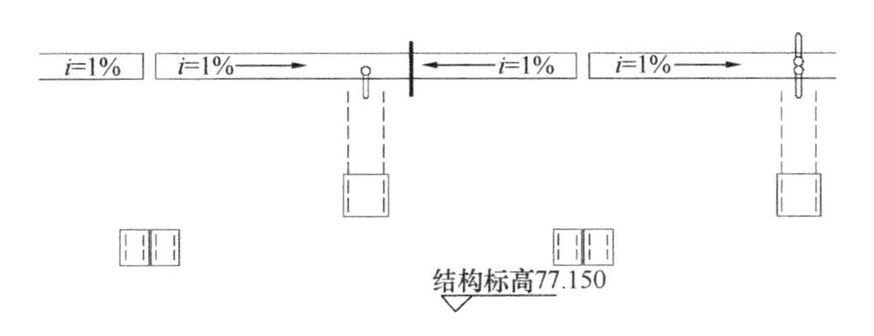

图 4-4　屋顶平面图截图

综合以上信息，依据《建筑设计防火规范》GB 50016—2014（2018 年版）第 5.1.1 条，如表 4-2 下划线所示条文，该建筑的建筑类别为一类高层公共建筑。依据《汽车库、修车库、停车场设计防火规范》GB 50067—2014 第 3.0.1 条，如表 4-3 所示，该建筑地下车库属于Ⅰ类汽车库。对照施工图设计说明中设计依据一栏，如图 4-2 所示，审查该建筑的设计依据和采用标准正确。

民用建筑的分类　　表 4-2

<table>
<tr><th rowspan="2">名称</th><th colspan="2">高层民用建筑</th><th rowspan="2">单层、多层民用建筑</th></tr>
<tr><th>一类</th><th>二类</th></tr>
<tr><td>住宅建筑</td><td>建筑高度大于 54m 的住宅建筑（包括设置商业服务网点的住宅建筑）</td><td>建筑高度大于 27m，但不大于 54m 的住宅建筑（包括设置商业服务网点的住宅建筑）</td><td>建筑高度不大于 27m 的住宅建筑（包括设置商业服务网点的住宅建筑）</td></tr>
<tr><td>公共建筑</td><td>1. 建筑高度大于 50m 的公共建筑；
2. 建筑高度 24m 以上部分任一楼层建筑面积大于 1000m²的商店、展览、电信、邮政、财贸金融建筑和其他多种功能组合的建筑；
3. 医疗建筑、重要公共建筑，独立建造的老年人照料设施；
4. 省级及以上的广播电视和防灾指挥调度建筑、网局级和省级电力调度建筑；
5. 藏书超过 100 万册的图书馆、书库</td><td>除一类高层公共建筑外的其他高层公共建筑</td><td>1. 建筑高度大于 24m 的单层公共建筑；
2. 建筑高度不大于 24m 的其他公共建筑</td></tr>
</table>

汽车库、修车库、停车场的分类　　表 4-3

<table>
<tr><th colspan="2">名称</th><th>Ⅰ</th><th>Ⅱ</th><th>Ⅲ</th><th>Ⅳ</th></tr>
<tr><td rowspan="2">汽车库</td><td>停车数量（辆）</td><td>>300</td><td>151～300</td><td>51～150</td><td>≤50</td></tr>
<tr><td>或总建筑面积（m²）</td><td>>10000</td><td>5001～10000</td><td>2001～5000</td><td>≤2000</td></tr>
<tr><td rowspan="2">修车库</td><td>车位数（个）</td><td>>15</td><td>6～15</td><td>3～5</td><td>≤2</td></tr>
<tr><td>或总建筑面积（m²）</td><td>>3000</td><td>1001～3000</td><td>501～1000</td><td>≤500</td></tr>
<tr><td>停车场</td><td>停车数量（辆）</td><td>>400</td><td>251～400</td><td>101～250</td><td>≤100</td></tr>
</table>

4.3 耐火等级审查

4.3.1 审查要点

审查建筑耐火等级确定是否准确，是否符合工程建设消防技术标准（规范）要求，具体审查以下内容：

（1）根据建筑的分类，审查建筑的耐火等级是否符合规范要求；

（2）民用建筑内特殊场所，如托儿所、幼儿园、医院等平面布置与建筑耐火等级之间的匹配关系。

4.3.2 审查方法

通过施工图设计说明，结合之前确定的建筑类别，审查耐火等级的选定是否正确。如果建筑内有一些特殊场所，如托儿所、幼儿园、医院等，还要审查耐火等级、建筑层数、防火分区、平面布置等的匹配关系是否正确。

例如，《建筑设计防火规范》GB 50016—2014（2018 年版）第 5.4.4 条“托儿所、幼儿园的儿童用房和儿童游乐厅等儿童活动场所宜设置在独立的建筑内，且不应设置在地下或半地下；当采用一、二级耐火等级的建筑时，不应超过 3 层；采用三级耐火等级的建筑时，不应超过 2 层；采用四级耐火等级的建筑时，应为单层；确需设置在其他民用建筑内时，应符合下列规定：1　设置在一、二级耐火等级的建筑内时，应布置在首层、二层或三层；2　设置在三级耐火等级的建筑内时，应布置在首层或二层；3　设置在四级耐火等级的建筑内时，应布置在首层”。如果建筑内有这类功能的场所，耐火等级与建筑层数要匹配。

4.3.3　审查实例

在建筑类别中，已经确定该建筑为一类高层公共建筑，依据《建筑设计防火规范》GB 50016—2014（2018 年版）第 5.1.3 条“民用建筑的耐火等级应根据其建筑高度、使用功能、重要性和火灾扑救难度等确定，并应符合下列规定：1 地下或半地下建筑（室）和一类高层建筑的耐火等级不应低于一级；2 单层、多层重要公共建筑和二类高层建筑的耐火等级不应低于二级”。该建筑耐火等级应采用一级。通过施工图设计说明可知，该建筑耐火等级为一级，如图 4-2 所示。因此，耐火等级的选定正确。

4.3.4　建筑构件的燃烧性能和耐火极限

施工图设计说明中建筑耐火等级的选定正确，并不代表耐火等级设计正确，还需要审查结构设计，即设计采用的建筑构件的燃烧性能和耐火极限是否能够到达相应的耐火等级的要求。审查建筑构件的燃烧性能和耐火极限是否符合规范要求，具体审查以下内容：

（1）建筑构件的燃烧性能和耐火极限是否达到建筑耐火等级的要求；

（2）当建筑物的建筑构件采用木结构、钢结构时，审查采用的防火措施是否与建筑物耐火等级匹配，是否符合规范要求。

4.3.5　审查方法

通过施工图设计说明、建筑施工做法及材料表、建筑结构图和建筑平面图，了解建筑结构类型，确定主要建筑构件的材料和尺寸，进而确定主要建筑构件的耐火极限和燃烧性能，再依据相关规范，审查建筑构件的耐火极限和燃烧性能是否达到相关规范对建筑耐火等级的要求。审查时还应注意：

（1）各建筑构配件的燃烧性能和耐火极限，既要满足工程建设消防技术标准的基本要求，还应满足消防技术标准和专业建筑设计规范中对特定构件、特定条件的专门要求。

（2）建筑结构类型、建筑材料、施工做法中涉及新技术、新材料、新工艺的，应按消防法规的要求组织专家评审。

（3）防火涂料、防火玻璃等建筑材料的技术参数，应符合相关产品（材料）技术标准的要求。

根据建筑构件的材料和尺寸，确定其燃烧性能和耐火极限时，往往难以直接认定，需要核对设计单位提供的相应技术文件，如权威测试与检验机构出具的测试报告，或比对相关规范、权威手册中列出的数据。例如，《建筑设计防火规范》GB 50016—2014（2018 年版）条文说明的附录中，列出了常用建筑构件材料和尺寸与其燃烧性能和耐火极限的关系。但是，不同构件和结构的制作方法、材料特性、截面尺寸、跨度、高径比、荷载比和保护层厚度以及保护方法均有差异，如果与上述数据不能一一对应，或不能按照 GB/T 9978 的要求外推时，需要经过火灾实验测试来确定。这要求设计单位在提交相关设计文件时，一并提供足够证明其设计可靠性的文件材料，并在套用有关规范所列数据时加以区别。特别是对于钢结构、预应力结构和结构节点部位，往往需要进行耐火保护设计，不同的耐火保护方法和材料耐火性能差异较大，需要特别注意。

4.3.6 审查实例

通过施工图设计说明、建筑施工做法及材料表、建筑结构图和建筑平面图，如图 4-5 和图 4-6 所示，得出主要建筑构件的材料和尺寸，再通过查阅《建筑设计防火规范》GB 50016—2014（2018 年版）条文说明的附录，得出主要建筑构件的燃烧性能和耐火极限，如表 4-4 所示。最后，依据《建筑设计防火规范》GB 50016—2014 第 5.1.2 条，如表 4-5 所示，确定该建筑主要构件和耐火极限达到了一级耐火等级。

结构设计说明

……

四、采用的主要结构材料

1.钢筋混凝土强度

名称	构件部位	强度等级	抗渗等级
基础、地板、地下室外墙		C35	P6
墙、柱	基础面~4.950	C45	
	4.950~23.100	C40	
	23.100~48.300	C35	
	48.300~结构顶	C30	
梁、板	基础面~48.300	C35	顶板与地下水接触部位抗渗等级 P6
	48.300~结构顶	C30	

2.钢筋

……

六、结构构造要求

1.本工程上部混凝土结构的环境类别为一类，基础地下室和上部卫生间、厨房环境类别为二类，结构构件纵向受力主筋保护层厚度除特别注明外，一般按下表处理：

……

图 4-5　某建筑结构施工图设计说明

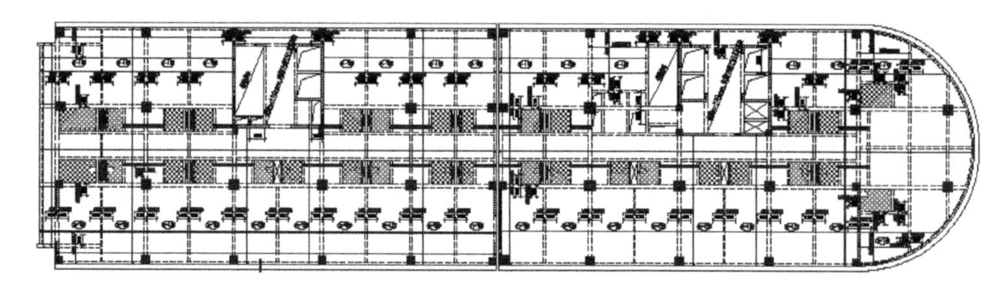

图 4-6　建筑结构平面图

案例主要建筑构件的燃烧性能和耐火极限　　表 4-4

主要构件	设计选材	耐火极限（h）	规范要求耐火极限（h）
防火墙	200mm 厚混凝土空心砌块 240mm 厚泥土砖	大于 8.00	不燃烧体 3.00
承重墙、楼梯间的墙	200mm 厚混凝土空心砌块	大于 8.00	不燃烧体 2.00
电梯井壁隔墙	200mm 厚钢筋混凝土墙	大于 3.50	不燃烧体 2.00
非承重外墙	200mm 厚混凝土空心砌块	大于 8.00	不燃烧体 1.00
疏散走道两侧隔墙	150mm 厚混凝土空心砌块	大于 5.75	不燃烧体 1.00
房间隔墙	150mm 厚混凝土空心砌块	大于 5.75	不燃烧体 0.75
柱	800mm×800mm 钢筋混凝土柱	大于 5.00	不燃烧体 3.00
梁	钢筋混凝土保护层 2.5cm 厚	大于 2.00	不燃烧体 2.00
楼板、疏散楼梯、 屋顶承重构件	100～150mm 厚钢筋混凝土 保护层 2.0cm 厚	大于 1.50	不燃烧体 1.50
吊顶	—	—	不燃烧体 0.25

不同耐火等级建筑相应构件的燃烧性能和耐火极限（单位：h）　　表 4-5

构件名称		耐火等级			
		一级	二级	三级	四级
墙	防火墙	不燃性 3.00	不燃性 3.00	不燃性 3.00	不燃性 3.00
	承重墙	不燃性 3.00	不燃性 2.50	不燃性 2.00	难燃性 0.50
	非承重外墙	不燃性 1.00	不燃性 1.00	不燃性 0.50	可燃性
	楼梯间和前室的墙、电梯井的墙住宅建筑单元之间的墙和分户墙	不燃性 2.00	不燃性 2.00	不燃性 1.50	难燃性 0.50
	疏散走道两侧的隔墙	不燃性 1.00	不燃性 1.00	不燃性 0.50	难燃性 0.25
	房间隔墙	不燃性 0.75	不燃性 0.50	难燃性 0.50	难燃性 0.25
柱		不燃性 3.00	不燃性 2.50	不燃性 2.00	难燃性 0.50
梁		不燃性 2.00	不燃性 1.50	不燃性 1.00	难燃性 0.50
楼板		不燃性 1.50	不燃性 1.00	不燃性 0.50	可燃性
屋顶承重构件		不燃性 1.50	不燃性 1.00	可燃性 0.50	可燃性
疏散楼梯		不燃性 1.50	不燃性 1.00	不燃性 0.50	可燃性
吊顶（包括吊顶搁栅）		不燃性 0.25	难燃性 0.25	难燃性 0.15	可燃性

4.4　总平面布局

总平面布局需要审查工程选址和防火间距是否符合规范要求。

4.4.1　工程选址

审查要点：审查火灾危险性大的石油化工企业、烟花爆竹工厂、石油天然气工程、钢铁企业、发电厂与变电站、加油加气站等工程选址以及民用建筑选址是否符合规范要求。

(1) 民用建筑的工程选址

为确保建筑总平面布局的消防安全，在建筑设计阶段要合理进行总平面布置。《建规》5.2.1条规定，在总平面布局中，应合理确定建筑的位置、防火间距、消防车道和消防水源等，不宜将民用建筑布置在甲、乙类厂（库）房，甲、乙、丙类液体储罐，可燃气体储罐和可燃材料堆场的附近，从根本上防止和减少火灾危险性大的建筑发生火灾时对民用建筑的影响。

(2) 工业建筑的工程选址

由于各类生产的千差万别，各种工业建筑的特点和火灾危险性也有很大区别。因此，对工业建筑总平面布局的要求比民用建筑更复杂。首先要考虑周围环境，既要保证工业建筑厂房、库房本身的安全，又要保证相邻建筑的安全；除此以外，还要考虑厂房、库房选址的地形条件和主导风向，并处理好与消防车道和水源的关系。

1）周围环境

① 装卸设施设置在储罐区内或距离储罐区较近，当储罐发生泄漏、有汽车出入或进行装卸作业时，存在爆燃引发火灾的危险。因此，这些场所在设计时应首先考虑按功能进行分区，储罐与其装卸设施及辅助管理设施分开布置，以便采取隔离措施和实施管理。审查时应注意，对于生产、储存和装卸易燃易爆危险物品的工厂、仓库和车站、码头，必须设置在城市的边缘或者相对独立的安全地带。

依据：《建规》4.1.4规定，甲、乙、丙类液体储罐区，液化石油气储罐区，可燃、助燃气体储罐区和可燃材料堆场，应与装卸区、辅助生产区及办公区分开布置。

② 液化石油气泄漏时的气化体积大、扩散范围大，并易积聚引发较严重的灾害。除在选址要综合考虑外，还需考虑采取尽量避免和减少储罐爆炸或泄漏对周围建筑物产生危害的措施。

依据：《建规》4.1.3规定，液化石油气储罐组或储罐区的四周应设置高度不小于1.0m的不燃性实体防护墙。

③ 易燃易爆气体及液体的充装站、供应站、调压站，应当设置在合理位置，符合防火防爆要求。

依据：《建规》3.4.9规定，一级汽车加油站、一级汽车加气站和一级汽车加油加气合建站不应布置在城市建成区内。

2）地势条件

建筑选址时，还要充分考虑和利用自然地形、地势条件，有利于保障城市、居住区的安全。甲、乙、丙类液体仓库，宜布置在地势较低的地方，以免对周围环境造成火灾威胁；若必须布置在地势较高处，则应采取一定的防火措施（如设能截挡全部流散液体的防火堤）。乙炔站等遇水产生可燃气体会发生火灾爆炸的工业企业，严禁布置在易被水淹没的地方。对于爆炸物品仓库，宜优先利用地形，如选择多面环山、附近没有建筑物的地方，以减少爆炸时的危害。

依据《建规》4.1.1规定，甲、乙、丙类液体储罐区，液化石油气储罐区，可燃、助燃气体储罐区和可燃材料堆场等，应布置在城市（区域）的边缘或相对独立的安全地带。

当布置在地势较高的地带时，应采取安全防护设施。

3）主导风向

散发可燃气体、可燃蒸汽和可燃粉尘的车间、装置等，宜布置在明火或散发火花地点的常年主导风向的下风向或侧风向。液化石油气储罐（区）宜布置在地势平坦、开阔等不易积存液化石油气的地带。液化石油气储罐区宜布置在本单位或本地区全年最小频率风向的上风侧，并选择通风良好的地点独立设置。易燃材料的露天堆场宜设置在天然水源充足的地方，并宜布置在本单位或本地区全年最小频率风向的上风侧。

依据《建规》4.1.1 规定，甲、乙、丙类液体储罐区，液化石油气储罐区，可燃、助燃气体储罐区和可燃材料堆场等，应布置在城市（区域）的边缘或相对独立的安全地带，并宜布置在城市（区域）全年最小频率风向的上风侧。

甲、乙、丙类液体储罐（区）宜布置在地势较低的地带。当布置在地势较高的地带时，应采取安全防护设施。

液化石油气储罐（区）宜布置在地势平坦、开阔等不易积存液化石油气的地带。

4.4.2　防火间距

为了防止着火建筑在一定时间内引燃相邻建筑，并便于消防扑救，在建筑之间需要设置适当的防火间距。

建筑物之间的防火间距，按照相邻建筑外墙之间的最近水平距离来计算。当外墙有凸出的可燃或难燃构件（比如可燃挑檐）时，应从凸出部分的外缘算起，如图 4-7 所示。

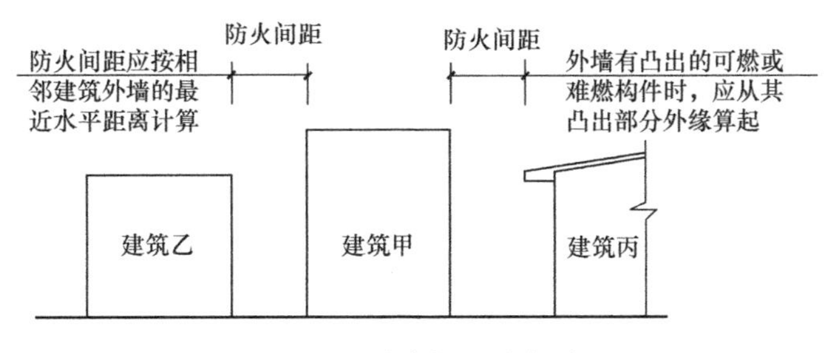

图 4-7　防火间距示意图

审查要点：根据建筑类别审查防火间距是否符合规范的要求；审查不同类别的建筑之间，U 形或山形建筑的两翼之间、成组布置的建筑之间的防火间距是否符合规范要求；审查加油加气站，石油化工企业、石油天然气工程、石油库等建设工程与周围居住区，相邻厂矿企业、设施以及建设工程内部的建筑物、构筑物、设施之间的防火间距是否符合规范要求。

（1）民用建筑的防火间距

1）一般规定

① 民用建筑之间的防火间距不应小于表 4-6 的规定，与其他建筑的防火间距，除应符合本节规定外，尚应符合相关规定。耐火等级低于四级的既有建筑，其耐火等级可按四级确定。相邻建筑通过底部的建筑物、连廊或天桥等连接时，其间距不应小于表 4-6 的规定，示意图如图 4-8 所示。

民用建筑之间的防火间距（单位：m） **表 4-6**

建筑类别		高层民用建筑	裙房和其他民用建筑		
		一、二级	一、二级	三级	四级
高层民用建筑	一、二级	13	9	11	14
裙房和其他民用建筑	一、二级	9	6	7	9
	三级	11	7	8	10
	四级	14	9	10	12

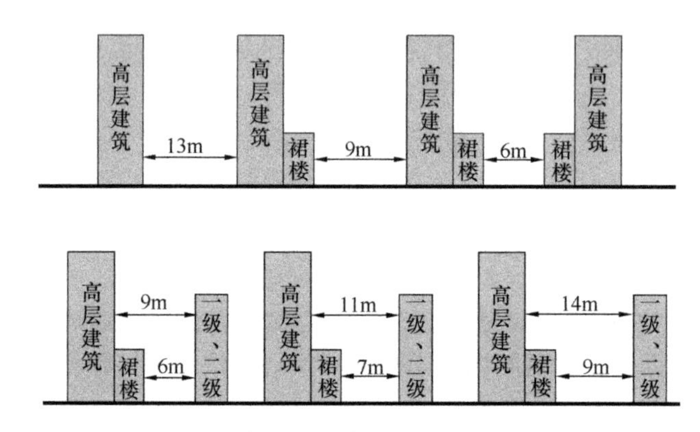

图 4-8 高层民用建筑防火间距示意图

如图 4-9 所示，为某学校的图书馆建筑。图书馆的北面是礼堂，东面是食堂，西面和南面均为空地，图书馆、礼堂和食堂均为二级耐火等级的单层、多层民用建筑。

从表 4-6 可知，二级耐火等级的单、多层民用建筑之间防火间距要求为 6m。

由图可知，图书馆与北侧礼堂的实际距离为 24.76m，图书馆与东侧食堂的距离为

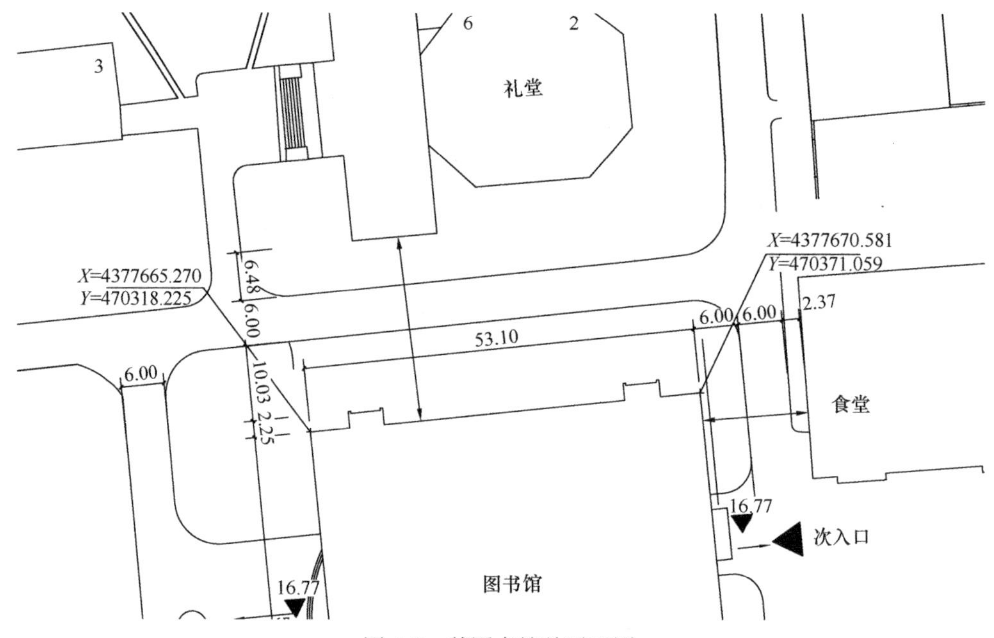

图 4-9 某图书馆总平面图

14.37m，满足 6m 的要求。

② 建筑高度大于 100m 的民用建筑与相邻建筑的防火间距，严格按照表 4-6 执行。即使当符合《建规》第 3.4.5 条、第 3.5.3 条、第 4.2.1 条和第 5.2.2 条允许减小的条件时，仍不应减小。

③ 民用建筑与室外变、配电站的防火间距，应符合《建规》第 3.4.1 条有关规定。但单独建造的终端变电站与民用建筑之间的防火间距，应根据变电站的耐火等级按表 4-6 执行。民用建筑与 10kV 以下的火预装式变电站的防火间距不应小于 3m。

④ 民用建筑与燃油、燃气或燃煤锅炉房的防火间距，应符合《建规》3.4.1 条有关丁类厂房的规定。单台蒸汽锅炉的蒸发量不大于 4t/h 或单台热水锅炉的额定热功率不大于 2.8MW 的燃煤锅炉房与民用建筑的防火间距，可根据锅炉房的耐火等级按表 4-6 执行。

⑤ 民用建筑与燃气调压站、液化石油气气化站或混气站、城市液化石油气供应站瓶库等的防火间距，应符合《城镇燃气设计规范》GB 50028—2006（2020 年版）的规定。

2）特殊要求

① 防火间距可适当减小的情况

根据建筑间火灾蔓延的原理，当建筑外部或内部采取一定措施，减少建筑发生火灾后的热辐射强度，或为接受热辐射的建筑外部提供保护，可以降低建筑间火灾蔓延的风险。因此，在满足一定条件下，防火间距可以适当缩小。即当建筑受周围空间限制，防火间距小于表 4-6 规定值时，可以采用一定措施，满足一定条件，达到规范要求。

a. 相邻两座单层、多层建筑，当相邻外墙为不燃性墙体且无外露的可燃性屋檐，每面外墙上无防火保护的门、窗、洞口不正对开设，且该门、窗、洞口的面积之和不大于外墙面积的 5%时，其防火间距可按表 4-6 的规定减少 25%。

b. 相邻两座建筑中较低一座建筑的耐火等级不低于二级，相邻较低一面外墙为防火墙且屋顶无天窗，屋顶的耐火极限不低于 1.00h 时，其防火间距不应小于 3.5m；对于高层建筑，不应小于 4m。

c. 相邻两座建筑中较低一座建筑的耐火等级不低于二级且屋顶无天窗，相邻较高一面外墙高出较低一座建筑的屋面 15m 及以下范围内的开口部位设置甲级防火门、窗，或设置符合现行国家标准《自动喷水灭火系统设计规范》GB 50084 规定的防火分隔水幕或《建规》第 6.5.3 条规定的防火卷帘时，其防火间距不应小于 3.5m；对于高层建筑，不应小于 4m。

② 防火间距可不限情况

a. 两座建筑相邻较高一面外墙为防火墙，或高出相邻较低一座一级、二级耐火等级建筑的屋面 15m 及以下范围内的外墙为防火墙时，其防火间距不限。

b. 相邻两座高度相同的一级、二级耐火等级建筑中相邻任一侧外墙为防火墙，屋顶的耐火极限不低于 1.00h 时，其防火间距不限。

③ 成组布置的建筑物

除高层民用建筑外，数座一级、二级耐火等级的住宅建筑或办公建筑，当建筑物的占地面积总和不大于 2500m² 时，可成组布置，但组内建筑物之间的间距不宜小于 4m。组与组或组与相邻建筑物的防火间距不应小于表 4-6 的规定。

(2) 工业建筑之间的防火间距

工业建筑之间及其与民用建筑之间的防火间距要求，与民用建筑的要求在形式上类似，但一般情况下比民用建筑的要求更高、更复杂，这是由于工业建筑的火灾特点决定的。一方面，工业建筑一旦发生火灾，危害范围较大，为了防止对其周围建筑构成危害，采用较大的防火间距；另一方面，很多工业建筑中涉及的原材料、产品、工艺、储存物质等容易被引燃，为了防止周围点火源对工业建筑构成危害，采用较大的防火间距。同时，工业建筑由于厂房和仓库之间的火灾危险性差异很大，各种生产工艺、原材料、产品的火灾危险性差异也很大，使得对工业建筑防火间距的要求更为复杂。

1）一般规定

① 厂房

a. 厂房之间及与乙、丙、丁、戊类仓库、民用建筑等的防火间距不应小于《建规》表 3.4.1 的规定。

b. 甲类厂房与重要公共建筑的防火间距不应小于 50m，与明火或散发火花地点的防火间距不应小于 30m，与单层、多层民用建筑的防火间距不小于 25m。

c. 乙类厂房与重要公共建筑的防火间距不宜小于 50m，与明火或散发火花地点的防火间距不宜小于 30m，与单层、多层民用建筑的防火间距不小于 25m。

d. 架空电力线与甲、乙类厂房最近水平距离不应小于电杆高度的 1.5 倍。

e. 厂区围墙与厂区内建筑的间距不宜小于 5m，围墙两侧建筑的间距应满足相应建筑的防火间距要求。

② 仓库

a. 甲类仓库火灾危险性大，发生火灾后对周边建筑的影响范围广，有关防火间距要严格控制，作单独规定。甲类仓库之间及与其他建筑、明火或散发火花地点、铁路、道路等的防火间距不应小于《建规》表 3.5.1 的规定。

b. 甲类仓库之间的防火间距，当第 3、4 项物品储量不大于 2t，第 1、2、5、6 项物品储量不大于 5t 时，不应小于 12m。

c. 甲类仓库与高层仓库的防火间距不应小于 13m。

d. 甲类仓库与高层民用建筑、重要公共建筑的防火间距不小于 50m。

e. 除另有规定外，乙、丙、丁、戊类仓库之间及与民用建筑的防火间距，不应小于《建规》表 3.5.2 的规定。

f. 除乙类第 6 项物品外的乙类仓库，与民用建筑的防火间距不宜小于 25m，与重要公共建筑的防火间距不应小于 50m，与铁路、道路等的防火间距不宜小于《建规》表 3.5.1 中甲类仓库与铁路、道路等的防火间距。

③ 甲、乙、丙类液体储罐区

a. 甲、乙、丙类液体储罐区和乙、丙类液体桶装堆场与其他建筑的防火间距，不应小于《建规》4.2.1 条的规定。

b. 甲、乙、丙类液体储罐之间的防火间距不应小于《建规》4.2.2 条的规定。

2）特殊要求

① 防火间距可适当放宽的条件

a. 与民用建筑类似，厂房在满足一定条件下，防火间距可以适当减小；规模较小、火灾危险性较小的厂房可以成组布置。两座丙、丁、戊类厂房相邻两面外墙均为不燃性墙体，当无外露的可燃性屋檐，每面外墙上的门、窗、洞口面积之和各不大于外墙面积的5%，且门、窗、洞口不正对开设时，其防火间距可按表 4-6 的规定减少 25%。

b. 两座一级、二级耐火等级的厂房，当相邻较低一面外墙为防火墙且较低一座厂房的屋顶无天窗，屋顶的耐火极限不低于 1.00h，或相邻较高一面外墙的门、窗等开口部位设置甲级防火门、窗或防火分隔水幕或按《建规》第 6.5.3 条的规定设置防火卷帘时，甲、乙类厂房之间的防火间距不应小于 6m；丙、丁、戊类厂房之间的防火间距不应小于 4m。

c. 丙、丁、戊类厂房与民用建筑的耐火等级均为一级、二级时，丙、丁、戊类厂房与民用建筑的防火间距可适当减小，但应符合下列规定：相邻较低一面外墙为防火墙，且屋顶无天窗或洞口，屋顶的耐火极限不低于 1.00h，或相邻较高一面外墙为防火墙，且墙上开口部位采取了防火措施，其防火间距可适当减小，但不应小于 4m。

d. 丁、戊类仓库与民用建筑的耐火等级均为一级、二级时，仓库与民用建筑的防火间距可适当减小，但应符合下列规定：相邻较低一面外墙为防火墙，且屋顶无天窗或洞口、屋顶耐火极限不低于 1.00h，或相邻较高一面外墙为防火墙，且墙上开口部位采取了防火措施，其防火间距可适当减小，但不应小于 4m。

② 防火间距不限的条件

a. 两座厂房相邻较高一面外墙为防火墙，或相邻两座高度相同的一级、二级耐火等级建筑中，相邻任一侧外墙为防火墙且屋顶的耐火极限不低于 1.00h 时，其防火间距不限，但甲类厂房之间不应小于 4m。

b. 丙、丁、戊类厂房与民用建筑的耐火等级均为一级、二级时，当较高一面外墙为无门、窗、洞口的防火墙，或比相邻较低一座建筑屋面高 15m 及以下范围内的外墙为无门、窗、洞口的防火墙时，其防火间距不限。

c. 两座仓库相邻较高一面外墙为防火墙，或相邻两座高度相同的一级、二级耐火等级建筑中，相邻任一侧外墙为防火墙且屋顶的耐火极限不低于 1.00h，且总占地面积不大于《建规》3.3.2 条规定的一座仓库的最大允许占地面积时，其防火间距不限。

d. 丁、戊类仓库与民用建筑的耐火等级均为一级、二级时，当较高一面外墙为无门、窗、洞口的防火墙，或比相邻较低一座建筑屋面高 15m 及以下范围内的外墙为无门、窗、洞口的防火墙时，其防火间距不限。

③ 同一座“U”形或“山”形厂房中相邻两翼之间的防火间距

同一座“U”形或“山”形厂房中相邻两翼之间的防火间距，不宜小于表 4-6 的规定，但当厂房的占地面积小于《建规》第 3.3.1 条规定的每个防火分区最大允许建筑面积时，其防火间距可为 6m。

④ 成组布置的建筑物

除高层厂房和甲类厂房外，其他类别的数座厂房占地面积之和小于《建规》第 3.3.1 条规定的防火分区最大允许建筑面积（按其中较小者确定，但防火分区的最大允许建筑面积不限者，不应大于 10000m^2）时，可成组布置。当厂房建筑高度不大于 7m 时，组内厂房之间的防火间距不应小于 4m；当厂房建筑高度大于 7m 时，组内厂房之间的防火间距不应小于 6m。

组与组或组与相邻建筑的防火间距，应根据相邻两座建筑中耐火等级较低的建筑按《建规》3.4.1 条的规定确定。

参 考 文 献

[1] 中华人民共和国公安部. 自动喷水灭火系统施工及验收规范 GB 50261—2017[S]. 北京：中国计划出版社，2017.

4.5 平面布置审查

4.5.1 平面布置

审查要点：根据建筑类别审查建筑平面布置是否符合规范要求，具体审查工业建筑内的高火灾危险性部位、中间仓库、总控制室、员工宿舍、办公室、休息室等场所的布置位置是否符合规范要求；汽车库、修车库的平面布置是否符合规范要求；建筑内油浸变压器室、多油开关室、高压电容器室、柴油发电机房、锅炉房、歌舞娱乐放映游艺场所、托儿所、幼儿园的儿童用房、老年人照料设施、儿童活动场所等的布置位置、厅室建筑面积等是否符合规范要求；消防控制室、消防水泵房的布置是否符合规范要求。

(1) 平面布置规定的内容

建筑的平面布置主要是用平面的方式表示建筑物内各个空间的布置和安排。建筑的平面布置应结合使用功能和安全疏散要求等合理布置。为了保障相关场所人员安全，防止火灾对其他区域构成威胁，我国规范对其进行的要求如图 4-10 所示。

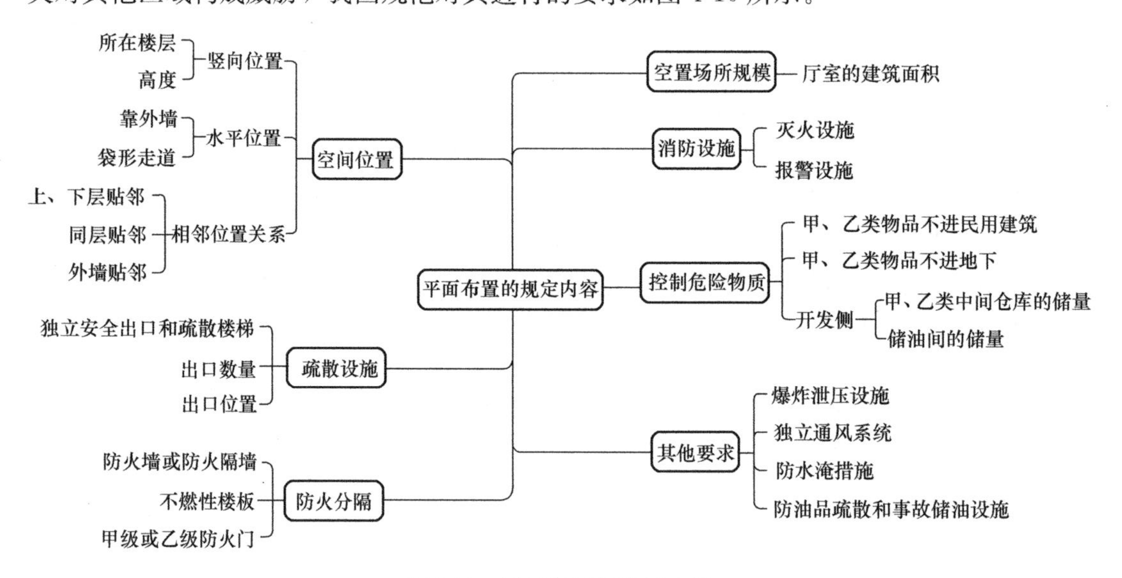

图 4-10 平面布置规定的内容

1）场所的空间位置，包括垂直位置（所在楼层和高度）、水平位置（是否靠外墙布置）及与其他场所的位置关系（是否贴邻布置）；

2）场所是否有独立的安全出口和疏散楼梯，以及出口或疏散方向的个数；

3）场所与其他部位的防火分隔；

4）场所的规模；

5）场所内是否安装自动灭火系统和自动报警系统；

6）场所内物品火灾危险性和储量。

(2) 平面布置分类

建筑平面布置的分类如图4-11所示。

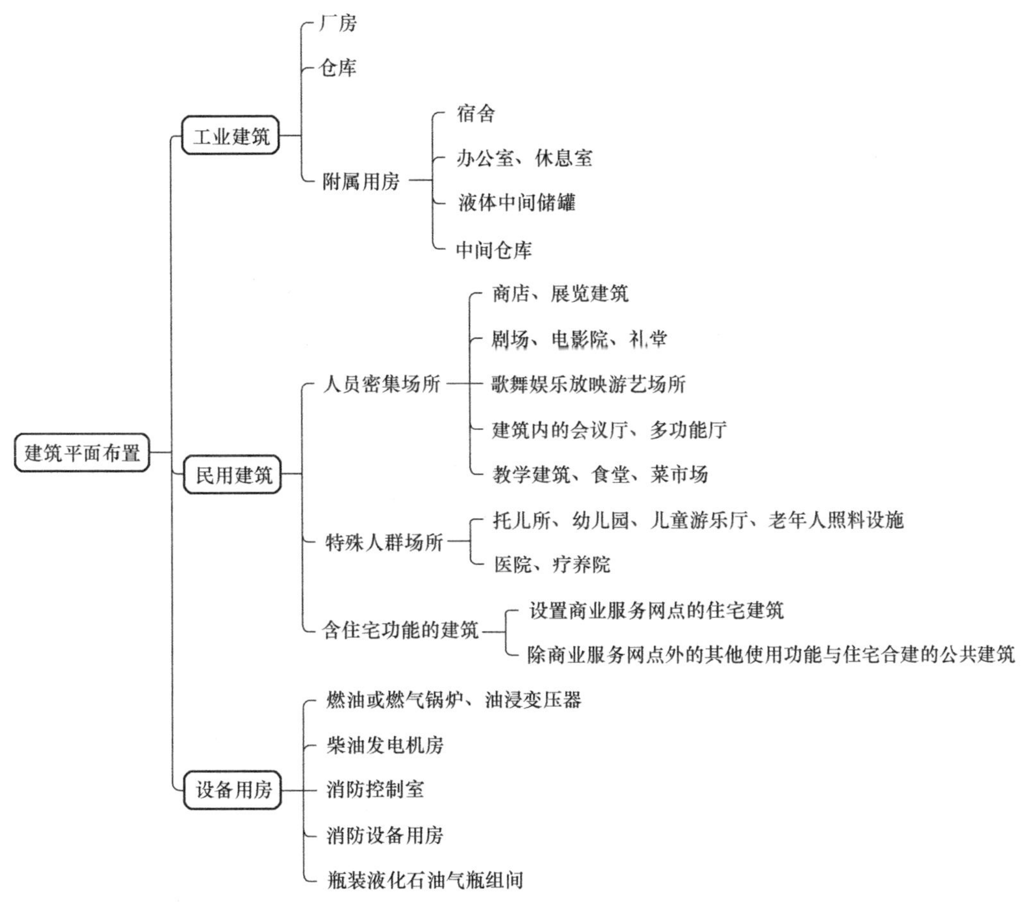

图4-11 平面布置分类

(3) 民用建筑

1）商店、营业厅、展览厅

① 商店建筑、展览建筑采用三级耐火等级建筑时，不应超过2层；采用四级耐火等级建筑时，应为单层。

② 营业厅、展览厅设置在三级耐火等级的建筑内时，应布置在首层或二层；设置在四级耐火等级的建筑内时，应布置在首层。

③ 营业厅、展览厅不应设置在地下三层及以下楼层。地下或半地下营业厅、展览厅不应经营、储存和展示甲、乙类火灾危险性物品。

2）剧场、电影院、礼堂

① 剧场、电影院、礼堂宜设置在独立的建筑内；

② 采用三级耐火等级建筑时，不应超过2层；

③ 确需设置在其他民用建筑内时，至少应设置1个独立的安全出口和疏散楼梯，并应符合下列规定：

a. 应采用耐火极限不低于2.00h的防火隔墙和甲级防火门与其他区域分隔；

b. 设置在一级、二级耐火等级的建筑内时，观众厅宜布置在首层、二层或三层；确需布置在四层及以上楼层时，一个厅、室的疏散门不应少于2个，且每个观众厅的建筑面积不宜大于400m^2；

c. 设置在三级耐火等级的建筑内时，不应布置在三层及以上楼层；

d. 设置在地下或半地下时，宜设置在地下一层，不应设置在地下三层及以下楼层；

e. 设置在高层建筑内时，应设置火灾自动报警系统及自动喷水灭火系统等自动灭火系统。

3）歌舞娱乐放映游艺场所

歌舞厅、录像厅、夜总会、卡拉OK厅（含具有卡拉OK功能的餐厅）、游艺厅（含电子游艺厅）、桑拿浴室（不包括洗浴部分）、网吧等歌舞娱乐放映游艺场所（不含剧场、电影院）的布置应符合下列规定：

a. 不应布置在地下二层及以下楼层；

b. 宜布置在一级、二级耐火等级建筑内的首层、二层或三层的靠外墙部位；

c. 不宜布置在袋形走道的两侧或尽端；

d. 确需布置在地下一层时，地下一层的地面与室外出入口地坪的高差不应大于10m；

e. 确需布置在地下或四层及以上楼层时，一个厅、室的建筑面积不应大于200m^2；

f. 厅、室之间及与建筑的其他部位之间，应采用耐火极限不低于2.00h的防火隔墙和1.00h的不燃性楼板分隔，设置在厅、室墙上的门和该场所与建筑内其他部位相通的门均应采用乙级防火门。

4）建筑的会议厅、多功能厅

① 建筑内的会议厅、多功能厅等人员密集的场所，宜布置在首层、二层或三层。

② 设置在三级耐火等级的建筑内时，不应布置在三层及以上楼层。确需布置在一级、二级耐火等级建筑的其他楼层时，应符合下列规定：

a. 一个厅、室的疏散门不应少于2个，且建筑面积不宜大于400m^2；

b. 设置在地下或半地下时，宜设置在地下一层，不应设置在地下三层及以下楼层；

c. 设置在高层建筑内时，应设置火灾自动报警系统和自动喷水灭火系统等自动灭火系统。

如图4-12所示，某高层综合楼的宴会厅设在四层，共有三个疏散门。

宴会厅开间：横轴间距离为8400mm，因此宴会厅开间为25200mm，大约25m。

宴会厅进深：纵向从E轴到J轴，2100＋5100＋8400＋8300＋6500＝30400mm，大约30m。

$25m \times 30m = 750m^2 > 400m^2$，所以面积不符合要求。

5）教学建筑、食堂、菜市场

教学建筑、食堂、菜市场采用三级耐火等级建筑时，不应超过2层；采用四级耐火等

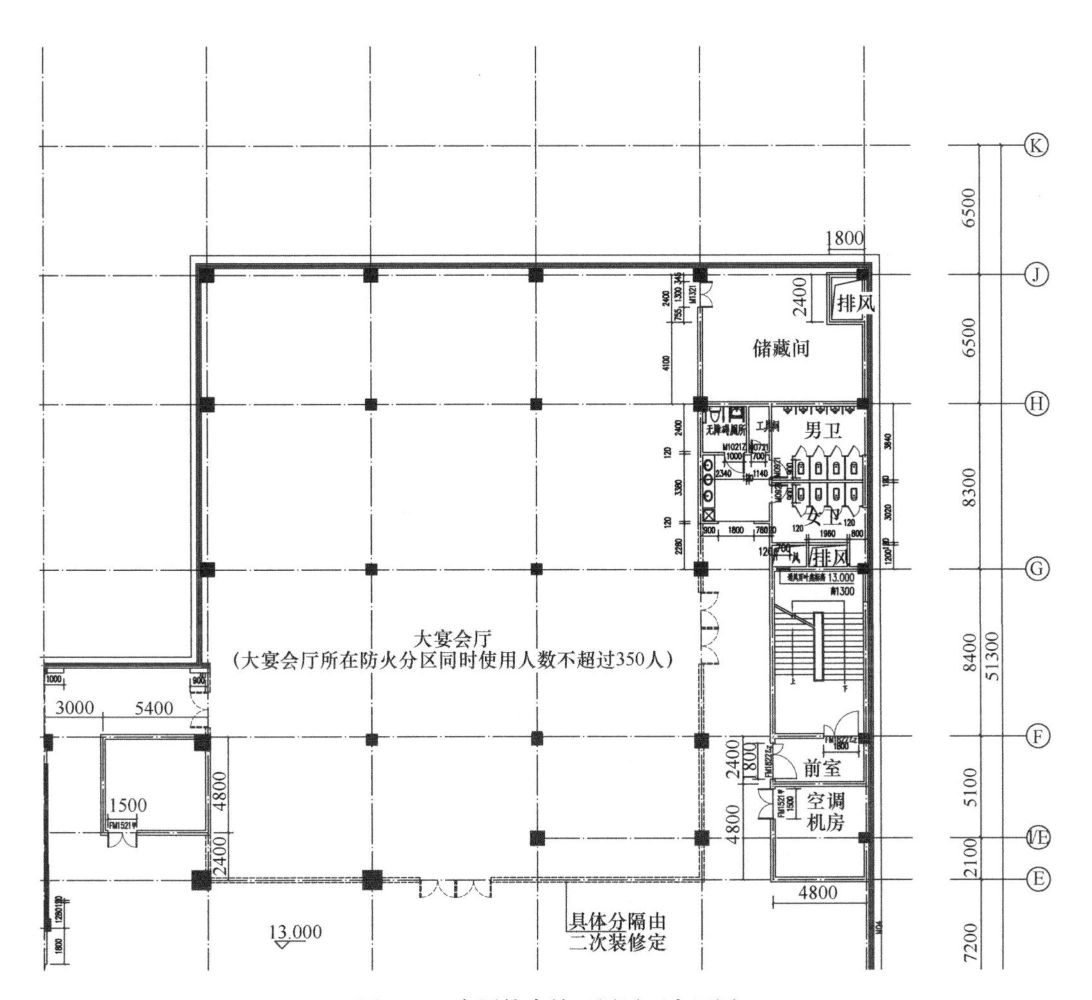

图 4-12　高层综合楼四层平面布置图

级建筑时，应为单层；设置在三级耐火等级的建筑内时，应布置在首层或二层；设置在四级耐火等级的建筑内时，应布置在首层。

6）托儿所、幼儿园的儿童用房、儿童游乐厅及老年人照料设施

① 托儿所、幼儿园的儿童用房和儿童游乐厅等儿童活动场所宜设置在独立的建筑内，且不应设置在地下或半地下。

② 托儿所、幼儿园的儿童用房和儿童游乐厅等儿童活动场所当采用一级、二级耐火等级的建筑时，不应超过 3 层；采用三级耐火等级的建筑时，不应超过 2 层；采用四级耐火等级的建筑时，应为单层；确需设置在其他民用建筑内时，应符合下列规定：

a. 设置在一级、二级耐火等级的建筑内时，应布置在首层、二层或三层；

b. 设置在三级耐火等级的建筑内时，应布置在首层或二层；

c. 设置在四级耐火等级的建筑内时，应布置在首层；

d. 设置在高层建筑内时，应设置独立的安全出口和疏散楼梯；

e. 设置在单层、多层建筑内时，宜设置独立的安全出口和疏散楼梯。

③ 老年人照料设施宜独立设置。

④ 当老年人照料设施与其他建筑上、下组合时，老年人照料设施宜设置在建筑的下部，并应符合下列规定：

a. 老年人照料设施部分的建筑层数、建筑高度或所在楼层位置的高度应符合《建规》5.3.1A条的规定；

b. 老年人照料设施部分应与其他场所进行防火分隔，防火分隔应符合《建规》6.2.2条的规定。

⑤ 当老年人照料设施中的老年人公共活动用房、康复与医疗用房设置在地下、半地下时，应设置在地下一层，每间用房的建筑面积不应大于200m²且使用人数不应大于30人。

⑥ 老年人照料设施中的老年人公共活动用房、康复与医疗用房设置在地上四层及以上时，每间用房的建筑面积不应大于200m²且使用人数不应大于30人。

7）医院、疗养院

① 医院和疗养院的住院部分不应设置在地下或半地下。

② 医院和疗养院的住院部分采用三级耐火等级建筑时，不应超过2层；采用四级耐火等级建筑时，应为单层；设置在三级耐火等级的建筑内时，应布置在首层或二层；设置在四级耐火等级的建筑内时，应布置在首层。

③ 医院和疗养院的病房楼内相邻护理单元之间应采用耐火极限不低于2.00h的防火隔墙分隔，隔墙上的门应采用乙级防火门，设置在走道上的防火门应采用常开防火门。

8）设置商业服务网点的住宅建筑

商业服务网点是指设置在住宅建筑的首层或首层及二层，采用耐火极限不低于2.00h且无门、窗、洞口的防火隔墙相互分隔，每个分隔单元建筑面积不大于300m²的商店、邮政所、储蓄所、理发店等小型营业性用房。商业服务网点和其他使用功能场所规模不同，火灾危险性不同，因此与住宅部分的防火分隔要求各不相同，后者严于前者。

① 设置商业服务网点的住宅建筑，其居住部分与商业服务网点之间应采用耐火极限不低于2.00h且无门、窗、洞口的防火隔墙和耐火极限不低于1.50h的不燃性楼板完全分隔，住宅部分和商业服务网点部分的安全出口和疏散楼梯应分别独立设置。

② 商业服务网点中每个分隔单元之间应采用耐火极限不低于2.00h且无门、窗、洞口的防火隔墙相互分隔，当每个分隔单元任一层建筑面积大于200m²时，该层应设置2个安全出口或疏散门。每个分隔单元内的任一点至最近直通室外的出口的直线距离不应大于《建规》表5.5.17中有关多层其他建筑位于袋形走道两侧或尽端的疏散门至最近安全出口的最大直线距离。室内楼梯的距离可按其水平投影长度的1.50倍计算。

9）除商业服务网点外，其他使用功能与住宅合建的公共建筑

除商业服务网点外，住宅建筑与其他使用功能的建筑合建时，应符合下列规定：

① 住宅部分与非住宅部分之间，应采用耐火极限不低于2.00h且无门、窗、洞口的防火隔墙和1.50h的不燃性楼板完全分隔；当为高层建筑时，应采用无门、窗、洞口的防火墙和耐火极限不低于2.00h的不燃性楼板完全分隔。建筑外墙上、下层开口之间的防火措施应符合本规范第6.2.5条的规定。

② 住宅部分与非住宅部分的安全出口和疏散楼梯应分别独立设置；为住宅部分服务的地上车库应设置独立的疏散楼梯或安全出口，地下车库的疏散楼梯应按《建规》6.4.4

条的规定进行分隔。

③ 住宅部分和非住宅部分的安全疏散、防火分区和室内消防设施配置，可根据各自的建筑高度分别按照本规范有关住宅建筑和公共建筑的规定执行；该建筑的其他防火设计应根据建筑的总高度和建筑规模按规范有关公共建筑的规定执行。

(4) 工业建筑

1) 甲、乙类生产场所（仓库）不应设置在地下或半地下。

2) 员工宿舍严禁设置在厂房、仓库内。

3) 办公室、休息室

① 办公室、休息室不应设置在甲、乙类厂房内，确需贴邻本厂房时，其耐火等级不应低于二级，并应采用耐火极限不低于3.00h的防爆墙与厂房分隔，且应设置独立的安全出口。办公室、休息室等严禁设置在甲、乙类仓库内，也不应贴邻。

② 办公室、休息室设置在丙类厂房内或丙、丁类仓库内时，应采用耐火极限不低于2.50h的防火隔墙和1.00h的楼板与其他部位分隔，并设置独立的安全出口。如隔墙上需开设相互连通的门时，应采用乙级防火门。

4) 液体中间储罐

① 厂房内的丙类液体中间储罐应设置在单独房间内，其容量不应大于5m³。

② 设置中间储罐的房间，应采用耐火极限不低于3.00h的防火隔墙和耐火极限不低于1.50h的楼板与其他部位分隔，房间门应采用甲级防火门。

5) 中间仓库

① 甲、乙类中间仓库应靠外墙布置，其储量不宜超过1昼夜的需要量。

② 甲、乙、丙类中间仓库应采用防火墙和耐火极限不低于1.50h的不燃性楼板与其他部位分隔。

③ 丁、戊类中间仓库应采用耐火极限不低于2.00h的防火隔墙和1.00h的楼板与其他部位分隔。

④ 仓库的耐火等级和面积应符合《建规》第3.3.2条和第3.3.3条的规定。

6) 汽车库、修车库

参照《汽车库、修车库、停车场设计防火规范》GB 50067—2014。

(5) 设备用房

1) 锅炉房、变压器室

① 燃油或燃气锅炉、油浸变压器、充有可燃油的高压电容器和多油开关等，宜设置在建筑外的专用房间内；确需贴邻民用建筑布置时，应采用防火墙与所贴邻的建筑分隔，且不应贴邻人员密集场所，该专用房间的耐火等级不应低于二级。

② 确需布置在民用建筑内时，不应布置在人员密集场所的上一层、下一层或贴邻，并应符合下列规定：

a. 燃油或燃气锅炉房、变压器室应设置在首层或地下一层的靠外墙部位，但常（负）压燃油或燃气锅炉可设置在地下二层或屋顶上。设置在屋顶上的常（负）压燃气锅炉，距离通向屋面的安全出口不应小于6m。

b. 采用相对密度（与空气密度的比值）不小于0.75的可燃气体为燃料的锅炉，不得设置在地下或半地下。

c. 锅炉房、变压器室的疏散门均应直通室外或安全出口。

d. 锅炉房、变压器室等与其他部位之间应采用耐火极限不低于2.00h的防火隔墙和耐火极限不低于1.50h的不燃性楼板分隔。在隔墙和楼板上不应开设洞口，确需在隔墙上设置门、窗时，应采用甲级防火门、窗。

e. 锅炉房内设置储油间时，其总储存量不应大于1m³，且储油间应采用耐火极限不低于3.00h的防火隔墙与锅炉间分隔；确需在防火隔墙上设置门时，应采用甲级防火门。

f. 变压器室之间、变压器室与配电室之间，应设置耐火极限不低于2.00h的防火隔墙。

g. 油浸变压器、多油开关室、高压电容器室，应设置防止油品流散的设施。油浸变压器下面应设置能储存变压器全部油量的事故储油设施。

h. 应设置火灾报警装置。

i. 应设置与锅炉、变压器、电容器和多油开关等的容量及建筑规模相适应的灭火设施，当建筑内其他部位设置自动喷水灭火系统时，应设置自动喷水灭火系统。

j. 锅炉的容量应符合现行国家标准《锅炉房设计规范》GB 50041的规定。油浸变压器的总容量不应大于1260kV·A，单台容量不应大于630kV·A。

k. 燃气锅炉房应设置爆炸泄压设施。燃油或燃气锅炉房应设置独立的通风系统，并应符合《建规》第9章的规定。

2）柴油发电机房

布置在民用建筑内的柴油发电机房应符合下列规定：

① 宜布置在首层或地下一、二层。

② 不应布置在人员密集场所的上一层、下一层或贴邻。

③ 应采用耐火极限不低于2.00h的防火隔墙和耐火极限不低于1.50h的不燃性楼板与其他部位分隔，门应采用甲级防火门。

④ 机房内设置储油间时，其总储存量不应大于1m³，储油间应采用耐火极限不低于3.00h的防火隔墙与发电机间分隔；确需在防火隔墙上开门时，应设置甲级防火门。

⑤ 应设置火灾报警装置。

⑥ 应设置与柴油发电机容量和建筑规模相适应的灭火设施，当建筑内其他部位设置自动喷水灭火系统时，机房内应设置自动喷水灭火系统。

3）消防控制室

① 附设在建筑内的消防控制室应采用耐火极限不低于2.00h的防火隔墙和耐火极限不低于1.50h的楼板与其他部位分隔；

② 消防控制室和其他设备房开向建筑内的门应采用乙级防火门；

③ 单独建造的消防控制室，其耐火等级不应低于二级；

④ 附设在建筑内的消防控制室，宜设置在建筑内首层或地下一层，并宜布置在靠外墙部位；

⑤ 不应设置在电磁场干扰较强及其他可能影响消防控制设备正常工作的房间附近；

⑥ 疏散门应直通室外或安全出口。

4）消防水泵房

① 附设在建筑内的消防水泵房应采用耐火极限不低于2.00h的防火隔墙和耐火极限

不低于 1.50h 的楼板与其他部位分隔；

② 单独建造的消防水泵房，其耐火等级不应低于二级；

③ 附设在建筑内的消防水泵房，不应设置在地下三层及以下或室内地面与室外出入口地坪高差大于 10m 的地下楼层；

④ 疏散门应直通室外或安全出口。

5）瓶装液化石油气瓶组间

建筑采用瓶装液化石油气瓶组供气时，应符合下列规定：

① 应设置独立的瓶组间；

② 瓶组间不应与住宅建筑、重要公共建筑和其他高层公共建筑贴邻，液化石油气气瓶的总容积不大于 $1m^3$ 的瓶组间与所服务的其他建筑贴邻时，应采用自然气化方式供气；

③ 液化石油气气瓶的总容积大于 $1m^3$、不大于 $4m^3$ 的独立瓶组间，与所服务建筑的防火间距应符合《建筑设计防火规范》GB 50016—2014（2018 年版）表 5.4.17 的规定。

例 4-1： 如图 4-13 所示，某高层综合楼，地下一层设有锅炉房。

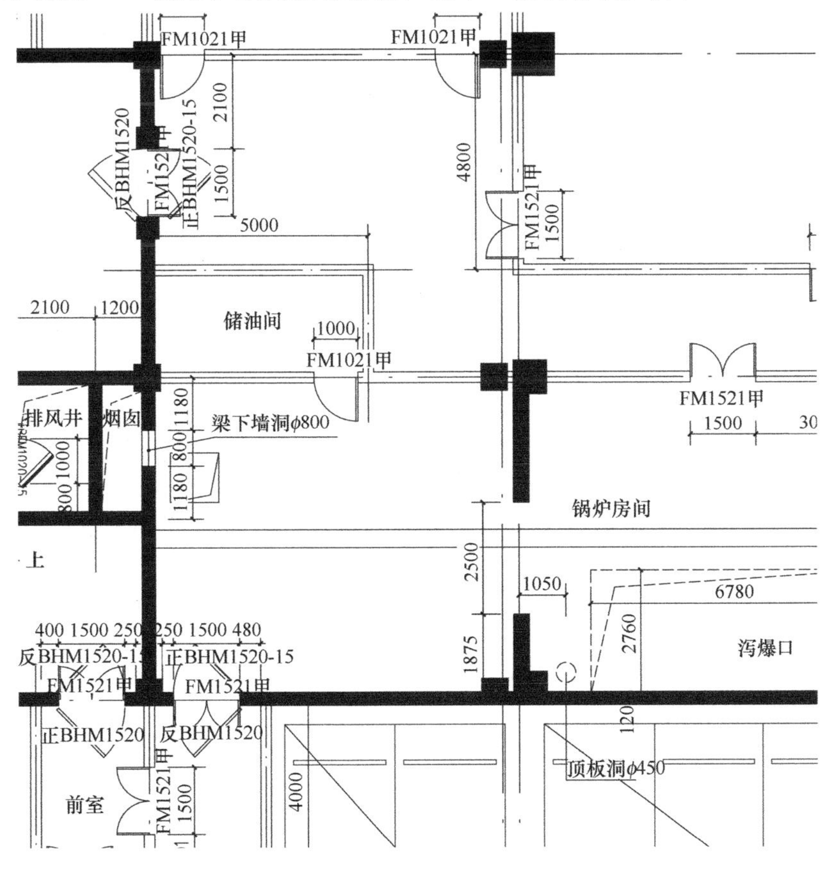

图 4-13　案例

锅炉房设置在室内时，要求设置在首层或地下一层的靠外墙部位，疏散门均应直通室外或安全出口，与其他部位之间应采用耐火极限不低于 2.00h 的防火隔墙和耐火极限不低于 1.50h 的不燃性楼板分隔。在隔墙和楼板上不应开设洞口，确需在隔墙上设置门、窗时，应采用甲级防火门、窗。

该高层综合楼，地下一层设有锅炉房，未与人员密集场所贴邻，靠外墙设置，疏散门采用甲级防火门，直通安全出口，因此符合要求。

4.5.2 防火分区

防火分区是在建筑内部采用防火墙、楼板及其他防火分隔设施分隔而成，能在一定时间内防止火灾向同一建筑的其余部分蔓延的局部空间。建筑内的人员安全疏散、消防给水排水、通风、电气等的防火设计，均与防火分区的划分紧密相关。

防火分区分为水平防火分区和竖向防火分区两类。水平防火分区是指采用防火墙、防火卷帘、防火门及防火分隔水幕等分隔设施在各楼层的水平方向分隔出的防火区域，它可以阻止火灾在楼层的水平方向蔓延。竖向防火分区除采用耐火楼板进行竖向分隔外，建筑外部通常采用防火挑檐、窗槛墙等技术手段进行分隔。另外，建筑内部设置的敞开楼梯、自动扶梯、中庭、工艺开口等以及电线电缆井、各类管道竖井、电梯井等，需要采用防火分隔物将这些部位竖向分别划分为单独区域，防止烟火进入这些区域，达到竖向防火分隔的目标。

审查建筑允许建筑层数和防火分区的面积是否符合规范要求，具体审查以下内容：根据火灾危险性等级、耐火等级确定工业建筑最大允许建筑层数和相应的防火分区面积是否符合规范要求；民用建筑内设有观众厅、汽车库、商场、展厅等功能区时，防火分区是否符合规范要求；竖向防火分区划分情况是否符合规范要求；当建筑物内设置自动扶梯、中庭、敞开楼梯或敞开楼梯间等上下层相连通的开口时，是否采用符合规范的防火分隔措施。

(1) 民用建筑的防火分区

民用建筑内防火分区的建筑面积大小与其建筑高度、建筑的耐火等级、火灾扑救难度和使用性质密切相关。一般，建筑高度低、耐火等级高、使用人员少的建筑，其防火分区面积可大些。

1）一般规定

不同耐火等级民用建筑的允许建筑高度或层数、防火分区最大允许建筑面积应符合表 4-7 的规定。

不同耐火等级建筑的允许建筑高度或层数和防火分区最大允许建筑面积　　表 4-7

<table>
<tr><th>名称</th><th>耐火等级</th><th>允许建筑高度或层数</th><th>防火分区的最大允许建筑面积（m²）</th><th>备注</th></tr>
<tr><td>高层民用建筑</td><td>一级、二级</td><td>建筑高度大于 24m 的公共建筑和建筑高度大于 27m 的住宅建筑</td><td>1500</td><td rowspan="2">对于体育馆、剧场的观众厅，防火分区的最大允许建筑面积可适当增加</td></tr>
<tr><td rowspan="3">单层、多层民用建筑</td><td>一级、二级</td><td>（1）单层公共建筑的建筑高度不限；
（2）住宅建筑的建筑高度不大于 27m；
（3）其他民用建筑的建筑高度不大于 24m</td><td>2500</td></tr>
<tr><td>三级</td><td>5 层</td><td>1200</td><td>—</td></tr>
<tr><td>四级</td><td>2 层</td><td>600</td><td>—</td></tr>
<tr><td>地下或半地下建筑（室）</td><td>一级</td><td>—</td><td>500</td><td>设备用房的防火分区最大允许建筑面积不应大于 1000m²</td></tr>
</table>

2）特殊要求

① 表中规定的防火分区最大允许建筑面积，当建筑内设置自动灭火系统时，可按本表的规定增加 1.0 倍，如图 4-14 所示；局部设置时，防火分区的增加面积可按该局部面积的 1.0 倍计算，如图 4-15 所示。

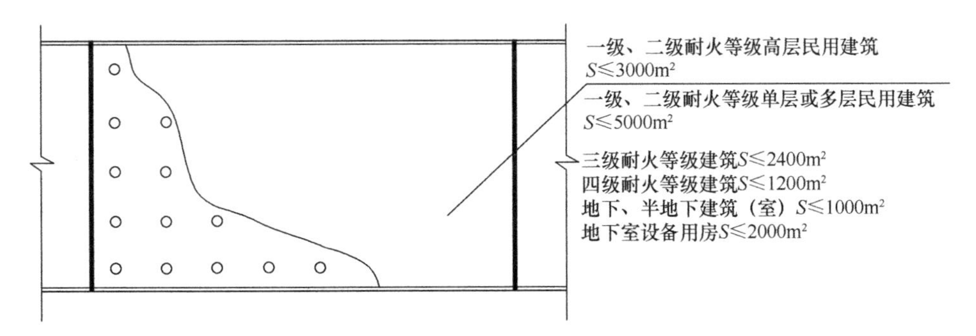

图 4-14　建筑内设置自动灭火系统时防火分区的最大允许建筑面积示意图

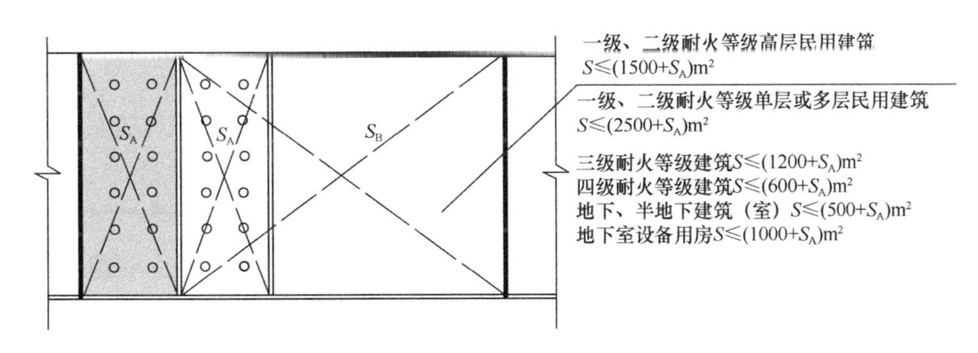

图 4-15　局部设置自动灭火系统（面积为 $2S_A$）时防火分区的最大允许建筑面积 S

② 裙房与高层建筑主体之间设置防火墙时，裙房的防火分区可按单层、多层建筑的要求确定。

③ 防火分区之间应采用防火墙分隔，确有困难时，可采用防火卷帘等防火分隔设施分隔。采用防火卷帘分隔时，应符合《建规》第 6.5.3 条的规定。

例 4-2：高层综合楼 5 层面积为 4790m²。防火分区示意图如图 4-16（a）所示，标注了该层防火分区划分的大致情况：三个防火分区及每个防火分区的建筑面积。

防火分区 3：

如图 4-16（b）所示，按防火分区示意图，定位轴线 13 右侧为防火分区 3。

防火分隔构件，从下往上依次是：240 的加气混凝土砌块墙（200 厚的加气混凝土砌块墙耐火极限能达到 8.00h（《建规》），满足防火墙 3.00h 的耐火极限要求）、防火卷帘、防火墙。

根据《建规》第 6.5.3 条，在防火墙上设置或需设置防火墙的部位设置防火卷帘，卷帘的耐火极限至少达到 3.00h。但图中并未标注出采用的是否为耐火极限为 3.00h 的甲级防火卷帘。

防火分区 3 的面积：通过量测，防火分区 3 的面积为 1753m²，小于 3000m²，符合要求。

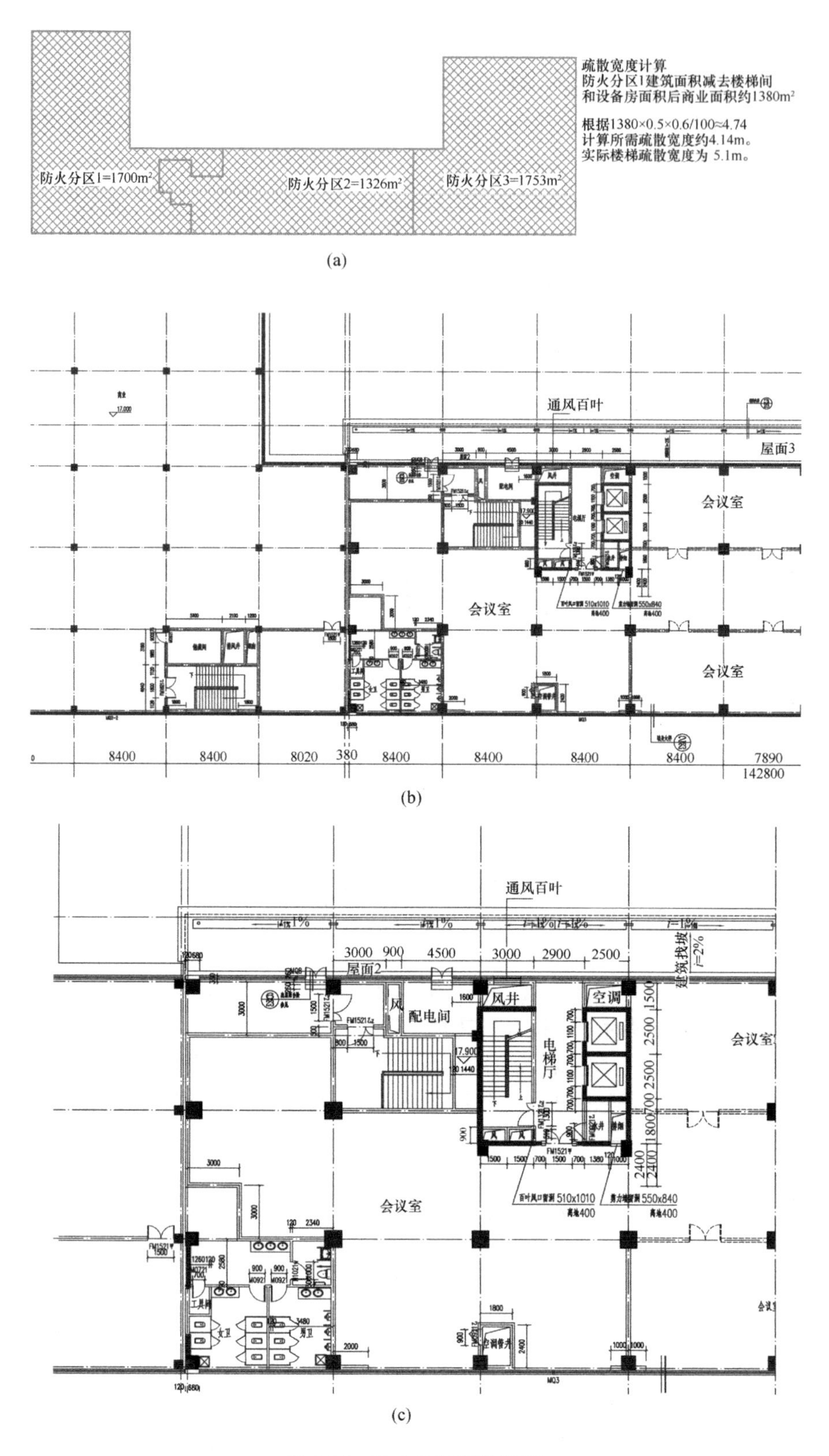

图 4-16 防火分区划分案例

防火分区1和防火分区2之间的划分：

在定位轴线6附近，划分构件均为满足耐火极限的防火墙，如图4-16（c）所示。

防火分区1和2的面积：

防火分区2的面积：防火分区3的面积为1753m²，该层面积4790m²，防火分区1及防火分区2的面积共为4790－1753＜3000m²，所以防火分区2满足要求。

防火分区1的面积：防火分区1为商业性质，如图4-16（b）所示，在裙房区域，裙房与主体没有防火分隔，防火分区1的最大允许建筑面积可扩大到4000m²，所以防火分区1的面积满足要求。

3）其他部位及空间的防火分隔

① 营业厅、展览厅

一级、二级耐火等级建筑内的商店营业厅、展览厅，当设置自动灭火系统和火灾自动报警系统并采用不燃或难燃装修材料时，其每个防火分区的最大允许建筑面积应符合下列规定：

a. 设置在高层建筑内时，不应大于4000m²；

b. 设置在单层建筑内或仅设置在多层建筑的首层内时，不应大于10000m²；

c. 设置在地下或半地下时，不应大于2000m²。

② 地下或半地下商店

总建筑面积大于20000m² 的地下或半地下商店，应采用无门、窗、洞口的防火墙、耐火极限不低于2.00h的楼板分隔为多个建筑面积不大于20000m² 的区域。相邻区域确需局部连通时，应采用下沉式广场等室外开敞空间、防火隔间、避难走道、防烟楼梯间等方式进行连通，并应符合下列规定：

a. 下沉式广场等室外开敞空间应能防止相邻区域的火灾蔓延和便于安全疏散，并应符合《建规》第6.4.12条的规定；

b. 防火隔间的墙应为耐火极限不低于3.00h的防火隔墙，并应符合《建规》第6.4.13条的规定；

c. 避难走道应符合《建规》第6.4.14条的规定；

d. 防烟楼梯间的门应采用甲级防火门。

③ 有顶棚的步行街

餐饮、商店等商业设施通过有顶棚的步行街连接，且步行街两侧的建筑需利用步行街进行安全疏散时，应符合《建规》第5.3.6条的规定以及两侧商铺的防火要求。

④ 自动扶梯、敞开楼梯

建筑内设置自动扶梯、敞开楼梯等上、下层相连通的开口时，其防火分区的建筑面积应按上、下层相连通的建筑面积叠加计算；当叠加计算后的建筑面积大于表4-7规定时，应划分防火分区。

⑤ 中庭

建筑内设置中庭时，其防火分区的建筑面积应按上、下层相连通的建筑面积叠加计算；当叠加计算后的建筑面积大于表4-7的规定时，应符合下列规定：

a. 与周围连通空间应进行防火分隔：采用防火隔墙时，其耐火极限不应低于1.00h；采用防火玻璃墙时，其耐火隔热性和耐火完整性不应低于1.00h，采用耐火完整性不低于

1.00h的非隔热性防火玻璃墙时，应设置自动喷水灭火系统进行保护；采用防火卷帘时，其耐火极限不应低于3.00h，并应符合《建规》第6.5.3条的规定；与中庭相连通的门、窗，应采用火灾时能自行关闭的甲级防火门、窗；

b. 高层建筑内的中庭回廊应设置自动喷水灭火系统和火灾自动报警系统；

c. 中庭应设置排烟设施；

d. 中庭内不应布置可燃物。

⑥ 外墙上、下层开口

a. 建筑外墙上、下层开口之间应设置高度不小于1.2m的实体墙或挑出宽度不小于1.0m、长度不小于开口宽度的防火挑檐；

b. 当室内设置自动喷水灭火系统时，上、下层开口之间的实体墙高度不应小于0.8m；

c. 当上、下层开口之间设置实体墙确有困难时，可设置防火玻璃墙，但高层建筑的防火玻璃墙的耐火完整性不应低于1.00h，多层建筑的防火玻璃墙的耐火完整性不应低于0.50h，外窗的耐火完整性不应低于防火玻璃墙的耐火完整性要求；

d. 住宅建筑外墙上相邻户开口之间的墙体宽度不应小于1.0m；小于1.0m时，应在开口之间设置突出外墙不小于0.6m的隔板；

e. 实体墙、防火挑檐和隔板的耐火极限和燃烧性能，均不应低于相应耐火等级建筑外墙的要求。

⑦ 剧场、电影院、礼堂

a. 剧场等建筑的舞台与观众厅之间的隔墙应采用耐火极限不低于3.00h的防火隔墙；

b. 舞台上部与观众厅闷顶之间的隔墙可采用耐火极限不低于1.50h的防火隔墙，隔墙上的门应采用乙级防火门；

c. 舞台下部的灯光操作室和可燃物储藏室应采用耐火极限不低于2.00h的防火隔墙与其他部位分隔；

d. 电影放映室、卷片室应采用耐火极限不低于1.50h的防火隔墙与其他部位分隔，观察孔和放映孔应采取防火分隔措施。

⑧ 幕墙

a. 建筑幕墙应在每层楼板外沿处采取符合“外墙上下层开口”规定的防火措施，幕墙与每层楼板、隔墙处的缝隙应采用防火封堵材料封堵；

b. 建筑外墙设置有玻璃幕墙时，供灭火救援用的水泵接合器、室外消火栓等室外消防设施，应设置在距离建筑外墙相对安全的位置或采取安全防护措施。

(2) 厂房的防火分区

1) 一般规定

厂房的防火分区面积与生产的火灾危险性类别、厂房的层数和厂房的耐火等级等因素确定。厂房的层数及每个防火分区的最大允许建筑面积如表4-8所示。

2) 特殊要求

① 防火分区之间应采用防火墙分隔。除甲类厂房外的一级、二级耐火等级厂房，当其防火分区的建筑面积大于表4-8规定，且设置防火墙确有困难时，可采用防火卷帘或防火分隔水幕分隔。采用防火卷帘时，应符合《建规》6.5.3条的规定；采用防火分隔水幕

时，应符合现行国家标准《自动喷水灭火系统设计规范》GB 50084 的规定。

厂房的层数和每个防火分区的最大允许建筑面积　　表 4-8

生产的火灾危险性类别	厂房的耐火等级	最多允许层数	每个防火分区的最大允许建筑面积（m^2）			
			单层厂房	多层厂房	高层厂房	地下或半地下厂房（包括地下或半地下室）
甲	一级	宜采用单层	4000	3000	—	—
	二级		3000	2000	—	—
乙	一级	不限	5000	4000	2000	—
	二级	6	4000	3000	1500	—
丙	一级	不限	不限	6000	3000	500
	二级	不限	8000	4000	2000	500
	三级	2	3000	2000	—	—
丁	一级、二级	不限	不限	不限	4000	1000
	三级	3	4000	2000	—	—
	四级	1	1000	—	—	—
戊	一级、二级	不限	不限	不限	6000	1000
	三级	3	5000	3000	—	—
	四级	1	1500	—	—	—

注：“—”表示不允许。

② 除麻纺厂房外，一级耐火等级的多层纺织厂房和二级耐火等级的单层、多层纺织厂房，其每个防火分区的最大允许建筑面积可按表 4-8 的规定增加 0.5 倍，但厂房内的原棉开包、清花车间与厂房内其他部位之间均应采用耐火极限不低于 2.50h 的防火隔墙分隔，需要开设门、窗、洞口时，应设置甲级防火门、窗。

③ 一级、二级耐火等级的单层、多层造纸生产联合厂房，其每个防火分区的最大允许建筑面积可按表 4-8 的规定增加 1.5 倍。一级、二级耐火等级的湿式造纸联合厂房，当纸机烘缸罩内设置自动灭火系统，完成工段设置有效灭火设施保护时，其每个防火分区的最大允许建筑面积可按工艺要求确定。

④ 一级、二级耐火等级的谷物筒仓工作塔，当每层工作人数不超过 2 人时，其层数不限。

⑤ 一级、二级耐火等级卷烟生产联合厂房内的原料、备料及成组配方、制丝、储丝和卷接包、辅料周转、成品暂存、二氧化碳膨胀烟丝等生产用房应划分独立的防火分隔单元，当工艺条件许可时，应采用防火墙进行分隔。其中制丝、储丝和卷接包车间可划分为一个防火分区，且每个防火分区的最大允许建筑面积可按工艺要求确定，但制丝、储丝及卷接包车间之间应采用耐火极限不低于 2.00h 的防火隔墙和耐火极限不低于 1.00h 的楼板进行分隔。厂房内各水平和竖向防火分隔之间的开口应采取防止火灾蔓延的措施。

⑥ 厂房内的操作平台、检修平台，当使用人数少于 10 人时，平台的面积可不计入所在防火分区的建筑面积内。

⑦ 厂房内设置自动灭火系统时，每个防火分区的最大允许建筑面积可按《建规》第

3.3.1 条的规定增加 1.0 倍。当丁、戊类的地上厂房内设置自动灭火系统时，每个防火分区的最大允许建筑面积不限。厂房内局部设置自动灭火系统时，其防火分区的增加面积可按该局部面积的 1.0 倍计算。

(3) 仓库的防火分区

1）一般规定

仓库的特点是集中存放大量物品且价值较高，因此，仓库的耐火等级、层数和面积要严于厂房和民用建筑。

仓库的层数及每个防火分区的最大允许建筑面积如表 4-9 所示。

仓库的层数和每个防火分区的最大允许建筑面积　　表 4-9

储存物品的火灾危险性类别		仓库的耐火等级	最多允许层数	每座仓库的最大允许占地面积和每个防火分区的最大允许建筑面积（m^2）						
				单层仓库		多层仓库		高层仓库		地下或半地下仓库（包括地下或半地下室）
				每座仓库	防火分区	每座仓库	防火分区	每座仓库	防火分区	防火分区
甲	3、4 项	一级	1	180	60	—	—	—	—	—
	1、2、5、6 项	一级、二级	1	750	250	—	—	—	—	—
乙	1、3、4 项	一级、二级	3	2000	500	900	300	—	—	—
		三级	1	500	250	—	—	—	—	—
	2、5、6 项	一级、二级	5	2800	700	1500	500	—	—	—
		三级	1	900	300	—	—	—	—	—
丙	1 项	一级、二级	5	4000	1000	2800	700	—	—	150
		三级	1	1200	400	—	—	—	—	—
	2 项	一级、二级	不限	6000	1500	4800	1200	4000	1000	300
		三级	3	2100	700	1200	400	—	—	—
丁		一级、二级	不限	不限	3000	不限	1500	4800	1200	500
		三级	3	3000	1000	1500	500	—	—	—
		四级	1	2100	700	—	—	—	—	—
戊		一级、二级	不限	不限	不限	不限	2000	6000	1500	1000
		三级	3	3000	1000	2100	700	—	—	—
		四级	1	2100	700	—	—	—	—	—

注：“—”表示不允许。

2）特殊要求

① 仓库内的防火分区之间必须采用防火墙分隔，甲、乙类仓库内防火分区之间的防火墙不应开设门、窗、洞口；地下或半地下仓库（包括地下或半地下室）的最大允许占地面积，不应大于相应类别地上仓库的最大允许占地面积。

② 石油库区内的桶装油品仓库应符合现行国家标准《石油库设计规范》GB 50074 的规定。

③ 一级、二级耐火等级的煤均化库，每个防火分区的最大允许建筑面积不应大于 12000m²。

④ 独立建造的硝酸铵仓库、电石仓库、聚乙烯等高分子制品仓库、尿素仓库、配煤仓库、造纸厂的独立成品仓库，当建筑的耐火等级不低于二级时，每座仓库的最大允许占地面积和每个防火分区的最大允许建筑面积可按表 4-9 的规定增加 1.0 倍。

⑤ 一级、二级耐火等级粮食平房仓的最大允许占地面积不应大于 12000m²，每个防火分区的最大允许建筑面积不应大于 3000m²；三级耐火等级粮食平房仓的最大允许占地面积不应大于 3000m²，每个防火分区的最大允许建筑面积不应大于 1000m²。

⑥ 一级、二级耐火等级且占地面积不大于 2000m² 的单层棉花库房，其防火分区的最大允许建筑面积不应大于 2000m²。

⑦ 一级、二级耐火等级冷库的最大允许占地面积和防火分区的最大允许建筑面积，应符合现行国家标准《冷库设计规范》GB 50072 的规定。

⑧ 仓库内设置自动灭火系统时，除冷库的防火分区外，每座仓库的最大允许占地面积和每个防火分区的最大允许建筑面积可按表 4-9 的规定增加 1.0 倍。

4.6 建筑构造防火审查

4.6.1 审查内容

建筑构造防火审查的内容包括墙体构造，竖向井道构造，屋顶、闷顶和建筑缝隙，建筑保温和建筑幕墙的防火构造，建筑外墙装修，天桥、栈桥和管沟六个方面的审查。

4.6.2 建筑构造防火审查要点

(1) 建筑构件的防火构造

审查建筑构件的防火构造时应注意以下几个方面的问题：

1）防火墙、防火隔墙、防火挑檐的设置部位、形式、耐火极限和燃烧性能；

2）建筑内设有厨房、设备房、儿童活动场所、影剧院等特殊部位时的防火分隔情况；

3）冷库和库房、厂房内布置有不同火灾危险性类别的房间时的特殊建筑构造是否符合规范要求；

4）防火墙两侧或内转角处外窗水平距离；

5）防火分隔是否完整、有效，防火分隔所采用的防火墙，防火门、窗，防火卷帘，防火水幕，防火玻璃等建筑构件、消防产品的耐火性能；

6）防火墙、防火隔墙开有门、窗、洞口时是否采取了符合规范要求的替代防火分隔措施。

防火墙是具有不少于 3.00h 耐火极限的不燃性实体墙。审查时除耐火极限需要注意外，还应审查其构造应满足六个方面要求：

1）防火墙应直接设置在基础上或钢筋混凝土框架上。防火墙应截断可燃性墙体或难燃性墙体的屋顶结构，且应高出不燃性墙体屋面不小于 40cm，高出可燃性墙体或难燃性墙体屋面不小于 50cm。

2）防火墙中心距天窗端面的水平距离小于4m，且天窗端面为可燃性墙体时，应采取防止火势蔓延的设施。

3）建筑物外墙为难燃性墙体时，防火墙应突出墙的外表面40cm；或防火墙带的宽度，从防火墙中心线起每侧不应小于2m。

4）防火墙内不应设置排气道。防火墙上不应开设门、窗、洞口，如必须开设时，应采用能自行关闭的甲级防火门、窗。可燃气体和甲、乙、丙类液体管道不应穿过防火墙。其他管道如必须穿过时，应用防火封堵材料将缝隙紧密填塞。

5）建筑物内的防火墙不应设在转角处。如设在转角附近，内转角两侧上的门窗洞口之间最近的水平距离不应小于4m。紧靠防火墙两侧的门、窗、洞口之间最近的水平距离不应小于2m。

6）设计防火墙时，应考虑防火墙一侧的屋架、梁、楼板等受到火灾的影响而破坏时，不致使防火墙倒塌。

建筑内的下列部位应采用耐火极限不低于2.00h的防火隔墙与其他部位分隔，墙上的门、窗应采用乙级防火门、窗。

1）甲、乙类生产部位和建筑内使用丙类液体的部位；

2）厂房内有明火和高温的部位；

3）甲、乙、丙类厂房（仓库）内布置有不同火灾危险性类别的房间；

4）民用建筑内的附属库房，剧场后台的辅助用房；

5）除居住建筑中套内的厨房外，宿舍、公寓建筑中的公共厨房和其他建筑内的厨房；

6）附设在住宅建筑内的机动车库。

审查防火卷帘的设置时，一方面要审查设置的部位，另一方面还应审查设置是否符合要求。

在采用防火卷帘作分隔时，应符合下列规定：

1）除中庭外，当防火分隔部位的宽度不大于30m时，防火卷帘的宽度不应大于10m；当防火分隔部位的宽度大于30m时，防火卷帘的宽度不应大于该部位宽度的1/3，且不应大于20m。

2）防火卷帘应具有火灾时靠自重自动关闭功能。

3）防火卷帘的耐火极限不应低于规范对所设置部位墙体的耐火极限要求。

4）防火卷帘应具有防烟性能，与楼板、梁、墙、柱之间的空隙应采用防火封堵材料封堵。

5）需在火灾时自动降落的防火卷帘，应具有信号反馈的功能。

6）其他要求，应符合现行国家标准《防火卷帘》GB 14102的规定。

审查防火门、窗时应注意不同级别的防火门、窗设置的位置是否合适，还应注意开启方向及自动关闭和信号反馈功能。

1）防火门对应的安装位置是否符合要求。根据防火门的耐火极限，防火门分为甲、乙、丙三级，对应的耐火极限分别不低于1.50h、1.00h和0.50h，主要分别应用于防火墙、疏散楼梯门和竖井检查门。

2）防火门的开启方向。疏散通道上的防火门应向疏散方向开启，并在关闭后应能从任一侧手动开启。

3）防火门的自动关闭功能。用于疏散走道、楼梯间和前室的防火门，应能自动关闭；双扇和多扇防火门，应设置顺序闭门器。

4）常开防火门的自动关闭和信号反馈功能。是否设置与报警系统联动的控制装置和闭门器等。

5）变形缝处防火门的设置。设在变形缝附近的防火门，应设在楼层较多的一侧，且门开启后不应跨越变形缝，防止烟火通过变形缝蔓延。

6）防火窗的设置。

防火窗的耐火极限与防火门相同。

设置在防火墙、防火隔墙上的防火窗，应采用不可开启的窗扇或具有火灾时能自行关闭的功能。

防火窗应符合现行国家标准《防火窗》GB 16809 的有关规定。

(2) 审查电梯井、管道井、电缆井、排烟道、排气道、垃圾道等井道的防火构造

建筑内的电梯井等竖井应符合下列规定：

1）电梯井应独立设置，井内严禁敷设可燃气体和甲、乙、丙类液体管道，不应敷设与电梯无关的电缆、电线等。电梯井的井壁除设置电梯门、安全逃生门和通气孔洞外，不应设置其他开口。

2）电缆井、管道井、排烟道、排气道、垃圾道等竖向井道，应分别独立设置。井壁的耐火极限不应低于 1.00h，井壁上的检查门应采用丙级防火门。

3）建筑内的电缆井、管道井应在每层楼板处采用不低于楼板耐火极限的不燃材料或防火封堵材料封堵。建筑内的电缆井、管道井与房间、走道等相连通的孔隙应采用防火封堵材料封堵。

4）建筑内的垃圾道宜靠外墙设置，垃圾道的排气口应直接开向室外，垃圾斗应采用不燃材料制作，并应能自行关闭。

5）电梯层门的耐火极限不应低于 1.00h，并应符合现行国家标准《电梯层门耐火试验　完整性、隔热性和热通量测定法》GB/T 27903 规定的完整性和隔热性要求。

(3) 审查屋顶、闷顶和建筑缝隙的防火构造

审查屋顶、闷顶和建筑缝隙的防火构造，主要应注意以下几方面的问题：

1）层数超过 2 层的三级耐火等级建筑内的闷顶，应在每个防火隔断范围内设置老虎窗，且老虎窗的间距不宜大于 50m。

2）内有可燃物的闷顶，应在每个防火隔断范围内设置净宽度和净高度均不小于 0.7m 的闷顶入口；对于公共建筑，每个防火隔断范围内的闷顶入口不宜少于 2 个。闷顶入口宜布置在走廊中靠近楼梯间的部位。

3）变形缝内的填充材料和变形缝的构造基层应采用不燃材料。

电线、电缆、可燃气体和甲、乙、丙类液体的管道不宜穿过建筑内的变形缝，确需穿过时，应在穿过处加设不燃材料制作的套管或采取其他防变形措施，并应采用防火封堵材料封堵。

4）防烟、排烟、供暖、通风和空气调节系统中的管道及建筑内的其他管道，在穿越防火隔墙、楼板和防火墙处的孔隙应采用防火封堵材料封堵。

风管穿过防火隔墙、楼板和防火墙时，穿越处风管上的防火阀、排烟防火阀两侧各

2.0m范围内的风管应采用耐火风管或风管外壁应采取防火保护措施，且耐火极限不应低于该防火分隔体的耐火极限。

5）建筑内受高温或火焰作用易变形的管道，在贯穿楼板部位和穿越防火隔墙的两侧宜采取阻火措施。

6）建筑屋顶上的开口与邻近建筑或设施之间，应采取防止火灾蔓延的措施。

（4）审查建筑外墙和屋面保温、建筑幕墙的防火构造

对建筑外墙和屋面保温系统进行审查，主要是审查采用的保温材料是否符合规范要求，要注意保温材料采用非A级材料时防护层的做法，以及防火隔离带的做法是否符合规范要求。建筑外墙外保温系统与基层墙体、装饰层之间有空腔时，应在每层楼板处采用防火封堵材料封堵。

对于采用内保温系统的建筑外墙，审查要点主要有：

1）对于人员密集场所，用火、燃油、燃气等具有火灾危险性的场所以及各类建筑内的疏散楼梯间、避难走道、避难间、避难层等场所或部位，是否采用了燃烧性能为A级的保温材料。

2）对于其他场所，是否采用低烟、低毒且燃烧性能不低于B1级的保温材料。

3）保温系统采用非A级材料时，系统是否采用不燃材料做防护层。采用燃烧性能为B1级的保温材料时，防护层的厚度不应小于10mm。

当建筑外墙采用保温材料与两侧墙体构成无空腔复合保温结构体时，该结构体的耐火极限应符合规范的有关规定；当保温材料的燃烧性能为B1、B2级时，保温材料两侧的墙体应采用不燃材料且厚度均不应小于50mm。

对于设置人员密集场所的建筑，其外墙外保温材料的燃烧性能应为A级。

独立建造的老年人照料设施，以及与其他建筑组合建造且老年人照料设施部分的总建筑面积大于500m^{2}的老年人照料设施的内、外墙体和屋面保温材料，应采用燃烧性能为A级的保温材料。

审查与基层墙体、装饰层之间无空腔的建筑外墙外保温系统，应注意审查保温材料是否符合下列规定：

1）住宅建筑：

① 建筑高度大于100m时，保温材料的燃烧性能应为A级；

② 建筑高度大于27m，但不大于100m时，保温材料的燃烧性能不应低于B1级；

③ 建筑高度不大于27m时，保温材料的燃烧性能不应低于B2级。

2）除住宅建筑和设置人员密集场所的建筑外的其他建筑：

① 建筑高度大于50m时，保温材料的燃烧性能应为A级；

② 建筑高度大于24m，但不大于50m时，保温材料的燃烧性能不应低于B1级；

③ 建筑高度不大于24m时，保温材料的燃烧性能不应低于B2级。

对于无设置人员密集场所的建筑，采用与基层墙体、装饰层之间有空腔的建筑外墙外保温系统时，应注意审查其保温材料是否符合下列规定：

1）建筑高度大于24m时，保温材料的燃烧性能应为A级；

2）建筑高度不大于24m时，保温材料的燃烧性能不应低于B1级。

建筑的屋面外保温系统，当屋面板的耐火极限不低于1.00h时，保温材料的燃烧性能不应低于B2级；当屋面板的耐火极限低于1.00h时，不应低于B1级。采用B1、B2级保温材料的外保温系统应采用不燃材料作防护层，防护层的厚度不应小于10mm。

当建筑的屋面和外墙外保温系统均采用B1、B2级保温材料时，屋面与外墙之间应采用宽度不小于500mm的不燃材料设置防火隔离带进行分隔。

对于建筑幕墙的审查，应注意以下几个方面的问题：

1）对不设窗间墙的玻璃幕墙，应在每层楼板外沿设置耐火极限不低于1.0h、高度不低于1.2m的不燃性实体墙或防火玻璃墙；当室内设置自动喷水灭火系统时，该部分墙体的高度不应小于0.8m。

2）幕墙与每层楼板交界处的水平缝隙和隔墙处的垂直缝隙，应用防火封堵材料严密填实。

3）窗间墙、窗槛墙的填充材料应采用防火封堵材料，以阻止火灾通过幕墙与墙体之间的空隙蔓延。

需要注意的是，当玻璃幕墙遇到防火墙时，应遵循防火墙的设置要求。防火墙不应与玻璃直接连接，而应与其框架连接。

(5) 审查建筑外墙装修

建筑外墙的装饰层应采用燃烧性能为A级的材料，但建筑高度不大于50m时，可采用B1级材料。

(6) 审查天桥、栈桥和管沟的防火构造

1）天桥、栈桥的材料

天桥、跨越房屋的栈桥以及供输送可燃材料、可燃气体和甲、乙、丙类液体的栈桥，均应采用不燃材料。

2）栈桥是否兼作疏散通道

输送有火灾、爆炸危险物质的栈桥不应兼作疏散通道。

3）有无防止火灾蔓延的措施

封闭天桥、栈桥与建筑物连接处的门洞以及敷设甲、乙、丙类液体管道的封闭管沟（廊），均宜采取防止火灾蔓延的措施。

连接两座建筑物的天桥、连廊，应采取防止火灾在两座建筑间蔓延的措施。当仅供通行的天桥、连廊采用不燃材料，且建筑物通向天桥、连廊的出口符合安全出口的要求时，该出口可作为安全出口。

4.6.3 审查实例

以某建筑第三层平面图审查为例，如图4-17所示。建筑中防火分区采用防火墙、防火卷帘、防火门划分。防火分区一中的自动扶梯部分用耐火极限3.00h的防火卷帘在四周做了完整分隔。封闭楼梯间及独用前室的门均采用乙级防火门，消防电梯与楼梯间合用前室的门采用了甲级防火门，均符合规范要求。

防火分区一和防火分区二之间除采用防火墙分隔外，中间还采用了14.8m长、耐火极限不低于3.00h的防火卷帘做防火分隔，小于该分隔部位长度的1/3，符合规范要求。

从图4-17中可以看出，该建筑的电梯井、管道井、电缆井、排烟道等竖向管井均独立设置，竖井的检查门采用乙级防火门，符合规范要求。

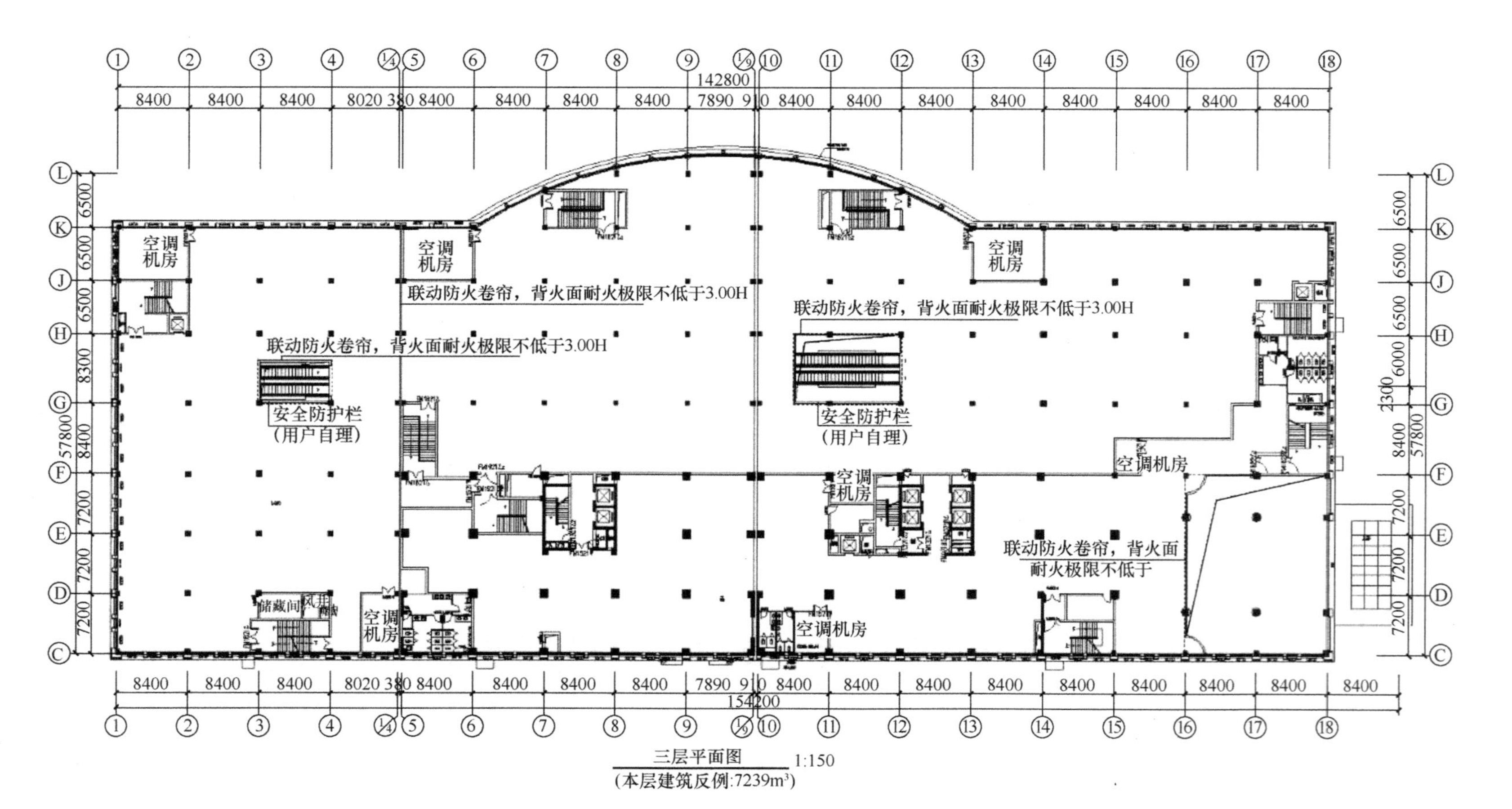
空调机房
联动防火卷帘，背火面耐火极限不低于3.00H
安全防护栏
(用户自理)
储藏间
联动防火卷帘，背火面
耐火极限不低于
三层平面图 1:150
(本层建筑反例:7239m³)
142800
154200
57800

图 4-17 第三层平面图

通风、排烟管道防火阀的设置可从暖通图纸查看。

4.7　安全疏散审查

安全疏散设计的审查是建设工程消防设计审查的一项重要内容，对于确保火灾中人员的生命安全具有重要作用。安全疏散审查的主要内容包括安全出口、疏散楼梯和疏散门、疏散距离和疏散走道、避难层（间）。

4.7.1　安全出口

安全出口是供人员安全疏散用的楼梯间和室外楼梯的出入口或直通室内外安全区域的出口。

（1）安全出口的审查要点

安全出口是安全疏散设计审查的一项内容，主要审查各楼层或各防火分区的安全出口数量、位置、宽度是否符合规范要求，具体审查以下五个方面的内容：

1）每个防火分区以及同一防火分区的不同楼层的安全出口不少于两个，当只设置一个安全出口时，是否符合规范规定的设置一个安全出口的条件；

2）确定疏散的人数的依据是否准确、可靠；

3）安全出口的最小疏散净宽度，除符合消防设计标准外，还应符合其他建筑设计标准的要求；

4）安全出口和疏散门的净宽度是否与疏散走道、疏散楼梯梯段的净宽度相匹配；

5）建筑内是否存在要求独立或分开设置安全出口的特殊场所。

（2）安全出口的数量

《建规》5.5.5 条规定，除歌舞娱乐放映游艺场所外，民用建筑防火分区建筑面积不大于 200m^{2}的地下或半地下设备间、防火分区建筑面积不大于 50m^{2}且经常停留人数不超过 15 人的其他地下或半地下建筑（室），可设置 1 个安全出口或 1 部疏散楼梯。

1）公共建筑

《建规》5.5.8 条规定，公共建筑内每个防火分区或一个防火分区的每个楼层，其安全出口的数量应经计算确定，且不应少于 2 个。设置 1 个安全出口或 1 部疏散楼梯的公共建筑应符合下列条件之一：

① 除托儿所、幼儿园外，建筑面积不大于 200m^{2}且人数不超过 50 人的单层公共建筑或多层公共建筑的首层；

② 除医疗建筑，老年人照料设施，托儿所、幼儿园的儿童用房，儿童游乐厅等儿童活动场所和歌舞、娱乐、放映、游艺场所等外，符合表 4-10 规定的公共建筑。

设置 1 部疏散楼梯的公共建筑　　表 4-10

耐火等级	最多层数	每层最大建筑面积（m^2）	人数
一级、二级	3 层	200	第二、三层的人数之和不超过 50 人
三级	3 层	200	第二、三层的人数之和不超过 25 人
四级	2 层	200	第二层人数不超过 15 人

《建规》5.5.8条规定的公共建筑设置安全出口数量的基本要求，包括地下建筑和半地下建筑或建筑的地下室。这里的医疗建筑不包括无治疗功能的休养性质的疗养院，这类疗养院要按照旅馆建筑的要求确定。

2）住宅建筑

《建规》5.5.25条规定，住宅建筑安全出口的数量应符合下列规定：

① 建筑高度不大于27m的建筑，当每个单元任一层的建筑面积大于650m²，或任一户门至最近安全出口的距离大于15m时，每个单元每层的安全出口不应少于2个；

② 建筑高度大于27m、不大于54m的建筑，当每个单元任一层的建筑面积大于650m²，或任一户门至最近安全出口的距离大于10m时，每个单元每层的安全出口不应少于2个；

③ 建筑高度大于54m的建筑，每个单元每层的安全出口不应少于2个。

3）厂房

《建规》3.7.2条规定，厂房内每个防火分区或一个防火分区内的每个楼层，其安全出口的数量应经计算确定，且不应少于2个；当符合下列条件时，可设置1个安全出口：

① 甲类厂房，每层建筑面积不大于100m²，且同一时间的作业人数不超过5人；

② 乙类厂房，每层建筑面积不大于150m²，且同一时间的作业人数不超过10人；

③ 丙类厂房，每层建筑面积不大于250m²，且同一时间的作业人数不超过20人；

④ 丁、戊类厂房，每层建筑面积不大于400m²，且同一时间的作业人数不超过30人；

⑤ 地下或半地下厂房（包括地下或半地下室），每层建筑面积不大于50m²，且同一时间的作业人数不超过15人。

4）仓库

《建规》3.8.2条规定，每座仓库的安全出口不应少于2个，当一座仓库的占地面积不大于300m²时，可设置1个安全出口。仓库内每个防火分区通向疏散走道、楼梯或室外的出口不宜少于2个，当防火分区的建筑面积不大于100m²时，可设置1个出口。通向疏散走道或楼梯的门应为乙级防火门。

《建规》3.8.3条规定，地下或半地下仓库（包括地下或半地下室）的安全出口不应少于2个；当建筑面积不大于100m²时，可设置1个安全出口。《建规》3.8.5条规定，粮食筒仓上层面积小于1000m²，且作业人数不超过2人时，可设置1个安全出口。

5）审查举例

安全出口数量的具体审查方法是，通过查阅建筑设计总说明、消防设计文件和各层的建筑平面施工图、建筑剖面施工图、建筑立面施工图，了解建筑物的使用性质、建筑高度、耐火等级、火灾危险性、防火分区、每层建筑面积、使用人数或作业人数、疏散距离、平面布置等情况，审查每个防火分区或一个防火分区的不同楼层的安全出口的数量是否不少于两个，当只设置一个安全出口时，是否符合《建规》规定的设置一个安全出口的条件。以公共建筑为例。图4-18是某建筑三层中餐厅的平面布置图，这个中餐厅作为一个防火分区，设有2个防烟楼梯间作为安全出口，符合《建规》5.5.8条的要求。

(3) 疏散人数的确定依据

疏散人数的确定是安全疏散宽度计算的重要参数，对于不同使用功能场所，疏散人数

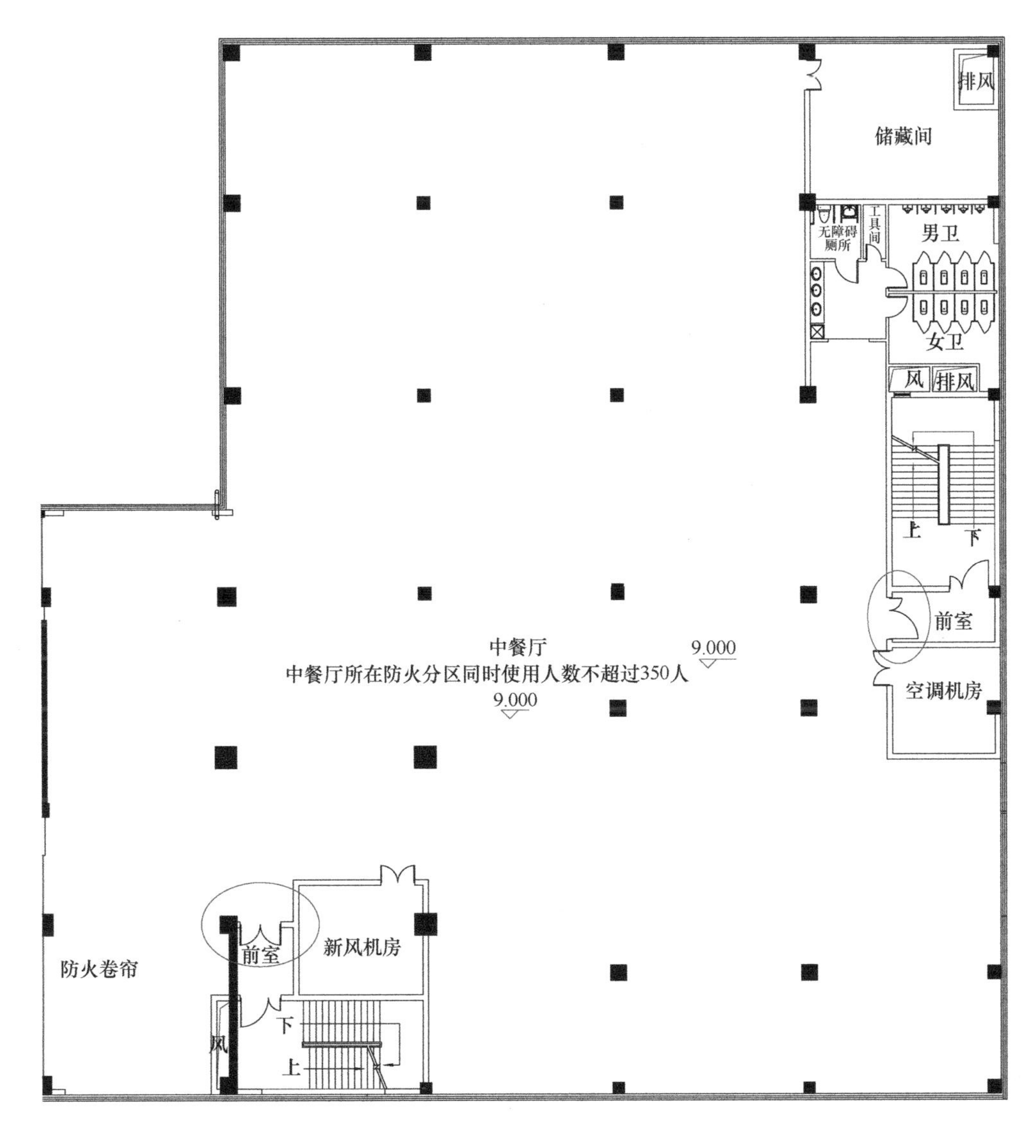

图 4-18　某建筑三层中餐厅的平面布置图

的确定方法是不同的，疏散人数是通过人员密度进行计算的。

1）商场的人员密度计算

对于商店建筑的疏散人数，国家行业标准《商店建筑设计规范》JGJ 48—2014 中有关条文的规定还不甚明确。《建规》在研究国内外有关资料和规范并广泛征求意见的基础上，明确了确定商店营业厅疏散人数时的计算面积与其建筑面积的定量关系为（0.5～0.7）：1，据此确定了商店营业厅的人员密度设计值。商店营业厅所处的楼层位置不同，人员密度也是不同的。《建规》5.5.21 条明确了商店的疏散人数应按每层营业厅的建筑面积乘以表 4-11 规定的人员密度进行计算。在计算商店营业厅内的人员密度时，还应考虑商店的建筑规模，当建筑规模较小（比如营业厅的建筑面积小于 3000m^2）时宜取上限值，当建筑规模较大时，可取下限值。

另外应注意，本条所指“营业厅的建筑面积”，既包括营业厅内展示货架、柜台、走道等顾客参与购物的场所，也包括营业厅内的卫生间、楼梯间、自动扶梯等的建筑面积。对于进行了严格的防火分隔，并且疏散时无需进入营业厅内的仓储、设备房、工具间、办公室等，可以不计入营业厅的建筑面积。

商店营业厅内的人员密度（单位：人/m^2）　　**表 4-11**

楼层位置	地下第二层	地下第一层	地上第一、二层	地上第三层	地上第四层及以上各层
人员密度	0.56	0.60	0.43～0.60	0.39～0.54	0.30～0.42

有关建材商店、家具和灯饰展示建筑的人员密度调查表明，该类建筑与百货商店、超市等相比，人员密度较小，高峰时刻的人员密度在 0.01～0.034 人/m^2之间。考虑到地区差异及开业庆典和节假日等因素，建材商店、家具和灯饰展示建筑的人员密度可按表 4-11 规定值的 30%确定。当一座商店建筑内设置有多种商业用途时，考虑到不同用途区域可能会随经营状况或经营者的变化而变化，尽管部分区域可能用于家具、建材经销等类似用途，但人员密度仍需要按照该建筑的主要商业用途来确定，不能再按照上述方法折减。

2）歌舞、娱乐、放映、游艺场所的人员密度计算

歌舞、娱乐、放映、游艺场所中录像厅的疏散人数，应根据厅、室的建筑面积按不小于 1.0 人/m^2计算；其他歌舞、娱乐、放映、游艺场所的疏散人数，应根据厅、室的建筑面积按不小于 0.5 人/m^2计算。对于歌舞、娱乐、放映、游艺场所，在计算疏散人数时，可以不计算该场所内疏散走道、卫生间等辅助用房的建筑面积，而只根据该场所内具有娱乐功能的各厅、室的建筑面积确定，内部服务和管理人员的数量可根据核定人数确定。

3）有固定座位场所的人员密度计算

除剧场、电影院、礼堂、体育馆外的其他有固定座位的公共建筑，其疏散人数可按实际座位数的 1.1 倍计算。

4）展览厅的人员密度计算

展览厅的疏散人数应根据展览厅的建筑面积和人员密度计算，展览厅内的人员密度不宜小于 0.75 人/m^2。

5）办公建筑的人员密度计算

根据《办公建筑设计标准》JGJ/T 67—2019，办公建筑由办公用房、公共用房、服务用房和设备用房等组成。办公用房包括普通办公室和专用办公室，专用办公室包括研究工作室和手工绘图室等。普通办公室每人使用面积不应小于 6m^2，单间办公室使用面积不宜小于 10m^2。研究工作室每人使用面积不应小于 7m^2，手工绘图室每人使用面积不应小于 6m^2。公共用房中的会议室按使用要求可分设中、小会议室和大会议室。小会议室使用面积不宜小于 30m^2，中会议室使用面积不宜小于 60m^2。中、小会议室每人使用面积：有会议桌的不应小于 2.00m^2/人，无会议桌的不应小于 1.00m^2/人。

6）审查举例

疏散人数确定依据的具体审查方法是，通过查阅建筑设计总说明、消防设计文件和各层的建筑平面施工图，了解建筑物的使用性质以及不同房间的使用功能，然后再根据规范对于不同使用功能场所疏散人数的计算方法计算疏散人数，计算得到的疏散人数和建筑设计总说明或者建筑平面图标识的疏散人数进行比较，确定疏散人数的依据是否准确、可

靠。图4-19和图4-20分别为某建筑二层商场的平面图和二层商场防火分区的示意图。从图中可以看出，商场所在防火分区2的建筑面积为3325m²，设备用房的建筑面积为535m²。商场营业厅的建筑面积为防火分区2的建筑面积减去设备用房的建筑面积，即2790m²。商场位于地上二层，根据表4-11，人员密度取0.43人/m²，则该商场二层商场防火分区2的计算疏散人数为：

防火分区2的计算疏散人数＝（3325－535）×0.43＝2790×0.43＝1200人

该建筑设计总说明给出商场所在防火分区2同时使用人数不超过1200人，符合《建规》5.5.21条的要求。

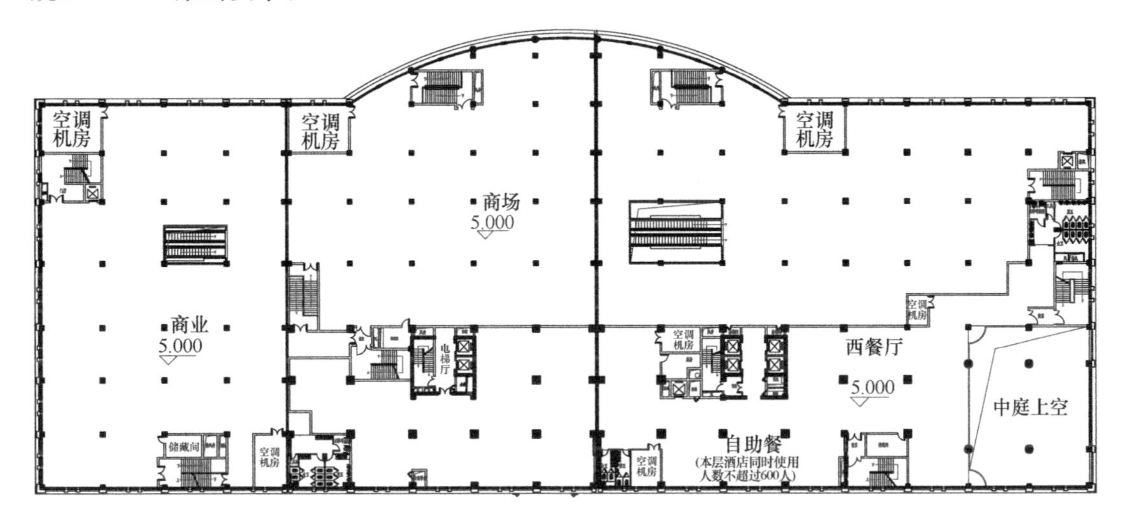

图4-19　某建筑二层商场平面图

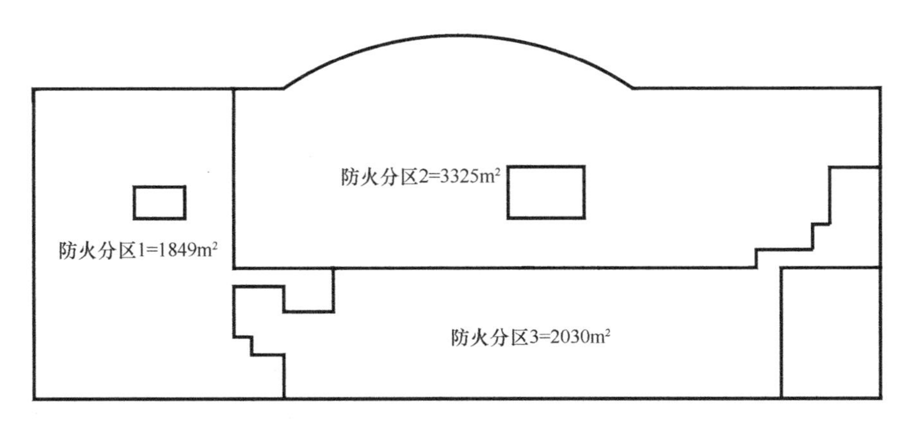

图4-20　某建筑二层商场防火分区示意图

(4) 安全出口的最小疏散净宽度

1）公共建筑

《建规》5.5.18条规定，公共建筑内疏散门和安全出口的净宽度不应小于0.90m，高层医疗建筑楼梯间的首层疏散门、首层疏散外门的净宽度不应小于1.30m，其他高层公共建筑的首层疏散门、首层疏散外门的净宽度不应小于1.20m。

2）住宅建筑

《建规》5.5.30 条规定，住宅建筑的安全出口的净宽度不应小于 0.90m，首层疏散外门的净宽度不应小于 1.10m。

3）厂房

《建规》3.7.5 条规定，门的最小净宽度不宜小于 0.90m，首层外门的最小净宽度不应小于 1.20m。

4）审查举例

安全出口最小疏散净宽度的具体审查方法是，通过查阅建筑设计总说明、消防设计文件和各层的建筑平面施工图、建筑剖面施工图、建筑立面施工图，了解建筑物的建筑高度、建筑规模、使用功能、耐火等级等情况，审查建筑内所有安全出口的最小疏散净宽度是否符合《建规》和其他建筑设计标准的要求。图 4-21 和图 4-22 分别是某建筑首层局部平面图和十五层酒店的平面图。从图中可以看出，楼梯间首层疏散门的净宽为 1.3m，首层疏散外门的净宽为 3.6m，十五层酒店部分通向防烟楼梯的安全出口净宽为 1.3m，安全出口的最小疏散净宽度符合《建规》5.5.18 条和《旅馆建筑设计规范》4.1.3 条的要求。

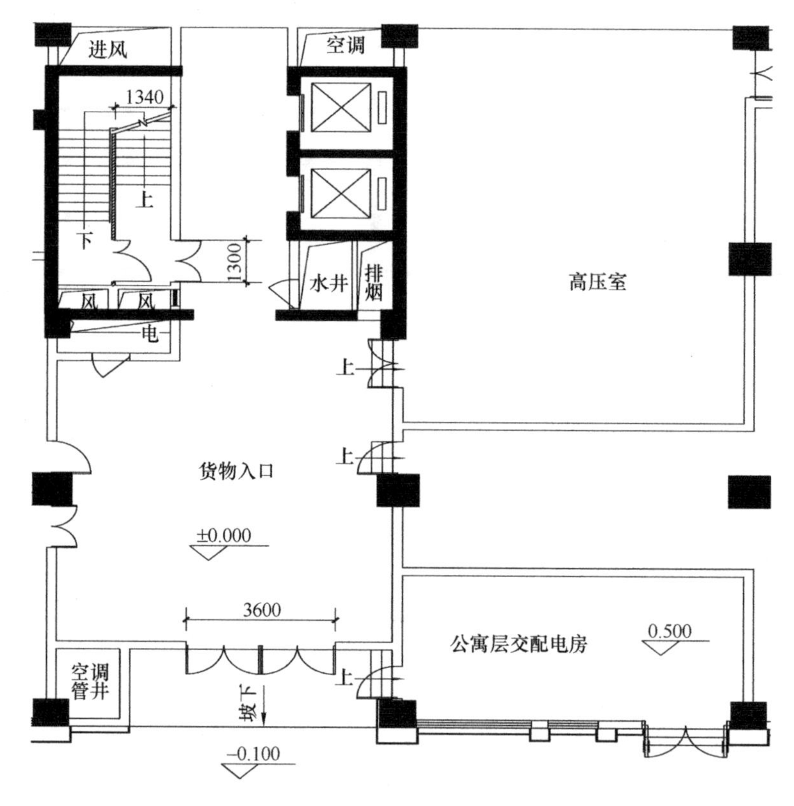

图 4-21　某建筑首层局部平面图

(5) 安全出口和疏散门的净宽度与疏散走道、疏散楼梯梯段净宽度的匹配性

在审查安全出口最小疏散净宽度的同时，还应注意考虑安全出口和疏散门的宽度与疏散走道、疏散楼梯宽度的匹配性问题。一般，走道的宽度均较宽，因此，当以门宽为计算宽度时，楼梯的宽度不应小于门的宽度；当以楼梯的宽度为计算宽度时，门的宽度不应小于楼梯的宽度。此外，下层的楼梯或门的宽度不应小于上层的宽度；对于地下、半地下，

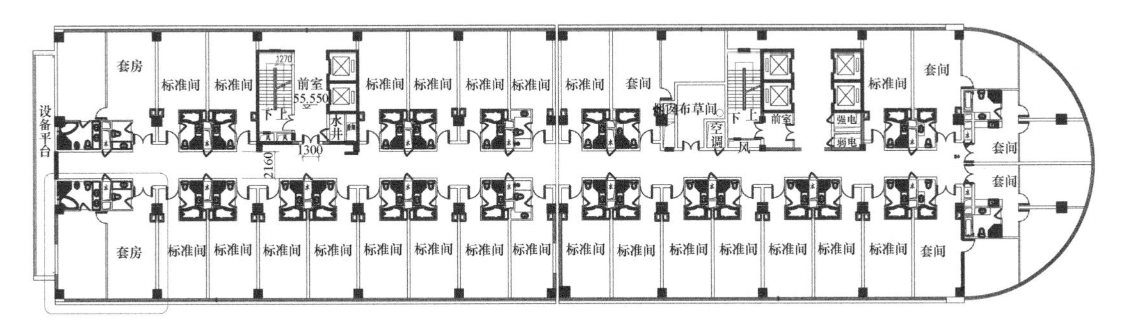

图 4-22 某建筑十五层酒店平面图

则上层的楼梯或门的宽度不应小于下层的宽度。简而言之，疏散过程中任何地方的宽度都要大于计算的疏散宽度。

具体的审查方法是通过查阅建筑设计总说明、消防设计文件和各层的建筑平面施工图，了解建筑物的使用性质，查看建筑内安全出口、疏散门、疏散走道、疏散楼梯的最小疏散净宽度，进入疏散楼梯间的安全出口和楼梯间的首层疏散门的净宽度应大于疏散楼梯梯段的净宽度。从图 4-21 和图 4-22 可以看出，首层楼梯间疏散外门的净宽度为 1.3m，首层疏散外门的净宽度为 3.6m，十五层酒店部分通向防烟楼梯间的安全出口净宽度为 1.3m，首层疏散楼梯净宽度为 1.34m，十五层疏散楼梯净宽度为 1.27m，疏散走道的宽度为 2.16m。安全出口在满足最小疏散净宽度要求的同时，安全出口和疏散门的净宽度与疏散走道、疏散楼梯梯段的净宽度也是相匹配的，符合《建规》5.5.18 条的要求。

(6) 独立或分开设置安全出口的特殊场所

1）托儿所、幼儿园的儿童用房和儿童游乐厅等儿童活动场所

《建规》5.4.4 条规定，托儿所、幼儿园的儿童用房和儿童游乐厅等儿童活动场所宜设置在独立的建筑内，且不应设置在地下或半地下。确需设置在其他民用建筑内时，当设置在一级、二级耐火等级的建筑内时，应布置在首层、二层或三层；设置在三级耐火等级的建筑内时，应布置在首层或二层；设置在四级耐火等级的建筑内时，应布置在首层；设置在高层建筑内时，应设置独立的安全出口和疏散楼梯；设置在单层、多层建筑内时，宜设置独立的安全出口和疏散楼梯。

2）设置商业网点的住宅建筑

《建规》5.4.11 条规定，设置商业服务网点的住宅建筑，其居住部分与商业服务网点之间应采用耐火极限不低于 2.00h 且无门、窗、洞口的防火隔墙和耐火极限不低于 1.50h 的不燃性楼板完全分隔，住宅部分和商业服务网点部分的安全出口和疏散楼梯应分别独立设置。

3）住宅建筑与其他使用功能的建筑合建

《建规》5.4.10 条规定，除商业服务网点外，住宅建筑与其他使用功能的建筑合建时，住宅部分与非住宅部分之间，应采用耐火极限不低于 2.00h 且无门、窗、洞口的防火隔墙和耐火极限不低于 1.50h 的不燃性楼板完全分隔；当为高层建筑时，应采用无门、窗、洞口的防火墙和耐火极限不低于 2.00h 的不燃性楼板完全分隔。住宅部分与非住宅部分的安全出口和疏散楼梯应分别独立设置；为住宅部分服务的地上车库应设置独立的疏散楼梯或安全出口，地下车库的疏散楼梯应按《建规》第 6.4.4 条的规定进行分隔。

4）审查举例

具体的审查方法是，通过查阅建筑设计总说明、消防设计文件和各层的建筑平面施工图，了解建筑物的使用性质、耐火等级、平面布置、防火分隔等情况，审查建筑内是否存在要求独立或分开设置安全出口的特殊场所。图 4-23 是设有商业服务网点住宅的二层局部平面图，从图中我们可以看出，住宅部分和商业服务网店部分分别设置了独立的疏散楼梯，其居住部分与商业服务网点之间应采用耐火极限不低于 2.00h 且无门、窗、洞口的防火隔墙和耐火极限不低于 1.50h 的不燃性楼板完全分隔，符合《建规》5.4.11 条的要求。

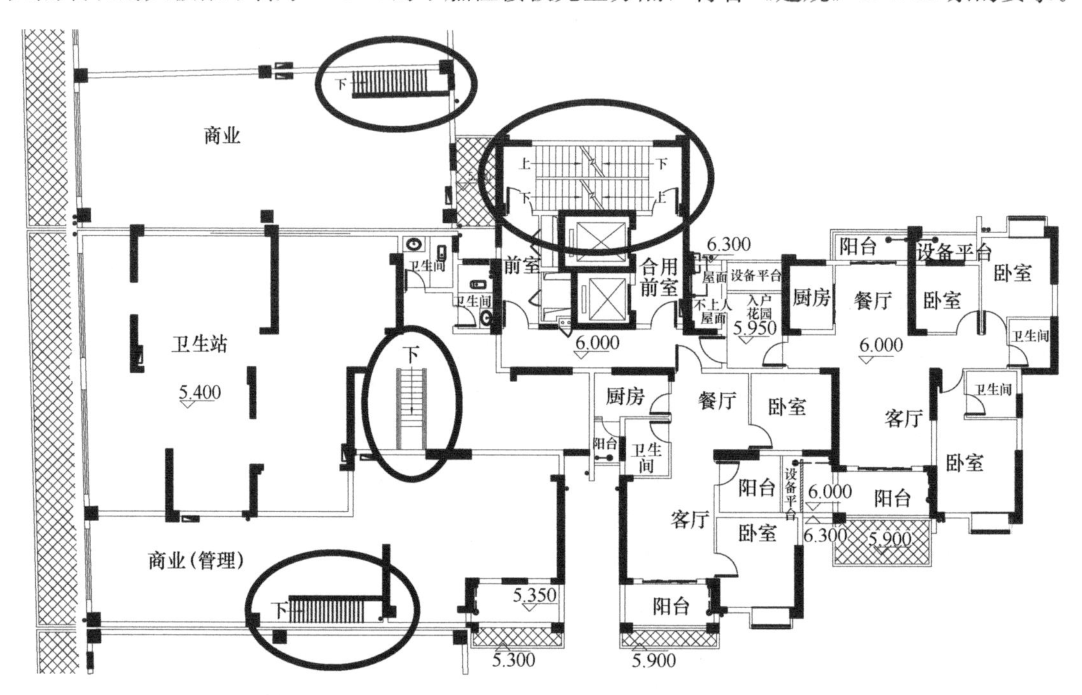

图 4-23　设有商业服务网点住宅的二层局部平面图

4.7.2　疏散楼梯和疏散门

当建筑物发生火灾时，普通电梯的动力将被切断，且普通电梯不防烟、不防火、不防水，火灾时不能用于人员的安全疏散。上部楼层的人员只有通过楼梯才能疏散到室外的安全区域。因此楼梯是最主要的垂直安全疏散设施。疏散门是房间直接通向疏散走道的房门、直接开向疏散楼梯间的门（如住宅的户门）或室外的门，不包括套间内的隔间门或住宅套内的房间门。

（1）疏散楼梯和疏散门的审查要点

疏散楼梯和疏散门是安全疏散设计审查的一项内容，主要审查疏散楼梯和疏散门的设置是否符合规范要求，具体审查以下四个方面的内容：

1）疏散楼梯的设置形式和数量、位置、宽度是否符合规范要求；

2）疏散楼梯的防排烟设施是否符合规范要求；疏散楼梯的围护结构的燃烧性能和耐火极限是否符合要求，不得以防火卷帘代替；防烟楼梯间前室的设置形式和面积是否符合规范要求；

3）疏散楼梯在避难层是否分隔、同层错位或上下层断开，其他楼层是否上、下位置一致；

4）疏散门的数量、宽度和开启方向是否符合规范要求。

(2) 疏散楼梯的设置形式和数量、位置、宽度

1）疏散楼梯的设置形式

① 公共建筑

《建规》5.5.12条规定，一类高层公共建筑和建筑高度大于32m的二类高层公共建筑，其疏散楼梯应采用防烟楼梯间。裙房和建筑高度不大于32m的二类高层公共建筑，其疏散楼梯应采用封闭楼梯间。当裙房与高层建筑主体之间设置防火墙时，裙房的疏散楼梯可按《建规》有关单层、多层建筑的要求确定。

《建规》5.5.13条规定，下列多层公共建筑的疏散楼梯，除与敞开式外廊直接相连的楼梯间外，均应采用封闭楼梯间：

a. 医疗建筑、旅馆及类似使用功能的建筑；

b. 设置歌舞娱乐放映游艺场所的建筑；

c. 商店、图书馆、展览建筑、会议中心及类似使用功能的建筑；

d. 6层及以上的其他建筑。

《建规》5.5.13A条规定，老年人照料设施的疏散楼梯或疏散楼梯间宜与敞开式外廊直接连通，不能与敞开式外廊直接连通的室内疏散楼梯应采用封闭楼梯间。建筑高度大于24m的老年人照料设施，其室内疏散楼梯应采用防烟楼梯间。

② 住宅建筑

《建规》5.5.27条住宅建筑的疏散楼梯设置应符合下列规定：

a. 建筑高度不大于21m的住宅建筑可采用敞开楼梯间；与电梯井相邻布置的疏散楼梯应采用封闭楼梯间，当户门采用乙级防火门时，仍可采用敞开楼梯间。

b. 建筑高度大于21m、不大于33m的住宅建筑应采用封闭楼梯间；当户门采用乙级防火门时，可采用敞开楼梯间。

c. 建筑高度大于33m的住宅建筑应采用防烟楼梯间。户门不宜直接开向前室，确有困难时，每层开向同一前室的户门不应大于3樘且应采用乙级防火门。

③ 厂房

高层厂房和甲、乙、丙类多层厂房的疏散楼梯应采用封闭楼梯间或室外楼梯。建筑高度大于32m且任一层人数超过10人的厂房，应采用防烟楼梯间或室外楼梯。

④ 仓库

高层仓库的疏散楼梯应采用封闭楼梯间。

⑤ 审查举例

疏散楼梯设置形式的具体审查方法是：通过查阅建筑设计总说明、消防设计文件和各层的建筑平面施工图、建筑剖面施工图、建筑立面施工图，了解建筑物的建筑高度、使用性质、建筑类别、火灾危险性、防火分隔、使用人数等情况，审查建筑内疏散楼梯的设置形式是否符合《建规》的要求。图4-24为某建筑防烟楼梯间的平面布置图，通过该建筑的建筑施工设计说明，得知该建筑为建筑高度77.15m的高层商业酒店综合建筑，为一类高层公共建筑。从图中可以看出该建筑采用的楼梯间入口处设有防烟前室，为防烟楼梯

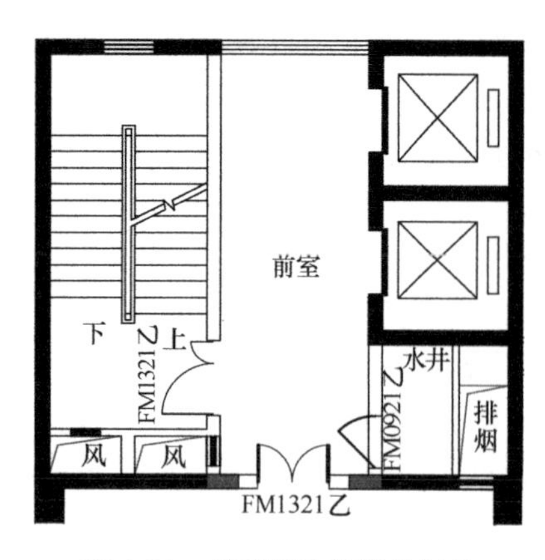

图 4-24　某建筑防烟楼梯间的平面布置图

间，符合《建规》5.5.12 条的要求。

2）疏散楼梯的设置数量和位置

建筑利用疏散楼梯作为安全出口时，《建规》对于公共建筑、住宅、厂房、仓库的疏散楼梯数量的要求与安全出口的审查方法是相同的。《建筑》5.5.2 条规定，民用建筑内的疏散楼梯应分散布置，且建筑内每个防火分区或一个防火分区的每个楼层、每个住宅单元每层相邻两个安全出口最近边缘之间的水平距离不应小于 5m。《建规》3.7.1 条规定厂房的安全出口应分散布置。每个防火分区或一个防火分区的每个楼层，其相邻 2 个安全出口最近边缘之间的水平距离不应小于 5m。《建规》3.8.1 条规定仓库的安全出口应分散布置。每个防火分区或一个防火分区的每个楼层，其相邻 2 个安全出口最近边缘之间的水平距离不应小于 5m。

① 公共建筑

《建规》5.5.8 条规定公共建筑内每个防火分区或一个防火分区的每个楼层，其疏散楼梯的数量应经计算确定，且不应少于 2 部。设置 1 部疏散楼梯的公共建筑应符合表 4-10 的要求。《建规》5.5.11 条规定，设置不少于 2 部疏散楼梯的一级、二级耐火等级多层公共建筑，如有些办公、教学或科研等公共建筑，往往需要顶层局部升高，要在屋顶部分局部高出 1～2 层，用作会议室、报告厅等。当高出部分的层数不超过 2 层、人数之和不超过 50 人且每层建筑面积不大于 200m^{2}时，高出部分可设置 1 部疏散楼梯，但至少应另外设置 1 个直通建筑主体上人平屋面的安全出口，且上人屋面应符合人员安全疏散的要求。

② 住宅建筑

《建规》5.5.25 条规定，住宅建筑疏散楼梯的设置数量应符合下列规定：

a. 建筑高度不大于 27m 的建筑，当每个单元任一层的建筑面积大于 650m^2，或任一户门至最近安全出口的距离大于 15m 时，每个单元疏散楼梯的数量不应少于 2 部；

b. 建筑高度大于 27m、不大于 54m 的建筑，当每个单元任一层的建筑面积大于 650m^2，或任一户门至最近安全出口的距离大于 10m 时，每个单元疏散楼梯的数量不应少于 2 部；

c. 建筑高度大于 54m 的建筑，每个单元疏散楼梯的数量不应少于 2 部。

《建规》5.5.26 条规定，建筑高度大于 27m，但不大于 54m 的住宅建筑，每个单元设置 1 部疏散楼梯时，疏散楼梯应通至屋面，且单元之间的疏散楼梯应能通过屋面连通，户门应采用乙级防火门。当不能通至屋面或不能通过屋面连通时，应设置 2 个安全出口。

③ 厂房

《建规》3.7.2 条规定，厂房内每个防火分区或一个防火分区内的每个楼层，其疏散楼梯的数量应经计算确定，且不应少于 2 部；当符合下列条件时，可设置 1 部疏散楼梯：

a. 甲类厂房，每层建筑面积不大于 100m^2，且同一时间的作业人数不超过 5 人；

b. 乙类厂房，每层建筑面积不大于 150m^2，且同一时间的作业人数不超过 10 人；

c. 丙类厂房，每层建筑面积不大于 250m^2，且同一时间的作业人数不超过 20 人；

d. 丁、戊类厂房，每层建筑面积不大于 400m²，且同一时间的作业人数不超过 30 人；

e. 地下或半地下厂房（包括地下或半地下室），每层建筑面积不大于 50m²，且同一时间的作业人数不超过 15 人。

④ 仓库

《建规》3.8.2 条规定，当一座仓库的占地面积不大于 300m²时，楼层可设置 1 部疏散楼梯。仓库内每个防火分区疏散楼梯的数量不宜少于 2 个，当防火分区的建筑面积不大于 100m²时，可设置 1 部疏散楼梯。《建规》3.8.3 条规定，地下或半地下仓库（包括地下或半地下室）的疏散楼梯的数量不应少于 2 个；当建筑面积不大于 100m²时，可设置 1 部疏散楼梯。

⑤ 审查举例

疏散楼梯的设置数量和位置的具体审查方法是：通过查阅建筑设计总说明、消防设计文件和各层的建筑平面施工图、建筑剖面施工图、建筑立面施工图，了解建筑物的使用性质、建筑高度、耐火等级、火灾危险性、防火分区、每层建筑面积、使用人数或作业人数、疏散距离、平面布置等情况，审查建筑内疏散楼梯的设置数量和位置是否符合《建规》的要求。图 4-25 是某建筑三层中餐厅的平面布置图，中餐厅作为一个防火分区，设有 2 部疏散楼梯，并且 2 部疏散楼梯分散布置，两个安全出口最近边缘之间的水平距离为 30.37m，符合《建规》5.5.2 条、5.5.8 条的要求。

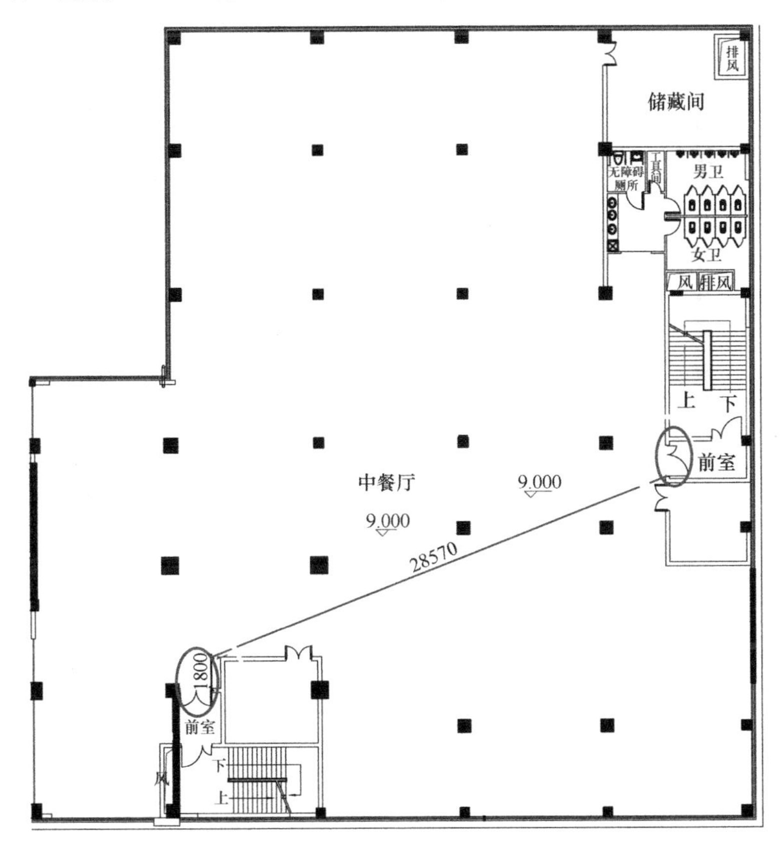

图 4-25　某建筑三层中餐厅的平面布置图

3）疏散楼梯的宽度

① 疏散楼梯的最小净宽度

a. 公共建筑

《建规》5.5.18 条规定，公共建筑内的疏散楼梯的净宽度不应小于 1.10m，高层医疗建筑疏散楼梯的最小净宽度为 1.3m，对于其他高层公共建筑，疏散楼梯的最小净宽度为 1.2m。

b. 住宅建筑

《建规》5.5.30 条规定，住宅建筑疏散楼梯的净宽度不应小于 1.10m。建筑高度不大于 18m 的住宅中一边设置栏杆的疏散楼梯，其净宽度不应小于 1.0m。

c. 厂房

《建规》3.7.5 条规定，厂房内疏散楼梯的最小净宽度不宜小于 1.10m。

d. 审查举例

疏散楼梯最小净宽度的具体审查方法是：通过查阅建筑设计总说明、消防设计文件和各层的建筑平面施工图、建筑剖面施工图、建筑立面施工图，了解建筑物的使用性质、建筑高度等情况，审查建筑内疏散楼梯的最小净宽度是否符合《建规》的要求。图 4-26 是某建筑防烟楼梯间的平面布置图，该建筑为高层商业酒店综合建筑，从图中可以看出，疏散楼梯的净宽度为 1.3m，符合《建规》5.5.18 条的要求。

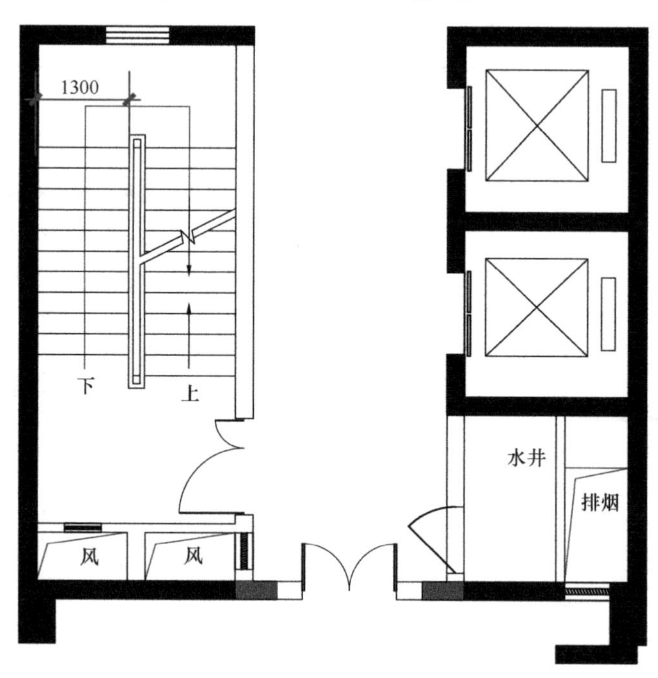

图 4-26　某建筑防烟楼梯间的平面布置图

② 疏散楼梯的总净宽度

a. 公共建筑

《建规》5.5.20 条规定，剧场、电影院、礼堂、体育馆等场所疏散楼梯的总净宽度，应根据疏散人数按每 100 人的最小疏散净宽度不小于表 4-12 的规定计算确定。表 4-12 中体育馆对应较大座位数范围按规定计算的疏散总净宽度，不应小于对应相邻较小座位数范围按其最多座位数计算的疏散总净宽度。对于观众厅座位数少于 3000 个的体育馆，计算疏散楼梯的总净宽度时，每 100 人的最小疏散净宽度不应小于剧场、电影院、礼堂、体育馆等场所的规定。

剧场、电影院、礼堂等场所疏散楼梯每 100 人所需最小疏散净宽度（单位：m/百人）　　**表 4-12**

场所类型	剧场、电影院、礼堂等场所		体育馆		
观众厅座位数（座）	≤2500	≤1200	3000～5000	5001～10000	10001～20000
耐火等级	一级、二级	三级	—	—	—
疏散楼梯	0.75	1.00	0.5	0.43	0.37

《建规》5.5.21 条规定，除剧场、电影院、礼堂、体育馆外的其他公共建筑，每层疏散楼梯的总净宽度，应根据疏散人数按每 100 人的最小疏散净宽度不小于表 4-13 的规定计算确定，每 100 人的最小疏散净宽度与建筑层数、耐火等级、地下楼层与地面出入口的高差有关。当每层疏散人数不等时，疏散楼梯的总净宽度可分层计算，地上建筑内下层楼梯的总净宽度应按该层及以上疏散人数最多一层的人数计算；地下建筑内上层楼梯的总净宽度应按该层及以下疏散人数最多一层的人数计算。地下或半地下人员密集的厅、室和歌舞、娱乐、放映、游艺场所，其疏散楼梯的总净宽度，应根据疏散人数按每 100 人不小于 1.00m 计算确定。

每层疏散楼梯的每 100 人最小疏散净宽度（单位：m/百人）　　**表 4-13**

建筑层数		建筑的耐火等级		
		一级、二级	三级	四级
地上楼层	1～2 层	0.65	0.75	1.00
	3 层	0.75	1.00	—
	≥4 层	1.00	1.25	—
地下楼层	与地面出入口地面的高差 $\Delta H \leqslant 10$m	0.75	—	—
	与地面出入口地面的高差 $\Delta H > 10$m	1.00	—	—

b. 住宅建筑

《建规》5.5.30 条规定，住宅建筑疏散楼梯的总净宽度应经计算确定。住宅建筑相对于公共建筑，同一空间内或楼层的使用人数较少，一般情况下 1.1m 的最小净宽可以满足大多数住宅建筑的使用功能需要，但在设计疏散楼梯时仍应进行核算。

c. 厂房

《建规》3.7.5 条规定，厂房内疏散楼梯的总净宽度，应根据疏散人数按每 100 人的最小疏散净宽度不小于表 4-14 的规定计算确定。当每层疏散人数不相等时，疏散楼梯的总净宽度应分层计算，下层楼梯总净宽度应按该层及以上疏散人数最多一层的疏散人数计算。

厂房内疏散楼梯每100人最小疏散净宽度　　表4-14

厂房层数（层）	1～2	3	≥4
最小疏散净宽度（m/百人）	0.60	0.80	1.00

d. 审查举例

疏散楼梯总净宽度的具体审查方法是：通过查阅建筑设计总说明、消防设计文件和各层的建筑平面施工图、建筑剖面施工图、建筑立面施工图，了解建筑物的使用性质、耐火等级、使用人数或作业人数、建筑层数、地下楼层与地面出入口的高差，审查建筑内每个防火分区的疏散楼梯的总净宽度是否符合《建规》的要求。建筑每层疏散楼梯总净宽度是按照防火分区计算的，图4-27是某建筑二层商场防火分区2的平面图，在计算该防火分区疏散楼梯的总净宽度时，需要明确该防火分区的疏散人数，在前面审查确定疏散人数的依据是否准确、可靠时，已经对该防火分区确定疏散人数为1200人的依据进行了审查，符合《建规》5.5.21条的要求。该商场部位共有二层，因此应该按照1200人和百人宽度指标来进行计算。通过该建筑的建筑施工设计说明，得知该建筑为建筑高度77.15m的高层商业酒店综合建筑，该商场位于高层商业酒店综合建筑的裙房，该商场裙房部分与高层建筑主体之间采用防火墙结合甲级防火门进行分隔，因此裙房的疏散宽度指标还应按高层主体的要求确定。该建筑为地上20层的高层商业酒店综合楼，一类高层，一级耐火等级，该建筑地上各层疏散楼梯的百人宽度指标取1.00m/百人。则该建筑二层商场防火分区2的计算疏散总净宽度为：

$$防火分区2的计算疏散总净宽度=\frac{1200}{100}\times1.00=12m$$

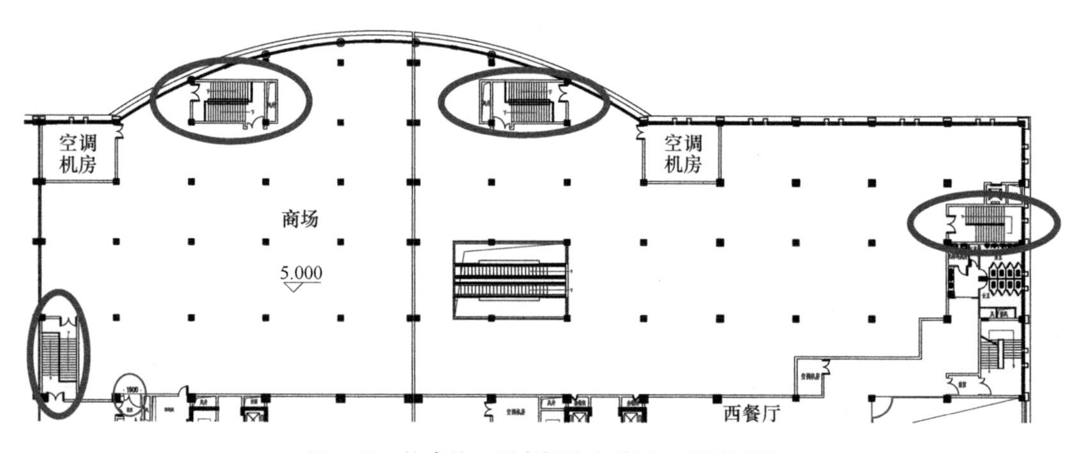

图4-27　某建筑二层商场防火分区2的平面图

也就是说，要想满足安全疏散的要求，该建筑二层商场防火分区2的疏散楼梯总净宽度需要大于等于12m。通过查看该建筑二层商场防火分区2的平面图，计算该防火分区4部疏散楼梯（其中包括3部剪刀楼梯）实际疏散总净宽度为11.05m，不足12m，但是该防火分区疏散宽度不足部分，采用了防火墙结合甲级防火门的方式借用相邻防火分区疏散，图中的圈起部分就是该防火分区通向相邻防火分区的甲级防火门，宽度为1.9m，该防火分区2疏散楼梯的总净宽度符合《建规》5.5.21条的要求。而且甲级防火门作为安全出口的疏散净宽度小于该防火分区所需总疏散净宽度的30%，符合《建规》5.5.9条的要求。当人员通过甲级防火门从该防火分区进入相邻防火分区后，将会增加相邻防火分区的人员疏散时间，因此，设计除需保证相邻防火分区的疏散宽度符合规范要求外，还需要增加该防火分区的疏散宽度以满足增加人员的安全疏散需要，保证相邻防火分区的疏散安全，使整个楼层的总疏散宽度不减少。也就是说，在计算时不能将利用通向相邻防火分区的安全出口宽度计算在楼层的总疏散宽度内。

(3) 疏散楼梯的防排烟设施和防烟楼梯间前室的设置形式和面积

1) 规范要求

《建规》6.4.2条规定，封闭楼梯间不能自然通风或自然通风不能满足要求时，应设置机械加压送风系统或采用防烟楼梯间。《建规》6.4.3条规定，防烟楼梯间应设置防烟设施。前室可与消防电梯间前室合用。前室的使用面积：公共建筑、高层厂房（仓库）不应小于6.0m^2 住宅建筑不应小于4.5m^2。与消防电梯间前室合用时，合用前室的使用面积：公共建筑、高层厂房（仓库）不应小于10.0m^2；住宅建筑不应小于6.0m^2。疏散走道通向前室以及前室通向楼梯间的门应采用乙级防火门。楼梯间的首层可将走道和门厅等包括在楼梯间前室内，形成扩大的前室，但应采用乙级防火门等与其他走道和房间分隔。

《建筑防烟排烟系统技术标准》GB 51251—2017 3.1.2条规定，建筑高度大于50m的公共建筑、工业建筑和建筑高度大于100m的住宅建筑，其防烟楼梯间、独立前室、共用前室、合用前室及消防电梯前室应采用机械加压送风系统。《建筑防烟排烟系统技术标准》3.1.3条规定，建筑高度小于或等于50m的公共建筑、工业建筑和建筑高度小于或等于100m的住宅建筑，其防烟楼梯间、独立前室、共用前室、合用前室（除共用前室与消防电梯前室合用外）及消防电梯前室应采用自然通风系统；当不能设置自然通风系统时，应采用机械加压送风系统。

2) 审查举例

具体的审查方法是：通过查阅建筑设计总说明、消防设计文件和各层的建筑平面施工图、建筑剖面施工图、建筑立面施工图，了解建筑物的使用性质、建筑高度、疏散楼梯防排烟、防烟楼梯间的平面布置、前室形式及面积等情况，审查建筑内疏散楼梯的防排烟设施、防烟楼梯间前室的设置形式和面积是否符合《建规》和《建筑防烟排烟系统技术标准》GB 51251—2017的要求。图4-28是某建筑防烟楼梯间的平面布置图，通过该建筑的建筑施工设计说明，得知该建筑为建筑高度77.15m的高层商业酒店综合建筑，从图中可以看出，楼梯间与前室分别设置送风管道，分别采用机械加压送风系统，防烟楼梯间与消防电梯合用前室，合用前室的面积为19.28m^2，符合《建规》6.4.3条和《建筑防烟排烟系统技术标准》GB 51251—2017 3.1.2条的要求。

(4) 疏散楼梯围护结构的燃烧性能和耐火极限

《建规》6.4.1条规定，封闭楼梯间、防烟楼梯间及其前室，不应设置卷帘。《建规》6.4.2条规定，高层建筑、人员密集的公共建筑、人员密集的多层丙类厂房以及甲、乙类厂房，其封闭楼梯间的门应采用乙级防火门，并应向疏散方向开启，其他建筑可采用双向弹簧门。封闭楼梯间的首层可将走道和门厅等包括在楼梯间内，形成扩大的封闭楼梯间，但应采用乙级防火门等与其他走道和房间分隔。《建规》6.4.3条规定，疏散走道通向防烟楼梯间前室以及前室通向楼梯间的门应采用乙级防火门。楼梯间的首层可将走道和门厅等包括在楼梯间前室内，形成扩大的前室，但应采用乙级防火门等与其他走道和房间分隔。

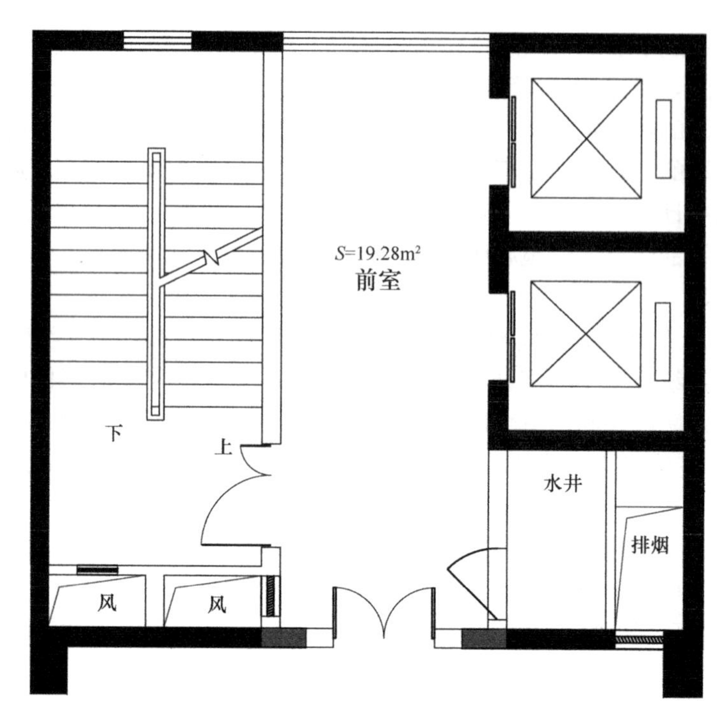

图 4-28　某建筑防烟楼梯间的平面布置图

1）民用建筑

《建规》5.1.2 条规定了民用建筑不同耐火等级相应建筑构件的燃烧性能和耐火极限，除另有规定外，不应低于表 4-15 的规定。从表中可以看出，对于楼梯间和前室的墙，一级、二级耐火等级要求为不燃性，耐火极限不应低于 2.00h，三级耐火等级要求为不燃性，耐火极限不应低于 1.50h，四级耐火等级要求为难燃性，耐火极限不应低于 0.50h。

民用建筑不同耐火等级相应建筑构件的燃烧性能和耐火极限（单位：h）　**表 4-15**

构件名称		耐火等级			
		一级	二级	三级	四级
墙	防火墙	不燃性 3.00	不燃性 3.00	不燃性 3.00	不燃性 3.00
	承重墙	不燃性 3.00	不燃性 2.50	不燃性 2.00	难燃性 0.50
	非承重外墙	不燃性 1.00	不燃性 1.00	不燃性 0.50	可燃性
	楼梯间和前室的墙、电梯井的墙，住宅建筑单元之间的墙和分户墙	不燃性 2.00	不燃性 2.00	不燃性 1.50	难燃性 0.50
	疏散走道两侧的隔墙	不燃性 1.00	不燃性 1.00	不燃性 0.50	难燃性 0.25
	房间隔墙	不燃性 0.75	不燃性 0.50	难燃性 0.50	难燃性 0.25
柱		不燃性 3.00	不燃性 2.50	不燃性 2.00	难燃性 0.50
梁		不燃性 2.00	不燃性 1.50	不燃性 1.00	难燃性 0.50
楼板		不燃性 1.50	不燃性 1.00	不燃性 0.50	可燃性
屋顶承重构件		不燃性 1.50	不燃性 1.00	可燃性 0.50	可燃性
疏散楼梯		不燃性 1.50	不燃性 1.00	不燃性 0.50	可燃性
吊顶（包括吊顶搁栅）		不燃性 0.25	难燃性 0.25	难燃性 0.15	可燃性

2）厂房和仓库

《建规》3.2.1条规定了厂房和仓库不同耐火等级相应建筑构件的燃烧性能和耐火极限，除另有规定外，不应低于表4-16的规定。从表中可以看出，对于楼梯间和前室的墙，一级、二级耐火等级要求为不燃性，耐火极限不应低于2.00h，三级耐火等级要求为不燃性，耐火极限不应低于1.50h，四级耐火等级要求为难燃性，耐火极限不应低于0.50h。

厂房和仓库不同耐火等级相应建筑构件的燃烧性能和耐火极限（单位：h）　表4-16

构件名称		耐火等级			
		一级	二级	三级	四级
墙	防火墙	不燃性3.00	不燃性3.00	不燃性3.00	不燃性3.00
	承重墙	不燃性3.00	不燃性2.50	不燃性2.00	难燃性0.50
	楼梯间和前室的墙、电梯井的墙	不燃性2.00	不燃性2.00	不燃性1.50	难燃性0.50
	疏散走道两侧的隔墙	不燃性1.00	不燃性1.00	不燃性0.50	难燃性0.25
	非承重外墙、房间隔墙	不燃性0.75	不燃性0.50	难燃性0.50	难燃性0.25
柱		不燃性3.00	不燃性2.50	不燃性2.00	难燃性0.50
梁		不燃性2.00	不燃性1.50	不燃性1.00	难燃性0.50
楼板		不燃性1.50	不燃性1.00	不燃性0.75	难燃性0.50
屋顶承重构件		不燃性1.50	不燃性1.00	难燃性0.50	可燃性
疏散楼梯		不燃性1.50	不燃性1.00	不燃性0.75	可燃性
吊顶(包括吊顶搁栅)		不燃性0.25	难燃性0.25	难燃性0.15	可燃性

3）审查举例

疏散楼梯围护结构燃烧性能和耐火极限的具体审查方法是：通过查阅建筑设计总说明、消防设计文件和各层的建筑平面施工图，了解建筑物的使用性质、耐火等级、疏散楼梯间的平面布置等情况，审查建筑内疏散楼梯围护结构的燃烧性能和耐火极限是否符合《建规》的要求。图4-29是某建筑防烟楼梯间的平面图，通过该建筑的建筑施工设计说明，得知该建筑为建筑高度77.15m的高层商业酒店综合建筑，一类高层公共建筑，一级耐火等级，通过该建筑的材料和构造说明可以看出，该防烟楼梯间的围护结构墙体采用的是240mm厚加气混凝土砌块墙，通过查阅《建规》附录各类建筑构件的燃烧性能和耐火极限，得知240mm厚加气混凝土砌块墙为不燃烧体，耐火极限大于2.00小时，从该建筑防烟楼梯间的平面图可以看出，防烟楼梯间及其前室设置了乙级防火门，未采用防火卷帘，符合《建规》5.1.2条、6.4.1条、6.4.3条的要求。

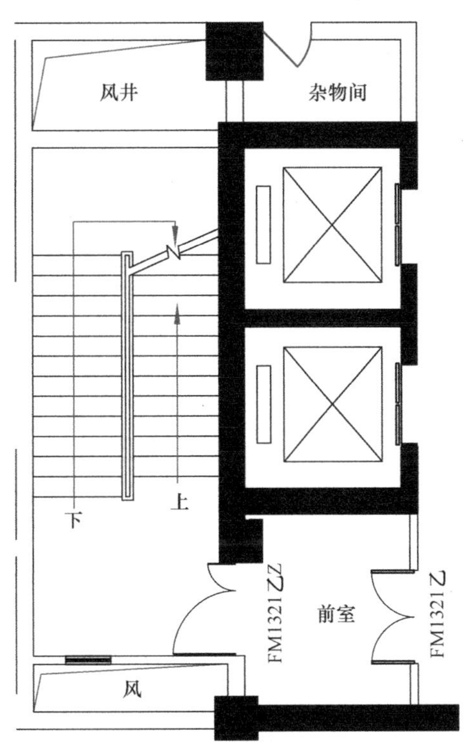

图4-29　某建筑防烟楼梯间的平面图

(5) 疏散楼梯在避难层以及其他楼层的设置

1）规范要求

《建规》5.5.23条规定，建筑高度大于100m的公共建筑，应设置避难层（间）。通向避难层

（间）的疏散楼梯应在避难层分隔、同层错位或上下层断开。《建规》5.5.31 条规定，建筑高度大于 100m 的住宅建筑应设置避难层，疏散楼梯在避难层的设置要求同公共建筑。

《建规》6.4.4 条规定，除通向避难层错位的疏散楼梯外，建筑内的疏散楼梯间在各层的平面位置不应改变。

2）审查举例

疏散楼梯在避难层以及其他楼层设置的具体审查方法是：通过查阅建筑设计总说明、消防设计文件和各层的建筑平面施工图，了解建筑物的使用性质、建筑高度、疏散楼梯在避难层的平面布置、疏散楼梯在其他楼层的平面布置等情况，审查建筑内疏散楼梯在避难层以及其他楼层的设置情况是否符合《建规》的要求。图 4-30 是某建筑防烟楼梯在 19 层避难层的平面布置图，通过该建筑的建筑施工设计说明，得知该建筑为建筑高度 135.8m 的综合楼建筑，该建筑在 7 层和 19 层设置了避难层，从图中可以看出防烟楼梯在避难层进行了分隔，符合《建规》5.5.23 条的要求。图 4-31 和图 4-32 分别为某建筑防烟楼梯在 20 层和 21～26 层的平面布置图，从图中可以看出该综合楼建筑 20 层和 21～26 层 2 部防烟楼梯在各层的平面位置上、下一致，符合《建规》6.4.4 条的要求。

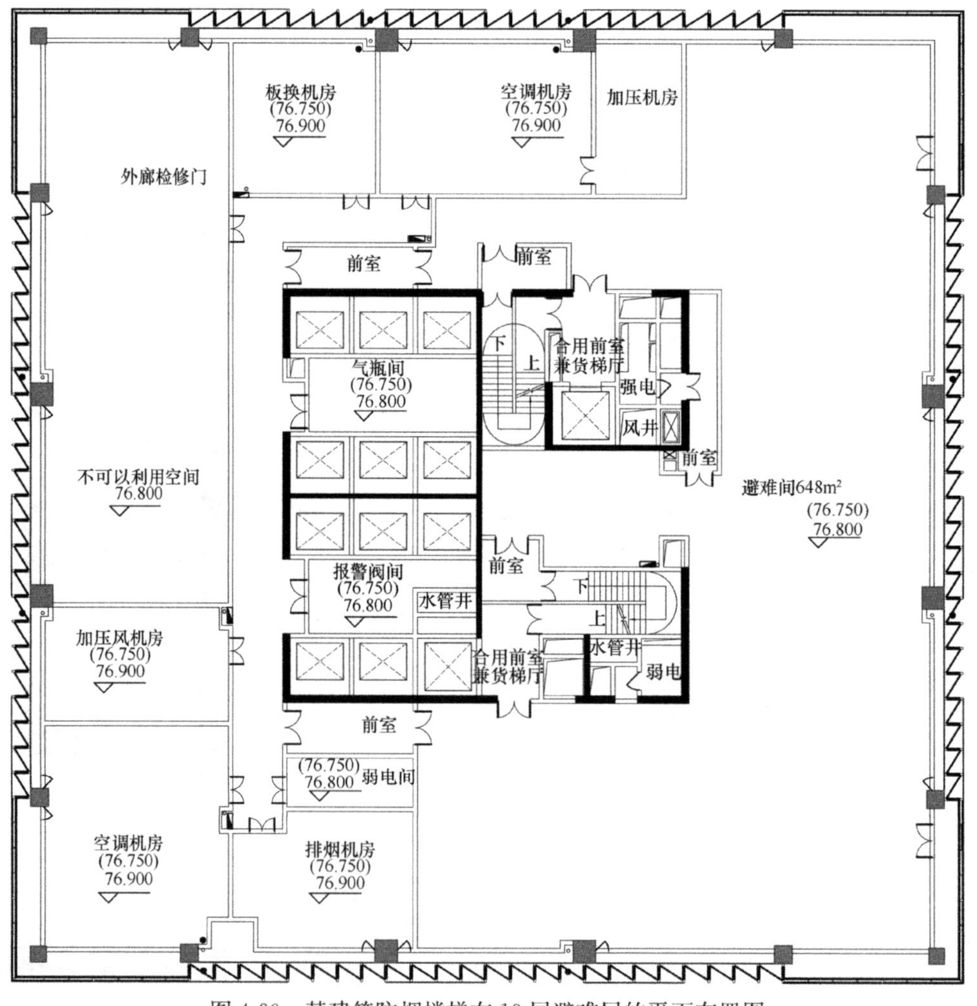

图 4-30　某建筑防烟楼梯在 19 层避难层的平面布置图

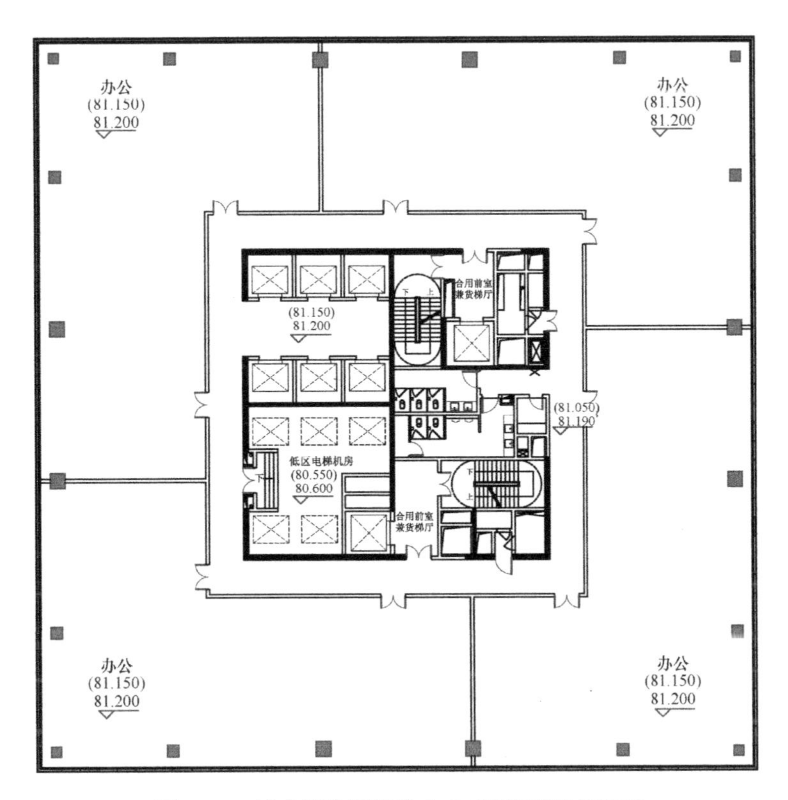

图 4-31　某建筑防烟楼梯在 20 层的平面布置图

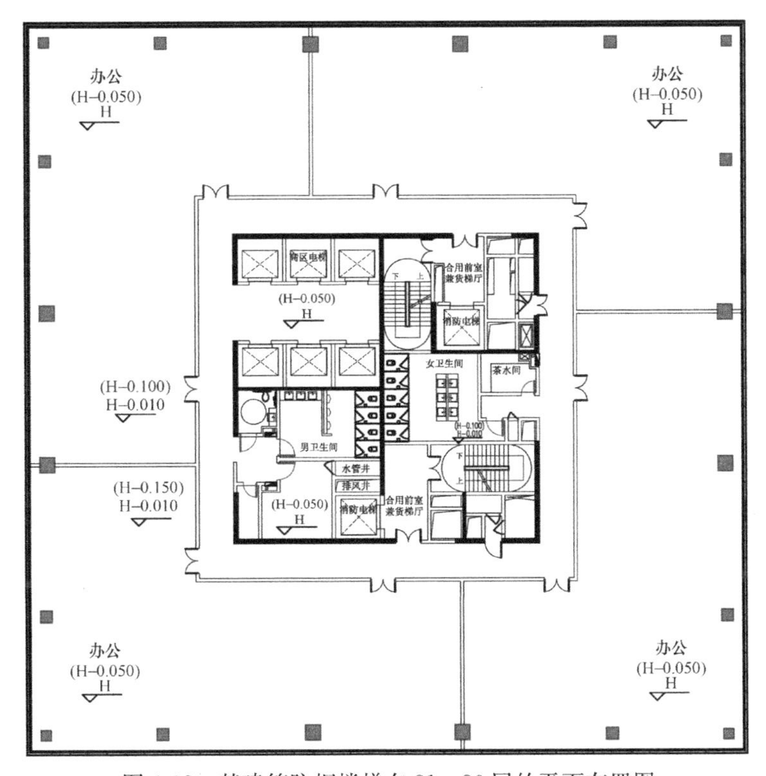

图 4-32　某建筑防烟楼梯在 21～26 层的平面布置图

(6) 疏散门的数量、宽度和开启方向

1) 公共建筑疏散门的数量

《建规》5.5.5 条规定，公共建筑建筑面积不大于 200m^2 的地下或半地下设备间、建筑面积不大于 50m^{2}且经常停留人数不超过 15 人的其他地下或半地下房间，可设置 1 个疏散门。除此规定外的其他情况，公共建筑地下、半地下建筑或地下、半地下室的一个房间的疏散门，均不应少于 2 个。

《建规》5.5.15 条规定，公共建筑内房间的疏散门数量应经计算确定，且不应少于 2 个。除托儿所、幼儿园、老年人照料设施、医疗建筑、教学建筑内位于走道尽端的房间外，符合下列条件之一的房间可设置 1 个疏散门：

① 位于两个安全出口之间或袋形走道两侧的房间，对于托儿所、幼儿园、老年人照料设施，建筑面积不大于 50m^2；对于医疗建筑、教学建筑，建筑面积不大于 75m^2；对于其他建筑或场所，建筑面积不大于 120m^2；

② 位于走道尽端的房间，建筑面积小于 50m^2 且疏散门的净宽度不小于 0.90m，或由房间内任一点至疏散门的直线距离不大于 15m、建筑面积不大于 200m^2 且疏散门的净宽度不小于 1.40m；

③ 歌舞、娱乐、放映、游艺场所内建筑面积不大于 50m^2，且经常停留人数不超过 15 人的厅、室。

《建规》5.5.16 条规定，剧场、电影院、礼堂和体育馆的观众厅或多功能厅，其疏散门的数量应经计算确定，且不应少于 2 个；对于剧场、电影院、礼堂的观众厅或多功能厅，每个疏散门的平均疏散人数不应超过 250 人；当容纳人数超过 2000 人时，其超过 2000 人的部分，每个疏散门的平均疏散人数不应超过 400 人；对于体育馆的观众厅，每个疏散门的平均疏散人数不宜超过 400～700 人。

2) 公共建筑疏散门的宽度

① 疏散门的最小净宽度

《建规》5.5.18 条规定，公共建筑内疏散门的净宽度不应小于 0.90m。《建规》5.5.19 条规定，人员密集的公共场所、观众厅的疏散门不应设置门槛，其净宽度不应小于 1.40m，且紧靠门口内外各 1.40m 范围内不应设置踏步。

② 疏散门的总净宽度

a. 剧场、电影院、礼堂、体育馆等场所

《建规》5.5.20 条规定，剧场、电影院、礼堂、体育馆等场所供观众疏散的所有内门、外门的各自总净宽度，应根据疏散人数按每 100 人的最小疏散净宽度不小于表 4-17 的规定计算确定，表中对应较大座位数范围按规定计算的疏散总净宽度，不应小于对应相邻较小座位数范围按其最多座位数计算的疏散总净宽度。对于观众厅座位数少于 3000 个的体育馆，计算供观众疏散的所有内门、外门的各自总净宽度时，每 100 人的最小疏散净宽度不应小于剧场、电影院、礼堂等场所的规定。有等场需要的入场门不应作为观众厅的疏散门。

剧场、电影院、礼堂、体育馆等场所疏散门每 100 人所需最小疏散净宽度（单位：m/百人）**表 4-17**

场所类型	体育馆剧场、电影院、礼堂等场所		体育馆		
观众厅座位数(座)	≤2500	≤1200	3000～5000	5001～10000	10001～20000

续表

场所类型		体育馆剧场、电影院、礼堂等场所		体育馆		
耐火等级		一级、二级	三级	—	—	—
疏散门	平坡地面	0.65	0.85	0.43	0.37	0.32
	阶梯地面	0.75	1.00	0.50	0.43	0.37

b. 除剧场、电影院、礼堂、体育馆外的其他公共建筑

《建规》5.5.21 条规定，除剧场、电影院、礼堂、体育馆外的其他公共建筑，每层的房间疏散门的总净宽度应根据疏散人数按每 100 人的最小疏散净宽度不小于表 4-13 的规定计算确定，每层房间疏散门每 100 人的最小疏散净宽度的取值要求与疏散楼梯的取值要求是相同的。地下或半地下人员密集的厅、室和歌舞娱乐放映游艺场所，其房间疏散门的总净宽度，应根据疏散人数按每 100 人不小于 1.00m 计算确定。

3）住宅建筑疏散门的数量和宽度

《建规》5.5.5 条规定，住宅建筑建筑面积不大于 200m^2 的地下或半地下设备间、建筑面积不大于 50m^2 且经常停留人数不超过 15 人的其他地下或半地下房间，可设置 1 个疏散门。除此规定外的其他情况，住宅建筑地下、半地下建筑或地下、半地下室的一个房间的疏散门，均不应少于 2 个。

《建规》5.5.30 条规定，住宅建筑户门的总净宽度应经计算确定，且户门的净宽度不应小于 0.90m。

4）厂房疏散门的宽度

《建规》3.7.5 条规定，厂房内疏散门的总净宽度，应根据疏散人数按每 100 人的最小疏散净宽度不小于表 4-14 的规定计算确定，厂房内疏散门的每 100 人最小疏散净宽度的取值要求与疏散楼梯的取值要求是相同的。疏散门的最小净宽度不宜小于 0.90m。

5）疏散门的开启方向

《建规》6.4.11 条规定，民用建筑和厂房的疏散门，应采用向疏散方向开启的平开门，不应采用推拉门、卷帘门、吊门、转门和折叠门。除甲、乙类生产车间外，人数不超过 60 人且每樘门的平均疏散人数不超过 30 人的房间，其疏散门的开启方向不限。仓库的疏散门应采用向疏散方向开启的平开门，但丙、丁、戊类仓库首层靠墙的外侧可采用推拉门或卷帘门。

6）审查举例

疏散门的数量、宽度和开启方向的具体审查方法是，通过查阅建筑设计总说明、消防设计文件和各层的建筑施工平面图，了解建筑物的使用性质、火灾危险性、耐火等级、平面布置、建筑面积、房间内的疏散距离、使用人数、每个疏散门的疏散人数、观众厅座位数、疏散门地面等情况，审查建筑内疏散门的数量、宽度和开启方向是否符合《建规》的要求。图 4-33是某建筑二层阶梯教室的平面图，通过该建筑的建筑施工设计说明，得知该建筑为二级耐火等级五层教学楼，从图中可以看出，该阶梯教室设有 2 个疏散门，疏散门的净宽度为 1.5m，阶梯教室设计人数为 240 人，根据表 4-13 查得该教学楼地上各层疏散门的百人宽度指标取 1m/百人，所以该阶梯教室疏散门的计算总净宽度为：

$$阶梯教室疏散门的计算总净宽度=\frac{240}{100}\times 1.00=2.4\text{m}$$

实际阶梯教室两个疏散门的总净宽度为 3.0m，并且疏散门向疏散走道方向开启，符合《建规》5.5.15 条、5.5.18 条、5.5.21 条、6.4.11 条要求。

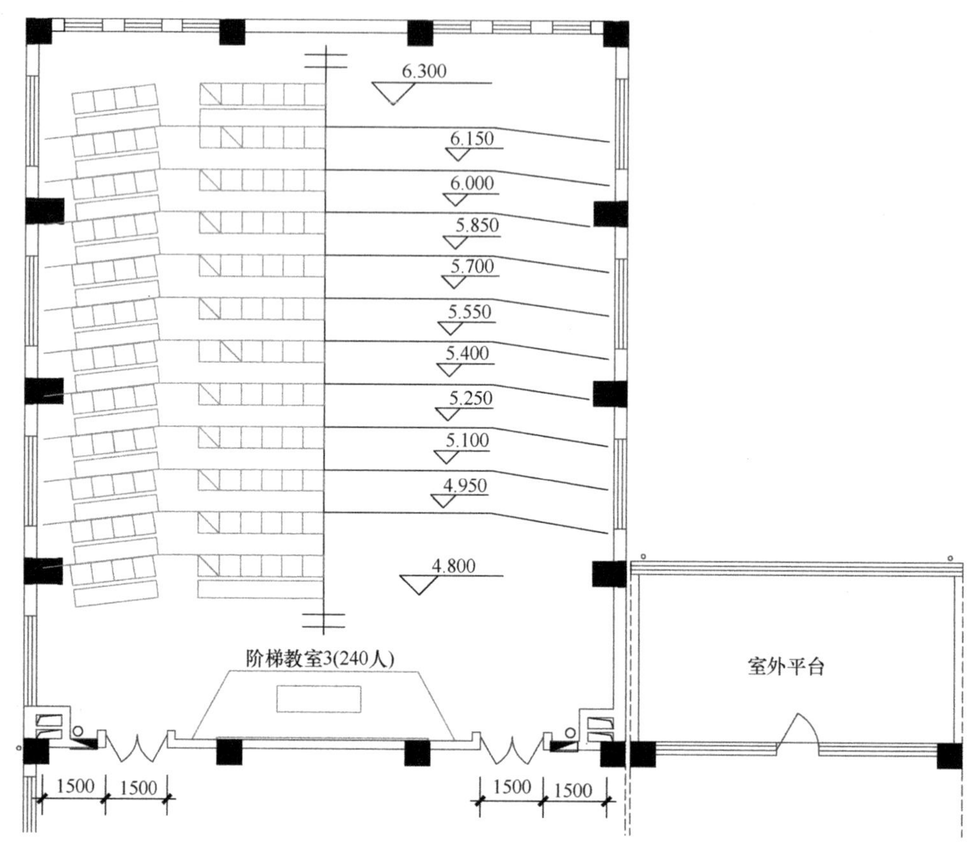

图 4-33　某建筑二层阶梯教室的平面图

4.7.3　疏散距离和疏散走道

（1）疏散距离和疏散走道的审查要点

疏散距离和疏散走道是安全疏散设施审查的一项内容，主要审查疏散距离和疏散走道的宽度是否符合规范要求，具体审查以下六个方面的内容：

1）房间内任一点至房间直通疏散走道的疏散门的直线距离是否符合规范的要求；

2）直通疏散走道的房间疏散门至最近安全出口的直线距离是否符合规范的要求；

3）观众厅、展览厅、多功能厅、餐厅、营业厅等室内任一点至最近疏散门或安全出口的直线距离是否符合规范的要求；

4）楼梯间在首层的设置情况是否符合规范要求；

5）疏散走道的最小净宽度是否符合规范要求；

6）疏散走道的总净宽度是否符合规范要求。

（2）疏散距离

1）公共建筑

① 疏散走道内的疏散距离

《建规》5.5.17 条规定，公共建筑内直通疏散走道的房间疏散门至最近安全出口的直线距离不应大于表 4-18 的规定。表 4-18 规定了不同使用性质、不同耐火等级，位于两个安全出口之间的疏散门和位于袋形走道两侧或尽端的疏散门两种情况下的房间疏散门至最近安全出口的最大的直线距离。

公共建筑直通疏散走道的房间疏散门至最近安全出口的直线距离（单位：m）　**表 4-18**

名称			位于两个安全出口之间的疏散门			位于袋形走道两侧或尽端的疏散门		
			一级、二级	三级	四级	一级、二级	三级	四级
托儿所、幼儿园老年人照料设施			25	20	15	20	15	10
歌舞、娱乐、放映、游艺场所			25	—	—	9	—	—
医疗建筑	单层、多层		35	30	25	20	15	10
	高层	病房部分	24	—	—	12	—	—
		其他部分	30	—	—	15	—	—
教学建筑	单层、多层		35	30	25	22	20	10
	高层		30	—	—	15	—	—
高层旅馆、展览建筑			30	—	—	15	—	—
其他建筑	单层、多层		40	35	25	22	20	15
	高层		40	—	—	20	—	—

另外应注意：

a. 建筑内开向敞开式外廊的房间疏散门至最近安全出口的直线距离可按表 4-18 的规定增加 5m。

b. 直通疏散走道的房间疏散门至最近敞开楼梯间的直线距离，当房间位于两个楼梯间之间时，应按表 4-18 的规定减少 5m；当房间位于袋形走道两侧或尽端时，应按表 4-18 的规定减少 2m。

c. 建筑物内全部设置自动喷水灭火系统时，其安全疏散距离可按表 4-18 的规定增加 25%。

② 房间内的疏散距离

《建规》5.5.17 条规定，房间内任一点至房间直通疏散走道的疏散门的直线距离，不应大于表 4-18 规定的袋形走道两侧或尽端的疏散门至最近安全出口的直线距离。

③ 观众厅、展览厅、餐厅等室内的疏散距离

《建规》5.5.17 条规定，一级、二级耐火等级建筑内疏散门或安全出口不少于 2 个的观众厅、展览厅、多功能厅、餐厅、营业厅等，其室内任一点至最近疏散门或安全出口的直线距离不应大于 30m；当疏散门不能直通室外地面或疏散楼梯间时，应采用长度不大于 10m 的疏散走道通至最近的安全出口。当该场所设置自动喷水灭火系统时，室内任一点至最近安全出口的安全疏散距离可分别增加 25%。

④ 楼梯间在首层的设置

《建规》5.5.17 条规定，楼梯间应在首层直通室外，确有困难时，可在首层采用扩大的封闭楼梯间或防烟楼梯间前室。当层数不超过 4 层且未采用扩大的封闭楼梯间或防烟楼

梯间前室时，可将直通室外的门设置在离楼梯间不大于 15m 处。

2）住宅建筑

① 疏散走道内的疏散距离

《建规》5.5.29 规定，住宅建筑直通疏散走道的户门至最近安全出口的直线距离不应大于表 4-19 的规定。

住宅建筑直通疏散走道的户门至最近安全出口的直线距离（单位：m）　　**表 4-19**

住宅建筑类别	位于两个安全出口之间的户门			位于袋形走道两侧或尽端的户门		
	一级、二级	三级	四级	一级、二级	三级	四级
单层、多层	40	35	25	22	20	15
高层	40	—	—	20	—	—

另外应注意：

a. 开向敞开式外廊的户门至最近安全出口的最大直线距离可按表 4-19 的规定增加 5m。

b. 直通疏散走道的户门至最近敞开楼梯间的直线距离，当户门位于两个楼梯间之间时，应按表 4-19 的规定减少 5m；当户门位于袋形走道两侧或尽端时，应按表 4-19 的规定减少 2m。

c. 住宅建筑内全部设置自动喷水灭火系统时，其安全疏散距离可按表 4-19 的规定增加 25%。

d. 跃廊式住宅的户门至最近安全出口的距离，应从户门算起，小楼梯的一段距离可按其水平投影长度的 1.50 倍计算。

② 房间内的疏散距离

《建规》5.5.29 规定，户内任一点至直通疏散走道的户门的直线距离不应大于表 4-19 规定的袋形走道两侧或尽端的疏散门至最近安全出口的最大直线距离。跃层式住宅，户内楼梯的距离可按其梯段水平投影长度的 1.50 倍计算。

③ 楼梯间在首层的设置

《建规》5.5.29 规定，楼梯间应在首层直通室外，或在首层采用扩大的封闭楼梯间或防烟楼梯间前室。层数不超过 4 层时，可将直通室外的门设置在离楼梯间不大于 15m 处。

3）厂房

《建规》3.7.4 条规定，厂房内任一点至最近安全出口的直线距离不应大于表 4-20 的规定。

厂房内任一点至最近安全出口的直线距离（单位：m）　　**表 4-20**

生产的火灾危险性类别	耐火等级	单层厂房	多层厂房	高层厂房	地下或半地下厂房（包括地下或半地下室）
甲	一级、二级	30	25	—	—
乙	一级、二级	75	50	30	—
丙	一级、二级	80	60	40	30
	三级	60	40	—	—

续表

生产的火灾危险性类别	耐火等级	单层厂房	多层厂房	高层厂房	地下或半地下厂房（包括地下或半地下室）
丁	一级、二级	不限	不限	50	45
	三级	60	50	—	—
	四级	50	—	—	—
戊	一级、二级	不限	不限	75	60
	三级	100	75	—	—
	四级	60	—	—	—

4）审查举例

① 疏散走道内的疏散距离

疏散走道内疏散距离的具体审查方法是：通过查阅建筑消防设计说明、消防设计文件和各层的建筑平面施工图、喷淋平面图，了解建筑物的使用性质、耐火等级、平面布局、楼梯间的设置、自动喷水灭火系统的设置等情况，审查建筑内直通疏散走道的房间疏散门至最近安全出口的直线距离是否满足《建规》的要求。图 4-34 和图 4-35 分别是某建筑二十层酒店的平面图和喷淋平面图。通过该建筑的建筑施工设计说明，得知该建筑为建筑高度 77.15m 的高层商业酒店综合建筑。从图 4-35 可以看出，酒店的客房部分和走道全部设置了自动喷水灭火系统，按规范要求其安全疏散距离可按表 4-18 的规定增加 25%，酒店位于两个安全出口之间的疏散门至最近安全出口的直线距离不应大于 37.5m，位于袋形走道两侧或尽端的疏散门至最近安全出口的直线距离不应大于 18.75m。而实际该层酒店两侧客房位于两个安全出口之间的疏散门至最近安全出口的最远直线距离为 18.8m，位于袋形走道两侧和尽端的疏散门至最近安全出口的最远直线距离为 12.98m，均符合《建规》5.5.17 条的要求。

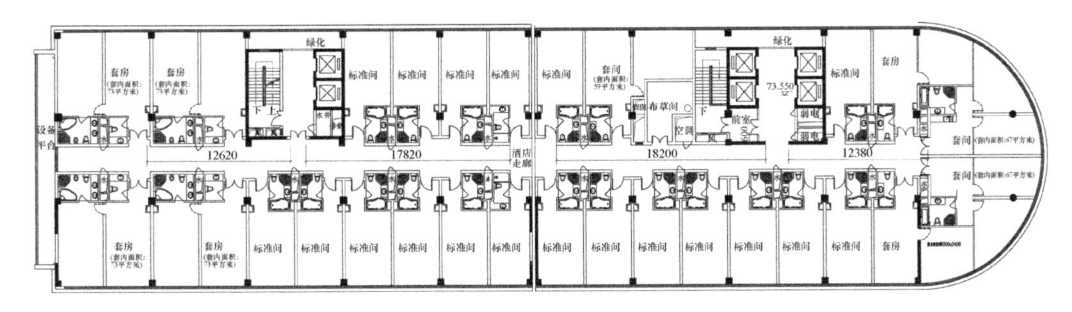

图 4-34　某建筑二十层酒店平面图

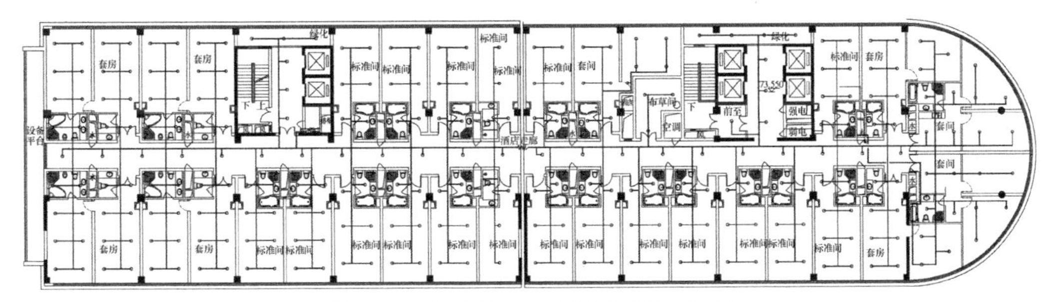

图 4-35　某建筑二十层酒店喷淋平面图

② 房间内的疏散距离

房间内疏散距离的具体审查方法是：通过查阅建筑消防设计说明、消防设计文件和各层的建筑平面施工图、喷淋平面图，了解建筑物的使用性质、耐火等级、平面布局、自动喷水灭火系统的设置等情况，审查建筑内房间内任一点至房间直通疏散走道的疏散门的直线距离是否满足《建规》的要求。图 4 36 是某建筑二层阶梯教室的平面图，通过该建筑的建筑施工设计说明，得知该建筑为二级耐火等级五层教学楼，建筑内未设置自动喷水灭火系统，从图中可以看出该阶梯教室内任一点至房间直通疏散走道的两个疏散门的直线距离都在 22m 范围内，符合《建规》5.5.17 条的要求。

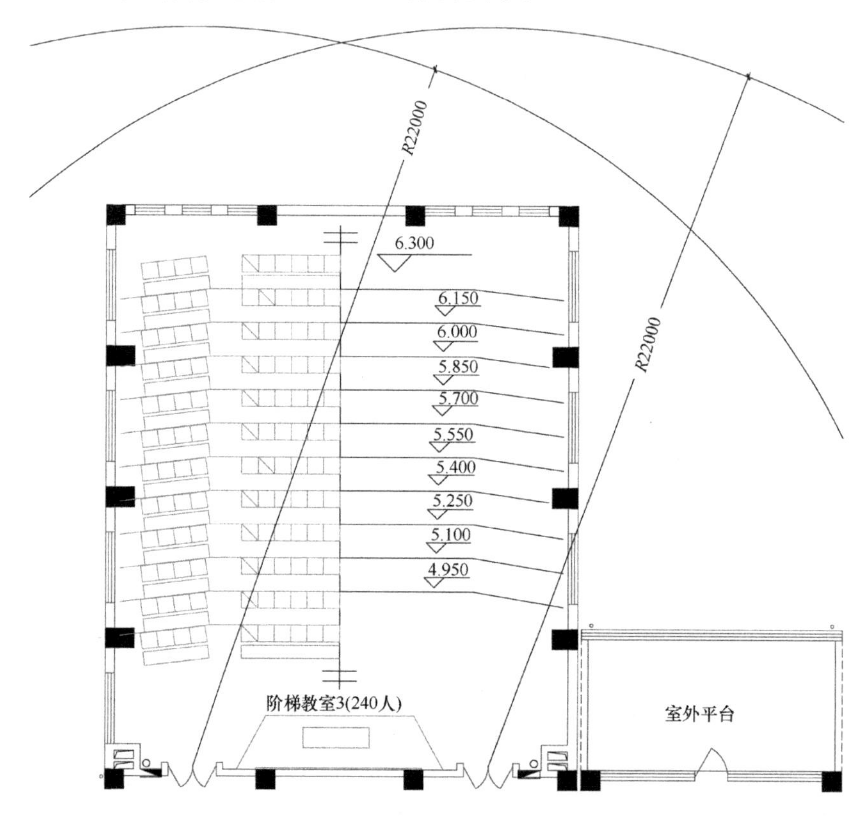

图 4-36　某建筑二层阶梯教室的平面图

③ 观众厅、展览厅、餐厅等室内的疏散距离

观众厅、展览厅、餐厅等室内疏散距离的具体审查方法是：通过查阅建筑消防设计说明、消防设计文件和各层的建筑平面施工图、喷淋平面图，了解建筑物的使用性质、耐火等级、平面布局、自动喷水灭火系统的设置等情况，审查建筑内观众厅、展览厅、餐厅等室内任一点至最近疏散门或安全出口的直线距离是否符合《建规》的要求。图 4-37 和图 4-38是某建筑三层中餐厅的平面图和喷淋平面图，通过该建筑的建筑施工设计说明，得知该建筑为建筑高度 77.15m 的高层商业酒店综合建筑，该中餐厅位于该高层商业酒店综合建筑的裙房，一级耐火等级，中餐厅设置了自动喷水灭火系统，从图 4-37 可以看出，中餐厅室内任一点至最近安全出口的直线距离都在 37.5m 范围内，符合《建规》5.5.17 条的要求。

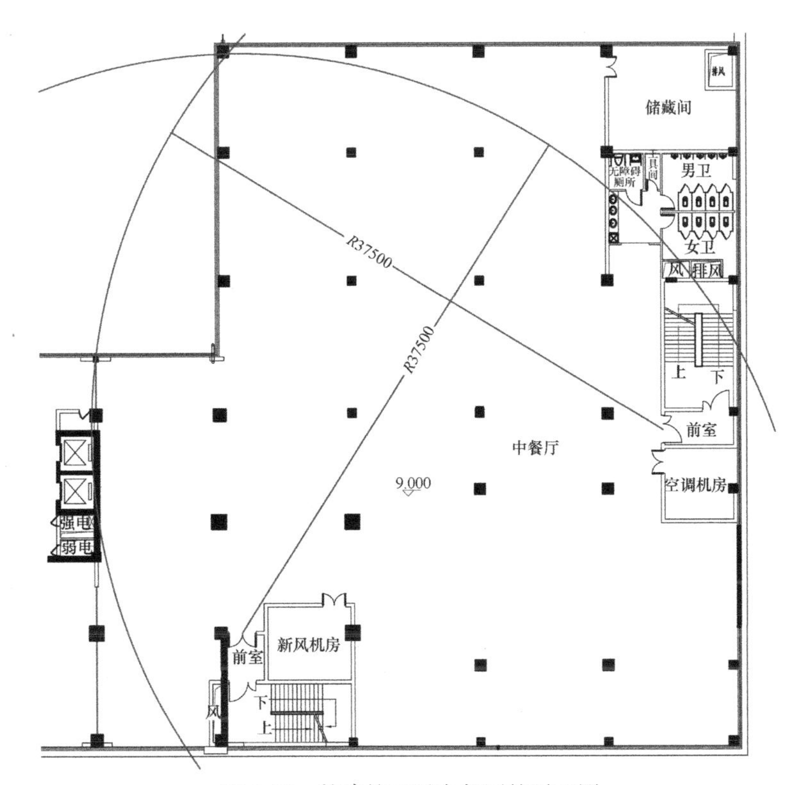

图 4-37　某建筑三层中餐厅的平面图

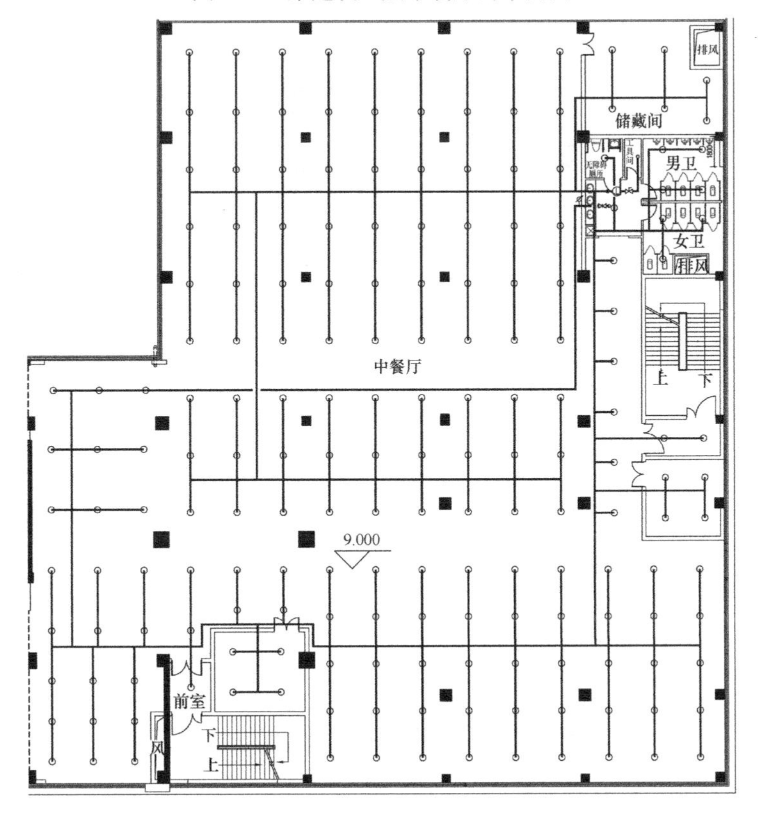

图 4-38　某建筑三层中餐厅的喷淋平面图

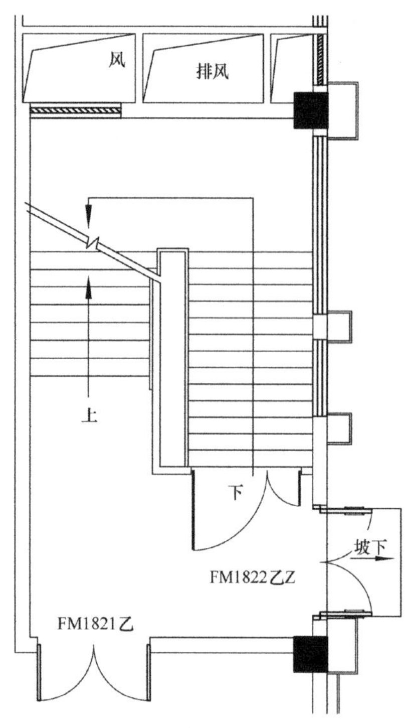

图 4-39　某建筑首层封闭楼梯间平面图

④ 楼梯间在首层的设置

楼梯间在首层设置的具体审查方法是，通过查阅建筑消防设计说明、消防设计文件和各层的建筑平面施工图，了解建筑物的使用性质、建筑层数、楼梯间在首层的平面布置，审查建筑内首层楼梯间在首层的设置情况是否符合《建规》的要求。图 4-39 和图 4-40 是某建筑首层楼梯间的平面图，通过该建筑的建筑施工设计说明，得知该建筑为建筑高度 77.15m 的高层商业酒店综合建筑。从图 4-39 可以看出该建筑首层封闭楼梯间在首层直通室外，从图 4-40 可以看出该建筑防烟楼梯间在首层采用扩大前室，扩大前室与办公室、网络机房、高压室、低压室均采用甲级防火门分隔，符合《建规》5.5.17 条的要求。

(3) 疏散走道的宽度

1) 公共建筑

① 疏散走道的最小净宽度

《建规》5.5.18 条规定，公共建筑疏散走道的净宽度不应小于 1.10m。高层公共建筑内疏散走道的最小净宽度应符合表 4-21 的规定。

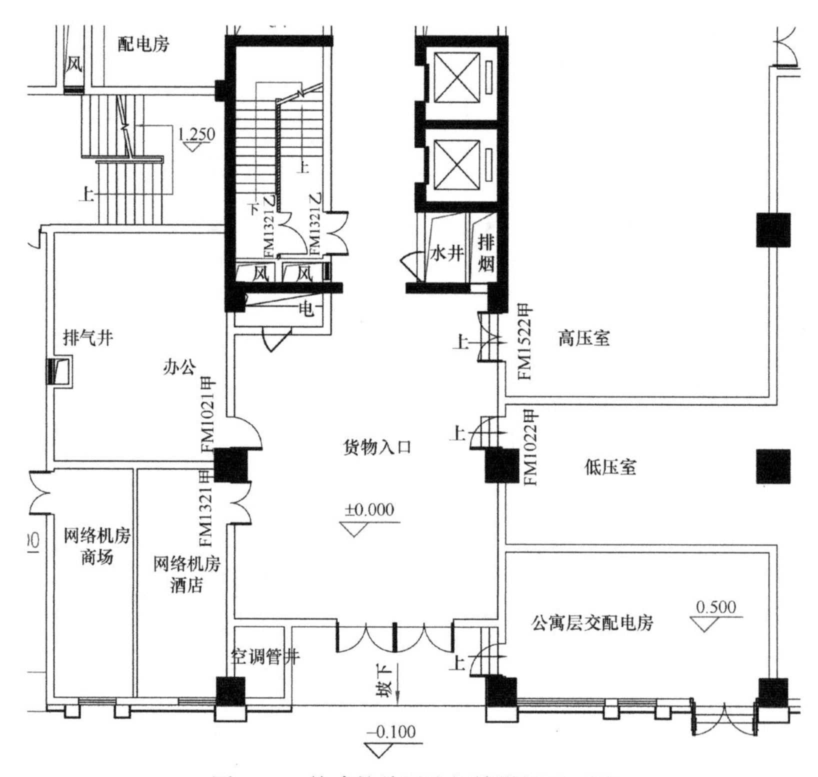

图 4-40　某建筑首层防烟楼梯间平面图

高层公共建筑内疏散走道的最小净宽度（单位：m）　　**表 4-21**

建筑类别	单面布房	双面布房	建筑类别	单面布房	双面布房
高层医疗建筑	1.40	1.50	其他高层公共建筑	1.30	1.40

② 疏散走道的总净宽度

a. 剧场、电影院、礼堂、体育馆等场所

《建规》5.5.20条规定，剧场、电影院、礼堂、体育馆等场所的观众厅内疏散走道的总净宽度应按每100人不小于0.60m计算，且不应小于1.00m；边走道的净宽度不宜小于0.80m。剧场、电影院、礼堂、体育馆等场所供观众疏散的疏散走道的总净宽度，应根据疏散人数按每100人的最小疏散净宽度不小于表4-17的规定计算确定，剧场、电影院、礼堂、体育馆等场所疏散走道每100人的最小疏散净宽度的取值要求与疏散门的取值要求是相同的。

b. 除剧场、电影院、礼堂、体育馆外的其他公共建筑

《建规》5.5.21条规定，除剧场、电影院、礼堂、体育馆外的其他公共建筑，每层的疏散走道的总净宽度应根据疏散人数按每100人的最小疏散净宽度不小于表4-13的规定计算确定，每层疏散走道每100人的最小疏散净宽度的取值要求与疏散楼梯、疏散门的取值要求是相同的。地下或半地下人员密集的厅、室和歌舞娱乐放映游艺场所，其房间疏散走道的总净宽度，应根据疏散人数按每100人不小于1.00m计算确定。

2）住宅建筑

《建规》5.5.30条规定，住宅建筑的疏散走道的总净宽度应经计算确定，疏散走道的净宽度不应小于1.10m。

3）厂房

《建规》3.7.5条规定，厂房内疏散走道的总净宽度，应根据疏散人数按每100人的最小疏散净宽度不小于表4-14的规定计算确定，厂房内疏散走道的每100人最小疏散净宽度的取值要求与疏散楼梯、疏散门的取值要求是相同的。疏散走道的最小净宽度不宜小于1.40m。

4）审查举例

疏散走道宽度的具体审查方法是：通过查阅建筑消防设计说明、消防设计文件和各层的建筑平面施工图、建筑剖面施工图、建筑立面施工图，了解建筑物的使用性质、耐火等级、建筑层数、疏散人数、疏散走道的平面布置、地下楼层与地面出入口地面的高差等情况，审查建筑内疏散走道的最小净宽度和总净宽度是否符合《建规》的要求。图4-41是某建筑二十层酒店的平面图，通过该建筑的建筑施工设计说明，得知该建筑为建筑高度77.15m的高层商业酒店综合建筑。该层为客房，规范未规定疏散人数的确定方法，只需满足疏散走道最小净宽度的要求。该二十层酒店疏散走道平面布置为双面布房，疏散走道净宽为2.16m，规范要求除高层医疗建筑之外的其他高层公共建筑双面布房时，疏散走道的最小净宽度为1.4m，因此符合《建规》5.5.18条疏散走道最小净宽度的要求。另外还要考虑疏散走道的净宽度是否与疏散楼梯的净宽度相匹配的问题。一般疏散走道的宽度均较宽，例如该层酒店疏散走道净宽为2.16m，疏散楼梯净宽为1.27m，符合《建规》5.5.18条的要求。

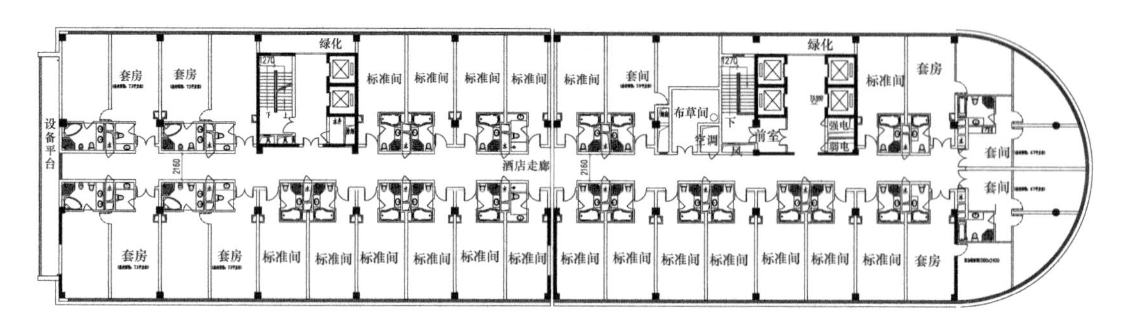

图 4-41 某建筑二十层酒店平面图

4.7.4 避难层（间）

避难层（间）是建筑内用于人员暂时躲避火灾及其烟气危害的楼层（房间），同时避难层也可以作为行动有障碍的人员暂时避难等待救援的场所。

（1）避难层（间）的审查要点

避难层（间）是安全疏散设施审查的一项内容，主要审查避难层和避难间的设置是否符合规范要求，具体审查以下四个方面的内容：

1）根据建筑物使用功能及建筑高度，审查该建筑是否需要设置避难层（间）；

2）避难层（间）的设置楼层、平面布置、防火分隔是否符合规范要求；

3）避难层（间）的防火、防烟等消防设施、有效避难面积是否符合规范要求；

4）避难层（间）的疏散楼梯和消防电梯的设置是否符合规范要求。

（2）建筑是否需要设置避难层（间）

1）公共建筑

《建规》5.5.23 条规定，建筑高度大于 100m 的公共建筑，应设置避难层（间）。《建规》5.5.24 条规定，高层病房楼应在二层及以上的病房楼层和洁净手术部设置避难间。

《建规》5.5.24A 条规定，3 层及 3 层以上总建筑面积大于 3000m^2（包括设置在其他建筑内三层及以上楼层）的老年人照料设施，应在二层及以上各层老年人照料设施部分的每座疏散楼梯间的相邻部位设置 1 间避难间；当老年人照料设施设置与疏散楼梯或安全出口直接连通的开敞式外廊、与疏散走道直接连通且符合人员避难要求的室外平台等时，可不设置避难间。

2）住宅建筑

《建规》5.5.31 条规定，建筑高度大于 100m 的住宅建筑应设置避难层，避难层的设置应符合《建规》第 5.5.23 条有关建筑高度大于 100m 的公共建筑的避难层的要求。

3）审查举例

某建筑的建筑设计总说明：某建筑一栋 50 层综合楼，设地下室 5 层，高 172.6m，总建筑面积为 135588.2m^2，采用钢筋混凝土结构，耐火等级为一级。该综合楼采用室内外消火栓系统、自动喷水灭火系统、火灾自动报警系统、机械防排烟系统。一层、二层为商业兼餐饮，在五层、二十层、三十五层分别设置了避难层，其余楼层为办公，一至四层层高为 5.0m，五层、二十层、三十五层避难层层高分别为 5.0m，其余楼层高度为 3.2m。

建筑是否需要设置避难层（间）的具体审查方法是：通过查阅建筑设计总说明、消防设计文件，了解建筑的使用功能、建筑高度、建筑楼层等情况，审查建筑内按规范要求是否需要设置避难层（间）。从该建筑的设计总说明我们可以看出，该建筑为50层的综合楼，建筑高度为172.6m，大于100m，在五层、二十层、三十五层分别设置了避难层，符合《建规》5.5.23条的要求。

(3) 避难层（间）的设置楼层、平面布置、防火分隔

1）避难层（间）的设置楼层

① 公共建筑和住宅建筑

《建规》5.5.23条、5.5.31条规定，建筑高度大于100m的公共建筑和住宅建筑，第一个避难层（间）的楼地面至灭火救援场地地面的高度不应大于50m，两个避难层（间）之间的高度不宜大于50m。

② 审查举例

避难层设置楼层的具体审查方法是：通过查阅建筑设计总说明、消防设计文件和避难层的建筑平面施工图、建筑剖面施工图、建筑立面施工图，了解建筑的使用性质、建筑高度、使用功能、建筑楼层、避难层的标高等情况，审查建筑内避难层（间）的设置楼层是否符合《建规》的要求。图4-42为某建筑五层避难层的平面图。通过该建筑的建筑施工设计说明，得知该建筑为建筑高度172.6m的综合楼建筑，一层、二层为商业兼餐饮，在五层、二十层、三十五层分别设置了避难层，其余楼层为办公，一至四层层高为5.0m，五层、二十层、三十五层避难层层高分别为5.0m，其余楼层高度为3.2m。根据各楼层的层高计算得到五层、二十层、三十五层避难层的标高分别为20m、69.8m、119.6m。该综合楼建筑第一个避难层的楼地面至灭火救援场地地面的高度不大于50m，相邻两个避难层之间的高度也不大于50m，符合《建规》5.5.23条的要求。

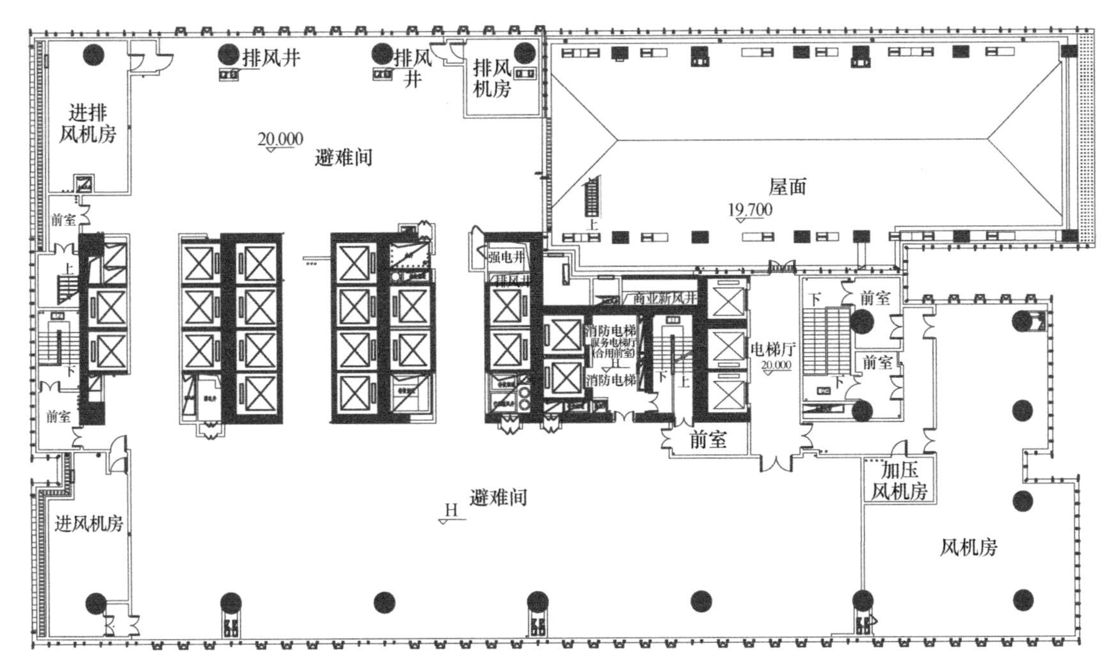

图4-42 某建筑五层避难层的平面图

2）避难层（间）的平面布置和防火分隔

① 公共建筑和住宅建筑

《建规》5.5.23条、5.5.31条规定，建筑高度大于100m的公共建筑和住宅建筑的避难层可兼作设备层。设备管道宜集中布置，其中的易燃、可燃液体或气体管道应集中布置，设备管道区应采用耐火极限不低于3.00h的防火隔墙与避难区分隔。管道井和设备间应采用耐火极限不低于2.00h的防火隔墙与避难区分隔，管道井和设备间的门不应直接开向避难区；确需直接开向避难区时，与避难层区出入口的距离不应小于5m，且应采用甲级防火门。

《建规》5.5.24条规定，高层病房楼应在二层及以上的病房楼层和洁净手术部设置避难间。避难间服务的护理单元不应超过2个，其净面积应按每个护理单元不小25.0m² 确定。避难间兼作其他用途时，应保证人员的避难安全，且不得减少可供避难的净面积。避难间应靠近楼梯间，并应采用耐火极限不低于2.00h的防火隔墙和甲级防火门与其他部位分隔。避难间可以利用平时使用的房间，如每层的监护室，也可以利用电梯前室。病房楼按最少3部病床梯对面布置，其电梯前室面积一般为24～30m²。但合用前室不适合用作避难间，以防止病床影响人员通过楼梯疏散。

② 审查举例

避难层（间）的平面布置和防火分隔的具体审查方法是：通过查阅建筑设计总说明、消防设计文件和避难层的平面施工图，了解建筑的使用性质、建筑高度、避难层的平面布置和防火分隔等情况，审查建筑内避难层（间）的平面布置、设备管道区与避难区的分隔、管道井和设备间与避难层（间）的防火分隔、管道井和设备间的门的设置等情况是否符合《建规》的要求。图4-43为某建筑五层避难层防火分区的平面示意图，通过该建筑的建筑施工设计说明，得知该建筑为建筑高度172.6m的综合楼建筑，从图4-42和图4-43中可以看出，图中标注区域为避难间，该避难层兼作设备层，同时布置了进排风机房、进风机房、排风机房、加压风机房、风机房等设备机道房和加压风井、进排风井、排烟井、新风井、弱电井、强电井、排风井、空调新风井等管井，《建规》5.5.23条规定这些设备机房和管道井与避难间之间应采用耐火极限不低于2.00h的防火隔墙进行分隔。

以加压风机房和加压风井与避难间的分隔为例，图4-44为某建筑五层避难层加压风机房与避难间的分隔，图4-45为某建筑五层避难层加压风井与避难间的分隔。从图4-44和

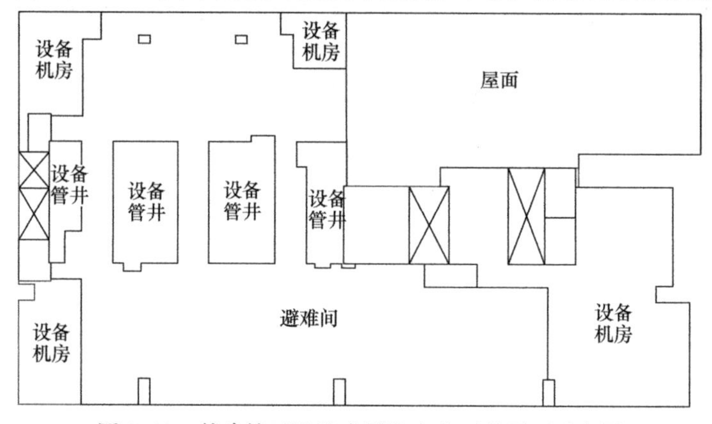

图4-43　某建筑五层避难层防火分区的平面示意图

图 4-45可以看出，加压风机房和加压风井与避难间之间的隔墙厚度为 200mm，通过建筑设计总说明、建筑构造用料做法表，可知地上层设备用房、管井采用的墙体为蒸压加气混凝土砌块墙，查阅《建规》附录各类建筑构件的燃烧性能和耐火极限，得知 200mm 厚的蒸压加气混凝土砌块墙的耐火极限大于 2.00h，符合《建规》5.5.23 条的要求。

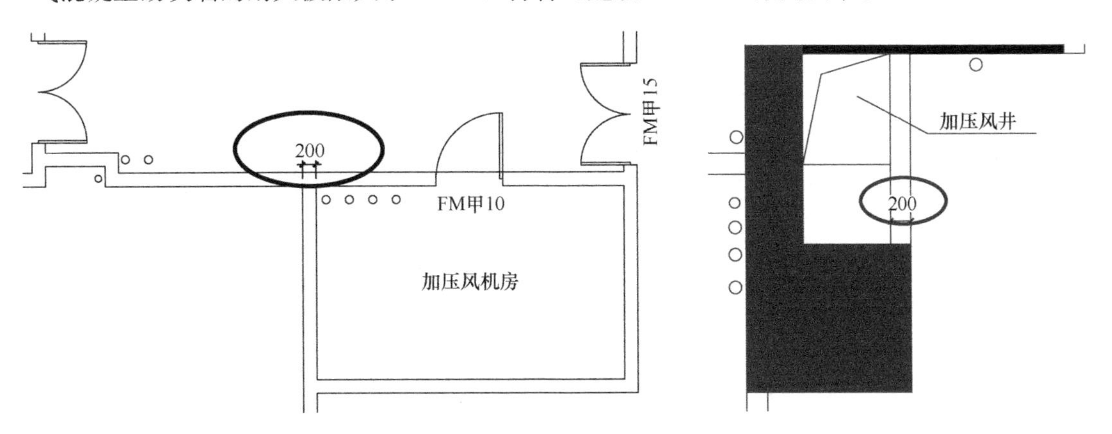

图 4-44　某建筑五层避难层加压风机房与避难间的分隔

图 4-45　某建筑五层避难层加压风井与避难间的分隔

图 4-46 为某建筑五层避难层进排风机房与避难间的分隔，图 4-47 为某建筑五层避难层风机房和加压风机房与避难间的分隔。从图 4-46 可以看出，进排风机房的门直接开向

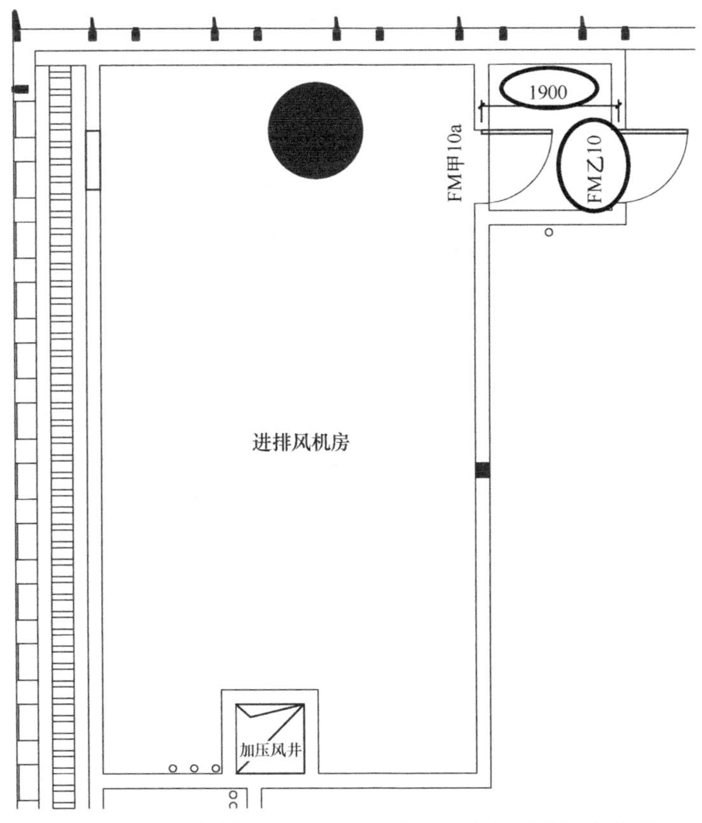

图 4-46　某建筑五层避难层进排风机房与避难间的分隔

避难间，但是与避难间出入口的距离小于 5m，且避难间出入口采用的是乙级防火门，未采用甲级防火门，不符合《建规》5.5.23 条的要求。从图 4-47 可以看出，风机房、加压风机房的门开向走道，未直接开向避难间，符合《建规》5.5.23 条的要求。

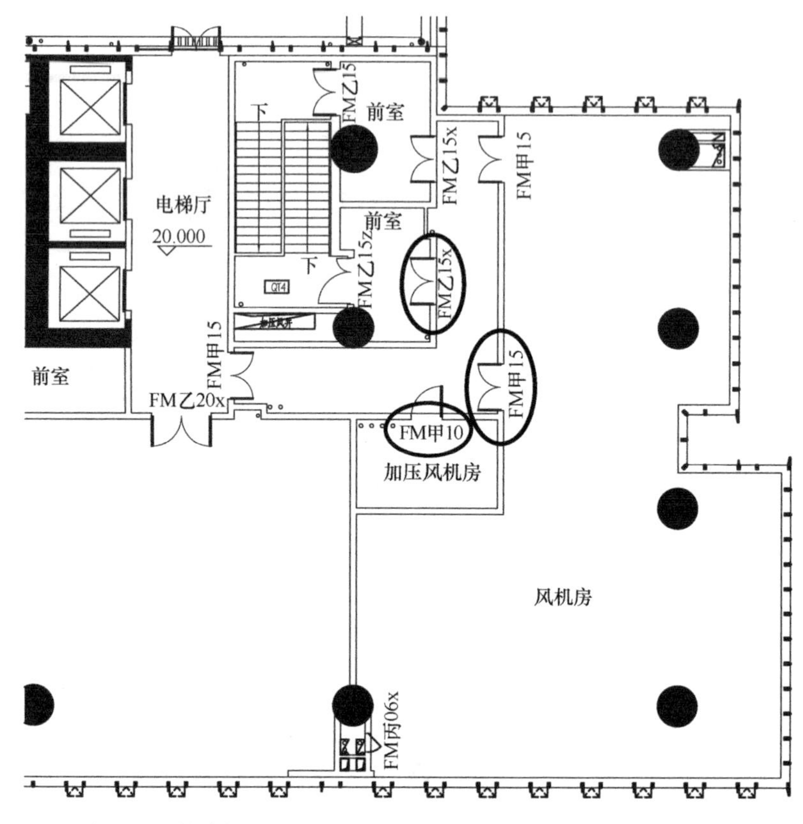

图 4-47　某建筑五层避难层风机房和加压风机房与避难间的分隔

(4) 避难层（间）的防火、防烟等消防设施和有效避难面积

1）避难层（间）的防火、防烟等消防设施

① 公共建筑和住宅建筑

《建规》5.5.23 条、5.5.31 条规定，建筑高度大于 100m 的公共建筑和住宅建筑的避难层（间）应设置直接对外的可开启窗口或独立的机械防烟设施，外窗应采用乙级防火窗。

《建规》5.5.24 条规定，高层病房楼在二层及以上的病房楼层和洁净手术部设置的避难间，应设置直接对外的可开启窗口或独立的机械防烟设施，外窗应采用乙级防火窗。

《建筑防烟排烟系统技术标准》GB 51251—2017 3.1.8 条规定，避难层的防烟系统可根据建筑构造、设备布置等因素选择自然通风系统或机械加压送风系统。3.2.3 条规定，采用自然通风方式的避难层（间）应设有不同朝向的可开启外窗，其有效面积不应小于该避难层（间）地面面积的 2%，且每个朝向的面积不应小于 2.0m²。3.3.12 条规定，设置机械加压送风系统的避难层（间），尚应在外墙设置可开启外窗，其有效面积不应小于该避难层（间）地面面积的 1%。有效面积的计算应符合《建筑防烟排烟系统技术标准》GB 51251—2017 第 4.3.5 条的规定。

② 审查举例

避难层（间）防火、防烟等消防设施的具体审查方法是：通过查阅建筑设计总说明、消防设计文件、避难层的平面施工图、建筑立面施工图、通风及防排烟平面图、机械正压送风系统原理图，了解建筑的使用性质、建筑高度、避难间的平面布置、防火、防烟消防设施等情况，审查建筑内自然通风设施和机械防烟设施是否符合《建规》和《建筑防烟排烟系统技术标准》GB 51251—2017 的要求。图 4-48 为某建筑五层避难间的平面布置图，图 4-49 为某建筑五层避难间可开启外窗的局部平面图。通过该建筑的建筑施工设计说明，得知该建筑为建筑高度 172.6m 的综合楼建筑。从图 4-48 中可以看出，该避难间在北侧和南侧两个不同的朝向共设置了 31 个可开启的外窗，并且采用的都是乙级防火窗。从图 4-49可以看出，同一平面位置的可开启外窗上下各 1 个，开窗面积为 0.95m²，31 个可开启外窗的总面积为 29.45m²，北侧开窗面积为 8.55m²，南侧开窗面积为 20.9m²，避难间地面面积为 1074m²，该避难间开窗的有效面积大于该避难间地面面积的 2%，并且每个朝向的可开窗面积均大于 2.0m²，符合《建规》5.5.23 条和《建筑防烟排烟系统技术标准》GB 51251—2017 3.1.8 条、3.2.3 条的规定。

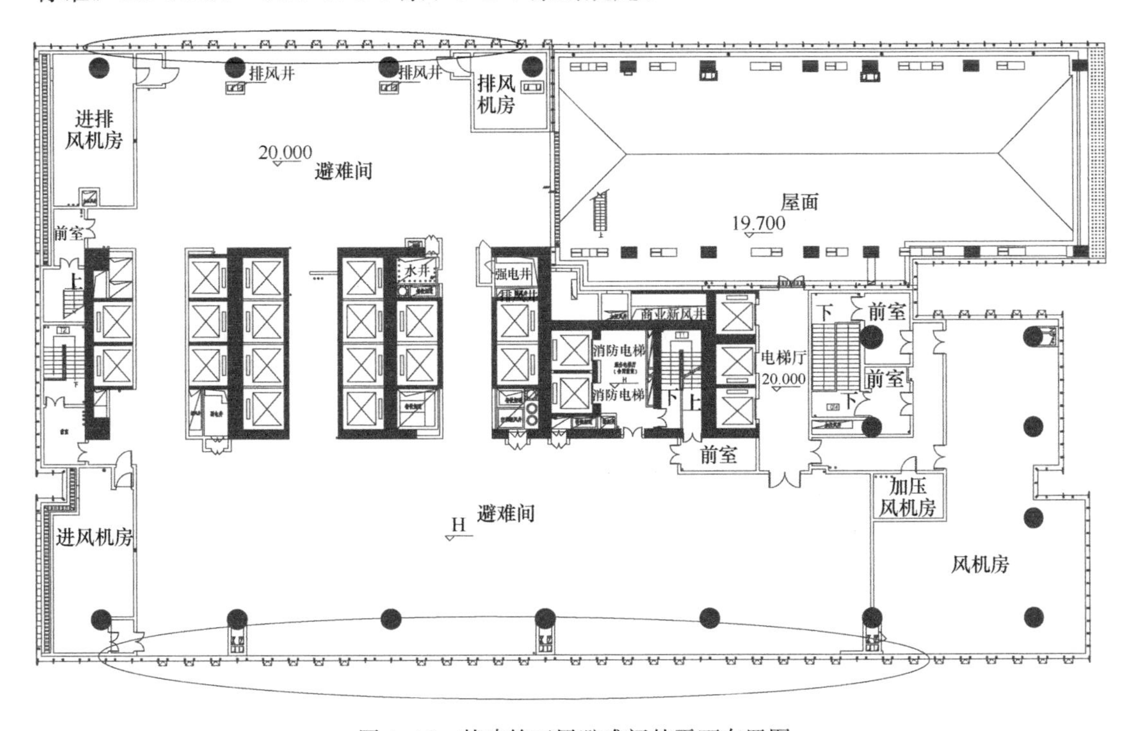

图 4-48 某建筑五层避难间的平面布置图

2）避难层（间）的有效避难面积

① 公共建筑和住宅建筑

《建规》5.5.23 条、5.5.31 条规定，建筑高度大于 100m 的公共建筑和住宅建筑的避难层（间）的净面积应能满足设计避难人数避难的要求，并宜按 5.0 人/m² 计算。

《建规》5.5.24 条规定，高层病房楼在二层及以上的病房楼层和洁净手术部设置的避难间服务的护理单元不应超过 2 个，其净面积应按每个护理单元不小于 25.0m² 确定。避难间兼作其他用途时，应保证人员的避难安全，且不得减少可供避难的净面积。

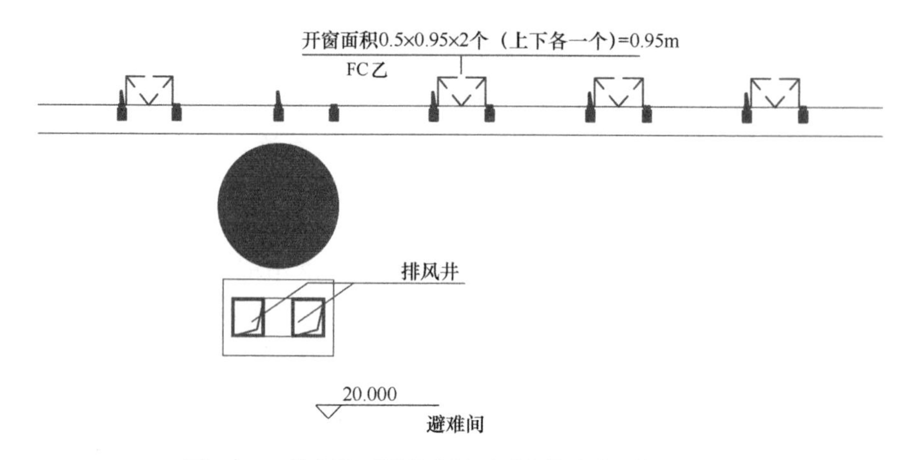

图 4-49　某建筑五层避难间可开启外窗的局部平面图

《建规》5.5.24A 条规定，3 层及 3 层以上总建筑面积大于 3000m²（包括设置在其他建筑内三层及以上楼层）的老年人照料设施，应在二层及以上各层老年人照料设施部分的每座疏散楼梯间的相邻部位设置避难间。避难间内可供避难的净面积不应小于 12m²，避难间可利用疏散楼梯间的前室或消防电梯的前室，其他要求应符合《建规》第 5.5.24 条的规定。

② 审查举例

避难层（间）有效避难面积的具体审查方法是：通过查阅建筑设计总说明、消防设计文件、避难层的平面施工图，了解建筑的使用性质、建筑高度、避难间的平面布置、避难间的有效面积等情况，审查建筑内避难层（间）的净面积是否能满足《建规》设计避难人数避难的要求。图 4-50 为某建筑五层避难层防火分区的平面示意图，通过该建筑的建筑施工设计说明，得知该建筑为建筑高度 172.6m 的综合楼建筑，该避难间是为上部楼层 6 到 19 层办公人员临时避难使用的，6 到 19 层办公套内净面积为 19789m²，根据《办公建筑设计标准》JGJ/T 67—2019，普通办公室每人使用面积不应小于 6m²，可以计算出火灾

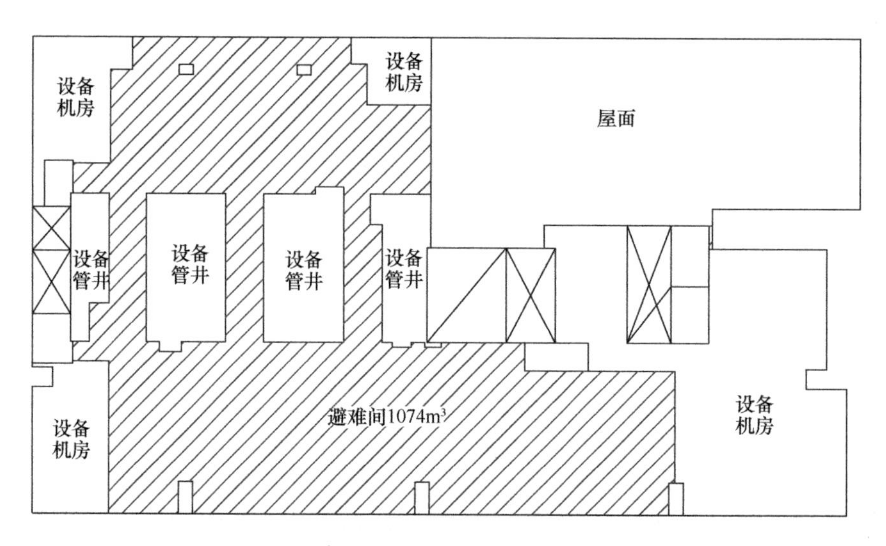

图 4-50　某建筑五层避难间有效避难面积示意图

时需要到该避难区临时避难的人数为 3299 人。按照《建规》的要求，避难层（间）的净面积应能满足设计避难人数避难的要求，宜按 5.0 人/m^2 计算，计算出该避难层需要避难间的面积约为 $660m^2$，而实际避难间的面积为 $1074m^2$，符合《建规》5.5.23 条的要求。

(5) 避难层（间）的疏散楼梯和消防电梯的设置情况

1）公共建筑和住宅建筑

《建规》5.5.23 条、5.5.31 条规定，建筑高度大于 100m 的公共建筑和住宅建筑通向避难层（间）的疏散楼梯应在避难层分隔、同层错位或上下层断开。避难层应设置消防电梯出口。

2）审查举例

避难层（间）的疏散楼梯和消防电梯设置情况的具体审查方法是：通过查阅建筑设计总说明、消防设计文件、避难层的平面施工图、建筑剖面施工图，了解建筑的使用性质、建筑高度、避难层（间）的疏散楼梯和消防电梯的设置等情况，审查建筑内避难层（间）的疏散楼梯和消防电梯的设置情况是否符合《建规》的要求。图 4-51 为防烟楼梯在避难层同层错位，图 4-52 为防烟楼梯在避难层进行了分隔，上下层断开，从图 4-52 还可以看出消防电梯在避难层设置了出口，均符合《建规》5.5.23 条的要求。

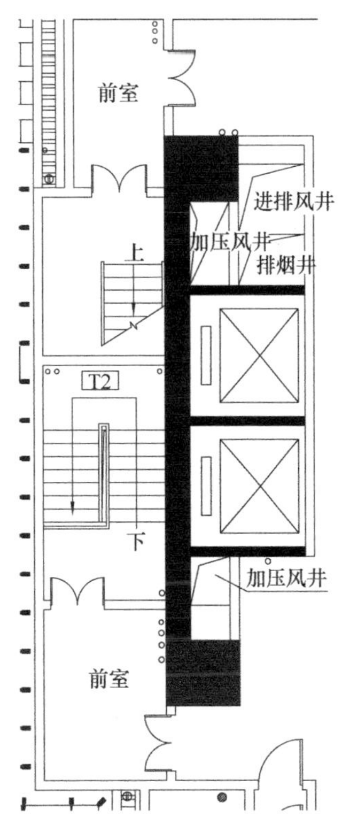

图 4-51　某建筑防烟楼梯在避难层同层错位

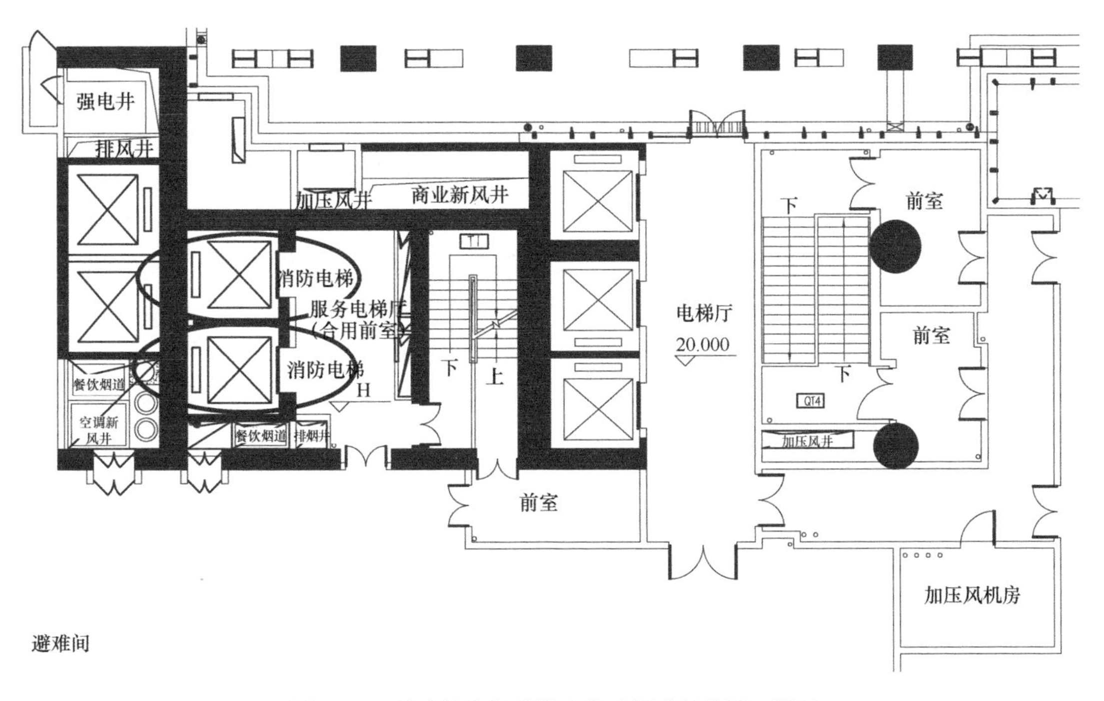

图 4-52　某建筑防烟楼梯在避难层进行分隔、断开

4.8 建筑装修和保温防火审查

建筑装修和保温防火审查的内容主要包括建筑类别和规模、使用功能，装修工程的平面布置，装修材料燃烧性能，消防设施和疏散情况，建筑保温防火等方面。

4.8.1 建筑装修

建筑装修一般是单独申报，建筑施工图消防报建申报资料主要包括以下内容：

(1) 消防设计说明专篇；设计说明、图例（含设计依据、工程概述、装修材料及其燃烧性能汇总表等）；

(2) 消防总平面图（含室外消防车道、扑救场地、消防控制室等）；

(3) 报审范围内的装修各层平面图（含防火分区、疏散宽度计算依据、疏散距离、消防电梯等）；

(4) 报审范围内的装修地面图；

(5) 报审范围内的装修天花图（标注材料、高度等）；

(6) 报审范围内的装修剖面图、立面图（标注材质及燃烧性能等级等）。

此外，还应同时申报的资料有施工图消防报建（通风空调、给水排水、电气），应包括：

(1) 空调通风及防排烟设计说明、图例；防烟分区示意图；防排烟系统图；各层防排烟平面图。

(2) 给水排水设计说明、图例；消防给水平面图；消火栓图；喷淋平面图；自动灭火系统和灭火器平面布置图。

(3) 电气设计说明、图例；应急照明平面图；消防设备配电系统图和平面图。

(4) 火灾自动报警系统设计说明、图例；火灾自动报警平面图。

如申请民用建筑装修工程消防变更，除提供民用建筑装修工程消防设计图纸清单外，还需提供变更范围、内容的对比图及说明；若有防火加强措施需说明。

(1) 审查内容

1) 查看设计说明及相关图纸，明确装修工程的建筑类别、装修范围、装修面积。装修范围应明确所在楼层。局部装修应明确局部装修范围的轴线。

2) 审查装修工程的使用功能是否与通过审批的建筑功能相一致。装修工程的使用功能如果与原设计不一致，则要判断是否引起整栋建筑的性质变化，是否需要重新申报土建调整。

3) 审查装修工程的平面布置是否符合规范要求，具体审查以下内容：

① 装修工程的平面布置是否满足疏散要求，疏散体系是否完整和畅通，楼梯间要核对楼梯间形式、宽度、数量。

② 走道应核对疏散距离、疏散宽度。

③ 防火分区应核对面积大小、防火墙和防火卷帘的设置、分区的界线是否清晰。

④ 审查装修材料的燃烧性能等级是否符合规范要求。装修范围内是否存在装修材料的燃烧性能等级需要提高或者满足一定条件可以降低的房间和部位。

⑤ 审查各类消防设施的设计和点位是否与原建筑设计一致，是否符合规范要求。

⑥ 审查建筑内部装修是否遮挡消防设施，是否妨碍消防设施和疏散走道的正常使用。

⑦ 审查照明灯具及配电箱的防火隔热措施是否符合规范要求，具体审查以下内容：

a. 配电箱的设置位置是否符合规范要求；

b. 照明灯具的高温部位，当靠近非A级装修材料时，是否采取隔热、散热等保护措施；

c. 灯饰的材料燃烧性能等级是否符合规范要求。

(2) 审查要点

1) 常用装修材料等级规定

装修材料按其燃烧性能应划分为四级，装修材料的燃烧性能等级应按现行国家标准《建筑材料及制品燃烧性能分级》GB 8624 的有关规定，经检测确定。一些装修材料在特殊情况下其燃烧性能可做如下调整：

① 安装在钢龙骨上燃烧性能达到B1级的纸面石膏板、矿棉吸声板作为A级装修材料使用。

② 单位面积质量小于300g/m^{2}的纸质、布质壁纸，当直接粘贴在A级基材上时，可作为B1级装修材料使用。

③ 施涂于A级基材上的无机装修涂料，可作为A级装修材料使用；施涂于A级基材上，湿涂覆比小于1.5kg/m^2，且涂层干膜厚度不大于1.0mm的有机装修涂料，可作为B1级装修材料使用。

④ 当使用多层装修材料时，各层装修材料的燃烧性能等级均应符合《建筑内部装修设计防火规范》GB 50222—2017 的规定。复合型装修材料的燃烧性能等级应进行整体检测确定。

2) 特殊部位、场所的防火要求

建筑中的特殊部位和场所包括消防控制室、疏散走道、安全出口、变形缝、共享空间、无窗房间以及建筑内的厨房、使用明火的餐厅和科研实验室。对于这样一些场所的装修要求更加严格，审核时应注意与《建筑内部装修设计防火规范》GB 50222—2017 中相应表里的不同要求。

3) 不同类型建筑装修防火要求

① 民用建筑

《建筑内部装修设计防火规范》GB 50222—2017 把民用建筑分为单层、多层公共建筑，高层公共建筑，地下民用建筑三种类型，不同类型给出了不同的装修防火要求。

a. 基准要求

建筑中各部位的装修材料应能满足《建筑内部装修设计防火规范》GB 50222—2017 的基本规定要求。

b. 允许放宽条件

除特殊场所外，当建筑面积比较小或采用了自动消防设施时，建筑装修可以放宽一定的条件。

局部放宽情况：

单层、多层建筑：允许面积小于100m^2，且采用防火墙和耐火极限不低于甲级的防火门窗与其他部位分隔的房间的装修材料在比基准要求降低一个等级。

高层建筑：高层民用建筑的裙房内面积小于 500m² 的房间，当设有自动灭火系统，并且采用耐火等级不低于 2.00h 的隔墙、甲级防火门、窗与其他部位分隔时，顶棚、墙面、地面的装修材料燃烧性能等级可比基准要求降低一级。

地下建筑：单独建造的地下民用建筑的地上部分，其门厅、休息室、办公室等内部装修材料的燃烧性能等级可比基准要求降低一级。

设有自动消防设施的放宽情况：

单层、多层建筑：除歌舞、娱乐、放映、游艺场所，存放文物、纪念展览物品、重要图书、档案、资料的场所，A、B 级电子信息系统机房及装有重要机器、仪器的房间外，当单层、多层民用建筑需做内部装修的空间内装有自动灭火系统时，除顶棚外，其内部装修材料的燃烧性能等级可在规定的基础上降低一级；当同时装有火灾自动报警装置和自动灭火系统时，其装修材料的燃烧性能等级可在规定的基础上降低一级。

高层建筑：除歌舞、娱乐、放映、游艺场所，100m 以上的高层民用建筑及座位数大于 800 的观众厅、会议厅，顶层餐厅等特殊场所外，当设有火灾自动报警装置和自动灭火系统时，除顶棚外，其内部装修材料的燃烧性能等级可比基准要求降低一级。

② 工业建筑

a. 厂房

除规范规定的场所和部位外，当单层、多层丙、丁、戊类厂房内同时设有火灾自动报警和自动灭火系统时，除顶棚外，其装修材料的燃烧性能等级可比基准要求降低一级。

当厂房的地面为架空地板时，其地面应采用不低于 B1 级的装修材料。

附设在工业建筑内的办公、研发、餐厅等辅助用房，当采用现行国家标准《建筑设计防火规范》GB 50016 规定的防火分隔和疏散设施时，其内部装修材料的燃烧性能等级可按民用建筑的规定执行。

b. 库房：没有放宽条件。

4）其他审查要求

① 审查各类消防设施的设计和点位是否与原建筑设计一致，是否符合规范要求。

② 审查建筑内部装修是否遮挡消防设施，是否妨碍消防设施和疏散走道的正常使用。

③ 审查照明灯具及配电箱的防火隔热措施是否符合规范要求，具体审查以下内容：

a. 配电箱的设置位置是否符合规范要求；

b. 照明灯具的高温部位，当靠近非 A 级装修材料时，是否采取隔热、散热等保护措施；

c. 灯饰的材料燃烧性能等级是否符合规范要求。

(3) 审核实例

某高层多功能组合建筑内设影院，报审项目为影院部分内装修、装饰工程。审查时首先了解建筑的基本情况和本次报审的内容。如，通过读图可知：

1）建筑概况：本工程为 * * 影院建设有限公司室内装饰工程。

2）建设地点：* * 省 * * 市。

3）影城装修建筑面积约合 3497m²。

主要设计区域包括候影大堂、观众厅、入场走廊、放映走廊、更衣室、办公室、卫生间、储物室等区域；

影城观众厅区域设在建筑物的五层，本影城共 7 个观众影厅。

4）建设规模及建筑特征：建筑类别为高层建筑；建筑耐火等级一级，合理使用年限 50 年。

其次应通过平面图审查影院部分的防火分区划分及分隔构件是否符合要求，然后核查安全疏散设计是否符合规范要求。最后进行装修方面的审查。审查时先查看施工图设计说明，在通读说明的基础上，重点了解施工技术中的防火要求和基本做法，如某影院施工图说明：

① 防火要求

a. 影院装修各部位装饰材料的燃烧性能等级：

观众影厅内部各部位装饰材料的燃烧性能等级：顶棚 A 级，墙面 B1 级，地面 B1 级，踢脚 A 级，固定家具 B1 级。

观众入场走廊（从检票到影厅入场门及疏散门间区域）各部位装饰材料的燃烧性能等级：顶棚 A 级，墙面 B1 级，地面 B1 级，踢脚 A 级。影城大堂各部位装饰材料的燃烧性能等级：顶棚 A 级，墙面 A 级，地面 A 级，踢脚 A 级，固定家具 B1 级。影城弱电机房装饰材料的燃烧性能等级：地面采用抗静电高架地板不低于 B1 级，其他各部位均应使用 A 级。影城放映走廊及办公区装饰材料的燃烧性能等级均采用 A 级。

b. 影院顶棚、墙面装饰采用的龙骨材料均应为 A 级防火材料。

c. 声学装修房间使用轻钢龙骨，玻璃棉为 A 级防火材料（不燃性）。

d. 装饰基层板采用达到 A 级标准的不燃板。

e. 装饰选用 JA60-2 防火涂料涂制，面层涂剂 3～5 遍，每平方米用量 1.5kg 左右。

f. A60-4 防火涂料适用于室内、室外各种结构，涂刷（喷涂）3～5 遍，涂膜厚度 3～5mm，耐火极限 1.5h 左右。每平方米用量 4kg 左右。是国内先进的超薄型防火涂料。

g. 消火栓、喷淋、烟感、防火门等位置，满足消防设计规范要求，并兼顾考虑装饰效果。

h. 所有基层木材均应满足防火要求，表面三度防火涂料，防火涂料产品符合消防部门验收要求。

i. 玻璃幕墙与每层楼板、隔墙处的缝隙采用不燃材料严密填实。

j. 所有的建筑变形缝内采用不燃材料严密填实。

k. 所有建筑墙面上洞口、开孔采用不燃材料严密封堵。

l. 施工方要在施工前呈送防火涂料样品及检测报告给质检部门，批准后方可开始涂制。

m. 放映室与影厅间放映窗口应设置发生火灾时自动关闭设施。

n. 影厅入场门外侧应为竖向拉手，内侧应为推式。散场门外侧应为无拉手，内侧为推杠锁。

② 安全要求

a. 影城内所有吊装构造的安装应安全牢固，并应做相应的防火防腐处理。

b. 大堂、影厅、观众入场走廊等公共区域的人可触及区域内（装饰吊挂 2m 以下部位）不得出现突锐凸出物。

c. 所有地砖及石材等地面材料均应采用防滑材料或防滑处理。

d. 影城内部消火栓的门不应被装饰物遮蔽。消火栓门应有易于辨识的明显标识与周围相区别。

e. 照明灯具等高温部位，当靠近非 A 级装修材料时，应采取隔热、散热等防火保护措施。灯饰所用材料的燃烧性能等级不应低于 B1 级。

f. 如影院内存在吊顶内空间大于 800mm，且有可燃物的闷顶，吊顶内上方应设置消防灭火系统。

g. 穿越防火分区的隔墙、竖井的给水排水管道用不燃材料封堵其与隔墙或竖井的孔洞。

在了解了建筑装修的基本做法后查看材料说明表，同时，对应提交的立面图审查各部位材料选用是否符合《建筑内部装修设计工程防火规范》GB 50222—2017 要求，根据规范中对高层建筑中观众厅的要求，对照规范，该影院每个观众厅的建筑面积小于 400m^2，装修材料的选用符合规范要求。对于各类消防设施的设计和点位是否与原建筑设计一致，装修是否会对消防设施造成影响，还应对照消防设施图进行查看。

4.8.2 建筑保温防火

建筑保温申报资料主要包括以下内容：

1）设计说明、图例（含设计依据、工程概述、保温材料及其燃烧性能汇总表等）；

2）消防总平面图（含室外消防车道、扑救场地、消防控制室等）；

3）报审范围内的平面图、立面图、剖面图。

（1）审查内容

审查建筑保温是否符合规范要求，具体审查以下内容：

1）设置保温系统的基层墙体或屋面板的耐火极限和建筑外墙上门、窗的耐火完整性是否符合规范要求；

2）建筑的内、外保温系统采用的保温材料燃烧性能等级是否与其建筑类型和使用部位相适应并符合规范要求；

3）建筑的外墙外保温系统是否采用不燃材料在其表面设置防护层，防护层厚度是否符合规范要求；

4）建筑外墙外保温系统与基层墙体、装饰层之间的空腔，是否在每层楼板处采用防火封堵材料封堵；

5）建筑的屋面和外墙外保温系统是否按照规范要求设置了防火隔离带。

（2）审查要点

1）采用内保温系统的建筑

① 对于人员密集场所，用火、燃油、燃气等具有火灾危险性的场所及各类建筑内的疏散楼梯间、避难走道、避难间、避难层等场所或部位，应采用燃烧性能等级为 A 级的保温材料。

② 对于其他场所，应采用低烟、低毒且燃烧性能等级不低于 B1 级的保温材料。

③ 采用燃烧性能等级不低于 B1 级的保温材料时，防护层厚度不应小于 10mm。

2）采用外保温系统的建筑

需要明确的一点是：设置人员密集场所的建筑，其外墙外保温材料的燃烧性能应为A级。

① 与基层墙体、装饰层之间无空腔的建筑外墙保温系统

a. 住宅建筑：

a）建筑高度大于100m时，保温材料的燃烧性能应为A级；

b）建筑高度大于27m，但不大于100m时，保温材料的燃烧性能不应低于B1级；

c）建筑高度不大于27m时，保温材料的燃烧性能不应低于B2级。

b. 除住宅建筑和设置人员密集场所的建筑外，其他建筑：

a）建筑高度大于50m时，保温材料的燃烧性能应为A级；

b）建筑高度大于24m，但不大于50m时，保温材料的燃烧性能不应低于B1级；

c）建筑高度不大于24m时，保温材料的燃烧性能不应低于B2级。

② 与基层墙体、装饰层之间有空腔的建筑外墙外保温系统

除设置人员密集场所的建筑外，其保温材料应符合下列规定：

a. 建筑高度大于24m时，保温材料的燃烧性能应为A级；

b. 建筑高度不大于24m时，保温材料的燃烧性能不应低于B1级。

③ 其他要求

a. 当建筑的外墙外保温系统按本节规定采用燃烧性能为B1、B2级的保温材料时，应符合下列规定：

a）除采用B1级保温材料且建筑高度不大于24m的公共建筑或采用B1级保温材料且建筑高度不大于27m的住宅建筑外，建筑外墙上门、窗的耐火完整性不应低于0.50h。

b）应在保温系统中每层设置水平防火隔离带。防火隔离带应采用燃烧性能为A级的材料，防火隔离带的高度不应小于300mm。

b. 建筑的外墙外保温系统应采用不燃材料在其表面设置防护层，防护层应将保温材料完全包覆。除规范规定的情况外，当采用B1、B2级保温材料时，防护层厚度首层不应小于15mm，其他层不应小于5mm。

c. 建筑外墙外保温系统与基层墙体、装饰层之间的空腔，应在每层楼板处采用防火封堵材料封堵。

d. 建筑的屋面外保温系统，当屋面板的耐火极限不低于1.00h时，保温材料的燃烧性能不应低于B2级；当屋面板的耐火极限低于1.00h时，保温材料的燃烧性能不应低于B1级。采用B1、B2级保温材料的外保温系统应采用不燃材料作防护层，防护层的厚度不应小于10mm。

当建筑的屋面和外墙外保温系统均采用B1、B2级保温材料时，屋面与外墙之间应采用宽度不小于500mm的不燃材料设置防火隔离带进行分隔。

(3) 审查实例

外墙外保温系统一般采用国家标准图集《外墙外保温建筑构造》10J121的做法，例如采用岩棉做防火隔离带时，图集中提供了详细的图示及说明，如图4-53所示。因此，审查外墙外保温系统时，首先查看该建筑选用哪种保温材料，然后查看是否选用了图集中的做法，对照图集进行对比即可。

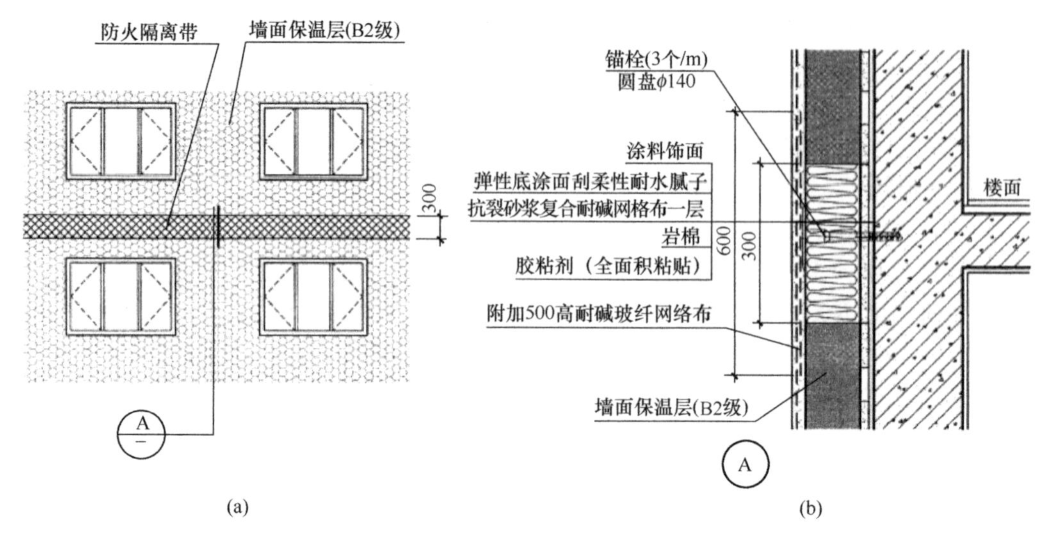

图 4-53　岩棉防火隔离带构造

（a）防火隔离带设置；（b）岩棉防火隔离带

4.9　灭火救援设施审查

灭火救援设施审查要点主要包括：消防车道，救援场地和入口，消防电梯和直升机停机坪。

4.9.1　消防车道

消防车道是供消防车灭火时通行的道路。消防车道可以利用交通道路，但道路上空的净高度、车道的净宽度、车道的地面承载力、车道转弯半径等方面应能满足消防车通行与停靠的需求，并保证畅通。

(1) 消防车道审查内容

1）根据建筑物的性质、高度、沿街长度、规模等参数，审查消防车道、消防车作业场地及登高面设置是否符合规范要求。

2）审查消防车道的形式（环形车道还是沿长边布置，是否需要设置穿越建筑物的车道）、宽度、坡度、承载力、转弯半径、回车场、净空高度是否符合规范要求。

3）根据建筑高度、规模、使用性质，审查建筑物是否需要设置消防车登高面，消防车登高面是否有影响登高的裙房、树木、架空管线等，首层是否设置楼梯出口、立面是否设置窗口等；当消防车道和消防车登高场地设置在红线外时，审查是否取得权属单位同意并确保正常使用。

(2) 审查要点

1）消防车道是否满足设置要求

① 是否需要设置环形消防车道

a. 高度高、体量大、功能复杂、扑救困难的建筑

高层民用建筑，超过 3000 个座位的体育馆，超过 2000 个座位的会堂，占地面积大于

3000m² 的展览馆等单层、多层公共建筑的周围，应设置环形消防车道，确有困难时，可沿建筑的两个长边设置消防车道。

b. 高层厂房、占地面积大于 3000m² 的甲、乙、丙类厂房和占地面积大于 1500m² 的乙、丙类仓库，应设置环形消防车道，确有困难时，应沿建筑物的两个长边设置消防车道。

c. 设置环形消防车道时，至少应有两处与其他车道连通，必要时还应设置与环形车道相连的中间车道，且道路设置应考虑大型车辆的转弯半径。

② 是否需要设置穿过建筑的消防车道

a. 对于一些总长度和沿街长度较长的建筑，如 L 形、U 形建筑等，当其沿街长度超过 150m，或总长度大于 220m 时，应设置穿过建筑物的消防车道。如果有困难，也可设置环形消防车道。

b. 有封闭内院或天井的建筑物，当其短边长度大于 24m 时，宜设置进入内院或天井的消防车道；当该建筑物沿街时，应设置连通街道和内院的人行通道（可利用楼梯间），其间距不宜大于 80m。

③ 尽头式消防车道的设置是否满足要求

受地形环境条件限制，在建筑和场所的周边难以设置环形消防车道时，可设置尽头式消防车道。

④ 消防水源地消防车道

消防水源地应设置消防车道，供应设置消防车道。消防车道边缘距离消防车取水的天然水源和消防水池不宜大于 2m。

2）消防车道技术要求

① 消防车道的净宽、净高和坡度

消防车道的净宽度和净空高度均不应小于 4m，消防车道的坡度不宜大于 8%。

消防车道靠建筑外墙一侧的边缘距离建筑外墙不宜小于 5m。在穿过建筑物或进入建筑物内院的消防车道两侧，不应设置影响消防车通行的设施，消防车道与建筑之间不应设置妨碍消防车操作的树木、架空管线等障碍物。

② 消防车道构造要求

消防车道的路面及消防车道下面的管道和暗沟等，应能承受重型消防车的压力，且应考虑建筑物的高度、规模及当地消防车的实际参数。尤其是利用裙房屋顶或高架桥等为消防车通行的道路时，应认真核算相应的设计承载力。

③ 消防车道的最小转弯半径

消防车道的转弯处应满足消防车的最小转弯半径要求。一般消防车转弯半径在 9～12m 之间。转弯半径的取值可以结合当地消防车的配置情况和区域内建筑情况综合考虑确定。

④ 消防车道的回车场

尽头式车道应设置消防车辆的回车道或回车场。回车场的面积不应小于 12m×12m；对于高层建筑，回车场不宜小于 15m×15m；供重型消防车使用时，不宜小于 18m×18m。对于一些特种消防车，应根据当地的具体情况确定回车场的大小。

⑤ 消防车道的间距

消防车道路中心线的间距不宜大于 160m。

(3) 审查实例

某建筑总平面示意图如图 4-54 所示。

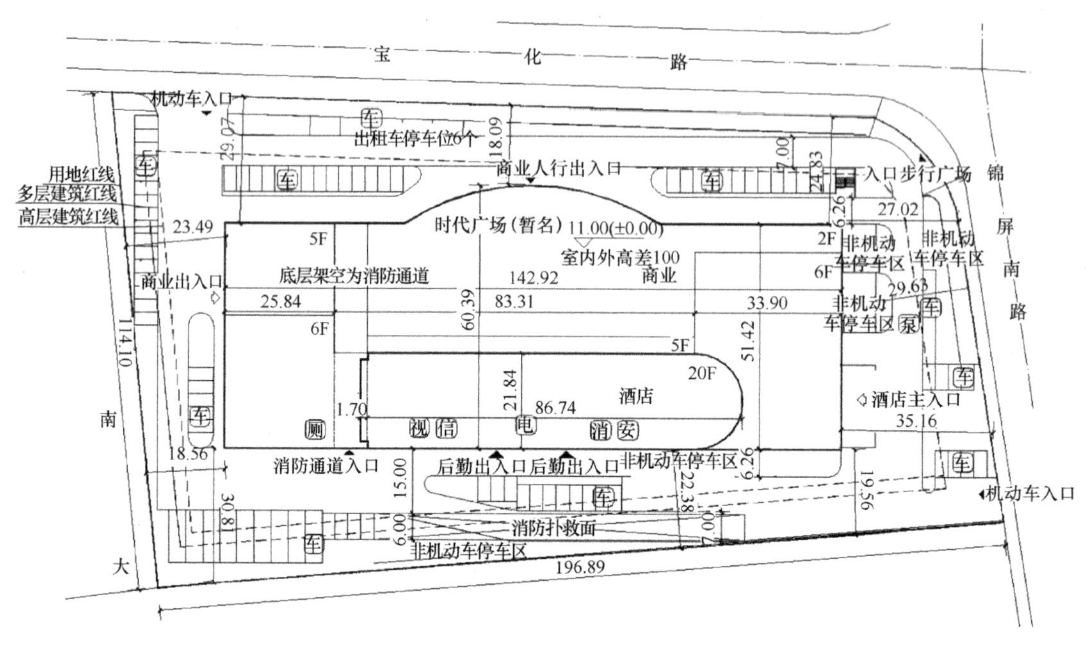

图 4-54　建筑总平面图

从图中可以看到，该建筑四周设置有停车场，但并未明确标示车道，未能看出消防车道与建筑的距离。因此需要设计单位明确标示出消防车道的设置情况，并说明车道的做法。

4.9.2　登高面、消防救援场地和灭火救援窗

消防登高面、消防救援场地和灭火救援窗是火灾时非常重要的灭火救援设施。

(1) 审查内容

审查时首先应根据建筑物高度、规模、使用性质，审查建筑是否需要设置灭火救援场地，然后审查消防车登高操作场地的设置长度、宽度、坡度，消防车登高面上各楼层消防救援口的设置是否符合规范要求。最后审查救援场地范围内的外墙是否设置供灭火救援的入口，厂房、仓库、公共建筑的外墙在每层是否设置可供消防救援人员进入的窗口，开口的大小、位置是否满足要求，标识是否明显。

(2) 审查要点

1) 审查消防登高面

① 消防登高面的设置位置和长度

首先审查消防登高面的设置位置和长度是否满足要求。高层建筑应至少沿一条长边或周边长度的 1/4，且不小于一条长边长度的底边连续布置消防车登高操作场地，该范围内的裙房进深不应大于 4m。建筑高度不大于 50m 的建筑，连续布置消防车登高操作场地有困难时，可间隔布置，但间隔距离不宜大于 30m，且消防车登高操作场地的总长度仍应符合规定。

② 建筑出入口的设置

建筑物与消防车登高操作场地相对应的范围内，应设置直通室外的楼梯或直通楼梯间的入口，以便救援人员快速进入建筑展开灭火和救援。

2）审查消防救援场地

① 最小操作场地面积

消防车登高操作场地的长度和宽度不应小于 15m×10m。对于建筑高度大于 50m 的建筑，操作场地的长度和宽度分别不应小于 20m 和 10m。

② 场地与建筑的距离

登高场地靠建筑外墙一侧的边缘距离建筑外墙不宜小于 5m，且不应大于 10m。

③ 操作场地荷载计算

消防车登高操作场地及其下面的建筑结构、管道和暗沟等应能承受重型消防车的压力，荷载量应按承载大型重系列消防车计算。

④ 操作空间的控制

消防车登高场地的操作空间与建筑之间不应有妨碍消防车操作的架空高压电线、树木、车库出入口等障碍。

⑤ 消防救援场地的坡度

消防救援场地的坡度不宜大于 3%。

3）灭火救援窗

厂房、仓库、公共建筑的外墙应在每层设置可供消防救援人员进入的窗口。

救援窗口的设置应满足以下要求：

① 净高度和净宽度均不应小于 1.0m。

② 窗口下沿距室内地面不宜大于 1.2m。

③ 窗口的间距不宜大于 20m，且每个防火分区不应小于 2 个。

④ 设置的位置应与消防车登高操作场地相对应。

⑤ 窗口的玻璃应易于破碎。

⑥ 在室外设置易于识别的明显标志。

4）审查实例

如图 4-55 所示，该建筑将南侧设置为消防救援场地。消防救援场地总宽度为

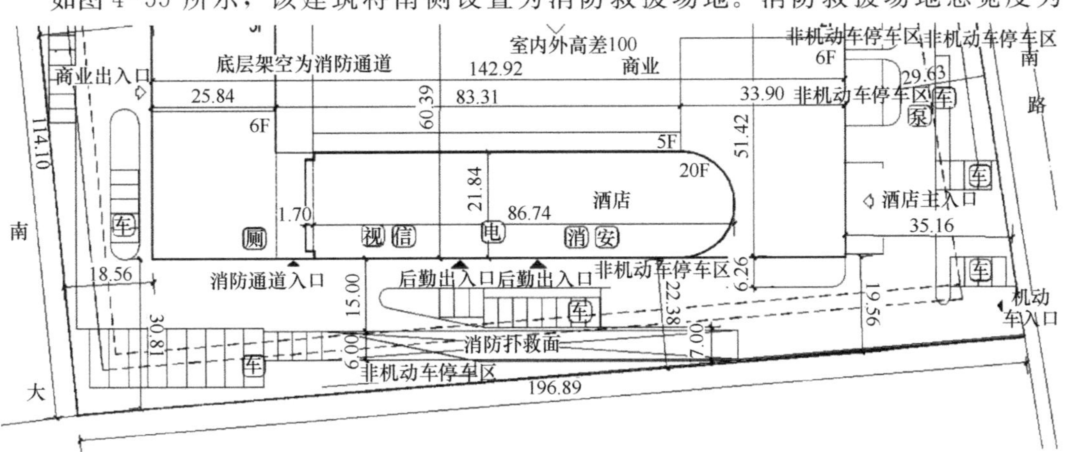

图 4-55　消防扑救面布置图

20.99m，长度和距建筑的距离都能满足要求。实际工程中，还应有登高扑救面的具体做法说明。

从图 4-56 可以看出，在对应扑救场地的外墙上设有多扇外窗，窗高 2.3m，最小宽度为 1.2m，窗下沿距地面高度为 0.5m，均能够满足设置要求。

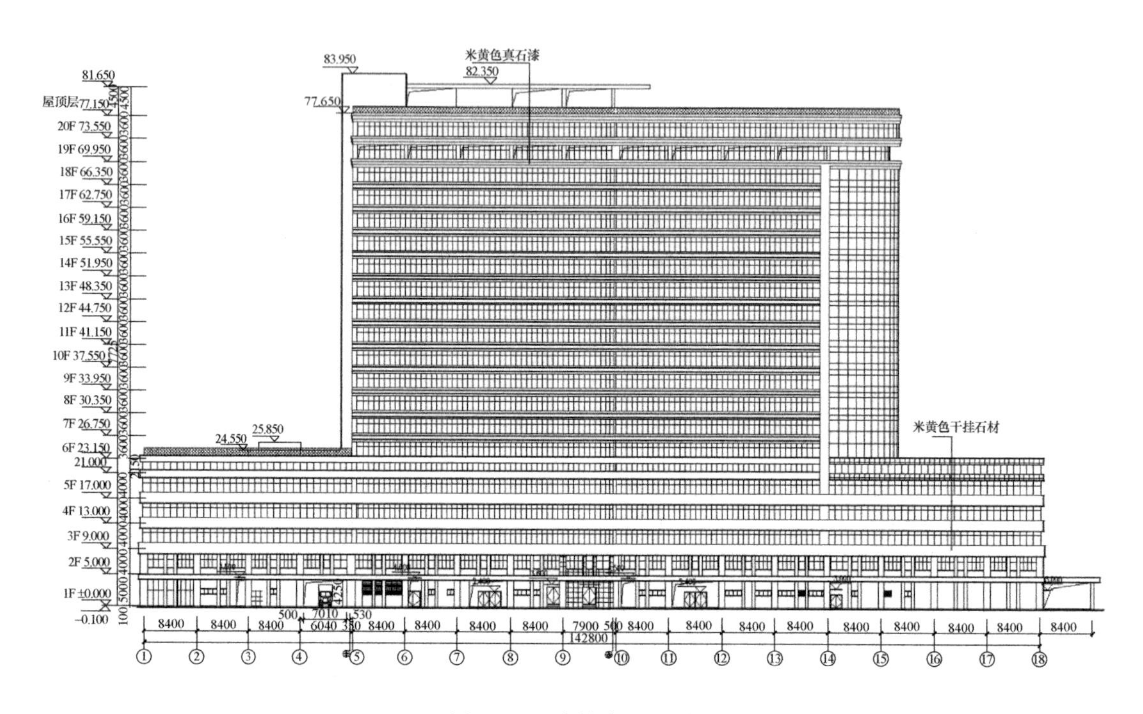

图 4-56　建筑南立面图

4.9.3　消防电梯

(1) 审查内容

消防电梯的审查内容包括：

1) 根据建筑的性质、高度和楼层的建筑面积或防火分区情况，审查建筑是否需要设置消防电梯。

2) 审查消防电梯的设置位置和数量，消防电梯前室及合用前室的面积，消防电梯运行的技术要求，如防水、排水、电源、电梯井壁的耐火性能和防火构造、通信设备、轿厢内装修材料等是否符合规范要求。

3) 利用建筑内的货梯或客梯作为消防电梯时，审查所采取的措施是否满足消防电梯的运行要求。

4) 审查消防电梯的井底排水设施是否符合规范要求。

(2) 审查要点

1) 消防电梯设置范围

不同类型的建筑设置消防电梯的条件不同，具体设置条件可见表 4-22。

消防电梯设置条件 表 4-22

建筑类型	设置条件
住宅建筑	建筑高度＞33m
公共建筑	(1) 一类高层； (2) 建筑高度＞32m的二类高层； (3) 建筑层数≥5层，且总建筑面积＞3000m²（包括设置在其他建筑内五层及以上楼层）的老年人照料设施
地下或半地下建筑（室）	(1) 地上部分设置消防电梯的建筑； (2) 埋深＞10m且总建筑面积＞3000m²
高层厂房（仓库）	建筑高度＞32m且设置电梯（符合《建规》第7.3.3条规定可不设置）

2）消防电梯的设置是否符合基本要求

除设置在仓库连廊、冷库穿堂或谷物筒仓工作塔内的消防电梯外，消防电梯应设置前室，并应符合下列规定：

① 前室宜靠外墙设置，并应在首层直通室外或经过长度不大于30m的通道通向室外；

② 前室的使用面积不应小于6.0m²，前室的短边不应小于2.4m；与防烟楼梯间合用的前室，其使用面积：公共建筑、高层厂房（仓库）不应小于10.0m²，住宅建筑不应小于6.0m²；

③ 除前室的出入口、前室内设置的正压送风口和规范规定的户门外，前室内不应开设其他门、窗、洞口；

④ 前室或合用前室的门应采用乙级防火门，不应设置卷帘；

⑤ 消防电梯井、机房与相邻电梯井、机房之间应设置耐火极限不低于2.00h的防火隔墙，隔墙上的门应采用甲级防火门；

⑥ 消防电梯的井底应设置排水设施，排水井的容量不应小于2m³，排水泵的排水量不应小于10L/s；消防电梯间前室的门口宜设置挡水设施；

⑦ 消防电梯应符合下列规定：

a. 应能每层停靠；

b. 电梯的载重量不应小于800kg；

c. 电梯从首层至顶层的运行时间不宜大于60s；

d. 电梯的动力与控制电缆、电线、控制面板应采取防水措施；

e. 在首层的消防电梯入口处应设置供消防队员专用的操作按钮；

f. 电梯轿厢的内部装修应采用不燃材料；

g. 电梯轿厢内部应设置专用消防对讲电话。

第⑦点可以通过查看电梯说明来判断是否符合要求。

(3) 审查实例

建筑主体每层为一个防火分区，设置了一部消防电梯，如图4-57所示。该消防电梯采用合用前室，具体平面布置如图4-58所示。图中，前室门及楼梯间门均采用乙级防火门，前室短边长度 2.9m，建筑面积为 27.8m²，前室内除送风口外无其他门、窗、洞口。消防电梯机房独立设置，如图 4-59 所示，因此，该建筑消防电梯设置符合要求。

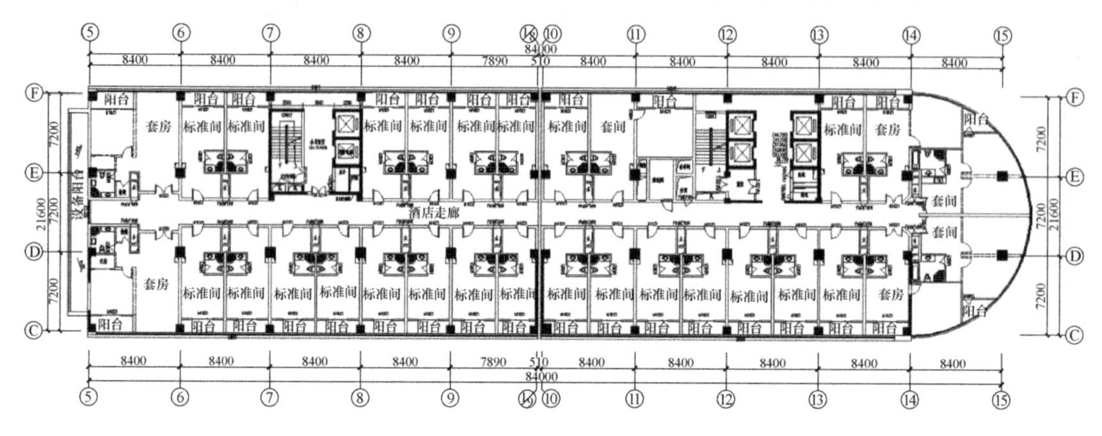

图 4-57 标准层平面布置图

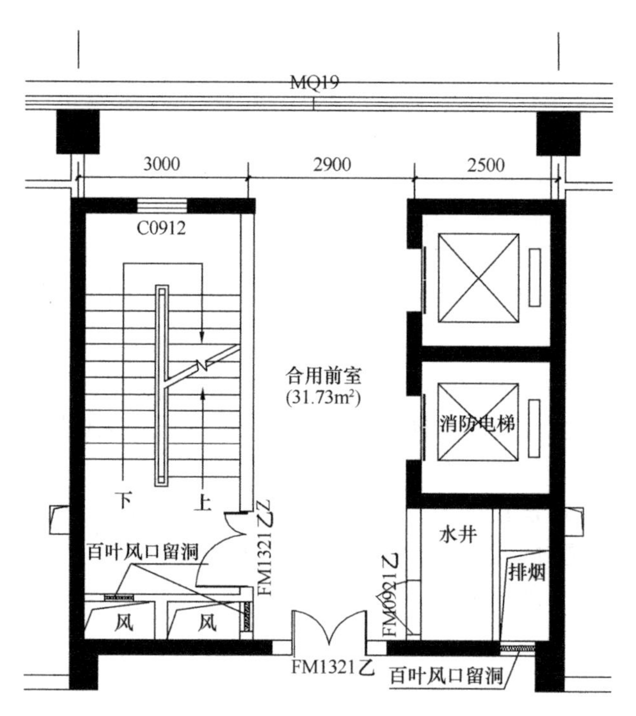

图 4-58 消防电梯合用前室设置平面图

4.9.4 直升机停机坪

建筑高度大于 100m 且标准层建筑面积大于 2000m² 的公共建筑，宜在屋顶设置直升机停机坪。

(1) 审查内容

1）审查屋顶直升机停机坪或供直升机救助设施的设置情况是否符合规范要求，包括直升机停机坪与周边突出物的距离、出口数量和宽度、四周航空障碍灯、应急照明、消火

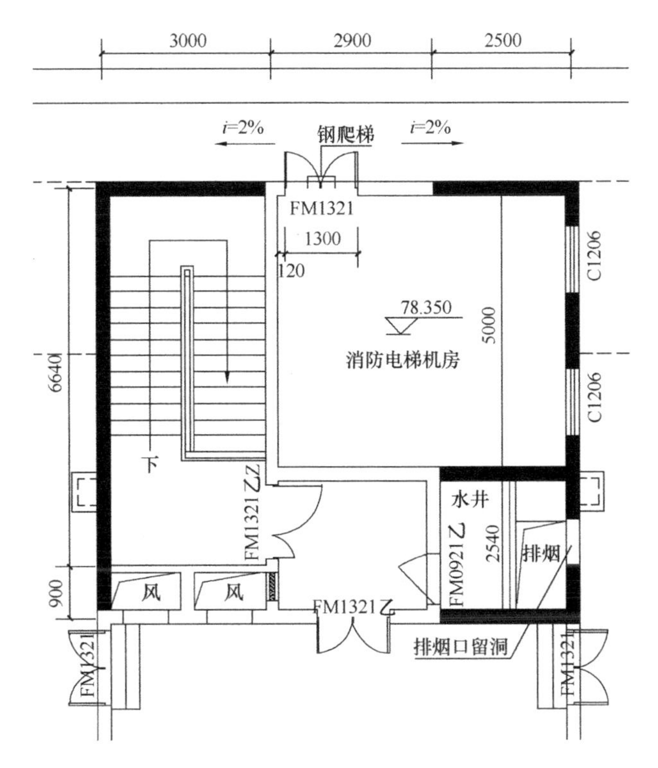

图 4-59　屋顶层电梯机房平面图

栓的设置情况等是否符合规范要求。

2）审查直升机停机坪的设置是否符合航空飞机安全的要求。有关直升机停机坪和屋顶承重等其他技术要求，可以依据《民用直升机场飞行场地技术标准》MH 5013—2014。

（2）审查要点

1）起降区

① 起降区与其他设施的距离。设置在屋顶平台上时，距离设备机房、电梯机房、水箱间、共用天线、旗杆等突出物不应小于 5m。

② 起降区场地的耐压强度。一般可按所承受集中荷载不大于直升机总重的 75%考虑。

③ 起降区的标志。停机坪四周应设置航空障碍灯，并应设置应急照明。停机坪起降区常用符号“H”表示。

2）设置待救区与出口

待救区是用以容纳疏散到屋顶停机坪的避难人员。待救区应设置不少于 2 个且宽度不小于 0.90m 的出口通向停机坪，出口门应向疏散方向开启。

3）夜间照明

停机坪四周应设置航空障碍灯，并应设置应急照明。

4）设置灭火设备

在停机坪的适当位置应设置消火栓。

5）其他要求应符合国家现行航空管理有关标准的规定。

屋顶直升机停机坪的设置基本要求可见图 4-60。

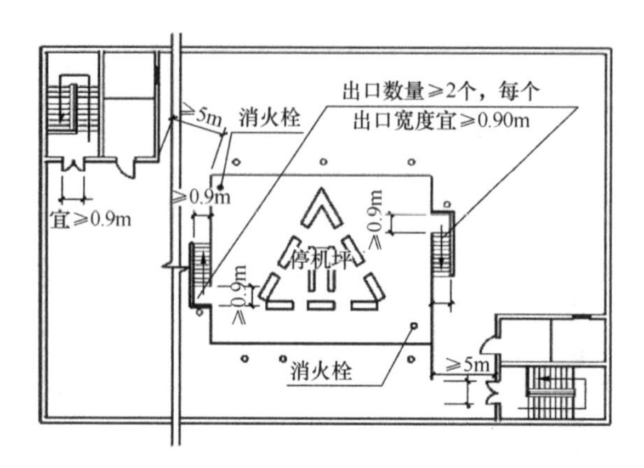

图 4-60　直升机停机坪设置图示

(3) 审查实例

某建筑屋顶直升机停机坪平面布置图如图 4-61 所示。从图中可以看出，起降区的面积和距其他房间、突出物的距离均符合要求，起降区设置了明显标志，但待救区只设置了1个出口通向停机坪，不符合规范要求。夜间照明和灭火设备的设置审查应查看电气和水系统设计图纸。

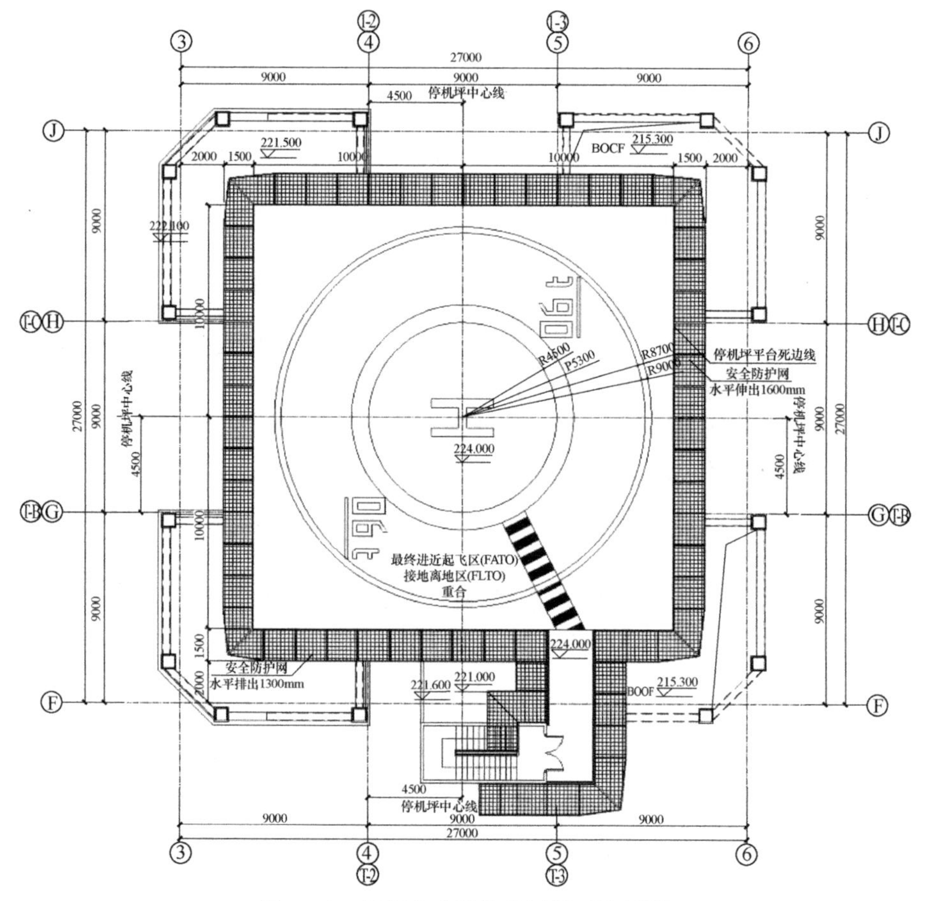

图 4-61　屋顶直升机停机坪平面位置图

4.10　建筑防爆审查

在消防工作中经常遇到的是可燃性气体、蒸汽、粉尘、液滴与空气或其他氧化介质形成爆炸性混合物发生的爆炸，多以大火场形式出现，且初期难以控制，火势发展迅猛，给消防扑救增加了很大难度。对建设工程进行防爆设计审查，通过对建筑、电气和设施等方面采取防爆措施的审查，可以达到防止燃烧和爆炸的目的。

本章主要介绍基础的爆炸知识、爆炸危险区域的等级及划分、泄压面积的计算、建筑防爆基本原则和措施、建筑防爆审查的审查要点以及详细审查内容。

4.10.1　建筑防爆概述

(1) 爆炸性气体环境危险区域的等级及划分

1）爆炸性气体环境区域等级

国家标准《爆炸危险环境电力装置设计规范》GB 50058—2014 规定，爆炸性气体、可燃蒸气与空气混合形成爆炸性气体混合物的场所，按其出现的频繁程度和持续时间分为 3 个区域等级。

① 0 区应为连续出现或长期出现爆炸性气体混合物的环境；

② 1 区应为在正常运行时可能出现爆炸性气体混合物的环境；

③ 2 区应为在正常运行时不太可能出现爆炸性气体混合物的环境，或即使出现也仅是短时存在的爆炸性气体混合物的环境。

2）爆炸性气体环境区域划分

释放源应按可燃物质的释放频繁程度和持续时间长短分为连续级释放源、一级释放源、二级释放源，释放源分级应符合下列规定：

① 连续级释放源应为连续释放或预计长期释放的释放源。下列情况可划为连续级释放源：

a. 没有用惰性气体覆盖的固定顶盖贮罐中的可燃液体的表面；

b. 油、水分离器等直接与空间接触的可燃液体的表面；

c. 经常或长期向空间释放可燃气体或可燃液体的蒸气的排气孔和其他孔口。

② 一级释放源应为在正常运行时，预计可能周期性或偶尔释放的释放源。下列情况可划为一级释放源：

a. 在正常运行时，会释放可燃物质的泵、压缩机和阀门等的密封处；

b. 贮有可燃液体的容器上的排水口处，在正常运行中，当水排掉时，该处可能会向空间释放可燃物质；

c. 正常运行时，会向空间释放可燃物质的取样点；

d. 正常运行时，会向空间释放可燃物质的泄压阀、排气口和其他孔口。

③ 二级释放源应为在正常运行时，预计不可能释放，当出现释放时，仅是偶尔和短期释放的释放源。下列情况可划为二级释放源：

a. 正常运行时，不能出现释放可燃物质的泵、压缩机和阀门的密封处；

b. 正常运行时，不能释放可燃物质的法兰、连接件和管道接头；

c. 正常运行时，不能向空间释放可燃物质的安全阀、排气孔和其他孔口处；

d. 正常运行时，不能向空间释放可燃物质的取样点。

爆炸危险区域的划分应按释放源级别和通风条件确定，存在连续级释放源的区域可划为 0 区，存在一级释放源的区域可划为 1 区，存在二级释放源的区域可划为 2 区，并应根据通风条件调整区域划分。

(2) 爆炸性粉尘环境危险区域等级及划分

1) 爆炸性粉尘环境区域等级

《爆炸危险环境电力装置设计规范》GB 50058—2014 规定，爆炸性粉尘环境应根据爆炸性粉尘混合物出现的频繁程度和持续时间，按下列规定进行分区：

① 20 区应为空气中的可燃性粉尘云持续地或长期地或频繁地出现于爆炸性环境中的区域；

② 21 区应为在正常运行时，空气中的可燃性粉尘云很可能偶尔出现于爆炸性环境中的区域；

③ 22 区应为在正常运行时，空气中的可燃粉尘云一般不可能出现于爆炸性粉尘环境中的区域，即使出现，持续时间也是短暂的。

爆炸危险区域的划分应按释放源级别和通风条件确定，存在连续级释放源的区域可划为 0 区，存在一级释放源的区域可划为 1 区，存在二级释放源的区域可划为 2 区，并应根据通风条件调整区域划分。

2) 爆炸性粉尘环境区域划分

粉尘释放源应按爆炸性粉尘释放频繁程度和持续时间长短分为连续级释放源、一级释放源、二级释放源，释放源应符合下列规定：

① 连续级释放源应为粉尘云持续存在或预计长期或短期经常出现的部位；

② 一级释放源应为在正常运行时，预计可能周期性的或偶尔释放的释放源；

③ 二级释放源应为在正常运行时，预计不可能释放，如果释放也仅是不经常地并且是短期地释放；

④ 下列三项不应被视为释放源：

a. 压力容器外壳主体结构及其封闭的管口和人孔；

b. 全部焊接的输送管和溜槽；

c. 在设计和结构方面对防粉尘泄漏进行了适当考虑的阀门压盖和法兰接合面。

对于爆炸性粉尘环境，其危险区域的范围应按爆炸性粉尘的量、爆炸极限和通风条件确定。

(3) 建筑防爆基本措施

在不同生产经营条件下，有爆炸危险性的建筑有不同的防爆方法，在大量实践经验的基础上，人们对建筑防爆基本原则和措施进行了总结归纳。

根据物质燃烧爆炸原理，防止发生火灾爆炸事故的基本原则是：控制可燃物和助燃物浓度、温度、压力及混触条件，避免物料处于燃爆的危险状态；消除一切足以引起起火爆炸的点火源；采取各种阻隔手段，阻止火灾爆炸事故的扩大。

建筑防爆的基本技术措施分为预防性技术措施和减轻性技术措施。

1）预防性技术措施

① 排除能引起爆炸的各类可燃物质

a. 在生产过程中尽量不用或少用具有爆炸危险的各类可燃物质；

b. 生产设备应尽可能保持密闭状态，防止“跑、冒、滴、漏”；

c. 加强通风除尘；

d. 预防燃气泄漏，设置可燃气体浓度报警装置；

e. 利用惰性介质进行保护。

② 消除或控制能引起爆炸的各种火源

a. 防止撞击、摩擦产生火花；

b. 防止高温表面成为点火源；

c. 防止日光照射；

d. 防止电气火灾；

e. 消除静电火花；

f. 防雷电火花；

g. 防止明火。

2）减轻性技术措施

① 采取泄压措施，在建筑围护构件设计中设置一些薄弱构件，即泄压构件。当爆炸发生时，这些泄压构件首先破坏，使高温高压气体得以泄放，从而降低爆炸压力，使主体结构不发生破坏。

② 采用抗爆性能良好的建筑结构体系，强化建筑结构主体的强度和刚度，使其在爆炸中足以抵抗爆炸压力而不倒塌。

③ 采取合理的建筑布置，在建筑设计时，根据建筑生产、储存的爆炸危险性，在总平面布局和平面布置上合理设计，尽量减小爆炸的影响范围，减少爆炸产生的危害。

（4）泄压面积计算方法

泄压构件的面积，即为泄压面积。厂房的泄压面积宜按下式计算，但当厂房的长径比大于 3 时，宜将建筑划分为长径比不大于 3 的多个计算段，各计算段中的公共截面不得作为泄压面积：

$$A = 10CV^{2/3}$$

式中　A——泄压面积，m^2；

V——厂房的容积，m^3；

C——泄压比，m^2/m^3；可按表 4-23 选取。

厂房内爆炸性危险物质的类别与泄压比规定值（单位：m^2/m^3）　**表 4-23**

厂房内爆炸性危险物质的类别	C 值
氨、粮食、纸、皮革、铅、铬、铜等 $K_{尘}<10[MPa\cdot(m\cdot s^{-1})]$ 的粉尘	≥0.030
木屑、炭屑、煤粉、锡等 $10[MPa\cdot(m\cdot s^{-1})]\leqslant K_{尘}\leqslant 30[MPa\cdot(m\cdot s^{-1})]$ 的粉尘	≥0.055
丙酮、汽油、甲醇、液化石油气、甲烷、喷漆间或干燥室，苯酚树脂、铝、镁、锆等 $K_{尘}>30[MPa\cdot(m\cdot s^{-1})]$ 的粉尘	≥0.110
乙烯	≥0.160

续表

厂房内爆炸性危险物质的类别	C值
乙炔	≥0.200
氢	≥0.250

注：1. 长径比为建筑平面几何外形尺寸中的最长尺寸与其横截面周长的积和4.0倍的建筑横截面积之比。

2. $K_{尘}$ 是指粉尘爆炸指数。

上述算法参照了美国消防协会标准《爆炸泄压指南》NFPA68的相关规定和公安部天津消防研究所的有关研究试验成果。在过去的工程设计中，存在依照规范设计并满足规范要求，而不能有效泄压的情况，上述计算方法能在一定程度上解决该问题。

长径比过大的空间，会因爆炸压力在传递过程中不断叠加而产生较高的压力。以粉尘为例，如空间过长，则在爆炸后期，未燃烧的粉尘-空气混合物受到压缩，初始压力上升，燃气泄放流动会产生紊流，使燃速增大，产生较高的爆炸压力。因此，有可燃气体或可燃粉尘爆炸危险性的建筑物要避免建造得长径比过大，以防止爆炸时产生较大超压，保证所设计的泄压面积能有效作用。

4.10.2 建筑防爆审查

（1）审查方法

通过查阅消防设计文件、总平面图、建筑平面图、建筑剖面图施工记录、有关产品质量证明文件及相关资料，了解工业建筑火灾危险性、建筑层数、存在爆炸危险的物质、爆炸危险环境类别及区域等级等，根据建筑防爆审查要点和审查内容逐项开展图纸审查。

（2）审查要点

建筑防爆的审查要点共九条：

1）审查有爆炸危险的甲、乙类厂房的设置是否符合规范要求，包括是否独立设置，是否采用敞开式或半敞开式，承重结构是否采用钢筋混凝土或钢框架、排架结构。

2）审查有爆炸危险的厂房或厂房内有爆炸危险的部位、有爆炸危险的仓库或仓库内有爆炸危险的部位、有粉尘爆炸危险的筒仓、燃气锅炉房是否采取防爆措施、设置泄压设施，是否符合规范要求，具体审查以下内容：

① 确定危险区域的范围，核查泄压口位置是否影响室内外的安全条件，是否避开人员密集场所和主要交通道路；

② 泄压面积是否充足、泄压形式是否适当；

③ 泄压设施是否采用轻质屋面板、轻质墙体和易于泄压的门、窗等，是否采用安全玻璃等爆炸时不产生尖锐碎片的材料；屋顶上的泄压设施是否采取防冰雪积聚措施；作为泄压设施的轻质屋面板和墙体的质量是否符合规范要求。

3）有爆炸危险的甲、乙类生产部位、设备、总控制室、分控制室的位置是否符合规范要求。

具体审查以下内容。

① 有爆炸危险的甲、乙类生产部位，是否布置在单层厂房靠外墙的泄压设施或多层厂房顶层靠外墙的泄压设施附近；

② 有爆炸危险的设备是否避开厂房的梁、柱等主要承重构件布置；

③ 有爆炸危险的甲、乙类厂房的总控制室是否独立设置；

④ 有爆炸危险的甲、乙类厂房的分控制室宜独立设置，当贴邻外墙设置时，是否采用符合耐火极限要求的防火隔墙与其他部位分隔。

4）散发较空气轻的可燃气体、可燃蒸汽的甲类厂房是否采用轻质屋面板作为泄压面积，顶棚设计和通风是否符合规范要求。

5）散发较空气重的可燃气体、可燃蒸气的甲类厂房和有粉尘、纤维爆炸危险的乙类厂房是否采用不发火花的地面，具体审查以下内容：

① 采用绝缘材料作整体面层时，是否采取防静电措施；

② 散发可燃粉尘、纤维的厂房，其内表面设计是否符合规范要求；

③厂房内不宜设置地沟，必须设置时，是否符合规范要求。

6）使用和生产甲、乙、丙类液体厂房，其管、沟是否与相邻厂房的管、沟相通，其下水道是否设置隔油设施。

7）甲、乙、丙类液体仓库是否设置防止液体流散的设施。遇湿会发生燃烧爆炸的物品仓库是否采取防止水浸渍的措施。

8）设置在甲、乙类厂房内的办公室、休息室，必须贴邻本厂房时，是否设置防爆墙与厂房分隔。有爆炸危险区域内的楼梯间、室外楼梯或与相邻区域连通处是否设置防护措施。

9）安装在有爆炸危险的房间的电气设备、通风装置是否具有防爆性能。

(3) 审查内容

本节针对上一节列出的审查要点，逐一给出相应的审查内容。

1）审查有爆炸危险的甲、乙类厂房的设置是否符合规范要求，包括是否独立设置，是否采用敞开式或半敞开式，承重结构是否采用钢筋混凝土或钢框架、排架结构。

具体审查内容如下：

有爆炸危险的甲、乙类厂房宜独立设置，并宜采用敞开式或半敞开式。其承重结构宜采用钢筋混凝土或钢框架、排架结构，如图 4-62 所示。

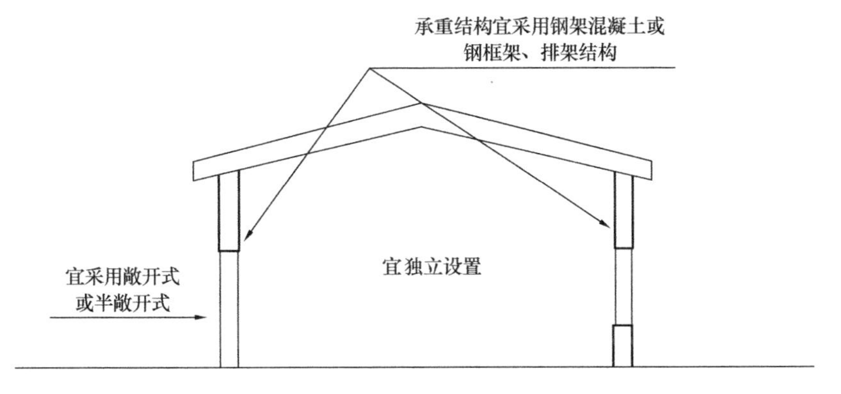

图 4-62　有爆炸危险的甲、乙类厂房

2）审查有爆炸危险的厂房或厂房内有爆炸危险的部位、有爆炸危险的仓库或仓库内有爆炸危险的部位、有粉尘爆炸危险的筒仓、燃气锅炉房是否采取防爆措施、设置泄压设施，是否符合规范要求，具体审查内容如下：

① 有爆炸危险的厂房或厂房内有爆炸危险的部位应设置泄压设施。

② 泄压设施宜采用轻质屋面板、轻质墙体和易于泄压的门、窗等，应采用安全玻璃等在爆炸时不产生尖锐碎片的材料。泄压设施的设置应避开人员密集场所和主要交通道路，并宜靠近有爆炸危险的部位。作为泄压设施的轻质屋面板和墙体的质量不宜大于 $60kg/m^2$。屋顶上的泄压设施应采取防冰雪积聚措施。如图 4-63 所示。

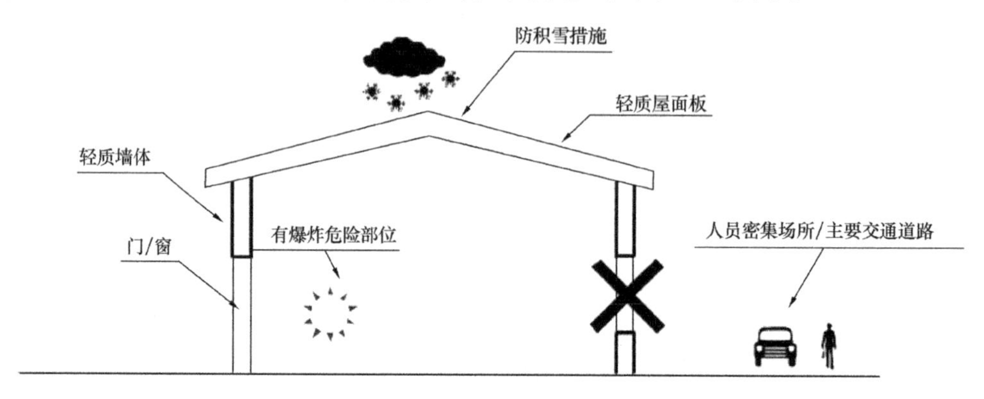

图 4-63　泄压设施

③ 有粉尘爆炸危险的筒仓，其顶部盖板应设置必要的泄压设施。

④ 有爆炸危险的仓库或仓库内有爆炸危险的部位，宜按相关规范采取防爆措施、设置泄压设施。

3）有爆炸危险的甲、乙类生产部位、设备、总控制室、分控制室的位置是否符合规范要求。

具体审查内容如下：

① 有爆炸危险的甲、乙类生产部位，宜布置在单层厂房靠外墙的泄压设施或多层厂房顶层靠外墙的泄压设施附近。有爆炸危险的设备宜避开厂房的梁、柱等主要承重构件布置。如图 4-64 所示。

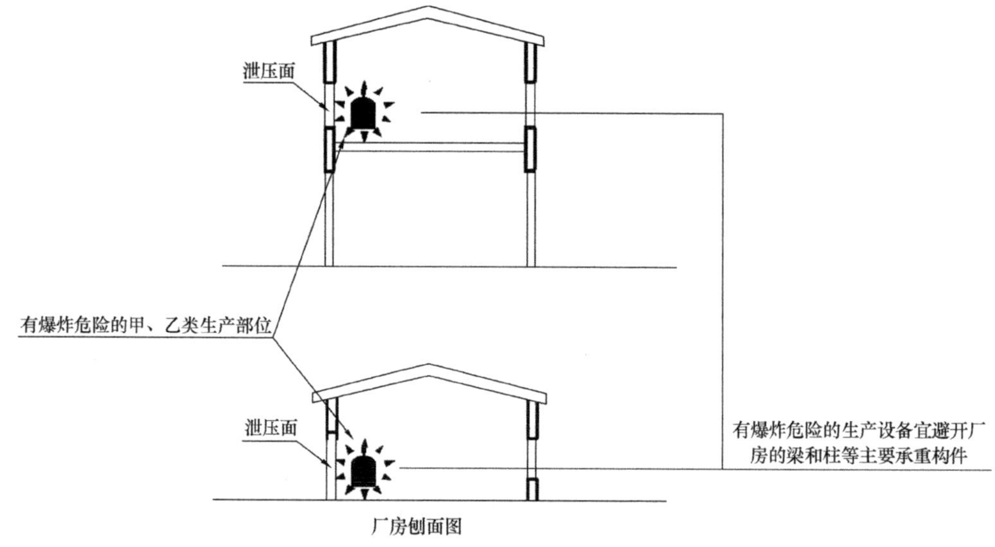

图 4-64　有爆炸危险的甲、乙类生产部位

② 有爆炸危险的甲、乙类厂房的总控制室应独立设置，如图 4-65 所示。

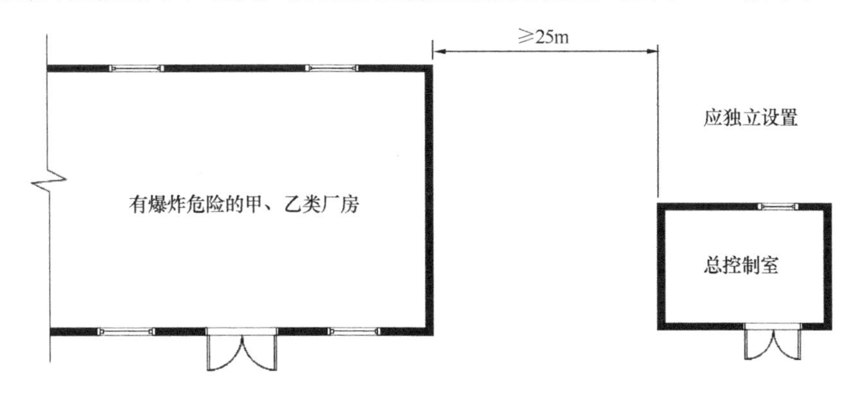

图 4-65　有爆炸危险的甲、乙类厂房的总控制室

③ 有爆炸危险的甲、乙类厂房的分控制室宜独立设置，当贴邻外墙设置时，应采用耐火极限不低于 3.00h 的防火隔墙与其他部位分隔。如图 4-66 所示。

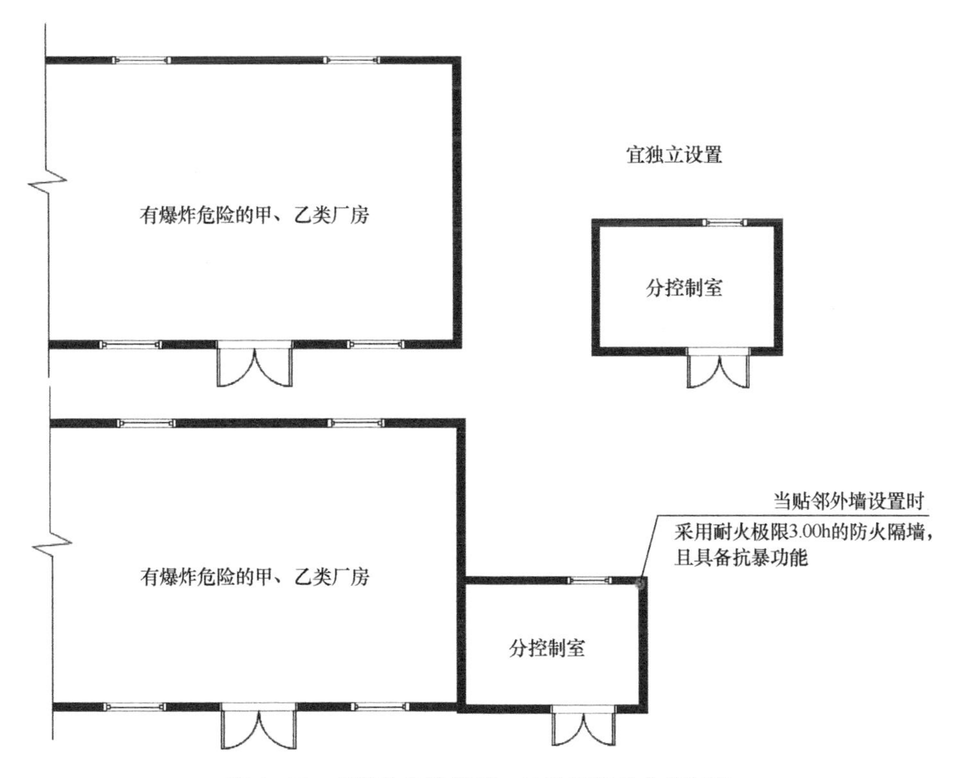

图 4-66　有爆炸危险的甲、乙类厂房的分控制室

4）散发较空气轻的可燃气体、可燃蒸气的甲类厂房是否采用轻质屋面板作为泄压面积，顶棚设计和通风是否符合规范要求。

具体审查内容如下：

散发较空气轻的可燃气体、可燃蒸气的甲类厂房，宜采用轻质屋面板作为泄压面积。顶棚应尽量平整、无死角，厂房上部空间应通风良好。如图 4-67 所示。

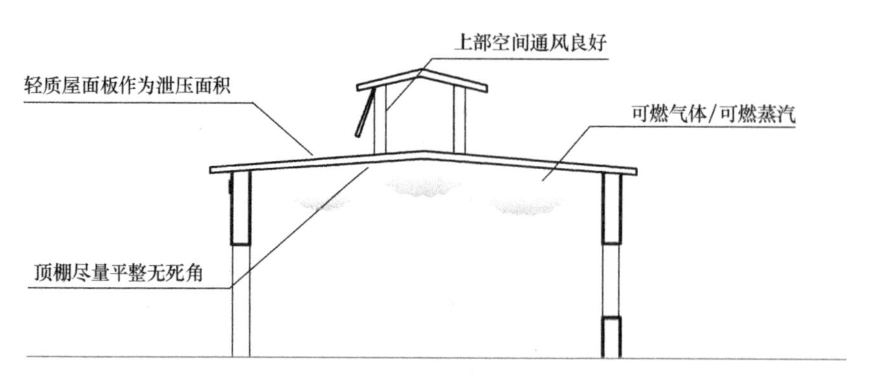

图 4-67　散发较空气轻的可燃气体、可燃蒸气的甲类厂房

5）散发较空气重的可燃气体、可燃蒸气的甲类厂房和有粉尘、纤维爆炸危险的乙类厂房是否采用不发火花的地面。

具体审查内容如下：

散发较空气重的可燃气体、可燃蒸汽的甲类厂房和有粉尘、纤维爆炸危险的乙类厂房，如图 4-68 所示，应符合下列规定：

① 应采用不发火花的地面，采用绝缘材料作整体面层时，应采取防静电措施；

② 散发可燃粉尘、纤维的厂房，其内表面应平整、光滑，并易于清扫；

③ 厂房内不宜设置地沟，确需设置时，其盖板应严密，地沟应采取防止可燃气体、可燃蒸气和粉尘、纤维在地沟积聚的有效措施，且应在与相邻厂房连通处采用防火材料密封。

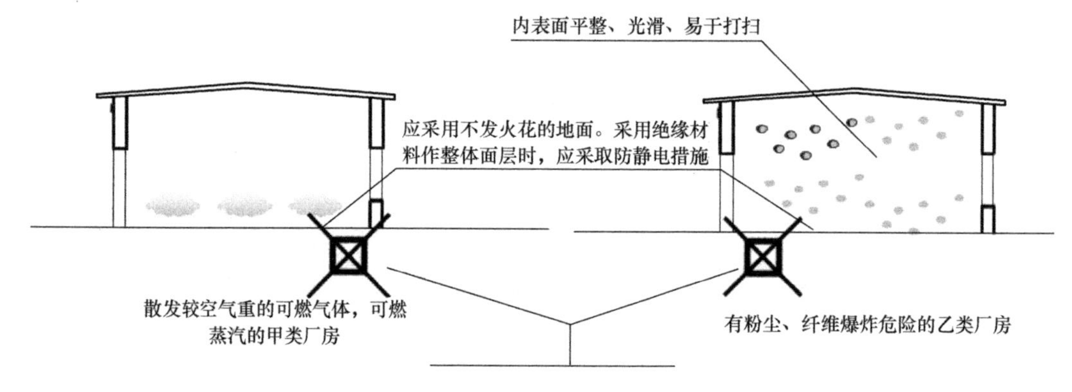

图 4-68　散发较空气重的可燃气体、可燃蒸气的甲类厂房和有粉尘、纤维爆炸危险的乙类厂房

6）使用和生产甲、乙、丙类液体的厂房，其管、沟是否与相邻厂房的管、沟相通，其下水道是否设置隔油设施。

具体审查内容如下：

使用和生产甲、乙、丙类液体的厂房，其管、沟不应与相邻厂房的管、沟相通，下水道应设置隔油设施，如图 4-69 所示。

7）甲、乙、丙类液体仓库是否设置防止液体流散的设施，遇湿会发生燃烧爆炸的物品仓库是否采取防止水浸渍的措施。

具体审查内容如下：

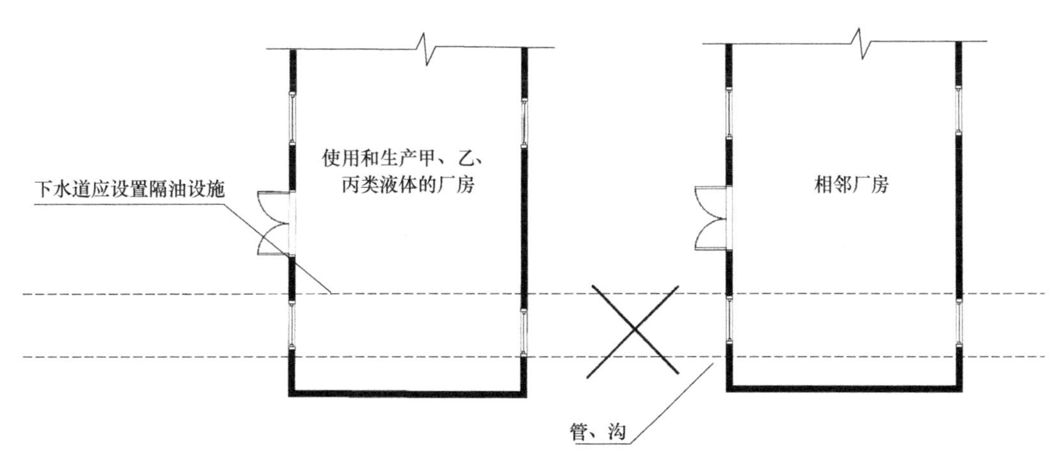

图4-69 使用和生产甲、乙、丙类液体的厂房

甲、乙、丙类液体仓库应设置防止液体流散的设施，遇湿会发生燃烧爆炸的物品仓库应采取防止水浸渍的措施，如图4-70所示。

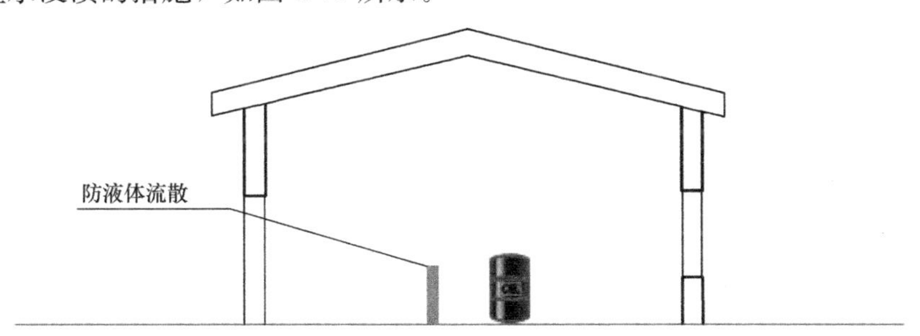

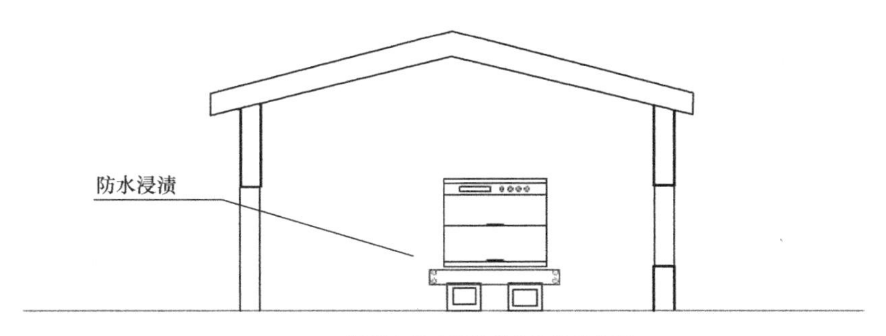

图4-70 甲、乙、丙类液体仓库及遇湿会发生燃烧爆炸的物品仓库

8）设置在甲、乙类厂房内的办公室、休息室，必须贴邻本厂房时，是否设置防爆墙与厂房分隔。有爆炸危险区域内的楼梯间、室外楼梯或与相邻区域连通处是否设置防护措施。

具体审查内容如下：

① 员工宿舍严禁设置在厂房内，如图4-71所示。

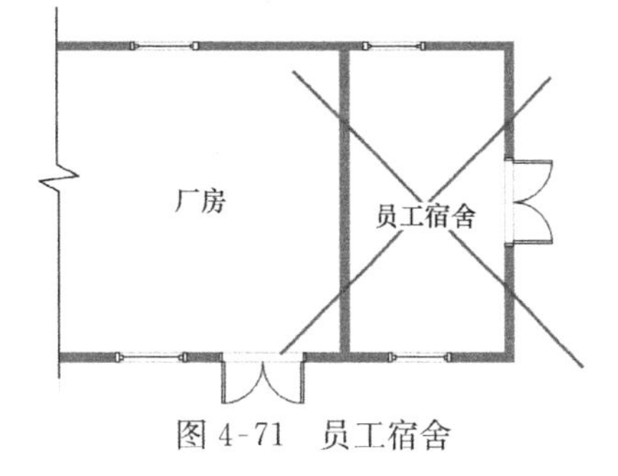

图4-71 员工宿舍

办公室、休息室等不应设置在甲、乙类厂房内，

确需贴邻本厂房时，其耐火等级不应低于二级，并应采用耐火极限不低于 3.00h 的防爆墙与厂房分隔和设置独立的安全出口。如图 4-72 所示。

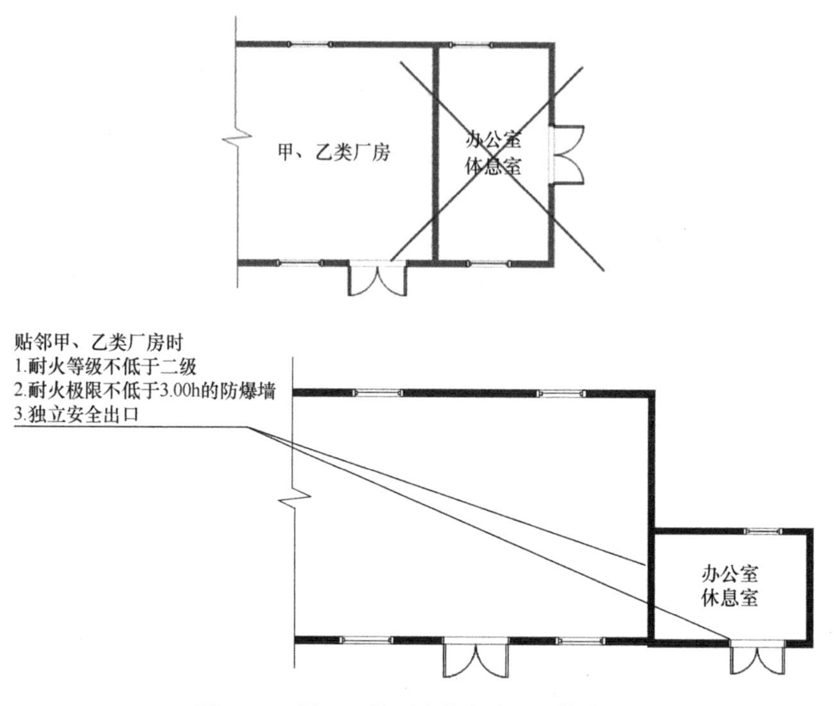

图 4-72　甲、乙类厂房的办公室、休息室

办公室、休息室设置在丙类厂房内时，应采用耐火极限不低于 2.50h 的防火隔墙和耐火极限不低于 1.00h 的楼板与其他部位分隔，并应至少设置 1 个独立的安全出口。如隔墙上需开设相互连通的门时，应采用乙级防火门。如图 4-73 所示。

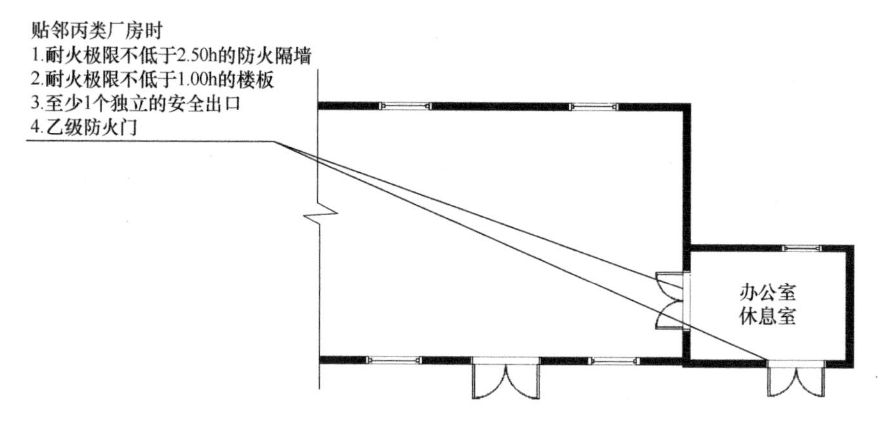

图 4-73　丙类厂房的办公室、休息室

② 有爆炸危险区域内的楼梯间、室外楼梯或有爆炸危险的区域与相邻区域连通处，应设置门斗等防护措施。门斗的隔墙应为耐火极限不应低于 2.00h 的防火隔墙，门应采用甲级防火门并应与楼梯间的门错位设置。

9）安装在有爆炸危险的房间的电气设备、通风装置是否具有防爆性能。

① 爆炸危险环境电力装置的设计应符合现行国家标准《爆炸危险环境电力装置设计规范》GB 50058 的规定。

② 甲、乙类厂房内的空气不应循环使用。

丙类厂房内含有燃烧或爆炸危险粉尘、纤维的空气，在循环使用前应经净化处理，并应使空气中的含尘浓度低于其爆炸下限的 25%。

③ 为甲、乙类厂房服务的送风设备与排风设备应分别布置在不同通风机房内，且排风设备不应和其他房间的送、排风设备布置在同一通风机房内（强制性标准条文）。

④ 民用建筑内空气中含有容易起火或爆炸危险物质的房间，应设置自然通风或独立的机械通风设施，且其空气不应循环使用（强制性标准条文）。

⑤ 当空气中含有比空气轻的可燃气体时，水平排风管全长应顺气流方向向上坡度敷设。

⑥ 可燃气体管道和甲、乙、丙类液体管道不应穿过通风机房和通风管道，且不应紧贴通风管道的外壁敷设。

⑦ 厂房内有爆炸危险场所的排风管道，严禁穿过防火墙和有爆炸危险的房间隔墙（强制性标准条文）。

⑧ 空气中含有易燃、易爆危险物质的房间，其送、排风系统应采用防爆型的通风设备。当送风机布置在单独分隔的通风机房内，且送风干管上设置防止回流设施时，可采用普通型的通风设备。

⑨ 含有燃烧和爆炸危险粉尘的空气，在进入排风机前应采用不产生火花的除尘器进行处理。对于遇水可能形成爆炸的粉尘，严禁采用湿式除尘器（强制性标准条文）。

⑩ 处理有爆炸危险粉尘的除尘器、排风机的设置应与其他普通型的风机、除尘器分开设置，并宜按单一粉尘分组布置。

⑪ 排除有燃烧或爆炸危险气体、蒸气和粉尘的排风系统，应符合下列规定：

a. 排风系统应设置导除静电的接地装置；

b. 排风设备不应布置在地下或半地下建筑（室）内；

c. 排风管应采用金属管道，并应直接通向室外安全地点，不应暗设。

此项内容为强制性标准条文。

⑫ 燃油或燃气锅炉房应设置自然通风或机械通风设施。燃气锅炉房应选用防爆型的事故排风机。当采取机械通风时，机械通风设施应设置导除静电的接地装置，通风量应符合下列规定：

a. 燃油锅炉房的正常通风量应按换气次数不少于 $3h^{-1}$ 确定，事故排风量应按换气次数不少于 $6h^{-1}$ 确定；

b. 燃气锅炉房的正常通风量应按换气次数不少于 $6h^{-1}$ 确定，事故排风量应按换气次数不少于 $12h^{-1}$ 确定。

此项内容为强制性标准条文。

第5章　建筑防烟与排烟系统设计审查

防烟排烟系统及供暖、通风和空气调节系统设计审查主要依据：《建筑设计防火规范》GB 50016—2014（2018年版）（以下简称《建规》）；《建筑防烟排烟系统技术标准》GB 51251—2017（以下简称《防排烟标准》）。

5.1　防烟系统设计审查

防烟系统的设计审查内容主要包括：防烟系统的设置部位审查、防烟系统的设置形式审查、自然通风系统的技术要求审查、机械加压送风系统的技术要求审查。审查时，通过查阅暖通专业施工图中的设计说明、设备表、防烟系统的系统图（系统原理图）、通风平面图等图纸，依据《建规》第八章和《防排烟标准》第三章，确定防烟系统的设计是否满足相应技术规范的要求。

5.1.1　防烟系统的设置部位审查

防烟系统的设置部位审查，是审查建筑内需要设置防烟系统的部位是否符合规范要求，换言之，就是审查按照规范应该设置防烟系统的部位是否设置。

依据《建规》第8.5.1条，建筑的下列场所或部位应设置防烟设施：①防烟楼梯间及其前室；②消防电梯间前室或合用前室；③避难走道的前室、避难层（间）。

建筑高度不大于50m的公共建筑、厂房、仓库和建筑高度不大于100m的住宅建筑，当其防烟楼梯间的前室或合用前室符合下列条件之一时，楼梯间可不设置防烟系统：①前室或合用前室采用敞开的阳台、凹廊；②前室或合用前室具有不同朝向的可开启外窗，且可开启外窗的面积满足自然排烟口的面积要求。

《防排烟标准》对防烟系统设置部位的规定比《建规》中的规定更加详细，除了涵盖《建规》第8.5.1条的规定外，又提出了一些可以不设置防烟系统的特殊情况。进行防烟系统设置部位审查时，应注意这些符合特定要求可以不设置防烟系统的特殊情况。

依据《防排烟标准》，可不设置防烟设施的条文规定主要是第3.1.3条、第3.1.5条、第3.1.9条。其中，第3.1.3条规定了楼梯间可不设置防烟系统的情况，第3.1.5条规定了前室可不设置防烟系统的情况，第3.1.9条规定了避难走道内可不设置防烟系统的情况。

可不设置防烟系统的具体情况要求汇总如下：

（1）对于建筑高度 $H \leqslant 50$m 的公共建筑、厂房、仓库和建筑高度 $H \leqslant 100$m 的住宅建筑：

1）独立前室（只与一部疏散楼梯相连的前室）或合用前室（剪刀楼梯间的共用前室与消防电梯前室合用形成的三合一前室除外）采用敞开的阳台、凹廊，楼梯间内可不设防烟系统。

2）独立前室或合用前室（三合一前室除外）具有不同朝向的可开启外窗，且独立前室两个外窗面积分别不小于 2.0m²，合用前室两个外窗面积分别不小于 3.0m²，楼梯间内可不设防烟系统。

3）楼梯间设置机械防烟系统，仅有一个门与走道或房间相连通的独立前室可不设置防烟系统。

（2）避难走道一端设置安全出口且总长度小于 30m，或避难走道两端设置安全出口且总长度小于 60m 时，可仅在避难走道前室设置机械加压送风系统，避难走道内可不设。

上述 1）和 2）与《建规》第 8.5.1 条中楼梯间可不设置防烟系统的规定是对应的。另需注意，可不设置防烟系统并不是专指不设置机械加压送风系统，而是自然通风系统也不用设置。

示例 1：某综合性建筑，由商业与酒店组成，地下 1 层，地上主体 20 层（另有一层设备层），建筑高度为 77.15m，高层主体设置有 2 个防烟楼梯间，通风平面图中 2 个楼梯间的防烟系统设置情况如图 5-1 所示。

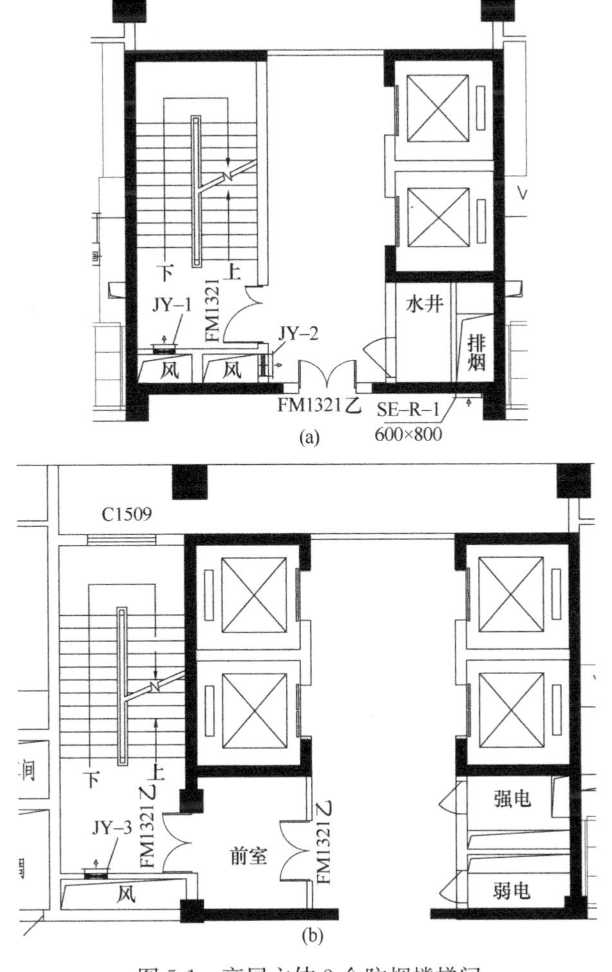

图 5-1　高层主体 2 个防烟楼梯间

（a）主体 1 号防烟楼梯间；（b）主体 2 号防烟楼梯间

由图 5-1 可知，1 号防烟楼梯间为合用前室，2 号防烟楼梯间为独立前室。

通过查阅暖通专业的设计说明及设备表可知，主体 1 号防烟楼梯间设置 2 部机械加压送风系统，送风机设备编号为 JY-1 和 JY-2，主体 2 号防烟楼梯间设置 1 部机械加压送风系统，送风机设备编号为 JY-3。

从图 5-1（a）可知，JY-1 是 1 号楼梯间的防烟系统，JY-2 是 1 号楼梯间与消防电梯合用前室的防烟系统，满足《建规》第 8.5.1 条“防烟楼梯间、合用前室应设置防烟系统”的要求。

从图 5-1（b）可知，JY-3 是 2 号楼梯间的防烟系统，而 2 号防烟楼梯间的独立前室并未设置防烟系统。根据《防排烟标准》第 3.3.5 条，“楼梯间设置机械防烟系统，仅有一个门与走道或房间相连通的独立前室可不设置防烟系统”这一规定是对于建筑高度 $H \leqslant 50$m的公共建筑来说的，该工程建筑高度超过 50m，独立前室也应设置防烟系统。因此，主体 2 号楼梯间的独立前室未设置防烟系统不符合规范要求。

5.1.2 防烟系统的设置形式审查

防烟系统的设置形式审查，就是审查防烟系统形式的选择是否符合规范要求。

防烟系统的形式有自然通风系统和机械加压送风系统两种。建筑防烟系统的设计应根据建筑高度、使用性质等因素，采用自然通风系统或机械加压送风系统。

防烟系统形式选择的具体要求如下：

（1）依据《防排烟标准》第 3.1.2 条，建筑高度大于 50m 的公共建筑、工业建筑和建筑高度大于 100m 的住宅建筑，其防烟楼梯间、独立前室、共用前室、合用前室及消防电梯前室应采用机械加压送风系统。

（2）依据《防排烟标准》第 3.1.2 条，建筑高度小于或等于 50m 的公共建筑、工业建筑和建筑高度小于或等于 100m 的住宅建筑，其防烟楼梯间、独立前室、共用前室、合用前室（除共用前室与消防电梯前室合用外）及消防电梯前室应采用自然通风系统；当不能设置自然通风系统时，应采用机械加压送风系统。防烟系统的形式选择尚应满足：

1）当独立前室、共用前室及合用前室的机械加压送风口设置在前室的顶部或正对前室入口的墙面时，楼梯间可采用自然通风系统；当机械加压送风口未设置在前室的顶部或正对前室入口的墙面时，楼梯间应采用机械加压送风系统。

2）当防烟楼梯间在裙房高度以上部分采用自然通风时，不具备自然通风条件的裙房的独立前室、共用前室及合用前室应采用机械加压送风系统，且独立前室、共用前室及合用前室送风口应设置在前室的顶部或正对前室入口的墙面上。

（3）依据《防排烟标准》第 3.1.4 条，建筑地下部分的防烟楼梯间前室及消防电梯前室，当无自然通风条件或自然通风不符合要求时，应采用机械加压送风系统。

（4）依据《防排烟标准》第 3.1.6 条，封闭楼梯间应采用自然通风系统，不能满足自然通风条件的封闭楼梯间，应设置机械加压送风系统。当地下、半地下建筑（室）的封闭楼梯间不与地上楼梯间共用且地下仅为一层时，可不设置机械加压送风系统，但首层应设置有效面积不小于 1.2m^2 的可开启外窗或直通室外的疏散门。

（5）依据《防排烟标准》第 3.1.9 条，避难走道及其前室应分别采用机械加压送风系统。

审查时，首先通过查阅暖通专业施工图的设计说明、设备表和通风平面图了解各防烟部位的系统形式，然后结合规范要求审查系统形式是否满足规范要求。

另需注意，规范规定应采用机械加压送风系统的防烟部位不能用自然通风系统代替，但可采用自然通风系统的防烟部位却能采用机械加压送风系统；剪刀楼梯间的共用前室与消防电梯前室合用而形成的三合一前室，其防烟系统的形式应采用机械加压送风系统。

示例 2：在示例 1 所述的工程中，建筑高度为 77.15m，属于建筑高度大于 50m 的公共建筑。因此，1 号防烟楼梯间及其合用前室、2 号防烟楼梯间及其独立前室，防烟系统的形式均应采用机械加压送风系统。通过查阅暖通设计说明、设备表以及通风平面图可知，该建筑主体的 1 号防烟楼梯间及其合用前室、2 号防烟楼梯间的防烟系统形式均设计为机械加压送风系统，2 号防烟楼梯间的独立前室未设置防烟系统，在防烟系统形式选择上符合规范要求。

5.1.3　自然通风系统的技术要求审查

自然通风系统的审查内容主要包括自然通风口的面积、自然通风口的开启方式、避难层（间）的自然通风系统三个审查要点。

(1) 自然通风口的面积

审查自然通风口的面积，具体审查楼梯间、独立前室、合用前室、消防电梯前室等采用自然通风口的面积是否符合规范要求。

依据《防排烟标准》第 3.2.1 条，采用自然通风方式的封闭楼梯间、防烟楼梯间，应在最高部位设置面积不小于 1.0m² 的可开启外窗或开口；当建筑高度大于 10m 时，尚应在楼梯间的外墙上每 5 层内设置总面积不小于 2.0m² 的可开启外窗或开口，且布置间隔不大于 3 层。

依据《防排烟标准》第 3.2.2 条，前室采用自然通风方式时，独立前室、消防电梯前室可开启外窗或开口的面积不应小于 2.0m²，共用前室、合用前室不应小于 3.0m²。

审查时，一般是先通过查阅建筑专业的建筑平面图、立面图、门窗表、楼梯间详图（楼梯间大样图）、门窗详图等了解楼梯间、前室等部位自然通风口的设置位置、开启方式、尺寸等情况；然后，计算自然通风口的有效面积，计算时应注意平开窗、推拉窗、悬窗、平推式窗、百叶窗等不同开启方式的自然通风口，其有效面积的计算方法不同，具体计算方法参见自然排烟窗有效面积的计算。最后，审查自然通风口的有效面积是否满足规范规定的最小面积要求。

(2) 自然通风口的开启方式

审查自然通风口的开启方式是否符合规范要求。

可开启外窗应方便直接开启，设置在高处不便于直接开启的可开启外窗，应在距地面高度为 1.3～1.5m 的位置设置手动开启装置。审查时，该要求一般可在设计说明中查阅。

(3) 避难层（间）的自然通风系统

当建筑设置避难层（间）且采用自然通风系统时，审查避难层（间）是否设有两个不同朝向的外窗或百叶窗，且每个朝向开窗面积是否满足自然通风开窗面积要求。

依据《防排烟标准》第 3.2.3 条，采用自然通风方式的避难层（间）应设有不同朝向的可开启外窗，其有效面积不应小于该避难层（间）地面面积的 2%，且每个朝向的面积不应小于 2.0m²。

审查时，可先查阅避难层（间）的建筑平面图，确定是否设有两个不同朝向的自然通风窗口，同时确定避难层的地面面积；然后，结合平面图和立面图计算避难层（间）的开窗面积，并判断每个朝向的面积和总面积是否满足规范要求。

5.1.4 机械加压送风系统的技术要求审查

机械加压送风系统的审查内容主要包括：送风机、进风口、送风口、风管与风道、系统计算、联动控制。

(1) 送风机

主要审查送风机选型和设置位置是否符合规范要求。

依据《防排烟标准》第 3.3.5 条，机械加压送风系统的送风机宜采用轴流风机或中、低压离心风机；送风机宜设置在系统的下部；送风机应设置在专用机房内，送风机房应符合现行国家标准《建规》的规定，如送风机房与建筑内的其他区域之间应采用耐火极限不低于 2.00h 的防火隔墙以及耐火极限不低于 1.50h 楼板分隔，送风机房的通向建筑内的门应采用甲级防火门。

审查时，通过查阅暖通专业施工图的设计说明或设备表可获取送风机的类型信息；通过机械加压送风系统的原理图，可以知道送风机的设置位置以及是否在系统的下部；通过查阅风机房所在楼层的通风平面图，可以审查送风机房的设置情况，送风机房设在屋顶上是比较常见的情况，当风机房设置在屋顶上时，对应查阅屋顶通风平面图。

示例 3：图 5-2 所示为示例 1 中楼梯间及合用前室的三部机械加压送风系统原理图局部，由该图可以看出，送风系统的送风机设置在建筑屋顶上，并不是设置在系统的下部。查阅屋顶层通风平面图可知，送风机是否设置在专用机房内以及送风机房的设置情况。图 5-3 所示为屋顶层通风平面图局部，由图可知，送风机 JY-1 和 JY-2 设置在同一个风机

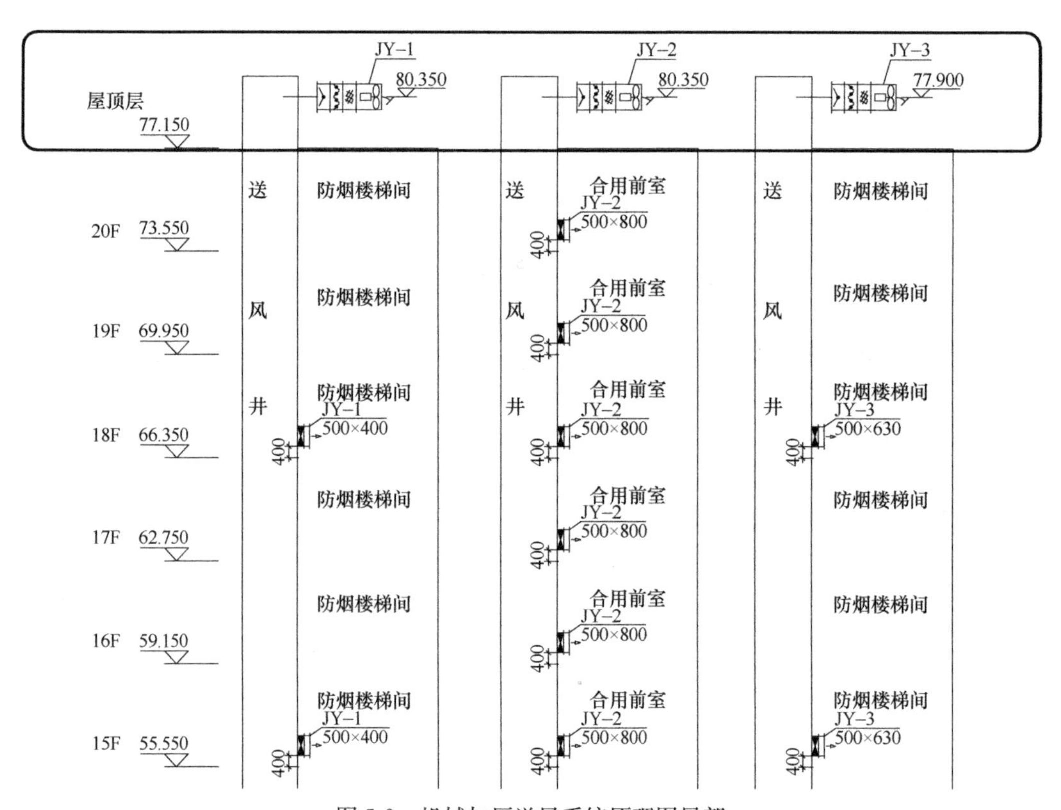

图 5-2 机械加压送风系统原理图局部

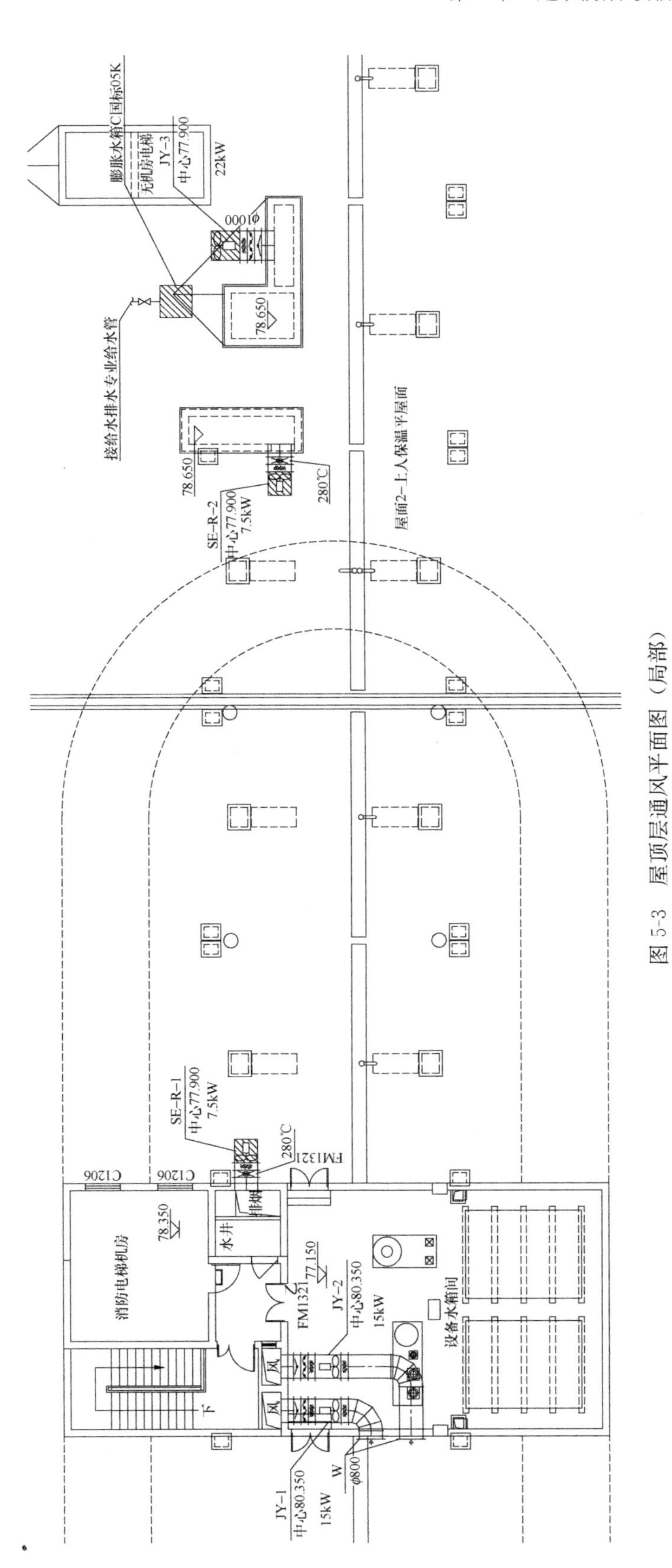

图 5-3　屋顶层通风平面图（局部）

房内，且与设备水箱间共用，而送风机 JY-3 直接设置在室外，无风机房。

(2) 进风口

审查送风机的进风口设置是否按规范要求不受烟气影响。

依据《防排烟标准》第 3.3.5 条，送风机的进风口宜设在机械加压送风系统的下部；送风机的进风口应直通室外，且应采取防止烟气被吸入的措施；送风机的进风口不应与排烟风机的出风口设在同一面上，确有困难时，送风机的进风口与排烟风机的出风口应分开布置，且竖向布置时，送风机的进风口应设置在排烟出口的下方，其两者边缘最小垂直距离不应小于 6.0m，水平布置时，两者边缘最小水平距离不应小于 20.0m。

审查送风机的送风口时，通常是先在风机房所在楼层的通风平面图中找到送风机房的位置，之后再看送风口是否直通室外以及与排烟风机出风口的位置关系是否满足规范要求。

示例 4： 图 5-4 所示为图 5-3 中 JY-1 和 JY-2 所在风机房部位的局部放大图，图中示意出了 1 号防烟楼梯间及其合用前室的两部机械加压送风系统的送风机房以及靠近风机房的排烟风机。由该图可以看出，送风口直接通向室外，通过图中尺寸标注以及标高，还可以审查送风机的进风口和排烟风机的出风口之间的水平距离或垂直距离是否满足规范要求。

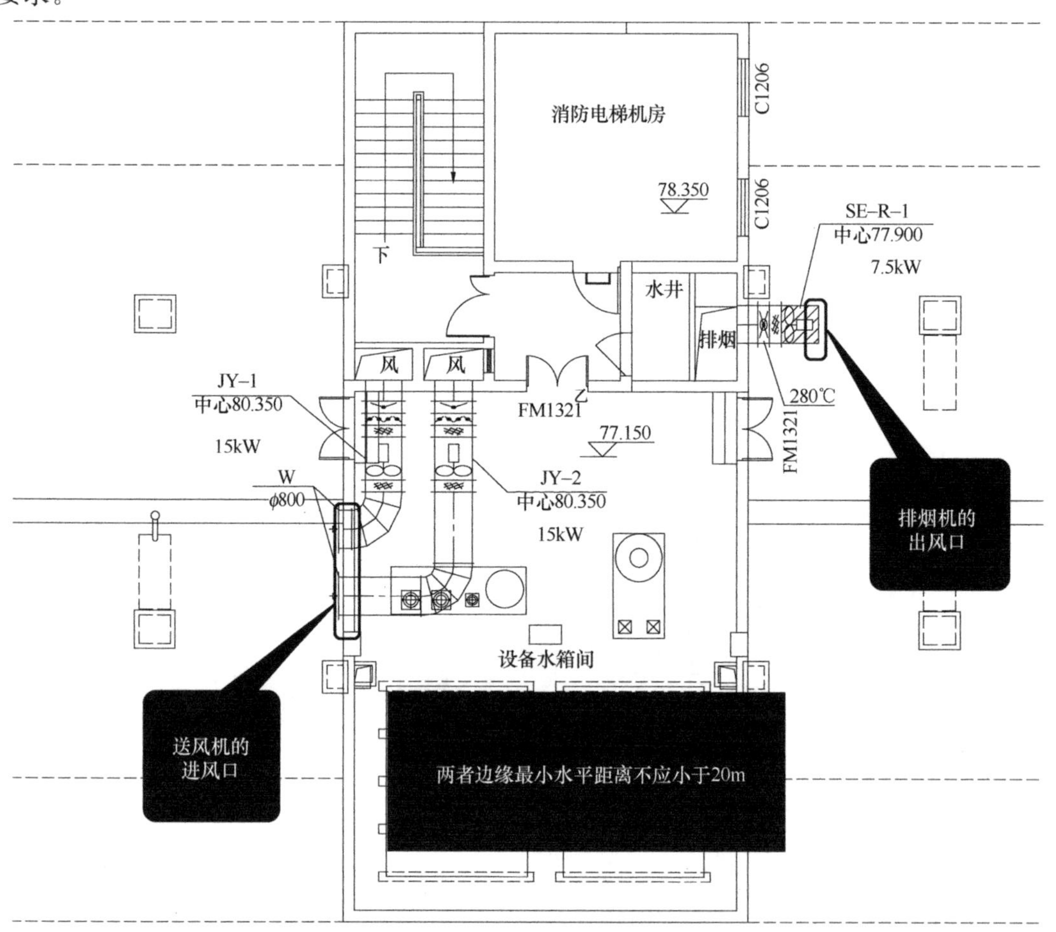

图 5-4　屋顶 JY-1 和 JY-2 所在风机房部位

(3) 送风口

主要审查送风口的设置位置、启闭方式控制、送风口的风速是否符合规范要求。

依据《防排烟标准》第3.3.6条，加压送风口的设置应符合下列规定：

1）除直灌式加压送风方式外，楼梯间宜每隔2～3层设一个常开式百叶送风口；

2）前室应每层设一个常闭式加压送风口，并应设手动开启装置；

3）送风口的风速不宜大于7m/s；

4）送风口不宜设置在被门挡住的部位。

审查时，一般通过查阅暖通设计说明，可以知道送风口的形式（常开式送风口或常闭式送风口）、启闭控制方式、设计风速等。通过查阅送风系统原理图，可以知道各层楼梯间、前室部位送风口的竖向间隔、数量等布置情况是否满足送风口设置位置要求，有时还可以读出送风口的尺寸信息。通过查阅各层通风平面图，也可以知道送风口的尺寸信息，还可以审查出送风口是否设在被门挡住的部位。

示例5：示例1中工程的暖通设计说明对正压送风口形式的说明如下：JY-5系统为自垂式百叶，JY-1、JY-3系统仅第三层为自垂式百叶，其他楼层及其他系统均采用有输出、输入信号的远控多叶风口，操作面板位于风口的上方，送风口设置楼层见正压送风系统原理图。

从该说明可知，JY-5机械加压送风系统的所有送风口，以及JY-1、JY-3机械加压送风系统的第三层送风口均为常开式送风口，JY-1、JY-3机械加压送风系统的其他楼层加压送风口及其他系统的加压送风口均为常闭式送风口。通过查阅设计说明设备表可知，JY-5系统为裙房一部楼梯间的机械加压送风系统，JY-1、JY-3分别为高层主体1号防烟楼梯间和2号防烟楼梯间的机械加压送风系统。由此可见，楼梯间有部分送风口采用常闭式送风口，前室机械加压送风系统的所有送风口也均采用常闭式送风口，且设置了手动开启装置，送风口的形式和启闭控制满足规范要求。

图5-5所示为示例1中JY-1、JY-2两部机械加压送风系统的原理图（局部），由图可以看出，楼梯间机械加压送风系统JY-1的送风口每隔2层设置一个，合用前室机械加压送风系统JY-2的送风口每层设置一个，满足规范要求。

(4) 风管与风道

主要审查风管的制作材料、耐火性能是否满足规范要求，且不同材料风道风速是否满足规范规定。

依据《防排烟标准》第3.3.7条，机械加压送风系统应采用管道送风，送风管道应采用不燃材料制作，且不应采用土建风道。金属内壁的送风管道设计风速不应大于20m/s；非金属内壁的送风管道设计风速不应大于15m/s。

依据《防排烟标准》第3.3.8条，机械加压送风管道的设置和耐火极限应符合：

1）竖向设置的送风管道应独立设置在管道井内，当确有困难时，未设置在管道井内或与其他管道合用管道井的送风管道，其耐火极限不应低于1.00h。

2）水平设置的送风管道，当设置在吊顶内时，其耐火极限不应低于0.50h；当未设置在吊顶内时，其耐火极限不应低于1.00h。

审查时，暖通专业设计说明中一般会给出关于管道材料和耐火极限的说明，从通风平面图中可以知道竖向设置的送风管道是否设置在独立的管道井内。此外还应注意，竖向设

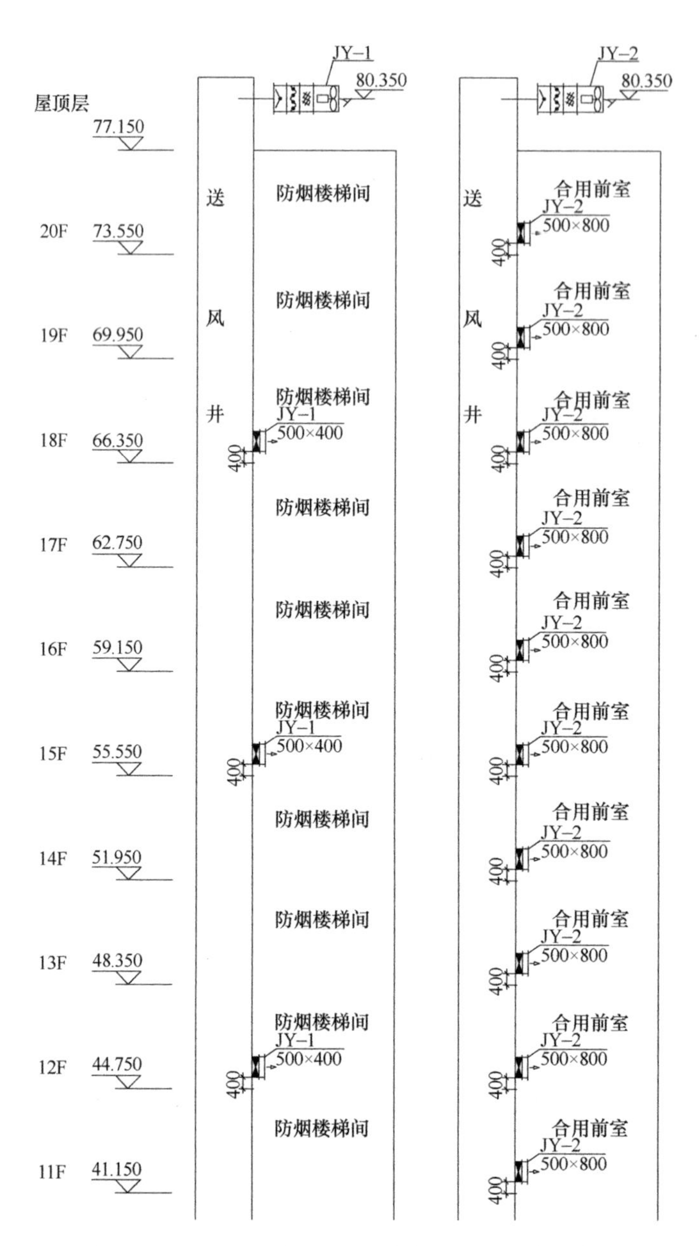

图 5-5　JY-1、JY-2 机械加压送风系统原理图（局部）

置的送风管道未设置在管道井内时有耐火极限的要求，设置在管道井内时，则管道耐火极限无要求，但管道井应采用耐火极限不低于 1.00h 的隔墙与相邻部位分隔。当墙上必须设置检修门时，应采用乙级防火门。

（5）系统计算

主要审查防烟系统风量计算，其余压值、加压送风量控制是否满足规范要求；送风系统是否按规范要求进行了分段设计；封闭避难层的独立送风系统机械加压送风量是否按避难区净面积确定。

依据《防排烟标准》第 3.3.1 条，建筑高度大于 100m 的建筑，其机械加压送风系统应竖向分段独立设置，且每段高度不应超过100m，即每套机械加压送风系统负担送风的建筑竖向高度不应超过100m。审查时，是否分段独立设置一般可以从机械加压送风系统原理图得知。

依据《防排烟标准》第3.4.4条，机械加压送风量应满足走道—前室—楼梯间的压力呈递增分布，前室、封闭避难层（间）与走道之间的压差应为25～30Pa，楼梯间与走道之间的压差应为40～50Pa，当系统余压值超过最大允许压力差时，应采取泄压措施。审查时，机械加压送风系统的余压值通常在暖通设计说明中给出。

依据《防排烟标准》第3.4.3条，封闭避难层（间）、避难走道的机械加压送风量应按避难层（间）、避难走道的净面积每平方米不少于30m^3/h计算。避难走道前室的送风量应按直接开向前室的疏散门的总断面积乘以1.0m/s门洞断面风速计算。

依据《防排烟标准》，楼梯间、前室（独立前室、共用前室、合用前室）的机械加压送风量计算方法大体如下：

第一步：按式（5-1）～式（5-5）计算确定楼梯间、前室机械加压送风的计算风量。计算时要注意楼梯间地上、地下共用机械加压送风系统的情况。依据《防排烟标准》第3.3.4条规定，设置机械加压送风系统的楼梯间的地上部分与地下部分，其机械加压送风系统应分别独立设置，当受建筑条件限制且地下部分为汽车库或设备用房时，可共用机械加压送风系统，此时应分别计算地上、地下部分的加压送风量，相加后作为共用加压送风系统风量。

楼梯间的机械加压送风量按式（5-1）计算：

$$L_j = L_1 + L_2 \tag{5-1}$$

式中　L_j——楼梯间的机械加压送风量，m^3/s；

L_1——门开启时，达到规定风速值所需的送风量，m^3/s；按式（5-2）计算；

L_2——门开启时，规定风速值下其他门缝漏风总量，m^3/s；按式（5-3）计算。

门开启时，达到规定风速值所需的送风量L_1按式（5-2）计算：

$$L_1 = A_k v N_1 \tag{5-2}$$

式中　A_k——一层内开启门的截面面积，m^2；对于住宅楼梯前室，可按一个门的面积取值；

v——门洞断面风速，m/s；当楼梯间和独立前室、共用前室、合用前室均为机械加压送风时，通向楼梯间和独立前室、共用前室、合用前室疏散门的门洞断面风速均不应小于0.7m/s；当楼梯间机械加压送风、只有一个开启门的独立前室不送风时，通向楼梯间疏散门的门洞断面风速不应小于1.0m/s；当消防电梯前室机械加压送风时，通向消防电梯前室门的门洞断面风速不应小于1.0m/s；当独立前室、共用前室或合用前室机械加压送风，而楼梯间采用可开启外窗的自然通风系统时，通向独立前室、共用前室或合用前室疏散门的门洞风速不应小于$0.6(A_1/A_g+1)$m/s，A_1为楼梯间疏散门的总面积，m^2；A_g为前室疏散门的总面积，m^2；

N_1——设计疏散门开启的楼层数量；楼梯间：采用常开风口，当地上楼梯间为24m以下时，设计2层内的疏散门开启，取$N_1=2$；当地上楼梯间为24m及以上时，设计3层内的疏散门开启，取$N_1=3$；当为地下楼梯间时，设计1层内的疏散门开启，取 $N_1=1$；前室采用常闭风口，计算风量时取 $N_1=3$。

门开启时，规定风速值下其他门漏风总量 L_2 按式（5-3）计算：

$$L_2=0.827\times A\times\Delta P^{\frac{1}{n}}\times 1.25\times N_2 \tag{5-3}$$

式中 A——每个疏散门的有效漏风面积，m^2；疏散门的门缝宽度取0.002～0.004m；

ΔP——计算漏风量的平均压力差，Pa；当开启门洞处风速为0.7m/s时，取 $\Delta P=6.0Pa$；当开启门洞处风速为1.0m/s时，取 $\Delta P=12.0Pa$；当开启门洞处风速为1.2m/s时，取 $\Delta P=17.0Pa$；

n——指数（一般取 $n=2$）；

1.25——不严密处附加系数；

N_2——漏风疏散门的数量，楼梯间采用常开风口，取 N_2＝加压楼梯间的总门数－N_1 楼层数上的总门数。

前室的机械加压送风量按式（5-4）计算：

$$L_s=L_1+L_3 \tag{5-4}$$

式中 L_s——前室的机械加压送风量，m^3/s；

L_1——门开启时，达到规定风速值所需的送风量，m^3/s；按式（5-2）计算；

L_3——未开启的常闭送风阀的总漏风量，m^3/s；按式（5-5）计算。

未开启的常闭送风阀的总漏风量按式（5-5）计算：

$$L_3=0.083A_fN_3 \tag{5-5}$$

式中 0.083——阀门单位面积的漏风量，$m^3/(s\cdot m^2)$；

A_f——单个送风阀门的面积，m^2；

N_3——漏风阀门的数量，前室采用常闭风口，取 N_3＝楼层数－3。

第二步：当系统负担建筑高度大于24m时，应将第一步的计算值与表5-1规范推荐的加压送风的最小计算风量值进行比较，取较大值作为系统的计算风量。若系统负担建筑高度不超过24m，则将第一步计算的风量结果作为系统的计算风量。

规范推荐的加压送风的最小计算风量 **表5-1**

系统设置情况及送风部位 ＼ 加压送风量（m^3/h） ＼ 系统负担高度 h（m）		$24<h\leqslant 50$	$50<h\leqslant 100$
消防电梯前室加压送风		35400～36900	37100～40200
楼梯间自然通风，独立前室、合用前室加压送风		42400～44700	45000～48600
前室不送风，封闭楼梯间、防烟楼梯间加压送风		36100～39200	39600～45800
防烟楼梯间及独立前室、合用前室分别加压送风	楼梯间	25300～27500	27800～32200
	独立前室、合用前室	24800～25800	26000～28100

第三步：按机械加压送风系统的设计风量不小于计算风量的1.2倍确定机械加压送风系统的设计风量。如给定的防烟风机性能参数中风量值大于设计风量，则防烟系统的风量计算满足要求。

示例6： 以示例1中楼梯间机械加压送风系统（编号为JY-1）为例，计算其加压送风量。计算相关参数如下：

加压送风系统担负的楼层数：地下、地上共用一套系统，共担负22层，其中，地下1层，地上21层(包含1层设备层)。

系统担负的高度：$h=82.95$m

通向楼梯间的疏散门尺寸：1.3m×2.1m

通向合用前室的疏散门尺寸：1.5m×2.1m

计算过程：

因该楼梯间的地上部分与地下部分共用一套机械加压送风系统，因此，要分别计算地上、地下部分的加压送风量，相加后作为共用加压送风系统风量。

① 楼梯间地上部分的送风量计算

由图5-1(a)可知，通向楼梯间的门仅有一个双扇疏散门，疏散门的尺寸为1.3m×2.1m，一层内开启门的截面面积：

$$A_k = 1.3 \times 2.1 = 2.73\text{m}^2$$

因为楼梯间与合用前室均采用机械加压送风系统，通向楼梯间疏散门的门洞断面风速取 $v = 0.7$m/s。

由于地上楼梯间为24m以上，设计3层内的楼梯间疏散门开启，因此，设计疏散门开启的楼层数量 $N_1 = 3$。

楼梯间门开启时，达到规定风速值所需的送风量 L_1，即开启着火层楼梯间疏散门时，为保持门洞处风速所需的送风量：

$$L_1 = A_k v N_1 = 2.73 \times 0.7 \times 3 = 5.733\text{m}^3/\text{s}$$

取门缝宽度为0.004m，每层疏散门的有效漏风面积：

$$A = (1.3 + 2.1) \times 2 \times 0.004 + 0.004 \times 2.1 = 0.0356\text{m}^2$$

开启门洞处风速取0.7m/s时，对应的门开启时的压力差 $\Delta P = 6$Pa。

楼梯间为常开风口，漏风疏散门的数量：

N_2=21(加压楼梯间的总门数)－3(N_1 楼层数上的总门数漏风门的数量)＝18(N_2 实际上为地上总门数 $21-N_1$)

保持加压部位一定的正压值所需的送风量 L_2：

$$L_2 = 0.827 \times A \times \Delta P^{\frac{1}{n}} \times 1.25 \times N_2 = 0.827 \times 0.0356 \times 6^{\frac{1}{2}} \times 1.25 \times 18 = 1.623\text{m}^3/\text{s}$$

楼梯间机械加压送风量：

$$L_j = L_1 + L_2 = 5.733 + 1.623 = 7.356\text{m}^3/\text{s} = 26482\text{m}^3/\text{h}$$

② 楼梯间地下部分的送风量计算

每层开启门的总断面积：

$$A_k = 1.3 \times 2.1 = 2.73\text{m}^2$$

楼梯间与合用前室均采用机械加压送风系统，通向楼梯间疏散门的门洞断面风速取 $v = 0.7$m/s。

地下楼梯间，设计1层内的疏散门开启，即 $N_1 = 1$。

楼梯间开启着火层楼梯间疏散门时，为保持门洞处风速所需的送风量 L_1：

$$L_1 = A_k v N_1 = 2.73 \times 0.7 \times 1 = 1.911\text{m}^3/\text{s}$$

取门缝宽度为0.004m，每层疏散门的有效漏风面积：

$$A = (1.3 + 2.1) \times 2 \times 0.004 + 0.004 \times 2.1 = 0.0356\text{m}^2$$

开启门洞处风速取0.7m/s时，对应的门开启时的压力差 $\Delta P = 6\text{Pa}$。

漏风疏散门的数量：

$$N_2 = 1(\text{地下楼梯间总门数}) - N_1 = 0$$

保持楼梯间一定的正压值所需的送风量 L_2：

$$L_2 = 0.827 \times A \times \Delta P^{\frac{1}{n}} \times 1.25 \times N_2 = 0\text{m}^3/\text{s}$$

楼梯间机械加压送风量：

$$L_j = L_1 + L_2 = 1.911\text{m}^3/\text{s} = 6880\text{m}^3/\text{h}$$

③ 楼梯间总送风量计算

26482(地上部分)+6880(地下部分)=33362m³/h

系统负担建筑高度为82.95m，大于24m，需将计算确定的所得结果与表5-1的推荐值进行比较，取大者作为系统的计算送风量。

该示例中，防烟楼梯间及合用前室分别加压送风，按表5-1楼梯间的最小送风量推荐值不应小于27800～32200。

经比较，该楼梯间的计算风量仍然取33362m³/h。

根据《防排烟标准》第3.4.1条，机械加压送风系统的设计风量不应小于计算风量的1.2倍。

因此，该楼梯间防烟系统的设计风量可取33362×1.2=40034m³/h。经查阅暖通设计说明中机械加压送风机的性能参数表知，JY-1系统的风机设计风量为36015m³/h，不满足规范要求。

(6) 联动控制

审查火灾自动报警系统与防烟系统的联动控制关系是否符合规范要求。

依据《防排烟标准》第5.1.2条，加压送风机能通过火灾自动报警系统自动启动，当系统中任一个常闭加压送风口开启时，加压送风机也应能自动启动。

依据《防排烟标准》第5.1.3条，当防火分区内火灾确认后，应能在15s内联动开启该防火分区楼梯间的全部加压送风机，开启该防火分区内着火层及其相邻上下层前室及合用前室的常闭式送风口，同时开启加压送风机。

审查时，防烟系统的联动控制要求一般可从暖通专业设计说明中查看联动控制关系的描述是否正确，之后还要从火灾自动报警系统图中查看火灾自动报警系统与防烟系统的联动控制关系是否能够真正实现。

5.2 排烟系统设计审查

排烟系统设计审查的内容主要包括：排烟系统的设置部位审查、防烟分区审查、自然排烟设施审查、机械排烟设施审查。审查时，通过查阅暖通专业施工图中的设计说明、设备表、排烟系统原理图、通风平面图等图纸，确定排烟系统的设计是否满足相应技术规范的要求。排烟系统设计审查时，设置部位审查依据《建规》第八章，主要技术要求参照《防排烟标准》第四章。

5.2.1 排烟系统的设置部位审查

审查建筑内需要设置排烟系统的部位是否符合规范要求，即按规范规定应设置排烟系统的部位是否设置了排烟系统。

审查排烟系统的设置部位主要依据《建规》第8.5.2条至第8.5.4条。建筑内应设置排烟系统的场所或部位见表5-2。

建筑内应设置排烟系统的场所或部位 表5-2

建筑类别	设置场所或部位
厂房、仓库	人员或可燃物较多的丙类生产场所，丙类厂房内建筑面积大于300m² 且经常有人停留或可燃物较多的地上房间
	占地面积大于1000m² 的丙类仓库
	建筑面积大于5000m² 的丁类生产车间
	高度大于32m的高层厂房(仓库)内长度大于20m的疏散走道，以及其他厂房(仓库)内长度大于40m的疏散走道
民用建筑	中庭
	长度大于20m的疏散走道
	公共建筑内建筑面积大于100m² 且经常有人停留的地上房间，以及建筑面积大于300m² 且可燃物较多的地上房间
	设置在一、二、三层且房间建筑面积大于100m² 的歌舞、娱乐、放映、游艺场所，以及设置在其他楼层(指四层及以上楼层、地下或半地下)的歌舞、娱乐、放映、游艺场所

建筑内附设的汽车库，可依据《汽车库、修车库、停车场设计防火规范》GB 50067—2014（以下简称《汽规》）审查排烟系统的设置部位。按照《汽规》第8.2.1条规定，除敞开式汽车库、建筑面积小于1000m² 的地下一层汽车库外，汽车库应设置排烟系统。

排烟系统的排烟方式有自然排烟和机械排烟两种。在《建规》和《防排烟标准》中，并没有对需要设置排烟系统的场所或部位应采用何种排烟方式进行具体规定，但是依据《防排烟标准》第4.1.2条规定，同一个防烟分区应采用同一种排烟方式。

审查时，先结合建筑类型、使用功能、建筑平面图等确定建筑内哪些场所或部位应设置排烟系统，之后再结合暖通专业设计说明、设备表、暖通平面图等查看现有排烟系统的设置情况，核实应设置排烟系统的部位是否设置，并且在同一个防烟分区内是否采取的是同一种排烟方式。

另外还应注意，当采用机械排烟系统时，按照《防排烟标准》第4.4.1条规定，沿水平方向布置机械排烟系统时，每个防火分区的机械排烟系统应独立设置。按《防排烟标准》第4.4.2条规定，建筑高度超过50m的公共建筑和建筑高度超过100m的住宅，其排烟系统都应竖向分段独立设置，且公共建筑每段高度不应超过50m，住宅建筑每段高度不应超过100m，即每套机械排烟系统竖向担负的建筑高度，对于公共建筑不应超过50m，对于住宅则不应超过100m。

示例7：某综合性建筑，建筑高度为77.15m，地下1层，地上20层（另有一层设备层），裙房5层。裙房的使用功能为商场，高层主体的使用功能为酒店，其中，一至五层为厨房、餐厅、会议厅，六层为桑拿洗浴，七至二十层为酒店客房。

图5-6所示为七至十二层的通风平面图。由图可知，疏散走道长度为84m，大于20m，应设置排烟系统。查阅暖通专业设计说明发现，内走道竖向设置两个机械排烟系

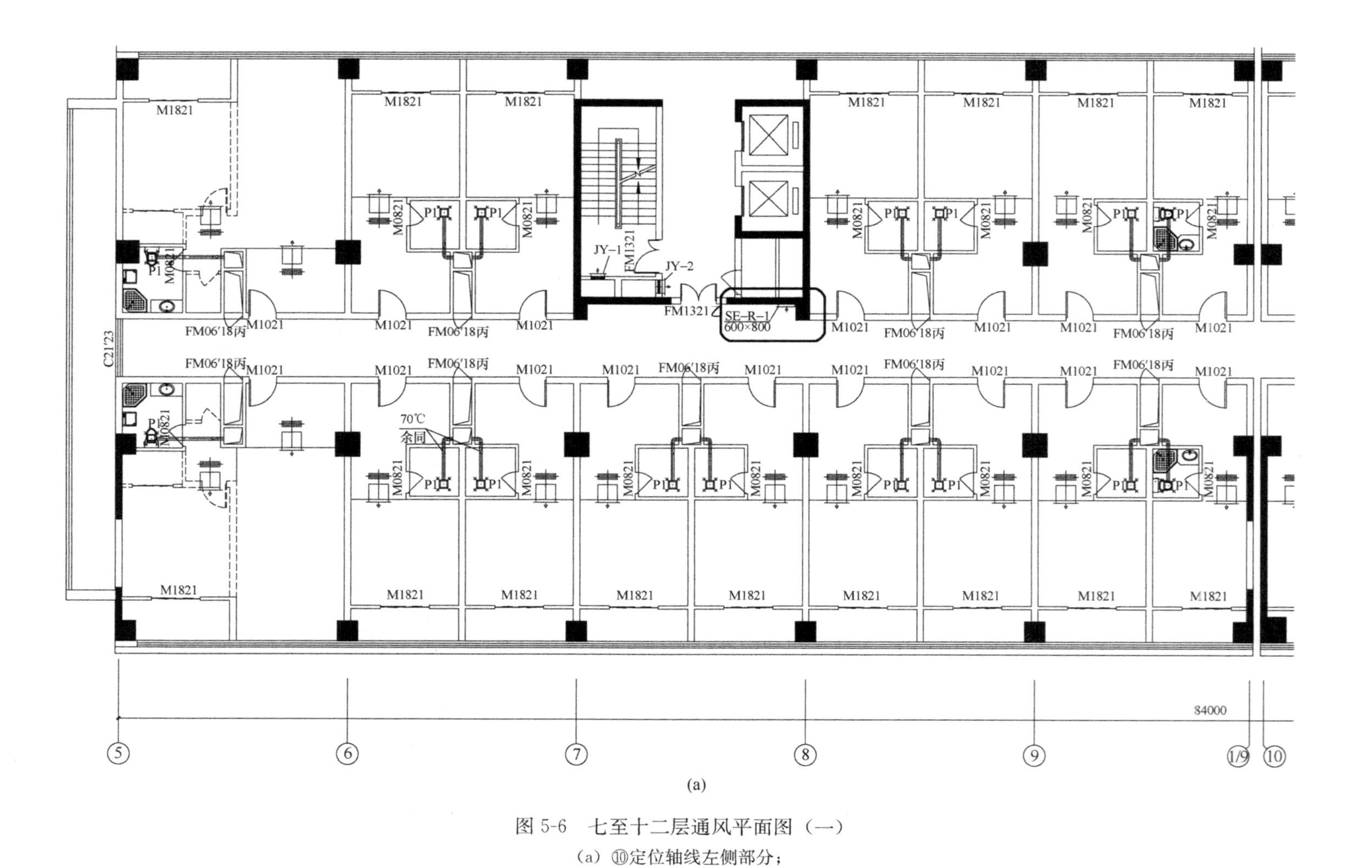

(a)

图 5-6　七至十二层通风平面图（一）

（a）⑩定位轴线左侧部分；

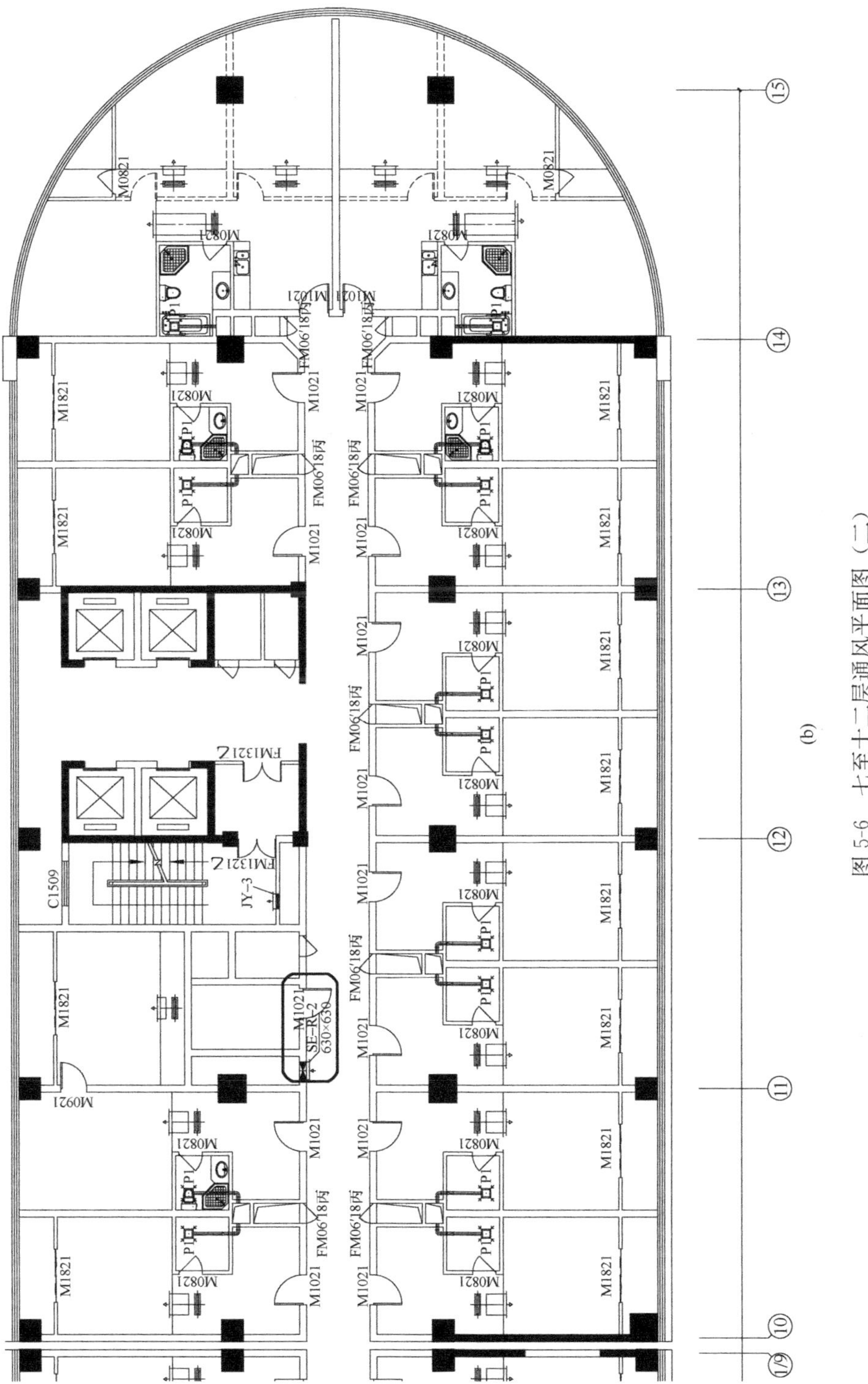

图 5-6　七至十二层通风平面图（二）

（b）⑩定位轴线右侧部分

统，排烟风机设在主楼屋顶。查阅排烟风机设备表（表5-3）发现，编号为SE-R-1和SE-R-2的设备为地下室至二十层内走道的机械排烟系统。查阅七至十二层通风平面图5-6发现，SE-R-1和SE-R-2两部机械排烟系统在每层走道内均设置排烟口（图5-6（b）中圈出的位置）负担走道的排烟。综上可知，七层至十二层的疏散走道按规定设置了机械排烟系统。

（管道式）高温排烟风机设备表　　表5-3

序号	设备编号	服务对象	风量（m^3/h）	全压（Pa）	电机功率（kW）	数量（台）
1	SE-R-1	地下室至二十层内走道排烟一	30364	635	75	1
2	SE-R-2	地下室至二十层内走道排烟二	30364	635	75	1
3	PY1-1、2	一层商场排烟	71120	672	18.5	2
4	PY2-1、2、3	二层商场排烟	71120	672	18.5	3
5	PY3	三层商场排烟	71120	672	18.5	1
6	PY4	四层商场排烟	71120	672	18.5	1
7	PY5	五层商场排烟	71120	672	18.5	1

六层为桑拿浴室，按照《建规》第5.4.9条，桑拿浴室属于歌舞、娱乐、放映、游艺场所范畴，且设置在六层，因此，按《建规》要求该场所应该设置排烟系统。查阅暖通设计说明、设备明细表以及六层通风平面图后发现，该场所内并未设置机械排烟系统，六层通风平面图以及疏散走道的两部机械排烟系统图都表明六层走道内也未见排烟口。由此可见，该层的排烟系统可能采用的是自然排烟方式。

采用同样方法可以审查出裙房商场和主体其他楼层以及地下层排烟系统的设置情况，此处分析过程略。

5.2.2 防烟分区审查

主要审查防烟分区的划分、面积、挡烟设施的设置是否符合规范规定；防烟分区是否跨越防火分区；敞开楼梯、自动扶梯穿越楼板的开口部位是否设置挡烟垂壁或防火卷帘等。

依据《防排烟标准》第4.2.1条，设置排烟系统的场所或部位应划分防烟分区，并且防烟分区不应跨越防火分区。

防烟分区的划分可以采用挡烟垂壁、建筑结构梁、隔墙等。较大建筑空间的防烟分区多采用挡烟垂壁，需要设置排烟设施的普通房间一般作为一个独立的防烟分区。审查时，应注意挡烟垂壁的下垂深度是否不小于储烟仓厚度，并且最小不小于500mm。

依据《防排烟标准》第4.2.4条规定，公共建筑、工业建筑防烟分区的最大允许面积及其长边最大允许长度应符合表5-4的规定，当工业建筑采用自然排烟系统时，其防烟分区的长边长度不应大于建筑内空间净高的 8 倍。

公共建筑、工业建筑防烟分区的最大允许面积及其长边最大允许长度　　表 5-4

空间净高 H(m)	最大允许面积(m^2)	长边最大允许长度(m)
$H \leqslant 3.0$	500	24
$3.0 < H \leqslant 6.0$	1000	36
$H > 6.0$	2000	60m；具有自然对流条件时不应大于 75m

注：当公共建筑、工业建筑中的走道宽度不大于 2.5m 时，其防烟分区的长边长度不应大于 60m。

审查防烟分区时，首先查阅暖通平面图，有时需要结合建筑平面图了解防烟分区的划分情况；然后通过尺寸信息确定防火分区的面积和长边长度，有时图中会直接核实防烟分区的面积和最大长度是否满足规范要求。

示例 8：图 5-6 中设置排烟设施的疏散走道，因其宽度为 2.4m，按规定防烟分区长度不应大于 60m，故而将长度为 84m 的走道从中间变形缝处划分为左右两个防烟分区，每个防烟分区设置了一套机械排烟系统，从而保证了走道防烟分区最大长度不大于 60m，防烟分区面积约 $100m^2$，满足规范要求。

图 5-7 为示例 7 中建筑的二层通风平面图（局部）。图中虚线圈出的部分属于防火分区 1，实线圈出的部分属于防火分区 2，两个防火分区各自用挡烟垂壁和防火卷帘划分为若干个防烟分区，这就保证了防烟分区没有跨越防火分区。图中示意出了每个防烟分区的编号及面积，每个防烟分区面积均小于 $500m^2$，最大的一个防烟分区面积为 $480m^2$。该建筑首层层高 5m，二至五层层高 4m，六层及以上楼层层高为 3.6m。二层层高 4m，空间净高 3～6m，防烟分区最大允许建筑面积依据《防排烟标准》第 4.2.4 条不应超过 $1000m^2$，最大允许长度不应大于 36m。因此，防烟分区面积满足规范要求。防烟分区的长度最大的为 33.6m（8.4m×4），也满足规范要求。建筑在自动扶梯穿越楼板的开口部位设置了防火卷帘（图 5-7 中椭圆线圈出的地方），满足该开口部位应设置挡烟垂壁等设施的要求。

5.2.3　自然排烟设施审查

主要审查自然排烟窗（口）的设置位置、高度、有效排烟面积、开启控制方式是否符合规范要求。

依据《防排烟标准》第 4.3.2 条和 4.3.3 条，防烟分区内自然排烟窗（口）所需有效排烟面积应经计算确定。对于除中庭外建筑空间净高不大于 6m 的场所，自然排烟窗（口）所需有效面积应不小于该房间建筑面积 2%；对于中庭和空间净高大于 6m 的场所，自然排烟窗（口）所需有效面积应根据每个防烟分区的排烟量及自然排烟窗（口）处风速计算确定，所需有效面积等于排烟量除以窗（口）部风速。

自然排烟窗（口）设置位置应保证防烟分区内任一点与最近的自然排烟窗（口）之间的水平距离不大于 30m。公共建筑的空间净高不小于 6m 且具有自然对流条件时，防烟分区内任一点与最近的自然排烟窗（口）之间的水平距离不应大于 37.5m。

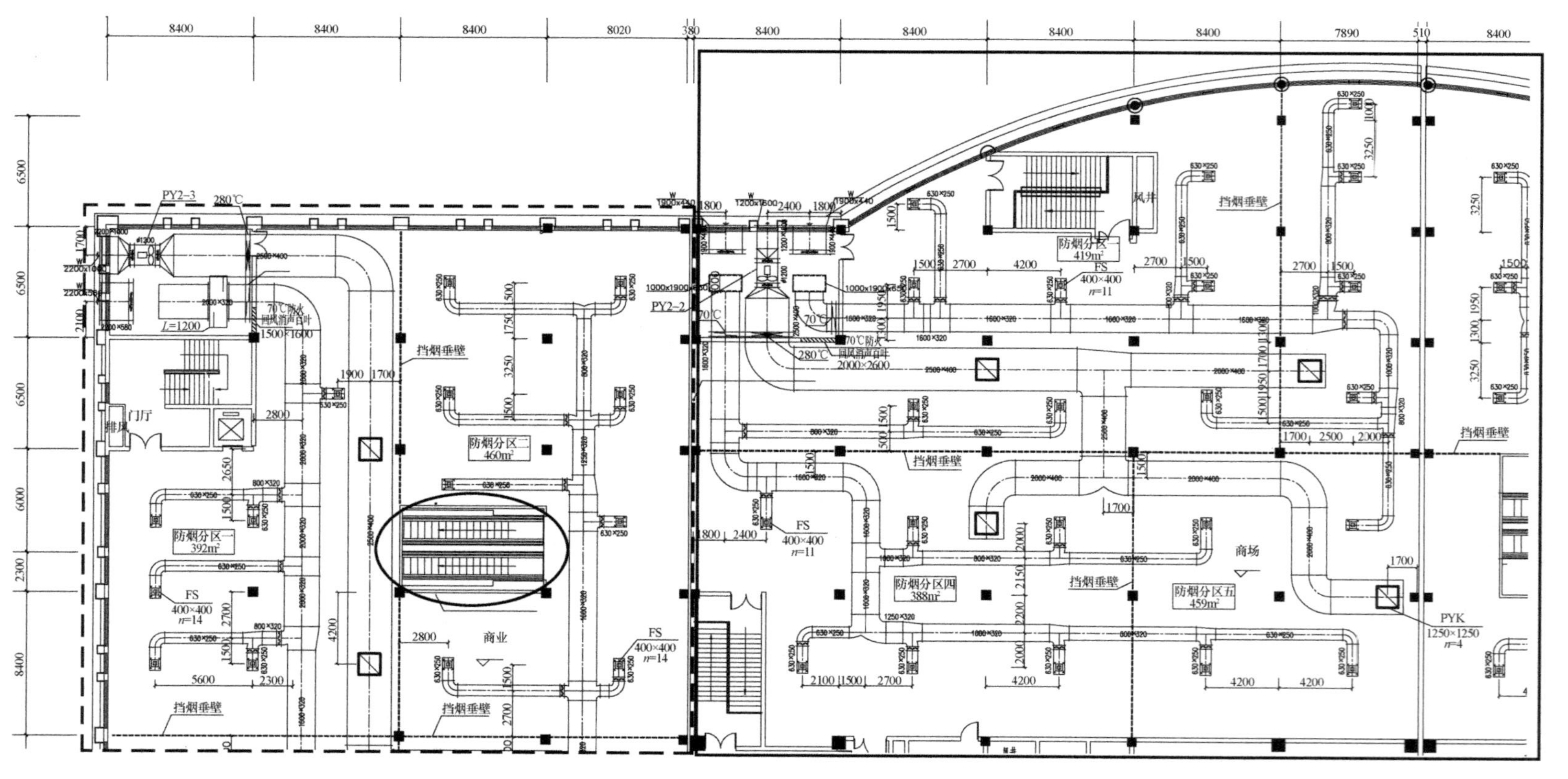

图 5-7　二层通风平面图（局部）

此外，设置位置、高度还应满足：自然排烟窗（口）应设在排烟区域的顶部或外墙，设在外墙上时，自然排烟窗（口）应设置在储烟仓内，但走道、室内空间净高不大于3m的区域，自然排烟窗（口）可设置在室内净高度的1/2以上；自然排烟窗（口）宜分散均匀布置，且每组的长度不宜大于3.0m；自然排烟窗（口）设置在防火墙两侧时，之间最近边缘的水平距离不应小于2.0m。

依据《防排烟标准》第4.3.6条和5.2.6条，自然排烟窗（口）应设置手动开启装置，设置在高位不便于直接开启的自然排烟窗（口），应设置距地面高度1.3～1.5m的手动开启装置。净空高度大于9m的中庭、建筑面积大于2000m^{2}的营业厅、展览厅、多功能厅等场所，应设置集中手动开启装置和自动开启设施。自动排烟窗可采用与火灾自动报警系统联动和温度释放装置联动的控制方式。当采用与火灾自动报警系统自动联动启动时，自动排烟窗应在60s内或小于烟气充满储烟仓时间内开启完毕。带有温控功能的自动排烟窗，其温控释放温度应大于环境温度30℃且小于100℃。

审查时，先通过查阅建筑平面图、立面图、门窗表以及门窗大样图等图纸，了解排烟窗的设置位置、高度、平面尺寸等，然后再审查是否满足规范要求。审查时要注意，自然排烟窗（口）开启的有效面积应按照排烟窗的开启形式和开启角度计算。对于悬窗和平开窗，当开窗角度大于70°时，其面积按窗的面积计算；当开窗角度小于或等于70°时，悬窗的面积按窗最大开启时的水平投影面积计算，平开窗的面积按窗最大开启时的竖向投影面积计算。推拉窗的面积按开启的最大窗口面积计算。百叶窗的面积按窗的有效开口面积计算。设置在顶部的平推窗，按窗的1/2周长与平推距离乘积计算，且不大于窗面积；设置在外墙上的平推窗，按窗的1/4周长与平推距离乘积计算，且不大于窗面积。

5.2.4 机械排烟设施审查

机械排烟设施的审查内容主要包括：排烟风机、排烟管道、排烟口、排烟风量计算、排烟补风、联动控制。

(1) 排烟风机

主要审查排烟风机的选型和风机设置位置。排烟风机选型是否符合排烟系统要求，是否采用离心式或轴流排烟风机，风机入口是否设置排烟防火阀，该排烟防火阀是否能连锁关闭排烟风机。

依据《防排烟标准》第4.4.4条、第4.4.5条，排烟风机宜设置在排烟系统的最高处，烟气出口宜朝上，并应高于加压送风机和补风机的进风口，两者垂直距离不应小于6.0m，水平距离不应小于20.0m。排烟风机应设置在专用机房内，且风机两侧应有600mm以上的空间。对于排烟系统与通风空气调节系统共用的系统，其排烟风机与排风风机的合用机房应符合下列规定：

1）机房内应设置自动喷水灭火系统；

2）机房内不得设置用于机械加压送风的风机与管道；

3）排烟风机与排烟管道的连接部件应能在280℃时连续30min保证其结构完整性。

审查时，风机选型可以通过查阅暖通专业设计说明或设备表得知，风机入口处排烟防火阀的设置情况可由设计说明或排烟系统图或通风平面图中风机房内部靠近风机部位查阅，排烟风机的设置位置也通过查阅排烟风机所在楼层的通风平面图审查。

示例 9：图 5-8 为示例 7 工程中走道内竖向设置的两套机械排烟系统原理图（局部）。由图可以看出，排烟风机设在主楼屋顶，即设置在了排烟系统的最高处，并且示意出了风机入口安装有 280℃的排烟防火阀。图 5-9 为裙房商场的二层通风平面图（局部），可见，排烟风

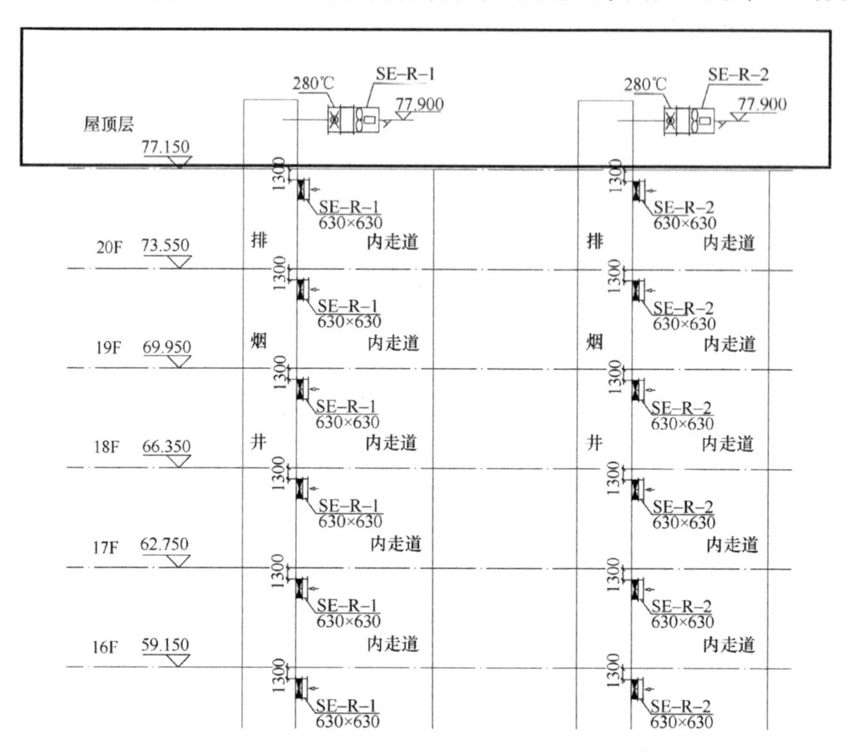

图 5-8　走道内竖向设置的两套机械排烟系统原理图（局部）

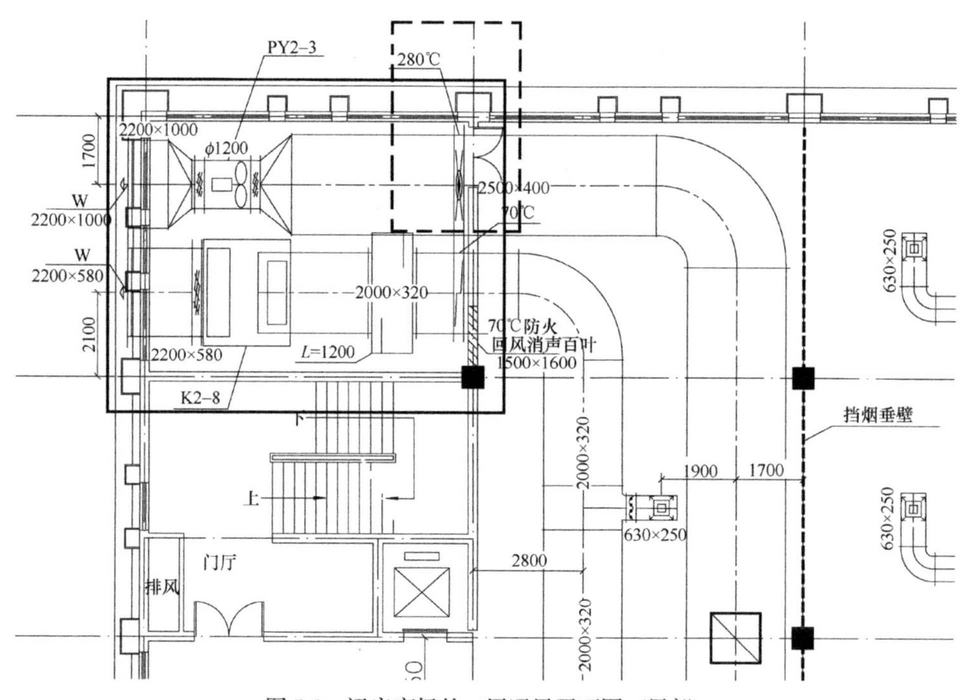

图 5-9　裙房商场的二层通风平面图（局部）

机设在机房内（此处为与空调系统设备合用机房），风机入口处设置了 280℃排烟防火阀，即图中示意的墙体内侧靠近墙体设置在进入风机房内排烟管道上的排烟防火阀。需要注意，风机房入口处设置的防火阀应设置在风机房内部，而不是设置在机房外面靠机房处。

(2) 排烟管道

主要审查排烟管道的制作材料、耐火极限、管道与可燃物的距离等是否符合规范要求，不同材料管道风速是否满足规范规定，管道相应位置是否设置排烟防火阀。

1）管道材料及管道风速

依据《防排烟标准》第 4.4.7 条，机械排烟系统应采用管道排烟，且不应采用土建风道。排烟管道应采用不燃材料制作，当为金属内壁时管道设计风速不应大于 20m/s，非金属内壁时管道设计风速不应大于 15m/s。

2）排烟管道的耐火极限

依据《防排烟标准》第 4.4.8 条，竖向设置的排烟管道应设置在独立的管道井内，排烟管道的耐火极限不应低于 0.50h。水平设置的排烟管道应设置在吊顶内，其耐火极限不应低于 0.50h，确有困难时可直接设置在室内，但管道的耐火极限不应小于 1.00h。设置在走道部位吊顶内的排烟管道以及穿越防火分区的排烟管道，其管道的耐火极限不应小于 1.00h，但设备用房和汽车库的排烟管道耐火极限可不低于 0.50h。

3）管道与可燃物的距离要求

依据《防排烟标准》第 4.4.9 条，当吊顶内有可燃物时，吊顶内的排烟管道应采用不燃材料进行隔热，并与可燃物保持不小于 150mm 的距离。

4）排烟防火阀

依据《防排烟标准》第 4.4.10 条，排烟管道下列部位应设置排烟防火阀：①排烟风机入口处；②穿越防火分区处；③垂直风管与每层水平风管交接处的水平管段上；④一个排烟系统负担多个防烟分区的排烟支管上。

排烟管道审查时，排烟管道的制作材料、耐火极限、管道风速、管道与可燃物的距离一般都可以通过查阅暖通专业设计说明进行审查，竖向排烟管道的管道井和排烟管道相应位置设置排烟防火阀的情况主要是通过查阅通风平面图进行审查。

(3) 排烟口

主要审查排烟口距排烟区域最远的距离，排烟口的安装位置、开启方式、风口风速及其与安全出口距离是否符合规范要求。

依据《防排烟标准》第 4.4.12 条，防烟分区内任一点与最近的排烟口之间的水平距离不应大于 30m。排烟口宜设置在顶棚或靠近顶棚的墙面上。排烟口应设置在储烟仓内，但走道和室内空间净高不大于 3m 的区域，其排烟口可设置在其净空高度的 1/2 以上；当设置在侧墙时，吊顶与其最近边缘的距离不应大于 0.5m。对于需要设置机械排烟系统的房间，当其建筑面积小于 $50m^2$ 时，可通过走道排烟，排烟口可设置在疏散走道。火灾时由火灾自动报警系统联动开启排烟区域的排烟阀或排烟口，应在现场设置手动开启装置。排烟口的风速不宜大于 10m/s。排烟口的设置宜使烟气流动方向与人员的疏散方向相反，排烟口与附近安全出口相邻边缘之间的水平距离不应小于 1.5m。

依据《防排烟标准》第 4.6.2 条，采用机械排烟方式时，储烟仓的厚度不应小于空间净高的10%，且不应小于500mm。同时，储烟仓的底部距地面的高度应大于安全疏散所需的最小清晰高度。依据《防排烟标准》第4.6.9条，除走道和室内空间净高不大于3m的区域外，最小清晰高度应按下式计算：

$$H_q = 1.6 + 0.1H' \tag{5-6}$$

式中 H_q——最小清晰高度，m；

H'——对于单层空间，取排烟空间的建筑净高度，m；对于多层空间，取最高疏散楼层的层高，m。

对于走道和室内空间净高不大于3m的区域，其最小清晰高度可取不小于空间净高的1/2。

示例10：在图5-8两部机械排烟系统局部原理图中，可以看出每层排烟口设置在靠近顶棚的墙面上，高度位置为距离上层楼板面1.3m，排烟口的平面尺寸为630mm×630mm。因此，排烟口下沿距上层楼板面高度为1.930m，距同层室内地面高度为1.670m。建筑六层及以上层高为3.6m，楼板厚度为120mm，空间净高为3480mm、采用机械排烟系统，储烟仓的厚度不应小于空间净高的10%，即348mm，且不应小于500mm，因此，储烟仓厚度最小不应小于500mm。按式（5-6）可以计算出最小清晰高度为1.948m，储烟仓的底部距地面的高度应大于1.948m，由于排烟口应设置在储烟仓内，因此，排烟口的下沿应在最小清晰高度范围以上。由此可见，该系统中的排烟口位置略低，但如果考虑楼板上下表面的装修构造层，则排烟口基本处在储烟仓内，满足规范要求。

图5-10为二层裙房防火分区1（使用功能为商场）的通风平面图。由图可以看出，该防火分区采用挡烟垂壁划分为四个防烟分区，设置有一部机械排烟系统，排烟风机编号为PY2-3，防烟分区一设有两个排烟口，防烟分区三和防烟分区四各设一个排烟口，防烟分区二从图中未见设排烟口。由此可知，防烟分区二没有排烟口，排烟风机无法及时排除此防烟分区的烟气，不满足要求。审查防烟分区内任一点与最近的排烟口之间的水平距离时，可以采用以排烟口为圆心，以最大距离要求30m为半径画圆的方法，当防烟分区全部包含于所绘圆内时，即可满足防烟分区内任一点与最近的排烟口之间的水平距离不大于30m的要求。

图5-11所示是担负走道排烟的SE-R-1排烟风机的通风平面图。由图可见，排烟口紧靠疏散楼梯间设置，排烟口与附近安全出口的距离经测量为2.28m，虽然符合排烟口与附近安全出口相邻边缘之间的水平距离不应小于1.5m的规定，但是火灾时人员疏散的方向正好与烟气流动方向相同，也不合理。

（4）排烟量计算

审查排烟系统的排烟量是否按规范要求计算。

依据《防排烟标准》第4.6节，排烟系统的排烟量应按下述要求计算：

1）除中庭外，建筑空间净高小于或等于6m的场所，一个防烟分区的排烟量应按不小于60m^3/（h·m^2）计算，且取值不小于15000m^3/h，或设置有效面积不小于该房间建筑面积2%的自然排烟窗（口）。

2）除中庭外，公共建筑和工业建筑中空间净高大于6m的场所，每个防烟分区排烟量应根据场所内的热释放速率计算确定，计算过程见图5-12（图中编号为《防排烟标准》的条文号），且不应小于表5-5中的数值，或设置自然排烟窗（口），其所需有效排烟面积应根据表5-5及自然排烟窗（口）处风速计算。

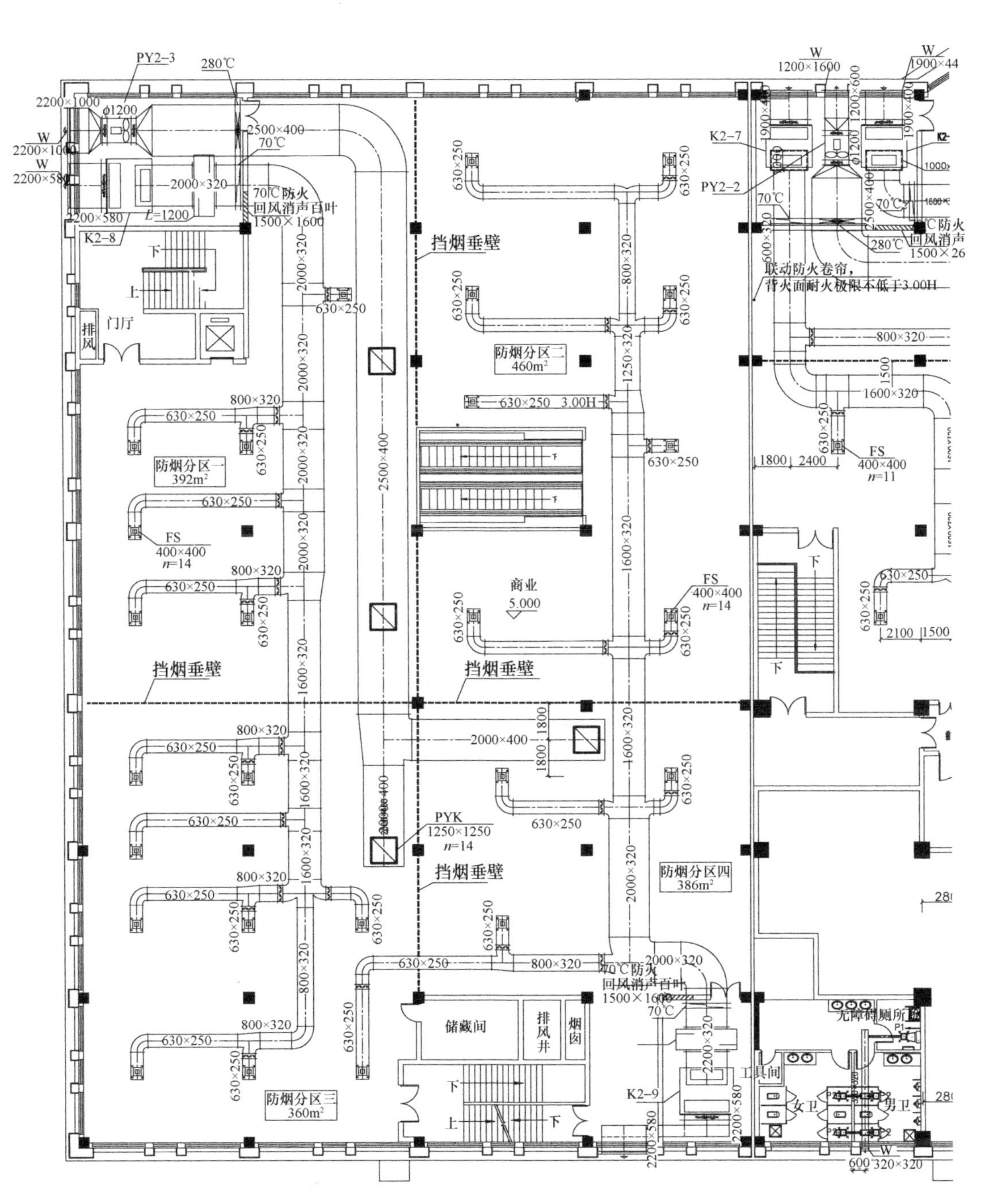

图 5-10　二层裙房通风平面图（局部）（防火分区 1）

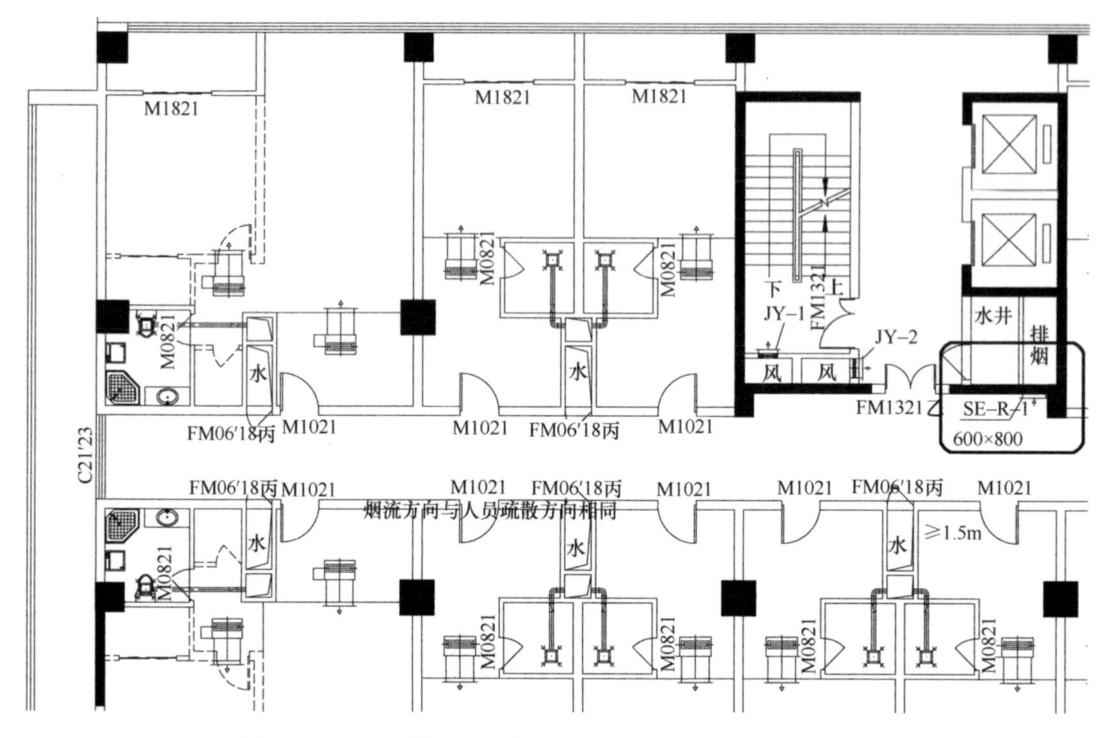

图 5-11　SE-R-1 排烟风机负担的走道排烟通风平面图（局部）

公共建筑和工业建筑中空间净高大于 6m 的场所的计算排烟量（$\times10^4 m^3/h$）及自然排烟侧窗（口）部风速（单位：m/s）　　**表 5-5**

空间净高(m)	办公室、学校		商店、展览厅		厂房、其他公共建筑		仓库	
	无喷淋	有喷淋	无喷淋	有喷淋	无喷淋	有喷淋	无喷淋	有喷淋
6.0	12.2	5.2	17.6	7.8	15.0	7.0	30.1	9.3
7.0	13.9	6.3	19.6	9.1	16.8	8.2	32.8	10.8
8.0	15.8	7.4	21.8	10.6	18.9	9.6	35.4	12.4
9.0	17.8	8.7	24.2	12.2	21.1	11.1	38.5	14.2
自然排烟侧窗(口)部风速	0.94	0.64	1.06	0.78	1.01	0.74	1.26	0.84

注：1. 建筑空间净高大于 9.0m 的按 9.0m 取值；建筑空间净高位于表中两个高度之间的按线性插值法取值；表中建筑空间净高为 6m 处的各排烟量值为线性插值法的计算基准值。

2. 当采用自然排烟方式时，储烟仓厚度应大于房间净高的 20%；自然排烟窗（口）面积＝计算排烟量/自然排烟窗（口）处风速；当采用顶开窗排烟时，其自然排烟窗（口）的风速可按侧窗口部风速的 1.4 倍计。

3）当公共建筑仅需在走道或回廊设置排烟时，其机械排烟量不应小于 $13000m^3/h$，或在走道两端(侧)均设置面积不小于 $2m^2$ 的自然排烟窗(口)，且两侧自然排烟窗(口)的距离不应小于走道长度的 2/3。

4）当公共建筑房间内与走道或回廊均需设置排烟时，其走道或回廊的机械排烟量可按 $60m^3/(h\cdot m^2)$计算，且不小于 $13000m^3/h$，或设置有效面积不小于走道、回廊建筑面积 2%的自然排烟窗(口)。

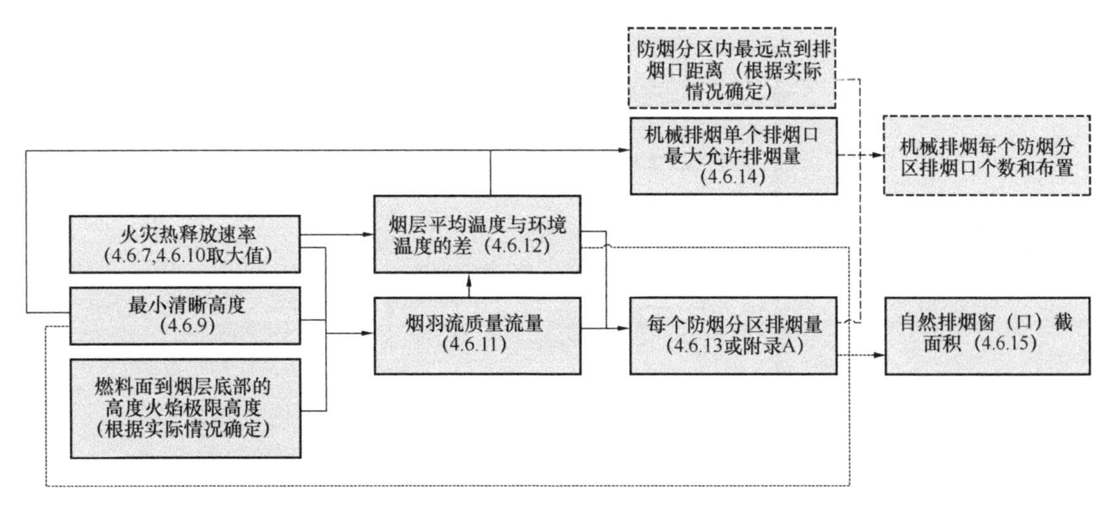

图5-12　根据场所内热释放速率计算排烟量的过程

5）担负多个防烟分区排烟的排烟系统，其系统排烟量的计算应符合下列规定：①当系统负担具有相同净高场所时，对于建筑空间净高大于6m的场所，应按排烟量最大的一个防烟分区的排烟量计算；对于建筑空间净高为6m及以下的场所，应按同一防火分区中任意两个相邻防烟分区的排烟量之和的最大值计算。②当系统负担不同净高场所时，应采用上述方法对系统中每个场所所需的排烟量进行计算，并取其中的最大值作为系统排烟量。

6）对于中庭，排烟量的设计计算应符合下列规定：①中庭周围场所设有排烟系统，中庭采用机械排烟系统时，中庭排烟量应按周围场所防烟分区中最大排烟量的2倍数值计算，且不应小于107000m^3/h；中庭采用自然排烟系统时，应按上述排烟量和自然排烟窗（口）的风速不大于0.5m/s计算有效开窗面积。②当中庭周围场所不需设置排烟系统，仅在回廊设置排烟系统时，回廊的排烟量不应小于3）中的规定，中庭的排烟量不应小于40000m^3/h；中庭采用自然排烟系统时，应按上述排烟量和自然排烟窗（口）的风速不大于0.4m/s计算有效开窗面积。

7）排烟系统的设计风量（设计排烟量）不应小于该系统计算风量（计算排烟量）的1.2倍。

审查排烟量计算时，先查阅排烟部位的性质、空间净高以及排烟系统担负排烟的防烟分区情况；然后，计算一个防烟分区（或中庭）的排烟量，担负多个防烟分区的排烟系统，进一步确定整个排烟系统的计算排烟量，担负一个防烟分区的排烟系统，所计算防烟分区的排烟量即为系统的排烟量；最后按不小于1.2倍计算风量的原则确定排烟系统的设计风量，根据不小于设计风量的要求选取排烟风机。

示例11： 图5-13为示例7工程中第二层的一个防火分区（编号为防火分区二）的通风平面图。由图可知，该防火分区一共划分7个防烟分区，左侧防烟分区一、二、四、五，共用一套机械排烟系统，风机编号为PY2-2，右侧防烟分区三、六、七采用另一套机械排烟系统，风机编号为PY2-1。现以左侧排烟系统PY2-2为例，计算确定风机的设计排烟量。

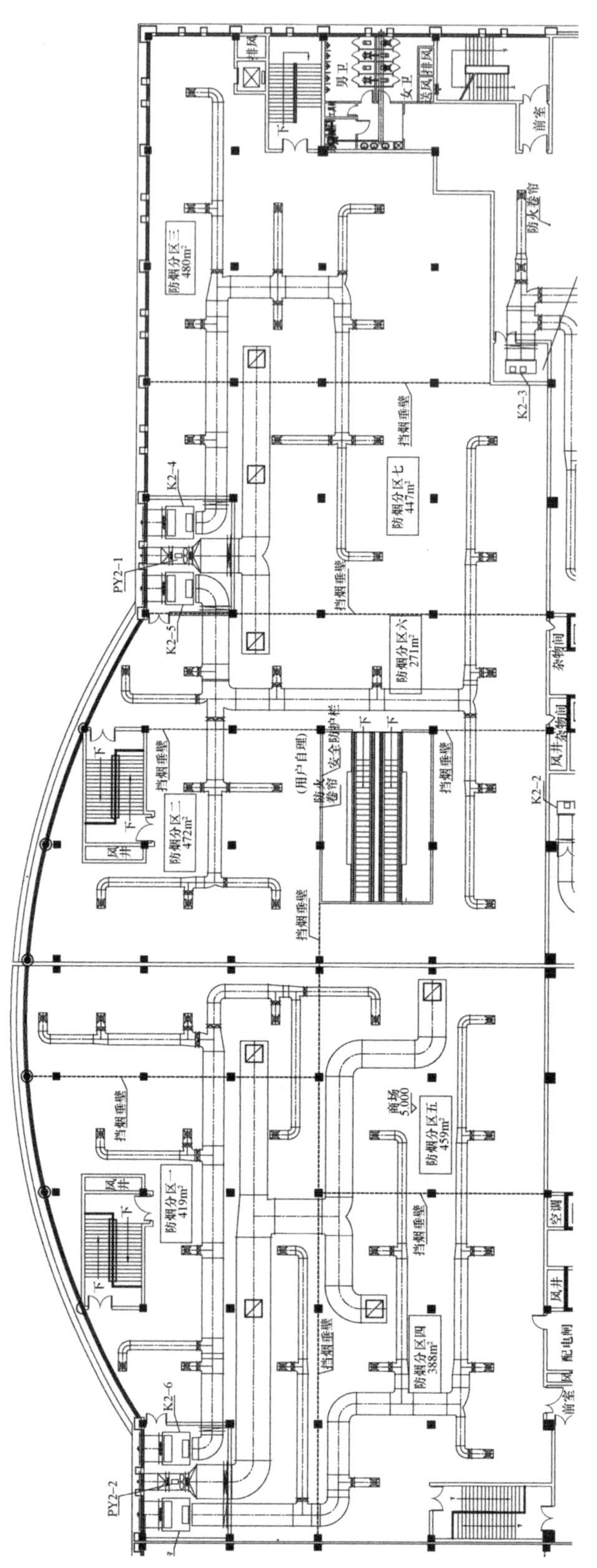

图 5-13　二层商场防火分区二通风平面图

由图 5-13 可知，PY2-2 担负的四个防烟分区（编号一、二、四、五）建筑面积分别为：419m²、472m²、388m²、459m²。

该排烟空间的层高 4m，属净高≤6m 的场所，一个防烟分区的排烟量应按不小于 $60m^3/(h \cdot m^2)$计算，且取值不小于 $15000m^3/h$。

防烟分区一的排烟量：应不小于 $60\times419=25140m^3/h$

防烟分区二的排烟量：应不小于 $60\times472=28320m^3/h$

防烟分区四的排烟量：应不小于 $60\times388=23280m^3/h$

防烟分区五的排烟量：应不小于 $60\times459=27540m^3/h$

担负具有相同净高场所的多个防烟分区排烟的排烟系统，对于建筑空间净高≤6m 的场所，其排烟量应按同一防火分区中任意两个相邻防烟分区的排烟量之和的最大值计算。

因此，PY2-2 排烟风机的计算排烟量为：$28320+27540=55860m^3/h$。

系统设计风量按计算风量的 1.2 倍取值，取 PY2-2 设计风量为 $55860\times1.2=67032m^3/h$。查阅高温排烟风机性能参数表 5-3 可知，PY2-2 的实际风量为 $71120m^3/h$，大于设计风量，满足规范要求。

(5) 排烟补风

审查排烟系统是否按规范要求设置补风系统，补风系统的风量是否符合规范要求。

1）补风系统的设置范围

依据《防排烟标准》第 4.5.1 条，除地上建筑的走道或建筑面积小于 500m² 的房间外，设置排烟系统的场所都应设补风系统。补风系统可采用自然进风方式，如疏散外门、手动或自动可开启外窗，也可以采用机械送风的补风方式。

2）补风系统的设置要求

补风系统的设置应满足以下要求：①机械补风的风机应设置在专用机房内。②补风口与排烟口设置在同一空间内相邻的防烟分区时，补风口位置不限；当补风口与排烟口设置在同一防烟分区时，补风口应设在储烟仓下沿以下；补风口与排烟口水平距离不应少于 5m。③机械补风口的风速不宜大于 10m/s，人员密集场所补风口的风速不宜大于 5m/s；自然补风口的风速不宜大于 3m/s。④补风管道耐火极限不应低于 0.50h，当补风管道跨越防火分区时，管道的耐火极限不应小于 1.50h。⑤补风系统应与排烟系统联动开启或关闭。

3）补风量

补风系统的补风量不应小于排烟量的 50%。

审查补风系统时，首先审查设置排烟系统的部位是否需要设置补风系统，需要设置时是否设置，然后再审查设置的补风系统是否满足规范要求。暖通设计说明、设备明细表中一般会给出补风系统的设置场所或部位、补风量、补风口的风速、补风管道等情况说明，从暖通平面图可以知道补风机和补风口的设置位置。

示例 12：在示例 7 的工程中，走道和裙房商场以及地下一层均设置了机械排烟，通过设备表可知，地下一层采用机械补风，地上商场部分采用可开启外窗进行自然补风，地上走道无需设置补风系统，地下走道设置机械补风。

图 5-14 为该工程地下一层防火分区六的局部暖通平面图，左侧框线处为地下走道部

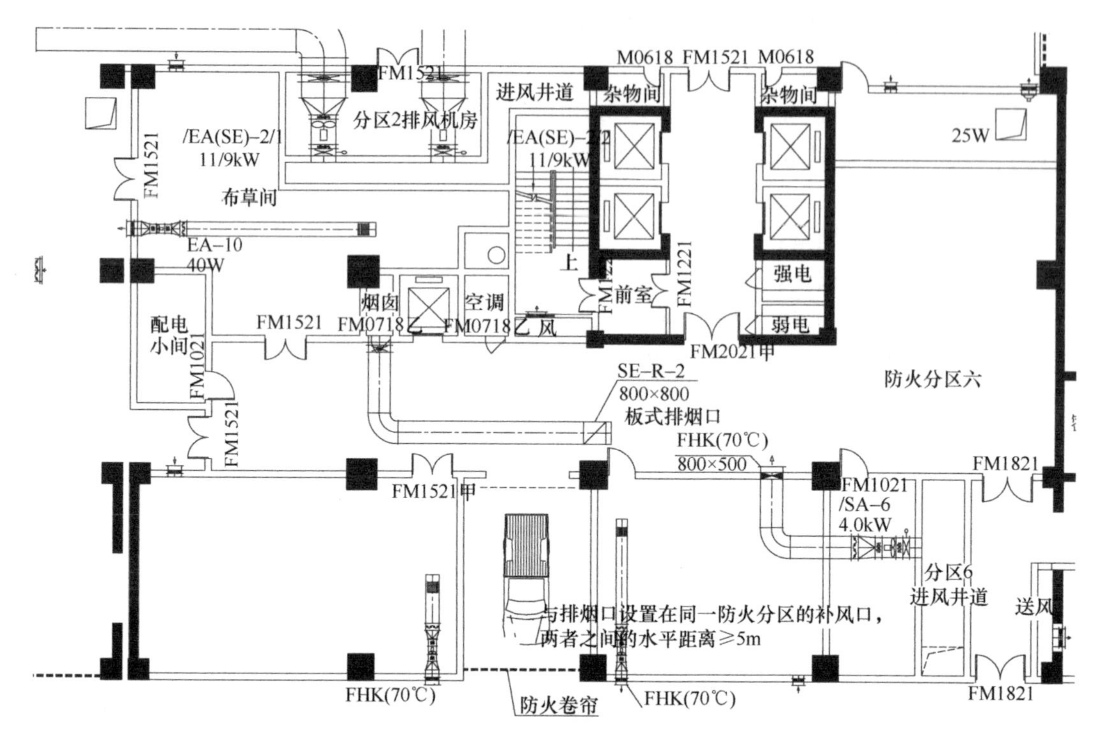

图 5-14　地下一层防火分区六局部暖通平面图

位的排烟口，右侧框线处为该分区机械补风的补风口，补风口和排烟口处在同一防烟分区内，两者之间的水平距离应不小于 5m。

(6) 联动控制

审查火灾自动报警系统与排烟系统的联动控制关系是否符合规范要求。

排烟风机、补风机应能通过火灾自动报警系统自动启动。系统中任一排烟阀或排烟口开启时，排烟风机、补风机也应自动启动。排烟防火阀在 280℃时应自行关闭，并应连锁关闭排烟风机和补风机。此外，排烟风机、补风机还应能现场手动启动和消防控制室手动启动。

机械排烟系统中的常闭排烟阀或排烟口应具有火灾自动报警系统自动开启、消防控制室手动开启和现场手动开启功能，其开启信号应与排烟风机联动。当火灾确认后，火灾自动报警系统应在 15s 内联动开启相应防烟分区的全部排烟阀、排烟口、排烟风机和补风设施，并应在 30s 内自动关闭与排烟无关的通风、空调系统。当火灾确认后，担负两个及以上防烟分区的排烟系统，应仅打开着火防烟分区的排烟阀或排烟口，其他防烟分区的排烟阀或排烟口应呈关闭状态。

活动式挡烟垂壁应具有火灾自动报警系统自动启动和现场手动启动功能，当火灾确认后，火灾自动报警系统应在 15s 内联动相应防烟分区的全部活动式挡烟垂壁，60s 内挡烟垂壁应开启到位。

审查排烟系统联动控制时，一般是先查阅暖通设计说明，了解排烟系统控制的设计情况，确定设计是否满足规范要求。之后，查阅火灾自动报警系统图，分析联动控制设计是否能够真正实现。

5.3 供暖、通风和空气调节系统设计审查

供暖、通风和空气调节系统的防火设计审查主要依据《建规》第九章，通过阅读暖通专业设计说明、通风平面图等图纸审查以下设计要素：供暖、通风和空气调节系统的形式选择；供暖、通风和空气调节系统的机房设置；通风系统的风机、除尘器、过滤器等设备的选择和设置；供暖、通风和空气调节系统管道；防火阀；排除有燃烧或爆炸危险气体、蒸气和粉尘的排风系统的设置以及燃油或燃气锅炉房的通风系统的设置。

5.3.1 系统形式

根据建筑物的不同用途、规模，结合暖通设计说明，审查场所的供暖、通风和空气调节系统的形式选择是否符合规范要求。

(1) 甲、乙类厂房内的空气不应循环使用。

(2) 丙类厂房内含有燃烧或爆炸危险粉尘、纤维的空气，在循环使用前应经净化处理，并应使空气中的含尘浓度低于其爆炸下限的25%。

(3) 民用建筑内空气中含有容易起火或爆炸危险物质的房间，是否设置自然通风或独立的机械通风设施，且其空气不循环使用。

(4) 甲、乙类厂房和甲、乙类仓库严禁采用明火和电热散热器供暖。

(5) 生产过程中散发的可燃气体、蒸气、粉尘或纤维与供暖管道、散热器表面接触能引起燃烧的厂房，以及生产过程中散发的粉尘受到水、水蒸气的作用能引起自燃、爆炸或产生爆炸性气体的厂房，应采用不循环使用的热风供暖。

5.3.2 系统机房

审查供暖、通风和空气调节系统机房的设置位置，建筑防火分隔措施，内部设施管道布置是否符合规范要求。

为甲、乙类厂房服务的送风设备与排风设备应分别布置在不同通风机房内，且排风设备不应和其他房间的送、排风设备布置在同一通风机房内。

排除有燃烧或爆炸危险气体、蒸气和粉尘的排风系统，排风设备不应布置在地下或半地下建筑（室）内。

附设在建筑内的通风空气调节机房，应采用耐火极限不低于2.00h的防火隔墙和耐火极限不低于1.50h的楼板与其他部位分隔。设置在丁类厂房和戊类厂房内的通风机房，应采用耐火极限不低于1.00h的防火隔墙和耐火极限不低于0.50h的楼板与其他部位分隔。通风、空气调节机房开向建筑内的门应采用甲级防火门。

5.3.3 风机、除尘器、过滤器

审查通风系统的风机、除尘器、过滤器等设备的选择和设置是否符合规范要求。具体审查以下内容：

(1) 不同类型场所送排风系统的风机选型是否符合规范要求。

空气中含有易燃、易爆危险物质的房间，其送、排风系统应采用防爆型的通风设备。

当送风机布置在单独分隔的通风机房内且送风干管上设置防止回流设施时，可采用普通型的通风设备。

（2）含有燃烧和爆炸危险粉尘等场所通风、空气调节系统的除尘器、过滤器设置是否符合规范要求。

含有燃烧和爆炸危险粉尘的空气，在进入排风机前应采用不产生火花的除尘器进行处理。对于遇水可能形成爆炸的粉尘，严禁采用湿式除尘器。

处理有爆炸危险粉尘的除尘器、排风机应与其他普通型的风机、除尘器分开设置，并宜按单一粉尘分组布置。

净化有爆炸危险粉尘的干式除尘器和过滤器宜布置在厂房外的独立建筑内，建筑外墙与所属厂房的防火间距不应小于10m。

净化或输送有爆炸危险粉尘和碎屑的除尘器、过滤器或管道，均应设置泄压装置。净化有爆炸危险粉尘的干式除尘器和过滤器应布置在系统的负压段上。

5.3.4 系统管道

审查供暖、通风和空气调节系统管道的设置形式、设置位置、管道材料与可燃物之间的距离、绝热材料等是否符合规范要求。

可燃气体管道和甲、乙、丙类液体管道不应穿过通风机房和通风管道，且不应紧贴通风管道的外壁敷设。

当供暖管道的表面温度大于100℃时，供暖管道与可燃物之间的距离不应小于100mm或采用不燃材料隔热；当供暖管道的表面温度不大于100℃时，供暖管道与可燃物之间的距离不应小于50mm或采用不燃材料隔热。

甲、乙类厂房（仓库）内供暖管道和设备的绝热材料应采用不燃材料；对于其他建筑，宜采用不燃材料，不得采用可燃材料。

厂房内有爆炸危险场所的排风管道，严禁穿过防火墙和有爆炸危险的房间隔墙。

排除和输送温度超过80℃的空气或其他气体以及易燃碎屑的管道，与可燃或难燃物体之间的间隙不应小于150mm，或采用厚度不小于50mm的不燃材料隔热；当管道上下布置时，表面温度较高者应布置在上面。

5.3.5 防火阀

审查防火阀的动作温度选择、防火阀的设置位置和设置要求是否符合规范的规定。

通风、空气调节系统的风管在下列部位应设置防火阀，防火阀的动作温度为70℃：

（1）穿越防火分区处；

（2）穿越通风、空气调节机房的房间隔墙和楼板处；

（3）穿越重要或火灾危险性大的场所的房间隔墙和楼板处；

（4）穿越防火分隔处的变形缝两侧；

（5）竖向风管与每层水平风管交接处的水平管段上。

防火阀的设置要求：宜靠近防火分隔处设置；暗装时在安装部位设置检修口；在防火阀两侧各2.0m范围内的风管及其绝热材料采用不燃材料。

5.3.6　排除有燃烧或爆炸危险气体、蒸气和粉尘的排风系统

审查排除有燃烧或爆炸危险气体、蒸气和粉尘的排风系统设置是否符合规范要求。

排除有燃烧或爆炸危险气体、蒸气和粉尘的排风系统，应设置导除静电的接地装置，排风设备不应布置在地下或半地下建筑（室）内，排风管应采用金属管道，并应直接通向室外安全地点，不应暗设。

5.3.7　燃油或燃气锅炉房的通风系统

审查燃油或燃气锅炉房的通风系统设置是否符合规范要求。

燃油或燃气锅炉房应设置自然通风或机械通风设施。

燃气锅炉房应选用防爆型的事故排风机。

当燃油或燃气锅炉房采取机械通风时，机械通风设施应设置导除静电的接地装置，正常通风量燃油锅炉房应按换气次数不少于 $3h^{-1}$ 确定，燃气锅炉房应按换气次数不少于 $6h^{-1}$ 确定，事故排风量应分别按换气次数不少于 $6h^{-1}$ 和 $12h^{-1}$ 确定。

第6章 消防电气与火灾自动报警系统设计审查

6.1 消防电气设计审查

消防电气审查的内容包括消防用电负荷等级、消防电源、消防配电、用电系统、应急照明和疏散指示五个方面的审查。进行消防电气审查时，可依据《建筑设计防火规范》GB 50016—2014（2018版）（下文简称《建规》）、《供配电系统设计规范》GB 50052—2009（下文简称《供规》）、《民用建筑电气设计标准》GB 51348—2019（下文简称《民标》）、《建设工程消防设计审查规则》XF 1290—2016等相关的国家设计规范和电气设计规范、标准等。

6.1.1 消防用电负荷等级的审查

电力网上消防用电设备消耗的功率称为消防用电负荷。为了使消防设备供配电系统做到供电可靠、经济合理，在确定供配电方案之前，需正确划分消防负荷等级。所以首先应审查研究对象的消防用电负荷等级的确定是否符合规范要求。

(1) 用电负荷分级原则

消防用电负荷是工业与民用建筑用电负荷的一部分，其分级原则参照了工业与民用建筑用电负荷的分级方法。根据《供规》规定，工业与民用建筑电力负荷，根据其重要性以及中断供电在政治、经济上可能造成的损失或影响的大小，按其可靠性要求不同分为三级。

1）一级负荷

符合下列情况之一者为一级负荷：

① 中断供电将造成人身伤亡者；

② 中断供电将在政治、经济上造成重大影响或损失者；

③ 中断供电将影响有重大政治、经济意义的用电单位的正常工作，或造成公共场所秩序严重混乱者。

在一级负荷中，当中断供电将发生中毒、爆炸和火灾等情况的负荷，以及特别重要场所的不允许中断供电的负荷，应视为特别重要的负荷，如特级体育场馆的应急照明就属于一级负荷中的特别重要负荷。

2）二级负荷

符合下列情况之一者为二级负荷：

① 中断供电将造成较大政治影响及较大经济损失者；

② 中断供电将影响重要用电单位的正常工作，或造成公共场所秩序混乱者。

3）三级负荷

不属于一级和二级的用电负荷应为三级负荷。

(2) 消防用电负荷等级划分

不同类型建筑中的消防用电负荷分级方法不同，可以参照各设计防火规范当中的相关规定。其中《建规》根据建筑的使用性质、重要性、火灾扑救难度和火灾后可能的危害以及损失，对不同建筑物的消防用电负荷等级进行了规定。

1）一级负荷

① 建筑高度大于50m的乙、丙类厂房和丙类仓库的消防用电；

② 一类高层民用建筑的消防用电。

2）二级负荷

① 室外消防用水量大于30L/s的厂房（仓库）的消防用电；

② 室外消防用水量大于35L/s的可燃材料堆场、可燃气体储罐（区）和甲、乙类液体储罐（区）的消防用电；

③ 粮食仓库及粮食筒仓的消防用电；

④ 二类高层民用建筑的消防用电；

⑤ 座位数超过1500个的电影院、剧场，座位数超过3000个的体育馆，任一层建筑面积大于3000m^2的商店和展览建筑，省（市）级及以上的广播电视、电信和财贸金融建筑，室外消防用水量大于25L/s的其他公共建筑的消防用电。

3）三级负荷

除一级、二级负荷以外的建筑物、储罐（区）和堆场等的消防用电，可按三级负荷供电。

【工程实例】

(1) 工程概况

某商业城工程项目，地下2层，地上12层，局部4层，建筑总高度49.2m。总建筑面积88745m^2，其中地上建筑面积57822m^2，地下建筑面积30923m^2。地下二层为复式机械停车库，局部为普通停车库；地下一层设有超市及非机动车停车库；地上1～4层为综合性商场，4层东侧设有影院，5～12层为写字楼。

(2) 消防用电负荷等级审查实例

阅读该工程建筑设计说明和查阅建筑平面图、立面图可知，该建筑第7层的建筑面积为1763m^2（该层标高26.7m），依据《建规》第5.1.1条的规定，该建筑为一类高层公共建筑。依据《建规》第10.1.1条规定：一类高层民用建筑的消防用电应按一级负荷供电。

读取电气图纸设计说明可知：该工程的消防动力、疏散照明、疏散指示标志、水泵房、火灾报警系统和监控系统等机房用电、电梯用电、生活水泵用电、排污泵用电、商场用电为一级负荷；空调电力用电、自动扶梯用电为二级负荷；除一级和二级负荷以外的其他用电均为三级负荷。满足规范当中对于一类高层民用建筑的消防用电负荷等级的要求。

6.1.2　消防电源的审查

(1) 消防电源审查要点

审查消防电源时应注意以下问题：

1）消防电源的设计应与规范规定的相应用电负荷等级要求一致；

2）一级、二级负荷的消防电源采用自备发电机时，发电机的规格、型号、功率、设置位置、燃料及启动方式、供电时间应该符合规范要求；

3）备用消防电源的供电时间和容量，应该能够满足该建筑火灾延续时间内各消防用电设备的要求，不同类别场所应急照明和疏散指示标志备用电源的连续供电时间应该符合规范要求。

（2）消防电源的供电原则及供电要求

不同的消防负荷其供电方式不同，所以应首先审查消防电源的设计是否与规范规定的相应用电负荷等级要求一致。

1）一级负荷

一级负荷应由双重电源供电，当一个电源发生故障时，另一个电源不应同时受到损坏。并且当其中的一个电源中断供电时，另一个电源应能满足全部一级负荷设备的供电要求。根据《建规》规定，满足以下条件的供电方式，可视为一级负荷：①电源来自两个不同发电厂；②电源来自两个区域变电站（电压一般在35kV及以上）；③电源来自一个区域变电站，另一个来自自备发电设备，自备发电设备的形式可以采用自备柴油发电机组、蓄电池组、消防设备应急电源（FEPS）和不停电电源（UPS）。

2）二级负荷

二级负荷应由两回路线路供电，二级负荷的供电系统应满足当发生电力变压器故障或线路常见故障时，不致中断供电或中断供电后能迅速恢复。两回路线路应尽可能引自不同的变压器或母线段，并在最末一级配电箱处能够自动切换。在地区供电条件困难或负荷较小时，二级负荷可以采用一回路6kV及以上专用的架空线路或电缆供电。当采用架空线时，可为一回路架空线供电；当采用电缆线路，应采用两根电缆组成的线路供电，其每根电缆应能承受100%的二级负荷。

3）三级负荷

三级负荷无特殊的供电要求，宜通过设置两台终端变压器，采用暗备用或一用一备的方式来保证建筑的消防用电。

【工程实例】

步骤1：阅读高压系统图，了解建筑的高压电源进线方式。

通过查阅电气设计说明以及高压配电系统图可知，该建筑由两路10kV高压电源供电，分别引自两个不小于35kV的区域变电站。两路10kV电源进入建筑物后经过高压配电装置，分别连接1号和3号变压器（采用2000kVA SCB11型干式变压器），以及2号变压器和4号变压器（采用1600kVA SCB11型变压器），如图6-1（a）、（b）所示。

步骤2：逐一核查消防用电设备的消防电源供电方式。

需要注意的是，虽然已经确定了该建筑采用的两路10kV高压电源是分别引自两个不小于35kV的区域变电站，满足一级负荷的供电要求。但是还应查阅相关专业图纸，确定该建筑使用的具体消防用电设备，并在低压配电系统图上逐一确定这些消防用电设备的消防电源供电方式是否满足规范要求。

以该建筑的消防控制室为例，首先查阅低压配电系统图，可以得知其电源进线情况，如图6-2（a）、（b）所示，该工程消防控制室电源进线为3号变压器的W3061和4号变压器的W4061，3号变压器和4号变压器分别引自1号电源进线和2号电源进线。其次阅读竖向系统图，对消防控制室的电源进线进行确认，如图6-3所示。

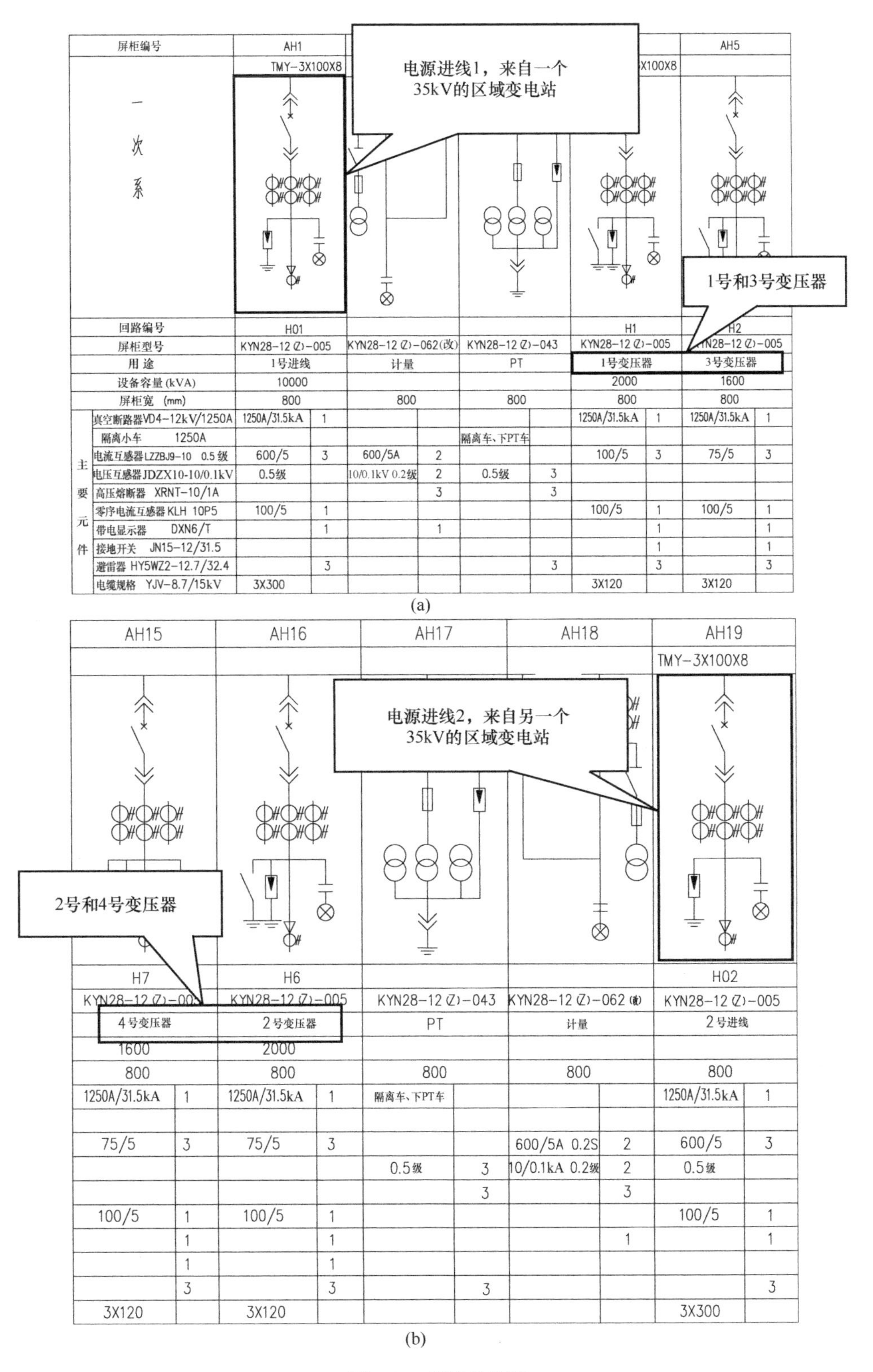
屏柜编号
AH1
AH5
TMY-3X100X8
电源进线1，来自一个35kV的区域变电站
一次系
1号和3号变压器
回路编号
H01
H1
H2
屏柜型号
KYN28-12 (Z)-005
KYN28-12 (Z)-062(改)
KYN28-12 (Z)-043
用途
1号进线
计量
PT
1号变压器
3号变压器
设备容量(kVA)
10000
2000
1600
屏柜宽 (mm)
800
主要元件
真空断路器VD4-12kV/1250A
隔离小车 1250A
电流互感器LZZBJ9-10 0.5级
电压互感器JDZX10-10/0.1kV
高压熔断器 XRNT-10/1A
零序电流互感器KLH 10P5
带电显示器 DXN6/T
接地开关 JN15-12/31.5
避雷器 HY5WZ2-12.7/32.4
电缆规格 YJV-8.7/15kV
AH15
AH16
AH17
AH18
AH19
电源进线2，来自另一个35kV的区域变电站
2号和4号变压器
H7
H6
H02
4号变压器
2号变压器
2号进线

(a)

(b)

图 6-1　高压系统图

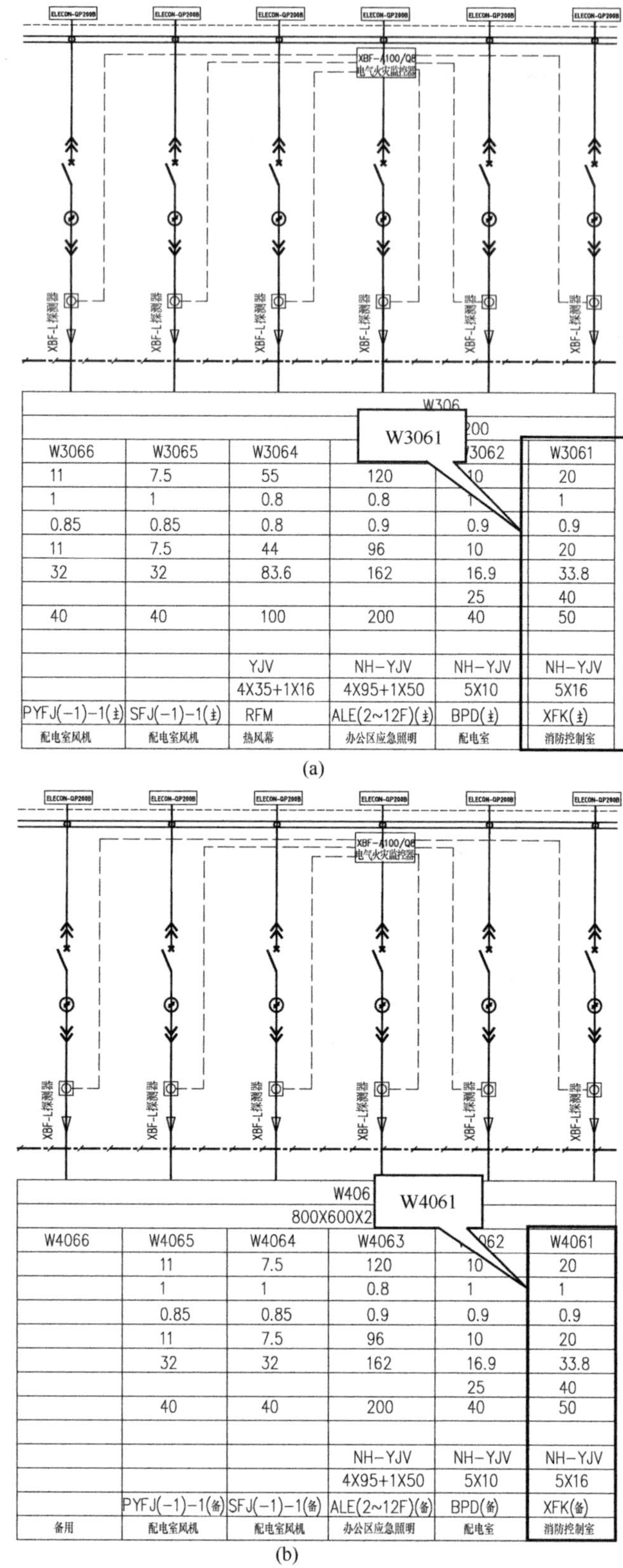

(a)

(b)

图 6-2　消防控制室的低压配电情况

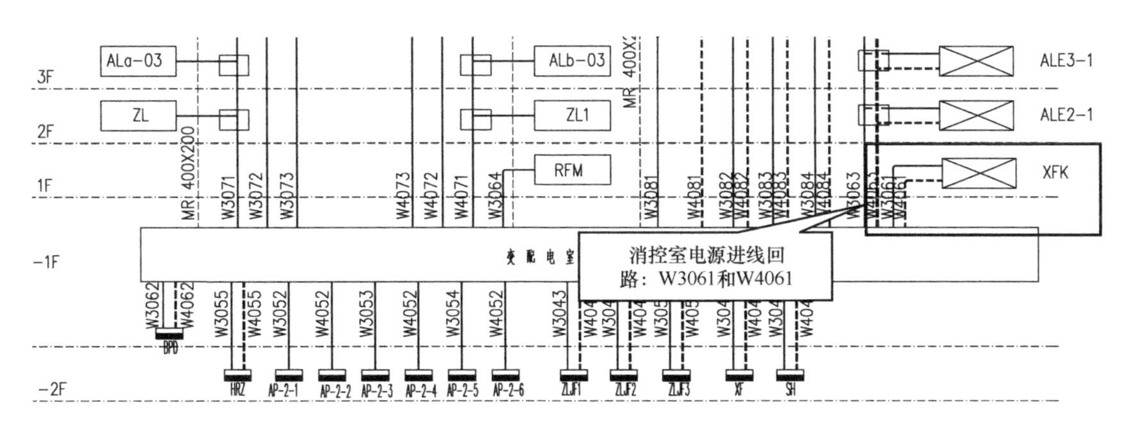

图 6-3　消防控制室竖向系统图情况

(3) 柴油发电机和备用消防电源的审查

1）柴油发电机的审查

如果一级、二级负荷的消防电源采用自备发电机时，应审查发电机的规格、型号、功率、设置位置、燃料及启动方式，并应计算其供电时间是否符合规范的要求。

审查发电机的规格、型号和功率时应对发电机的容量进行核算，应根据其承担的用电负荷种类以及消防设备火灾情况下最少持续供电时间要求进行计算，具体的计算方法和工程实例可以参见国家建筑标准设计图集《民用建筑电气设计计算及示例》12SDX101-2（下文简称《电气示例》）。消防用电设备在火灾发生期间的最少连续供电时间如表 6-1 所示。

消防用电设备最少持续供电时间　　　　表 6-1

消防用电设备名称	保证供电时间（min）	消防用电设备名称	保证供电时间（min）
火灾自动报警装置	≥10	防排烟设备	>180
人工报警器	≥10	火灾应急广播	≥20
各种确认、通报手段	≥10	火灾暂时继续工作的备用照明	≥180
消火栓、消防泵及水幕泵	>180	避难层备用照明	>60
自动喷水系统	>60	消防电梯	>180
水喷雾和泡沫灭火系统	>30	直升机停机坪照明	>60
CO_2灭火和干粉灭火系统	>30		

注：表中所列连续供电时间是最低标准，有条件时宜延长。

《建规》中也对消防应急照明和灯光疏散指示标志的备用电源的连续供电时间进行了规定：建筑高度大于 100m 的民用建筑，不应小于 1.5h；医疗建筑、老年人照料设施、总建筑面积大于 100000m^2 的公共建筑和总建筑面积大于 20000m^2 的地下、半地下建筑，不应少于 1.0h；其他建筑不应少于 0.5h。

2）备用消防电源的审查

审查备用消防电源时，应审查备用消防电源的供电时间和容量是否满足该建筑火灾延续时间内各消防用电设备的要求，不同类别场所应急照明和疏散指示标志备用电源的连续供电时间是否符合规范要求。具体的计算方法和工程实例可以参见《电气示例》。

(4) 应急电源的审查

1) 审查范围

《供规》中要求，一级负荷中特别重要的负荷供电，除应由双重电源供电外，尚应增设应急电源。消防用电负荷当中，特级体育场馆的应急照明为一级负荷中特别重要的负荷供电。因此对于此类工程，还需审查其应急照明的应急电源设置情况。

2) 审查要点

应急电源同样可以采用电力系统电源、自备柴油发电机组、蓄电池组、消防应急电源（FEPS）和不停电电源（UPS）。此外，在增设应急电源时，严禁将其他负荷接入应急供电系统；设备的供电电源的切换时间应满足设备允许中断供电的要求。因此在对应急电源审查时，首先应审查线路的专用性，此外还要校核应急电源的容量、持续供电时间和切换时间。

3) 切换时间

消防用电负荷电源之间的切换应该及时可靠。切换时间越短，消防用电设备中断供电的时间也就越短，对消防工作的影响也就越小。

一级负荷供电的建筑，当采用自备发电设备作备用电源时，自备发电设备应设置自动和手动启动装置，且自动启动方式应能在30s内供电。对于消防应急照明的供电，当正常供电电源停止供电后，其应急电源供电转换时间应满足：备用照明不应大于5s；金融商业交易场所不应大于1.5s；疏散照明不应大于5s。

6.1.3 消防配电的审查

有了可靠的电源，如果消防设备的配电设计不可靠，则仍不能保证消防用电设备的安全供电，所以要审查消防配电设计是否符合规范的要求。

(1) 消防配电审查要点

审查消防配电时应注意以下问题：

1) 消防用电设备应采用专用供电回路，当建筑内生产、生活用电被切断时，仍能保证消防用电；

2) 按一级、二级负荷供电的消防设备，其配电箱应独立设置。消防控制室、消防水泵房、防烟和排烟风机、消防电梯等的供电，应在其配电线路的最末一级配电箱处设置自动切换装置；

3) 消防配电线路的敷设应符合规范要求。

(2) 专用供电回路审查

《建规》10.1.6条规定，消防用电设备需要采用专用供电回路，这是指从低压总配电室（包括分配电室）至最末一级配电箱供配电线路中不允许接入非消防用电设备。这是因为如果一般配电线路与消防用电设备的配电线路敷设在同一个配电柜中，当火灾发生时，就有可能因电气线路短路或者切断生产、生活用电而导致消防用电设备不能运行，消防设备供电的可靠性得不到有效保证。

【工程实例】

审查竖向系统图和配电箱系统图，逐一核对消防设备的配电箱是否存在非消防用电设备和消防用电设备混接的情况。以该工程第二层应急照明配电箱 ALE2-4 为例，该配电箱除了接入通道照明（本工程的通道照明平时和火灾中均可使用）、疏散指示以外，还接入了电井照明和电井插座，存在消防用电设备的专用供电回路中接入非消防用电设备的情况，如图 6-4 所示，不满足消防设备用电回路专用性要求。

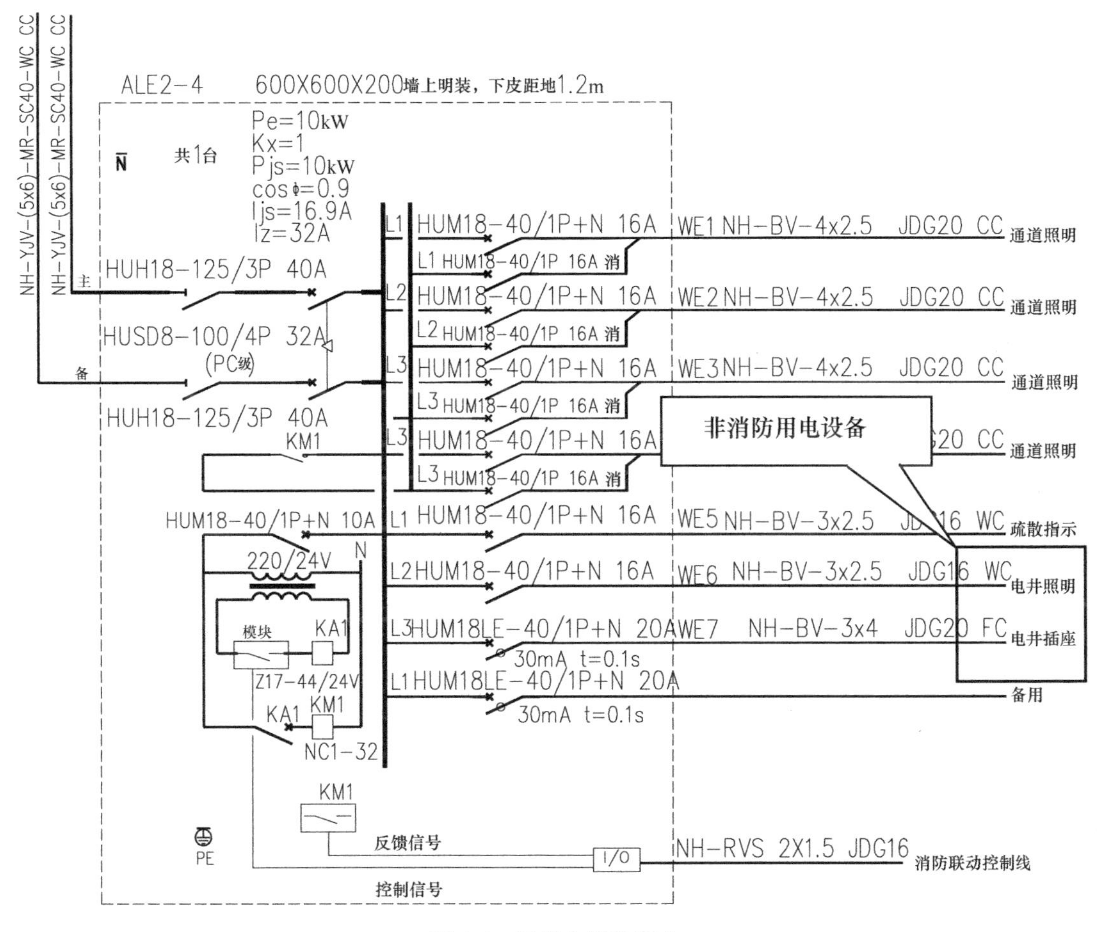

图 6-4　回路专用性审查

(3) 末端切换的审查

消防用电设备平时由主电源供电，当火灾发生时，无论主电源因何种原因在火灾中失电时，备用电源应能自动投入，以保证消防用电的可靠性。主电源和备用电源之间存在一定的电气联锁关系。当主电源运行时，备用电源不工作；但是在主电源失电情况下，备用电源应在规定时间内立即投入使用。

按照切换的位置不同，电源之间的切换方式有首端切换和末端切换两种。其中，首端切换相对来说比较经济，可以节约导线，但是一旦连接应急电源母线和主电源低压母线的那条馈线发生故障，它所连接的消防设备则失去了电源。末端切换由于其连接应急电源母线和主电源低压母线的馈线是分别独立设置的，因此提高了供电的可靠性，但其馈线的用量比首端切换增加了一倍，经济性较差。

《建规》10.1.8 条要求，消防控制室、消防水泵房、防烟和排烟风机房的消防用电设备和消防电梯等的供电，应在其配电线路的最末一级配电箱处设置自动切换装置。这里审查的重点是末端切换装置应设置在最末一级配电箱处。对于其他消防设备用电，如消防应急照明和疏散指示标志等，自动切换装置应设置在这些用电设备所在防火分区的配电箱。

【工程实例】

审查消防用电设备的配电箱系统图，逐一核对消防设备的最末一级配电箱是否设置自动切换装置。以该工程地下一层 1 号排烟风机为例，可以看出，其最末一级配电箱 PYJ（-1）-1中设置了自动切换装置，如图 6-5 所示，符合规范要求。

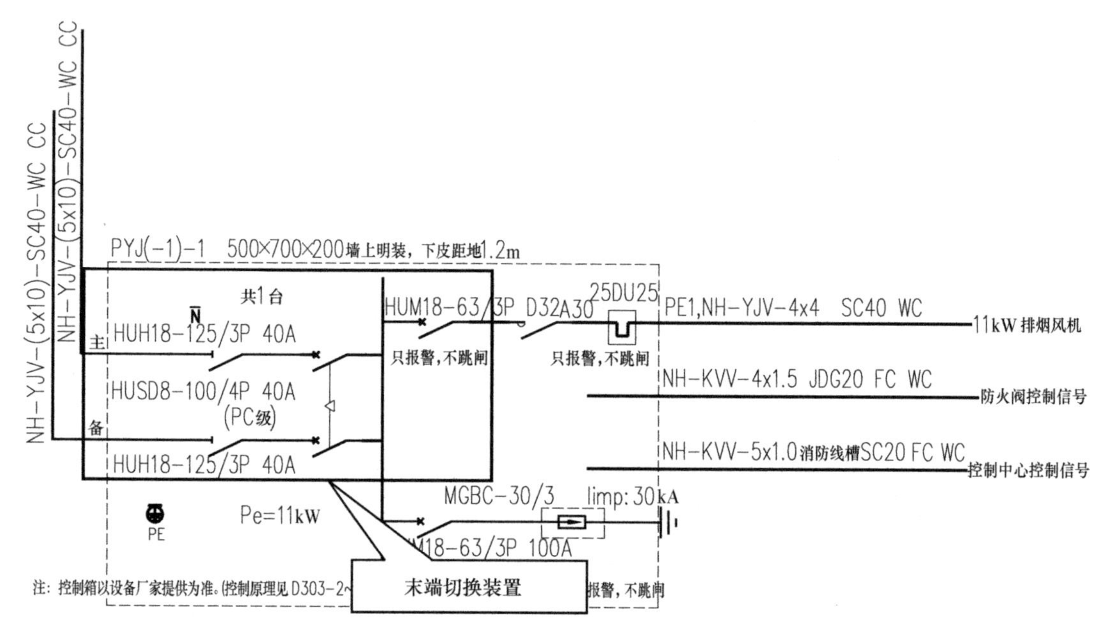

图 6-5　排烟风机配电箱设置末端切换装置情况

（4）线路敷设的审查

为了防止火灾的高温对配电线路的影响，应采取一定措施防止配电线路发生短路以及接地故障，从而保证消防设备的安全运行，提高消防用电设备配电线路的可靠性。可以从两方面来提高消防用电设备配电线路的可靠性，一是需要可靠的线缆，二是需要可靠的敷设路径和敷设方式。

1）线缆的类型及选用原则

常用的消防设备配电线缆有阻燃电线电缆、耐火电线电缆、无卤低烟电线电缆和矿物绝缘电缆。根据《民标》，消防设备供电及控制线路选择应符合以下规定：

① 火灾自动报警系统保护对象分级为特级的建筑物，其消防设备供电干线及分支干线，应采用矿物绝缘电缆；

② 火灾自动报警保护对象分级为一级的建筑物，其消防设备供电干线及分支干线，宜采用矿物绝缘电缆；当线路的敷设保护措施符合防火要求时，可采用有机绝缘耐火类电缆；

③ 火灾自动报警保护对象分级为二级的建筑物，其消防设备供电干线及分支干线，应采用有机绝缘耐火类电缆；

④ 消防设备的分支线路和控制线路，宜选用与消防供电干线或分支干线耐火等级降一类的电线或电缆。

需要注意的是，以上4点当中提到的分支线路和控制线，是指末端双电源自动投切箱后，引至相应设备的线路。当这些线路同在一个防火分区内，且线路路径较短，如果采取了一定的防火措施如穿管暗敷等，则可降一级选用。

2）敷设方式

消防配电线路应满足火灾时连续供电的需要，其敷设应符合下列规定：

① 明敷时（包括敷设在吊顶内），应穿金属导管或采用封闭式金属槽盒保护，金属导管或封闭式金属槽盒应采取防火保护措施；当采用阻燃或耐火电缆并敷设在电缆井、沟内时，可不穿金属导管或采用封闭式金属槽盒保护；当采用矿物绝缘类不燃性电缆时，可直接明敷；

② 暗敷时，应穿管并应敷设在不燃性结构内，且保护层厚度不应小于30mm；

③ 消防配电线路宜与其他配电线路分开敷设在不同的电缆井、沟内；确有困难需敷设在同一电缆井、沟内时，应分别布置在电缆井、沟的两侧，且消防配电线路应采用矿物绝缘类不燃性电缆。

3）线路截面选择

对于不同类型的用电设备，其配电线路应按发热条件和允许电压损失确定截面。其导体允许载流量I_{ux}不应小于计算电流I_j，线路电压损失不应超过允许值，导体应满足动稳定与热稳定的要求，并且导体最小截面应满足机械强度的要求。导线和电缆截面选择方法及工程实例可以参见《电气示例》。

【工程实例】

步骤1：阅读电气设计说明，了解建筑消防用电设备配电线路的选型和敷设方式。

阅读该建筑的电气设计说明，了解到该建筑的消防干线选用耐火线穿金属桥架（外刷防火涂料）敷设，供消防负荷的照明及动力线路均采用NH-BV导线及NH-YJV电缆，其他二级、三级负荷均采用YJV电缆及BV导线。该建筑消防用电设备的配电线路、消防控制、通信和报警线路敷设时，当穿管暗敷设在不燃烧体结构内且保护层厚度不应小于30mm，明敷设时（包括敷设在吊顶内），应穿有防火保护的金属管或有防火保护的封闭式金属线槽。电气竖井内电缆桥架穿过防烟分区、防火分区、楼层时，应在安装完毕后，用防火材料封堵。

步骤2：查阅电气设计图纸，根据线路的编号来逐级校核消防配电线路的类型及敷设方式是否满足规范要求。

以图6-5所示的排烟风机电源进线为例，电源进线的敷设方式为NH-YJV-4×4SC40 WC。从该编号可知，此电源进线为交联聚乙烯绝缘聚氯乙烯护套铜芯耐火电缆，4芯，标称截面积4mm²，穿焊接钢管保护，保护管公称内径DN40，暗敷设在墙内。符合规范要求。

6.1.4 用电系统的审查

(1) 用电系统审查要点

审查用电系统时应注意以下问题。

1）架空线路与保护对象的防火间距应符合规范要求，电力电缆及用电线路敷设应符合规范要求。

2）开关、插座和照明灯具靠近可燃物时，应采取隔热、散热等防火措施；可燃材料仓库灯具的选型应符合规范要求，灯具的发热部件应采取隔热等防火措施，配电箱及开关的设置位置应符合规范要求。

3）火灾危险性较大的场所应设置电气火灾监控系统。

（2）电力电缆及用电线路敷设的审查要素

《建规》中对于架空电力线与甲、乙类厂房（仓库），可燃材料堆垛，甲、乙、丙类液体储罐，液化石油气储罐，可燃、助燃气体储罐的最近水平距离进行了规定，如表6-2所示。此外，35kV及以上架空电力线与单罐容积大于200m³或总容积大于1000m³的液化石油气储罐（区）的最近水平距离不应小于40m。

架空电力线与甲、乙类厂房（仓库），可燃材料堆垛等的最近水平距离　　表6-2

名称	架空电力线
甲、乙类厂房（仓库），可燃材料堆垛，甲、乙类液体储罐，液化石油气储罐，可燃、助燃气体储罐	电杆（塔）高度的1.5倍
直埋地下的甲、乙类液体储罐和可燃气体储罐	电杆（塔）高度的0.75倍
丙类液体储罐	电杆（塔）高度的1.2倍
直埋地下的丙类液体储罐	电杆（塔）高度的0.6倍

规范要求电力电缆不应和输送甲、乙、丙类液体管道，可燃气体管道，热力管道敷设在同一管沟内。

对于配电线路，规范要求其不得穿越通风管道内腔或直接敷设在通风管道外壁上，穿金属导管保护的配电线路可紧贴通风管道外壁敷设。配电线路敷设在有可燃物的闷顶、吊顶内时，应采取穿金属导管、采用封闭式金属槽盒等防火保护措施。

（3）用电设施的审查要素

开关、插座和照明灯具靠近可燃物时，应采取隔热、散热等防火措施；可燃材料仓库灯具的选型应符合规范要求，灯具的发热部件应采取隔热等防火措施，配电箱及开关的设置位置应符合规范要求。

《建规》中要求开关、插座和照明灯具靠近可燃物时，应采取隔热、散热等防火措施。卤钨灯和额定功率不小于100W的白炽灯泡的吸顶灯、槽灯、嵌入式灯，其引入线应采用瓷管、矿棉等不燃材料作隔热保护。额定功率不小于60W的白炽灯、卤钨灯、高压钠灯、金属卤化物灯、荧光高压汞灯（包括电感镇流器）等，不应直接安装在可燃物体上或采取其他防火措施。

《建规》中规定了可燃材料仓库内宜使用低温照明灯具，并应对灯具的发热部件采取隔热等防火措施，不应使用卤钨灯等高温照明灯具。配电箱及开关应设置在可燃材料仓库外。

（4）电气火灾监控的审查要素

电气火灾监控系统是当被保护电气线路及设备中的被探测参数，例如温度、故障电弧、剩余电流等超过报警设定值时，该系统能发出报警信号并可以显示报警部位，一般被用于监测和保护低压供配电线路的电气线路及电气设备。

《建规》中要求老年人照料设施的非消防用电负荷应设置电气火灾监控系统。此外，下列建筑或场所的非消防用电负荷宜设置电气火灾监控系统：

1）建筑高度大于 50m 的乙、丙类厂房和丙类仓库，室外消防用水量大于 30L/s 的厂房（仓库）；

2）一类高层民用建筑；

3）座位数超过 1500 个的电影院、剧场，座位数超过 3000 个的体育馆，任一层建筑面积大于 $3000m^2$ 的商店和展览建筑，省（市）级及以上的广播电视、电信和财贸金融建筑，室外消防用水量大于 25L/s 的其他公共建筑；

4）国家级文物保护单位的重点砖木或木结构的古建筑。

电气火灾监控装置的设置要求参见《警规》。

审查该项内容时，首先需要判断进行审查的建筑是否需要设置电气火灾监控装置，其次根据《警规》相关要求逐一对照审查。

6.1.5　应急照明及疏散指示标志的审查

（1）应急照明及疏散指示标志审查要点

审查应急照明及疏散指示标志时应注意以下问题：

1）应急照明及疏散指示的设置部位应符合规范要求；

2）应急照明及疏散指示的安装位置应符合规范要求，特殊场所应设置能保持视觉连续的灯光疏散指示标志或蓄光疏散指示标志。

（2）应急照明及疏散指示标志设置部位的审查

1）疏散照明的设置部位

《建规》中规定，除建筑高度小于 27m 的住宅建筑外，民用建筑、厂房和丙类仓库的以下部位都需要设置疏散照明：

① 封闭楼梯间、防烟楼梯间及其前室、消防电梯间的前室或合用前室、避难走道、避难层（间）；

② 观众厅、展览厅、多功能厅和建筑面积大于 $200m^2$ 的营业厅、餐厅、演播室等人员密集的场所；

③ 建筑面积大于 $100m^2$ 的地下或半地下公共活动场所；

④ 公共建筑内的疏散走道；

⑤ 人员密集的厂房内的生产场所及疏散走道。

2）疏散指示标志的设置部位

公共建筑，建筑高度大于 54m 的住宅建筑，高层厂房（库房）和甲、乙、丙类单层及多层厂房中的安全出口，人员密集场所的疏散门，疏散走道及其转角处都应该设置灯光疏散指示标志。

【工程实例】

审查工程的照明平面图，确定应该设置疏散照明和疏散指示标志的部位是否设置了相关的设备。以该工程 6 层照明平面图为例，经审查，该建筑中疏散照明和疏散指示标志的设置部位满足规范的要求，如图 6-6 所示。

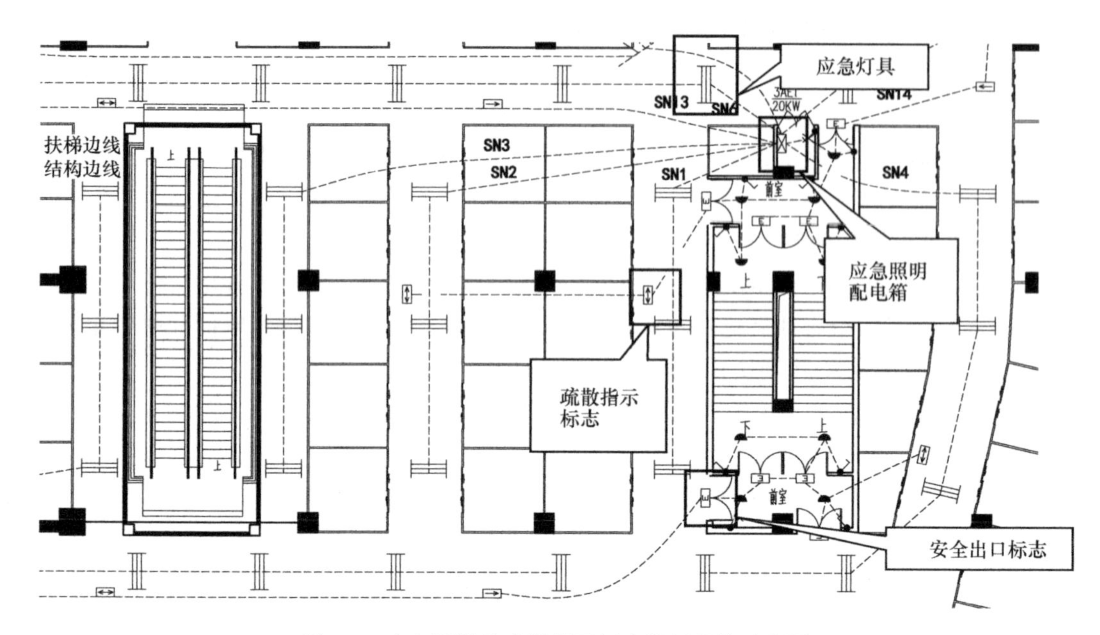

图 6-6　应急照明及疏散指示标志设置部位示意图

(3) 应急照明及疏散指示标志安装位置的审查

1) 疏散照明的安装位置

疏散照明灯具需要设置在出口的顶部、墙面的上部或顶棚上；备用照明灯具需要设置在墙面的上部或顶棚上。

2) 疏散指示标志的安装位置

灯光疏散指示标志，应设置在安全出口和人员密集的场所的疏散门的正上方，或者是设置在疏散走道及其转角处距地面高度 1.0m 以下的墙面或地面上。灯光疏散指示标志的间距不应大于 20m；对于袋形走道，不应大于 10m；在走道转角区，不应大于 1.0m。

3) 能保持视觉连续的灯光疏散指示标志或蓄光疏散指示标志的设置要求

规范规定，以下这些建筑或场所的疏散走道和主要疏散路径的地面上应该增设能保持视觉连续的灯光疏散指示标志或蓄光疏散指示标志。这些建筑及场所包括：总建筑面积大于 8000m^2 的展览建筑；总建筑面积大于 5000m^2 的地上商店；总建筑面积大于 500m^2 的地下或半地下商店；歌舞、娱乐、放映、游艺场所；座位数超过 1500 个的电影院、剧场，座位数超过 3000 个的体育馆、会堂或礼堂；车站、码头建筑和民用机场航站楼中建筑面积大于 3000m^2 的候车、候船厅和航站楼的公共区。

【工程实例】

阅读工程的电气设计说明，了解工程的应急照明及疏散指示标志安装情况；审查工程的照明平面图，确定疏散指示标志安装间距是否符合规范要求。

阅读该工程的电气设计说明可知，该工程在商场部分的疏散走道和主要疏散路线的地面上，增设了能保持视觉连续的灯光疏散指示标志或蓄光型疏散指示标志，其方向指示标志图形指向最近的疏散出口，在地面上设置时，沿疏散走道或主要疏散路线的中心线设置；疏散走道上的蓄光型疏散指示标志，设置在疏散走道及主要疏散路线的地面上，其间距均应大于 5m。以该工程 6 层照明平面图为例，经审查，每个疏散指示标志之间的距离均小于 20m，但是在走道转角处的疏散指示标志之间的距离大于 1.0m，如图 6-7 所示，不符合规范要求。

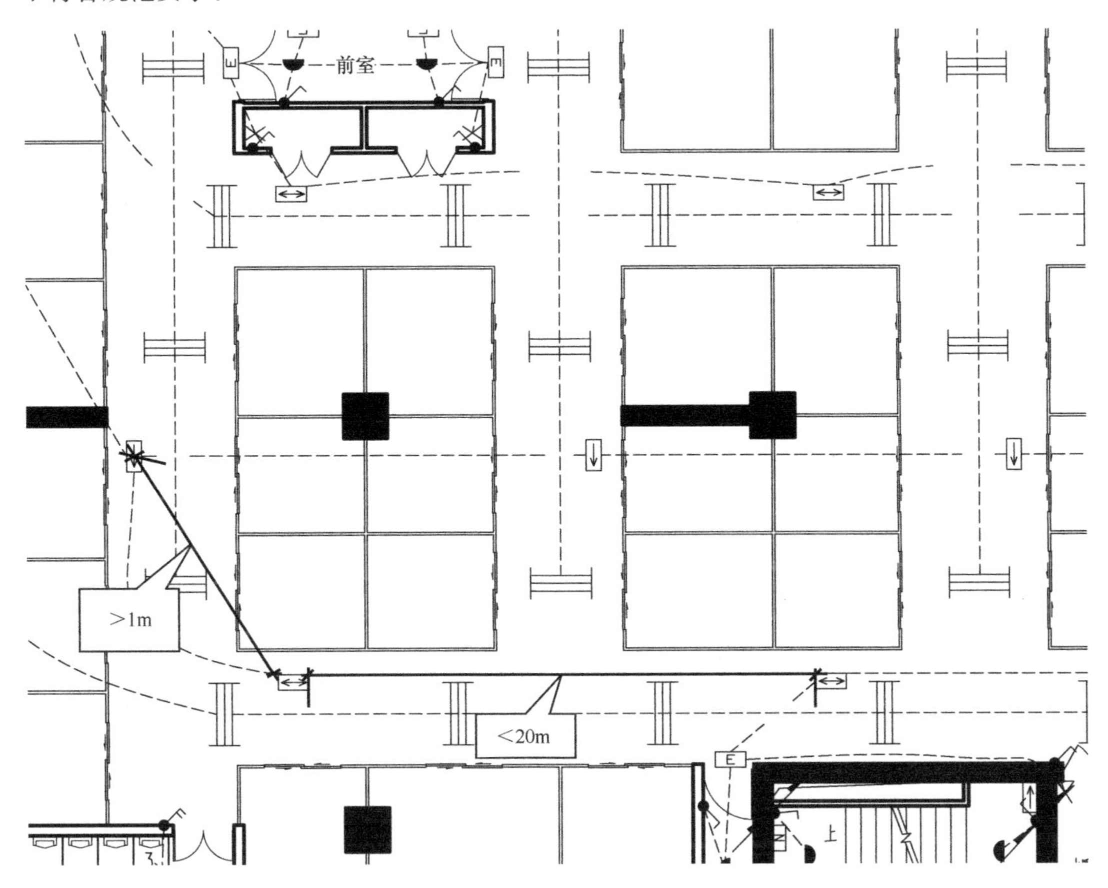

图 6-7　疏散指示标志之间的安装距离示意图

6.2　火灾自动报警系统审查

进行火灾自动报警系统审查时，可依据《建筑设计防火规范》GB 50016—2014（2018 版）（下文简称《建规》）、《火灾自动报警系统设计规范》GB 50116—2013（下文简称《警规》）、《建设工程消防设计审查规则》XF 1290—2016 等相关的国家设计规范和电气设计规范、标准等。

6.2.1　火灾自动报警系统审查要点

审查火灾自动报警系统时应注意以下问题：

（1）根据建筑的使用性质、火灾危险性、疏散和扑救难度等因素，审查系统的设置部位、系统形式的选择、火灾报警区域和探测区域的划分。

（2）根据工程的具体情况，审查火灾报警控制器和消防联动控制器的选择及布置是否符合消防标准规定。主要审查火灾报警控制器和消防联动控制器容量和每一总线回路所容纳的地址编码总数。

（3）火灾探测器、总线短路隔离器、火灾手动报警按钮、火灾应急广播、火灾警报装置、消防专用电话、系统接地的设计是否符合消防标准。

（4）系统的布线设计，着重审查系统导线的选择、系统传输线路的敷设方式；审查系统的供电可靠性、系统的接地等设计是否符合消防标准。

（5）根据建筑使用性质和功能不同，审查消防联动控制系统的设计。着重审查系统对自动喷水灭火系统、室内消火栓系统、气体灭火系统、泡沫和干粉灭火系统、防排烟系统、空调通风系统、火灾应急广播、电梯回降装置、防火门及卷帘系统、消防应急照明系统、消防通信系统等消防设备的联动控制设计。

6.2.2 火灾自动报警系统设置对象及形式设计要求的审查

（1）审查是否需要设置火灾自动报警系统

在《建规》《汽车库、修车库、停车场设计防火规范》GB 50067—2014、《人民防空工程设计防火规范》GB 50098—2009 等规范当中，对于应该设置火灾自动报警系统的场所都有所规定，详见相关规范。其中，《建规》中规定了下列建筑或场所应设置火灾自动报警系统：

1）任一层建筑面积大于 1500m^2 或总建筑面积大于 3000m^2 的制鞋、制衣、玩具、电子等类似用途的厂房；

2）每座占地面积大于 1000m^2 的棉、毛、丝、麻、化纤及其制品的仓库，占地面积大于 500m^2 或总建筑面积大于 1000m^2 的卷烟仓库；

3）任一层建筑面积大于 1500m^2 或总建筑面积大于 3000m^2 的商店、展览、财贸金融、客运和货运等类似用途的建筑，总建筑面积大于 500m^2 的地下或半地下商店；

4）图书或文物的珍藏库，每座藏书超过 50 万册的图书馆，重要的档案馆；

5）地市级及以上广播电视建筑、邮政建筑、电信建筑，城市或区域性电力、交通和防灾等指挥调度建筑；

6）特等、甲等剧场，座位数超过 1500 个的其他等级的剧场或电影院，座位数超过 2000 个的会堂或礼堂，座位数超过 3000 个的体育馆；

7）大、中型幼儿园的儿童用房等场所，老年人照料设施，任一层建筑面积大于 1500m^2 或总建筑面积大于 3000m^2 的疗养院的病房楼、旅馆建筑和其他儿童活动场所，不少于 200 床位的医院门诊楼、病房楼和手术部等；

8）歌舞、娱乐、放映、游艺场所；

9）净高大于 2.6m 且可燃物较多的技术夹层，净高大于 0.8m 且有可燃物的闷顶或吊顶内；

10）电子信息系统的主机房及其控制室、记录介质库，特殊贵重或火灾危险性大的机器、仪表、仪器设备室、贵重物品库房；

11）二类高层公共建筑内建筑面积大于 50m^2 的可燃物品库房和建筑面积大于 500m^2 的营业厅；

12）其他一类高层公共建筑；

13）设置机械排烟、防烟系统、雨淋或预作用自动喷水灭火系统、固定消防水炮灭火系统、气体灭火系统等需与火灾自动报警系统联锁动作的场所或部位；

14）对于住宅建筑，建筑高度大于100m的住宅建筑以及建筑高度大于54m但不大于100m的住宅建筑的公共部位应设置火灾自动报警系统；建筑高度不大于54m的高层住宅建筑，当设置需联动控制的消防设施时，其公共部位应设置火灾自动报警系统；

15）老年人照料设施中的老年人用房及其公共走道，均应设置火灾探测器和声警报装置或消防广播。

【工程实例】

应根据规范判定建筑是否需要设置火灾自动报警系统。本建筑为商业综合体建筑，第7层的建筑面积为1763m²，总建筑面积88745m²，为一类高层公共建筑，内部设有机械排烟系统和防烟系统，所以应该设置火灾自动报警系统。阅读本工程的电气设计说明，该工程设有火灾自动报警系统，满足规范要求。

（2）火灾自动报警系统形式的审查

选择火灾自动报警系统的形式，应满足以下要求：

1）仅需要报警，不需要联动自动消防设备的保护对象，宜采用区域报警系统。

2）不仅需要报警，同时需要联动自动消防设备，且只设置一台具有集中控制功能的火灾报警控制器和消防联动控制器的保护对象，应采用集中报警系统，并应设置一个消防控制室。

3）设置两个及以上消防控制室的保护对象，或已经设置两个及以上集中报警系统的保护对象，应采用控制中心报警系统。

【工程实例】

根据工程实际设置的消防设备的联动情况以及消防控制室的设置情况，判断火灾自动报警系统的选择形式，对照建筑实际设置情况判定是否符合规范要求。

以该建筑火灾自动报警系统设置为例，阅读该建筑的电气设计说明和消防系统图（图6-8），了解到该工程为一类高层综合楼，在首层设置了一个消防控制室（简称消防中心），对该建筑的消防进行探测监视和控制。由此判断，该建筑应该采用集中报警系统。阅读电气设计说明可知，该建筑采用集中报警系统及区域报警（包括火灾显示盘）系统。除厕所等不易发生火灾的场所以外，该建筑其余场所根据规范要求均设置了感烟、感温探

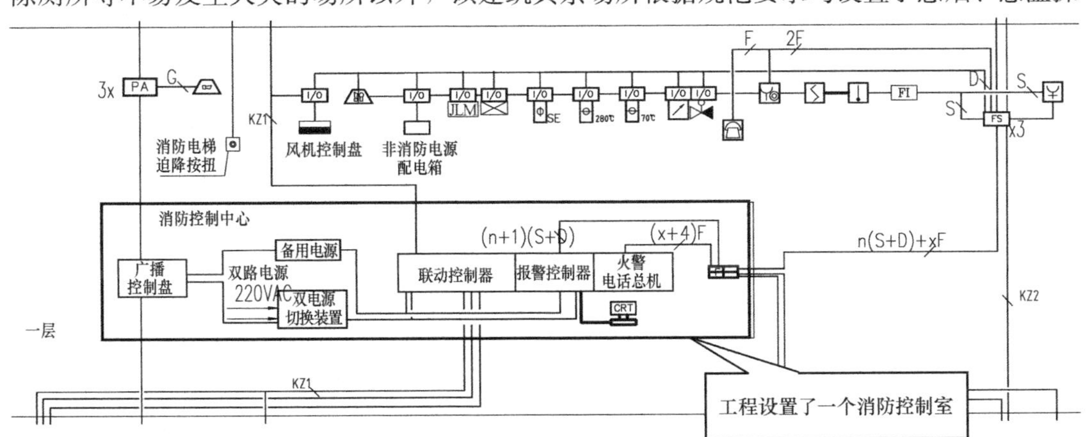

图6-8 消防系统图消防控制室局部

测器及手动报警器。并在各层楼梯前室适当位置处设置一台火灾显示盘，当发生火灾时，显示盘能可靠地显示本层火灾部位，并进行声光报警。该建筑的火灾自动报警系统形式的选择符合规范要求。

（3）火灾报警控制器和联动控制器设置情况的审查

《警规》中规定，任一台火灾报警控制器所连接的火灾探测器、手动火灾报警按钮和模块等设备总数和地址总数，均不应超过 3200 点，其中每一总线回路连接设备的总数不宜超过 200 点，且应留有不少于额定容量 10%的余量；任一台消防联动控制器地址总数或火灾报警控制器（联动型）所控制的各类模块总数不应超过 1600 点，每一联动总线回路连接设备的总数不宜超过 100 点，且应留有不少于额定容量 10%的余量。

此外，系统总线上应设置总线短路隔离器，每只总线短路隔离器保护的火灾探测器、手动火灾报警按钮和模块等消防设备的总数不应超过 32 点；总线穿越防火分区时，应在穿越处设置总线短路隔离器。

【工程实例】

阅读工程的电气设计说明以及火灾自动报警及联动控制系统图，了解火灾自动报警系统的设置情况，对照规范检查任一台火灾报警控制器连接的设备总数和地址总数是否满足规范要求，每只总线短路隔离器保护的消防设备总数是否满足规范要求。

阅读该建筑的电气设计说明可知，该建筑内敷设火灾报警线、通信线、火警电话线、DC24V 电源线、消火栓启泵线和手动直接控制线，在报警总线上连接着带地址编码的感烟探测器、手动报警器、消火栓报警开关和需要添加输入模块等，每条报警回路上信号点数以设备厂家要求为准，火灾自动报警系统的每回路地址编码总数应预留 15%～20%的余量。查阅该建筑的火灾自动报警及联动控制系统图，发现该建筑在设置总线短路隔离器时没有考虑所保护的消防设备的数量，如图 6-9 所示，不符合规范要求。

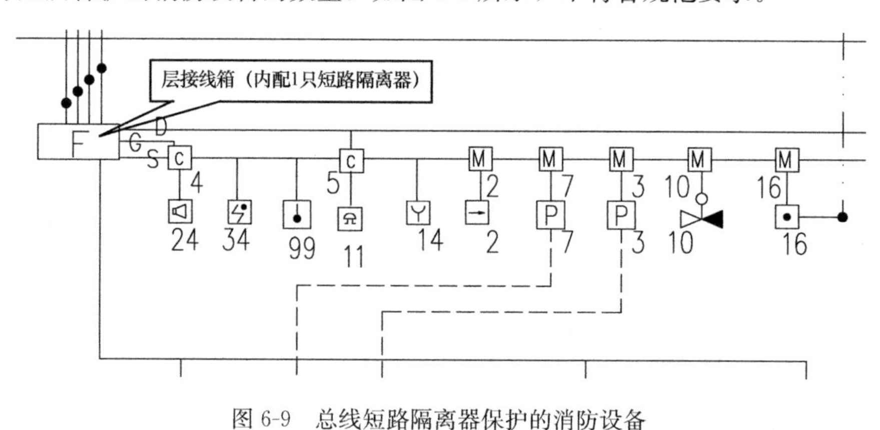

图 6-9　总线短路隔离器保护的消防设备

（4）报警区域和探测区域划分情况及火灾探测器设置部位的审查

1）报警区域的划分

为了迅速确定火灾发生的部位以及火灾发生后联动启动发生火灾的防火分区及相邻防火分区的消防设备，火灾自动报警系统设计一般都要将其保护对象的整个保护范围划分成为若干分区，即火灾报警区域。《警规》当中规定了一般建筑的报警区域应根据防火分区或楼层进行划分。划分时，可以将一个楼层或一个防火分区划分为一个报警区域，也可将发生火灾时需要同时联动消防设备的相邻几个防火分区或楼层划分为一个报警区域。

2）探测区域的划分

为了迅速而准确地探测出报警区域内发生火灾的部位，需要将报警区域按火灾探测的部位划分成若干探测区域。火灾探测区域能够反映火灾报警的具体部位，是火灾监控系统的最小单位。

《警规》当中规定了探测区域的划分应该满足下列条件：

① 探测区域应按独立房（套）间划分。一个探测区域的面积不宜超过 $500m^2$；从主要入口能看清其内部，且面积不超过 $1000m^2$ 的房间，也可划为一个探测区域。

② 红外光束感烟火灾探测器和缆式线型感温火灾探测器的探测区域的长度，不宜超过 100m；空气管差温火灾探测器的探测区域长度宜为 20～100m。

3）应单独划分探测区域的场所

《警规》当中规定下列场所应单独划分探测区域：

① 疏散部位

a. 敞开楼梯间、封闭楼梯间、防烟楼梯间。

b. 防烟楼梯间前室、消防电梯前室、消防电梯与防烟楼梯间合用的前室、走道、坡道。

② 隐蔽部位

包括电气管道井、通信管道井、电缆隧道、建筑物闷顶以及夹层。

火灾探测器的具体设置部位参见《警规》附录 D。

【工程实例】

通过消防平面图检查需要单独划分探测区域的部位和需要设置火灾探测器的部位是否设置了相应的火灾探测器。

以该建筑为例，阅读该工程的消防平面图（图 6-10）可知，该建筑内的封闭楼梯间、

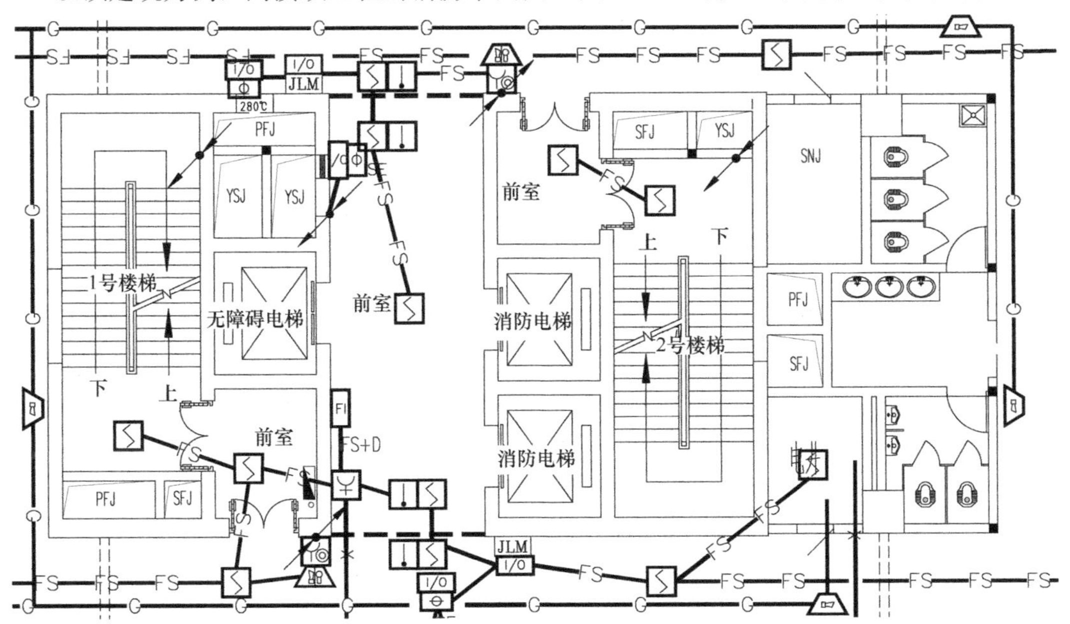

图 6-10　探测区域的划分示意

防烟楼梯间、前室、走道等疏散部位均按要求单独划分了探测区域，设置了探测器。符合规范要求。

6.2.3 审查火灾探测器选择是否恰当

（1）火灾探测器的选择原则

火灾探测区域内可能发生的初期火灾的形成以及发展特点、房间的高度、环境条件和可能引起探测器误报的原因等因素都会影响火灾探测器的选择。不同的火灾探测器性能指标不同，因此针对不同的火灾应该选择不同类型的火灾探测器。

1）按照火灾发展规律选择火灾探测器

① 对火灾初期有阴燃阶段，产生大量的烟和少量的热，很少或没有火焰辐射的场所，应选择感烟火灾探测器。

② 对火灾发展迅速，可产生大量热、烟和火焰辐射的场所，可选择感温火灾探测器、感烟火灾探测器、火焰探测器或其组合。

③ 对火灾发展迅速，有强烈的火焰辐射和少量烟、热的场所，应选择火焰探测器。

④ 对火灾初期有阴燃阶段，且需要早期探测的场所，宜增设一氧化碳火灾探测器。

⑤ 对使用、生产可燃气体或可燃蒸气的场所，应选择可燃气体探测器。

⑥ 对火灾形成特征不可预料的场所，可根据模拟试验的结果选择火灾探测器。

2）按照安装高度选择

火灾探测器的安装高度是指探测器安装位置（点）距离该保护区域（层）地面的高度，火灾探测器的类型影响火灾探测器的安装高度。在不同高度的房间内选择点型火灾探测器时可参照表 6-3。

对不同高度的房间点型火灾探测器的选择　　表 6-3

房间高度 h（m）	点型感烟火灾探测器	点型感温火灾探测器			火焰探测器
		A1、A2	B	C、D、E、F、G	
$12<h\leqslant20$	不适合	不适合	不适合	不适合	适合
$8<h\leqslant12$	适合	不适合	不适合	不适合	适合
$6<h\leqslant8$	适合	适合	不适合	不适合	适合
$4<h\leqslant6$	适合	适合	适合	不适合	适合
$h\leqslant4$	适合	适合	适合	适合	适合

注：表中 A1、A2、B、C、D、E、F、G 为点型感温探测器的不同类别，其具体参数应符合《警规》相关规定。

3）考虑环境因素对火灾探测器的影响

气流速度、环境温度、空气湿度、光干扰、烟源粒径、振动等环境因素对火灾探测器的选择有着非常重要的影响。在实际应用中，要根据使用场所的环境因素选择恰当的火灾探测器。

火灾探测器的选择应根据保护场所可能发生火灾的部位和燃烧材料的分析，以及火灾探测器的类型、灵敏度和响应时间等进行。同一探测区域内设置多个火灾探测器时，可选择具有复合判断火灾功能的火灾探测器和火灾报警控制器。

（2）火灾探测器的选择

根据火灾探测器的特性、灵敏度指标以及工作原理，《警规》当中规定了各种点型火灾探测器的适用与不适用场所。例如，点型感烟火灾探测器适用以下场所：饭店、旅馆、教学楼、办公楼的厅堂、卧室、办公室、商场、列车载客车厢等；计算机房、通信机房、电影或电视放映室等；楼梯、走道、电梯机房、车库等；书库、档案库等。具体的要求可以参照《警规》相关规定。

【工程实例】

阅读该工程的建筑设计图纸，了解到该建筑物最高层高为5.1m，各层层高均小于6m，根据表6-3可知，除C、D、E、F、G型点型感温火灾探测器外，其他类型火灾探测器均可在该建筑物中布置。考虑场所内的早期报警，一般优先选用点型感烟探测器，在某些需要设置实现联动控制要求的特殊部位，还要考虑设置感温探测器。由该建筑2层消防平面图可知，各商铺中采用的是点型感烟探测器，在疏散通道上为了划分防火分区而设置防火卷帘的位置设置了点型感温、感烟探测器，如图6-11所示，符合规范要求。

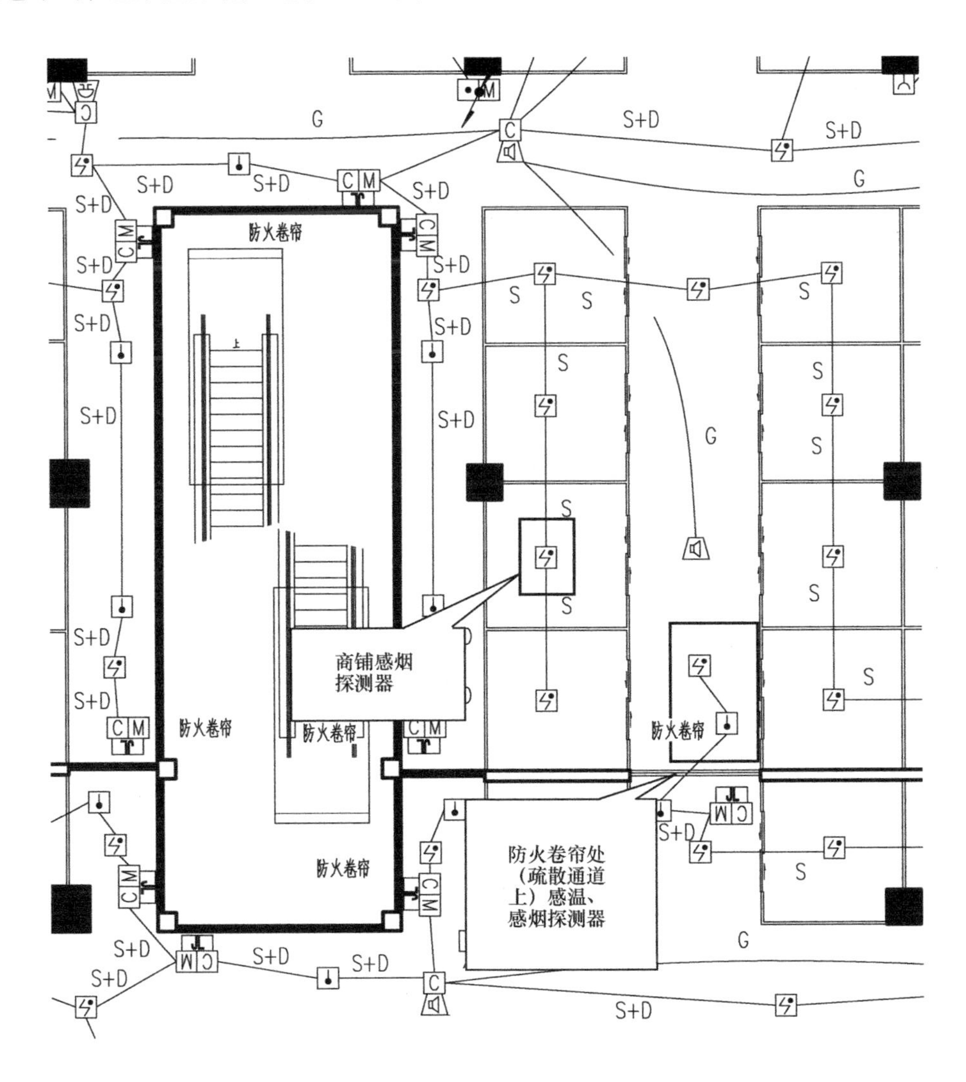

图6-11 探测器的设置情况示意

6.2.4 火灾探测器和手动报警按钮设置情况的审查

(1) 点型火灾探测器的设置数量

一个探测区域内所需设置的探测器数量，不应小于式（6-1）的计算值：

$$N \geqslant \frac{S}{K \cdot A} \tag{6-1}$$

式中 N——探测器数量（只），N 应取整数；

S——该探测区域面积（m^2）；

K——修正系数，容纳人数超过 10000 人的公共场所宜取 0.7～0.8；容纳人数为 2000～10000 人的公共场所宜取 0.8～0.9；容纳人数为 500～2000 人的公共场所宜取 0.9～1.0；其他场所可取 1.0；

A——探测器的保护面积（m^2）。

【工程实例】

以五层的这间办公室为例，该办公室长度为 22.8m，宽度为 8.4m，修正系数按照人数取 1.0，探测器的保护面积按照《警规》第 6.2.2 条规定取 $60m^2$，按照公式 6-1 计算可得，该探测区域内所需设置的探测器数量为 3.192 只，实际设置 4 只感烟探测器，如图 6-12所示。

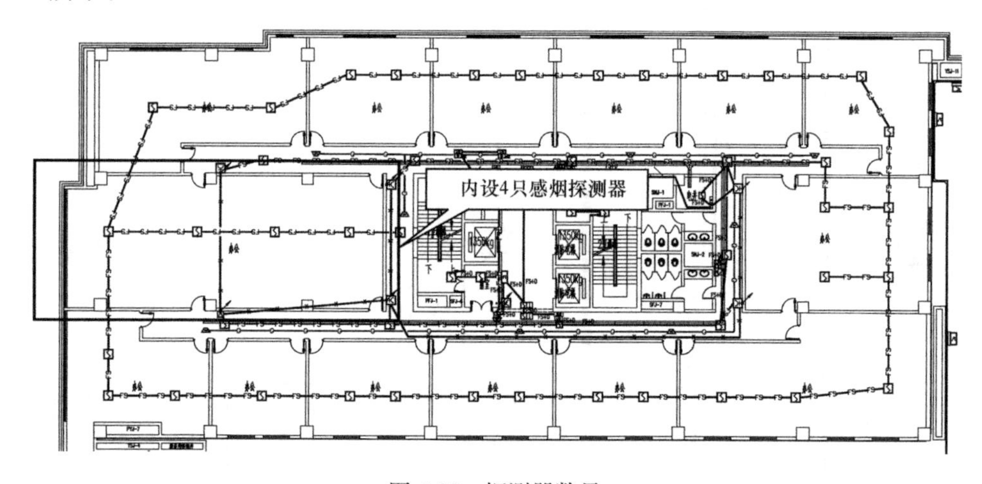

图 6-12 探测器数量

(2) 点型火灾探测器的安装间距

火灾探测器的安装间距是两只相邻的火灾探测器中心连线的长度，包括横向安装间距 a 和纵向安装间距 b。在实际应用中，横向安装间距 a 和纵向安装间距 b 往往按照《警规》第 6.2.2 条规定以及附录 E 探测器安装间距的极限曲线，通过选定的火灾探测器的保护面积 A 和保护半径 R 进行确定。

此外，《警规》第 6.2.4 条规定：在宽度小于 3m 的内走道顶棚上设置点型探测器时，宜居中布置。感温火灾探测器的安装间距不应超过 10m；感烟火灾探测器的安装间距不应超过 15m；探测器至端墙的距离不应大于探测器安装间距的 1/2。

【工程实例】

以图 6-12 所示办公室为例，由上述审查过程可知，该办公室探测器的保护面积取

60m²，探测器保护半径为 5.8m，应按照《警规》附录 E 中 D5 曲线确定探测器安装间距。因 D5 曲线段上点的坐标均可作为探测器安装间距，所以取值不确定，一般在审查过程中，在探测器数量满足规范要求的前提下，探测器之间间距不超过 D5 曲线段端点位置坐标值，即认为安装间距满足规范要求。经审查，该办公室内探测器安装间距符合规范要求。

(3) 点型火灾探测器的安装规则

不同的建筑构造形式对火灾探测器的安装要求不同。在火灾探测器的安装过程中，要考虑房间的顶棚是否有梁、梁高对烟气阻挡的影响、屋顶是否有热屏障等因素。《警规》中第 6.2.5、6.2.6、6.2.8 条规定：点型探测器至墙壁、梁边的水平距离不应小于 0.5m。点型探测器周围 0.5m 内不应有遮挡物。点型探测器至空调送风口边的水平距离不应小于 1.5m，并宜接近回风口安装；探测器至多孔送风顶棚孔口的水平距离不应小于 0.5m。

【工程实例】

阅读该建筑的电气设计说明，了解到该建筑安装的探测器与灯具的水平净距应大于 0.2m；与送风口边的水平净距应大于 1.5m；与多孔送风顶棚孔口的水平净距应大于 0.5m；与嵌入式扬声器的净距应大于 0.1m；与自动喷淋头的净距应大于 0.3m，与墙或其他遮挡物的距离应大于 0.5m；满足《警规》中规定。

(4) 手动火灾报警按钮的设置

设置手动火灾报警按钮时，应在每个防火分区至少设置一只，且从一个防火分区内的任何位置到最邻近的手动火灾报警按钮的步行距离不应大于 30m。一般手动火灾报警按钮设置在疏散通道或出入口处明显和便于操作的部位，且应有明显的标志。当采用壁挂方式安装手动火灾报警按钮时，安装高度一般为 1.3～1.5m。

【工程实例】

阅读该建筑的消防平面图，该建筑的手动火灾报警按钮均安装在疏散通道及出入口处，符合规范要求。此外，该建筑内的任何位置到手动报警按钮的步行距离均小于 30m，如图 6-13 所示，符合规范要求。阅读该建筑的电气设计说明可知，该建筑的手动火灾报警按钮距地 1.4m 明装，符合规范要求。

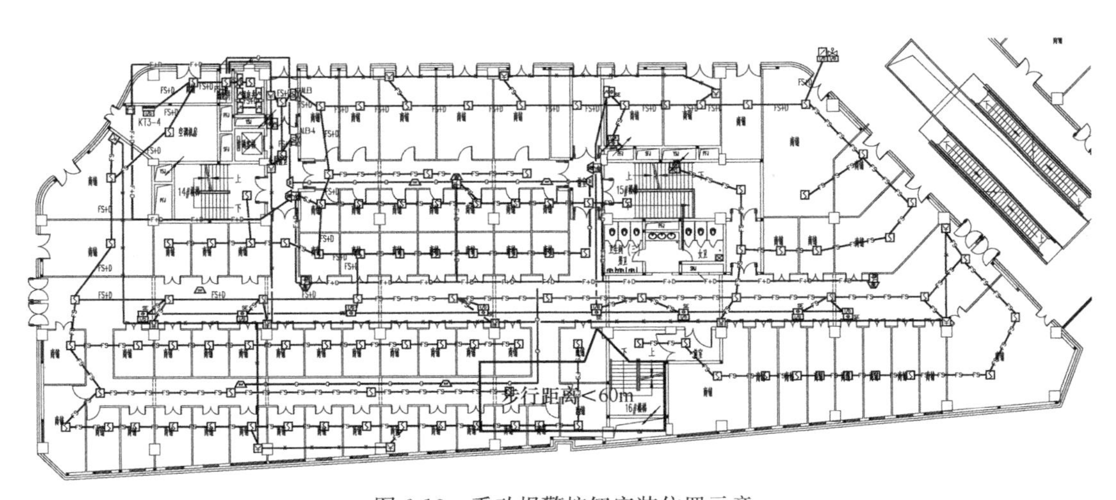

图 6-13　手动报警按钮安装位置示意

（5）火灾应急广播、火灾警报装置、消防专用电话等其他部件的设置

火灾应急广播、火灾警报装置、消防专用电话等其他部件的设置要求可参见《警规》第6章。其审查方法可参考手动报警按钮的审查，重点对照消防平面图审查其设置部位及相关距离要求。

6.2.5 消防联动控制系统的审查

消防控制室对建筑内消防设施的控制与显示功能应符合《警规》和《消防控制室通用技术要求》GB 25506—2010的相关要求。在建设工程审查中，要审查各个自动消防设施主要设备的联动控制是否满足规范要求。在火灾自动报警和联动控制系统图中，主要审查消防控制室能否直接手动控制消防水泵、排烟风机和防烟风机；审查湿式自动喷水灭火系统和消火栓系统的报警阀组压力开关、高位消防水箱流量开关和消防泵出水干管上的低压压力开关是否能直接启动消防水泵；审查模块类型及数量、线路类型，确定消防联动控制器是否能联动控制消防水泵、防排烟风机和防火卷帘等消防用电设备；审查消防广播和消防电话系统的线路类型，确定其是否能满足联动控制要求。

本书以防火卷帘为例，介绍火灾自动报警系统联动控制的审查方法，其他自动消防设施联动不做赘述。

《警规》中对防火卷帘的联动控制有如下要求：

（1）防火卷帘的升降应由防火卷帘控制器控制。

（2）防火卷帘在疏散通道上设置：防火分区内任两只独立的感烟火灾探测器或任一只专门用于联动防火卷帘的感烟火灾探测器的报警信号，联动控制防火卷帘下降至距楼板面1.8m处；任一只专门用于联动防火卷帘的感温火灾探测器的报警信号，联动控制防火卷帘下降到楼板面；在卷帘的任一侧距卷帘纵深0.5～5m内，应设置不少于2只专门用于联动防火卷帘的感温火灾探测器；手动控制是由防火卷帘两侧设置的手动控制按钮控制防火卷帘的升降。

（3）防火卷帘设置在非疏散通道上时：由防火卷帘所在防火分区内任两只独立的火灾探测器的报警信号，作为防火卷帘下降的联动触发信号，由防火卷帘控制器联动控制防火卷帘直接下降到楼板面；手动控制是由防火卷帘两侧设置的手动控制按钮控制防火卷帘的升降，并应能在消防控制室内的消防联动控制器上手动控制防火卷帘的降落。

（4）防火卷帘下降至距楼板面1.8m处、下降到楼板面的动作信号和防火卷帘控制器直接连接的感烟、感温火灾探测器的报警信号应反馈至消防联动控制器。

【工程实例】

阅读建筑的消防平面图，对于疏散通道上设置的防火卷帘，审查防火卷帘两侧是否至少设置2只专门用于联动防火卷帘的感温火灾探测器，审查至探测器的线路是否为传输线路，审查防火卷帘附近是否设置有用于消防联动的控制线路及输入输出模块，输入输出模块的类型和数量应满足二步降的控制要求。对于非疏散通道上设置的防火卷帘，审查防火卷帘附近是否设置有用于消防联动的控制线路及输入输出模块。

以3层疏散通道为例，在该疏散通道上，设置有划分防火分区的防火卷帘，如图6-14所示，防火卷帘两侧均设置有感烟和感温火灾探测器，至探测器的线路均为传输线路；在承重柱上设置有防火卷帘控制器及输入输出模块，至输入输出模块的线路为控制线路，符

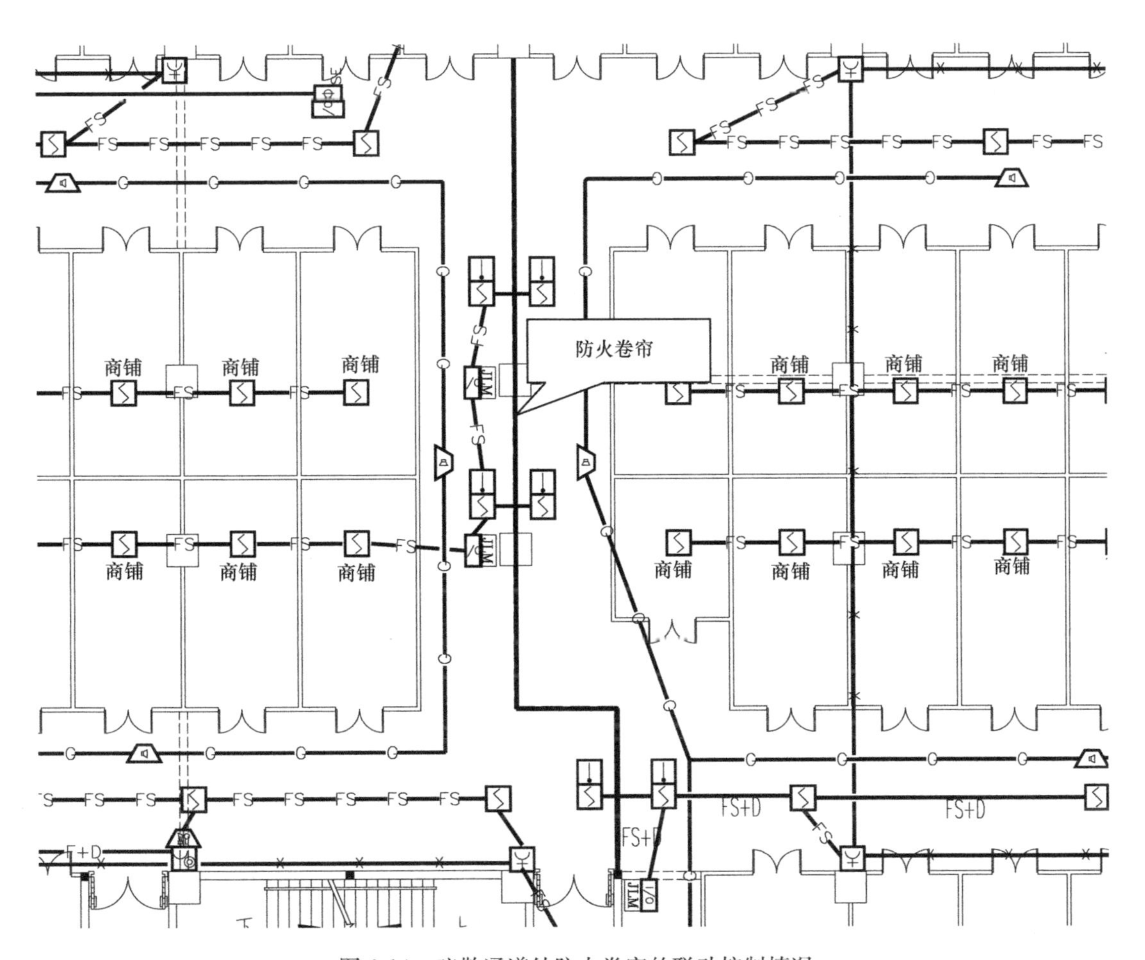

图 6-14　疏散通道处防火卷帘的联动控制情况

合规范要求。但从该消防平面图中，未能看出其输入输出模块数量，需结合火灾自动报警系统图查找输入输出模块的具体数量是否与卷帘门数量相匹配。如图 6-15 所示，其 3 层对应疏散通道上的防火卷帘设置了 8303 双输入双输出模块，其数量与平面图一致；3 层还设置了感温探测器，其数量与双输入双输出模块对应，因此可以实现二步降功能，符合规范要求。

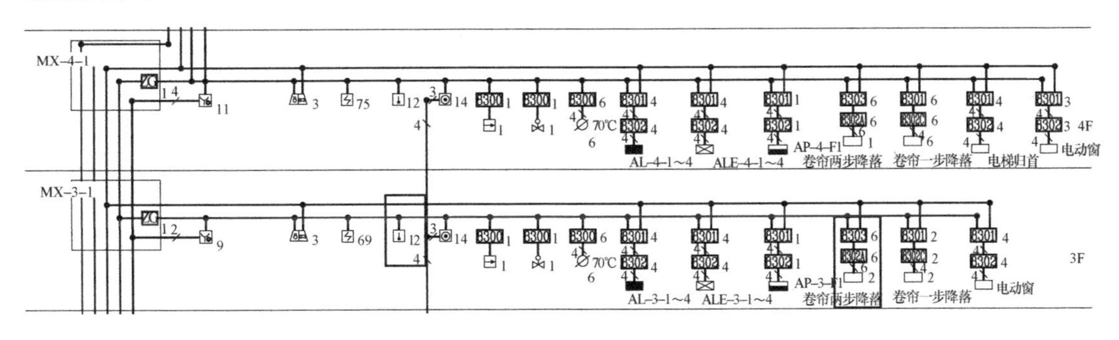

图 6-15　输入输出模块的设置情况

以 3 层中设有自动扶梯的中庭为例，为满足防火分区划分要求，在自动扶梯的四周设置有防火卷帘，如图 6-16 所示。在设置防火卷帘时，自动扶梯周边用于防火分隔的防火卷帘应直接下降到楼板面；考虑到发生火灾时，人员有可能滞留在自动扶梯上，故自动扶梯出口处的防火卷帘应满足二步降的联动控制要求。如图 6-16 所示，该自动扶梯周边的防火卷帘均在两侧按照二步降要求设置了感烟和感温火灾探测器，而未考虑部分防火卷帘只起到防火分隔作用，因此不满足规范要求。

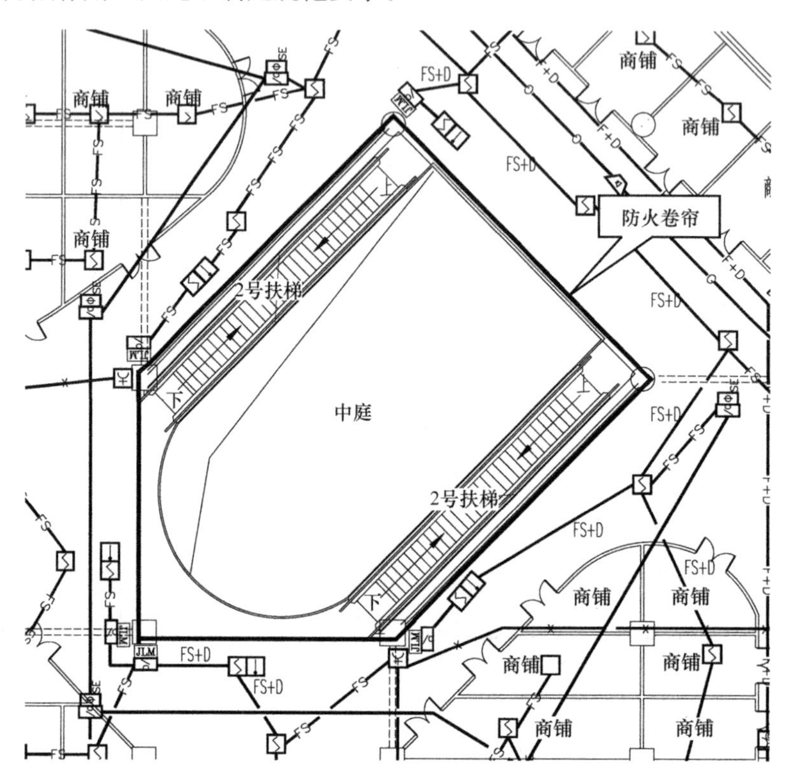

图 6-16　中庭处防火卷帘的联动控制情况

6.2.6　火灾自动报警系统其他设计要求

火灾自动报警系统的其他设计要求包括火灾自动报警系统的供电设计以及布线方式，其审查方法可以参照本章 6.1.2 节及 6.1.3 节中（4）中的内容，这里不再进行详细介绍。

第7章　建筑灭火设施设计审查

7.1　消火栓系统设计审查

消火栓系统在建筑物内使用广泛，主要用于扑灭初期火灾。在对消火栓系统设计图纸进行审查时，主要从以下几个方面入手。

7.1.1　消防水源

对于消防水源的审查主要包括消防给水的设计、消防水源的形式、消防总用水量的确定、天然水源、市政给水管网、消防水池、消防水箱等方面。具体审查内容如下：

（1）主要根据建筑的用途及其重要性、火灾危险性、火灾特性和环境条件等因素综合审查消防给水的设计。

（2）消防水源的形式，消防总用水量的确定。《消防给水及消火栓系统技术规范》GB 50974—2014 第4.1.3条规定了消防水源的主要形式：市政给水、消防水池、天然水源等可作为消防水源，并宜采用市政给水。同时也规定了雨水清水池、中水清水池、水景和游泳池可作为备用消防水源。雨水清水池、中水清水池、水景和游泳池必须作为消防水源时，应有保证在任何情况下均能满足消防给水系统所需的水量和水质的技术措施。对于严寒、寒冷等冬季结冰地区的消防水池、水塔和高位消防水池等，应采取防冻措施。建筑的消防用水总量应按室内外消防用水量之和计算确定。

示例：

某建筑位于城市中心，市政消防管网完善，故而优先采用市政消防管道供水，且采用两根进水管。室外消防用水量设计为30L/s，室内消火栓用水量为40L/s。室外消火栓采用地上SS100/65-1.0型。如图7-1所示。

（3）利用天然水源的，应审查天然水源的水量、水质、数量、消防车取水高度、取水设施是否符合规范要求。

如当室外消防水源采用天然水源时，应采取防止冰凌、漂浮物、悬浮物等物质堵塞消防水泵的技术措施，并应采取确保安全取水的措施。当地表水作为室外消防水源时，应采取确保消防车、固定和移动消防水泵在枯水位取水的技术措施；当消防车取水时，最大吸水高度不应超过6.0m；当井水作为消防水源时，应设置探测水井水位的水位测试装置。设有消防车取水口的天然水源，应设置消防车到达取水口的消防车道和消防车回车场或回车道。

（4）由市政给水管网供水的，应审查市政给水管网供水管数量、供水管径及供水能力。

如当市政给水管网连续供水时，消防给水系统可采用市政给水管网直接供水。用作两

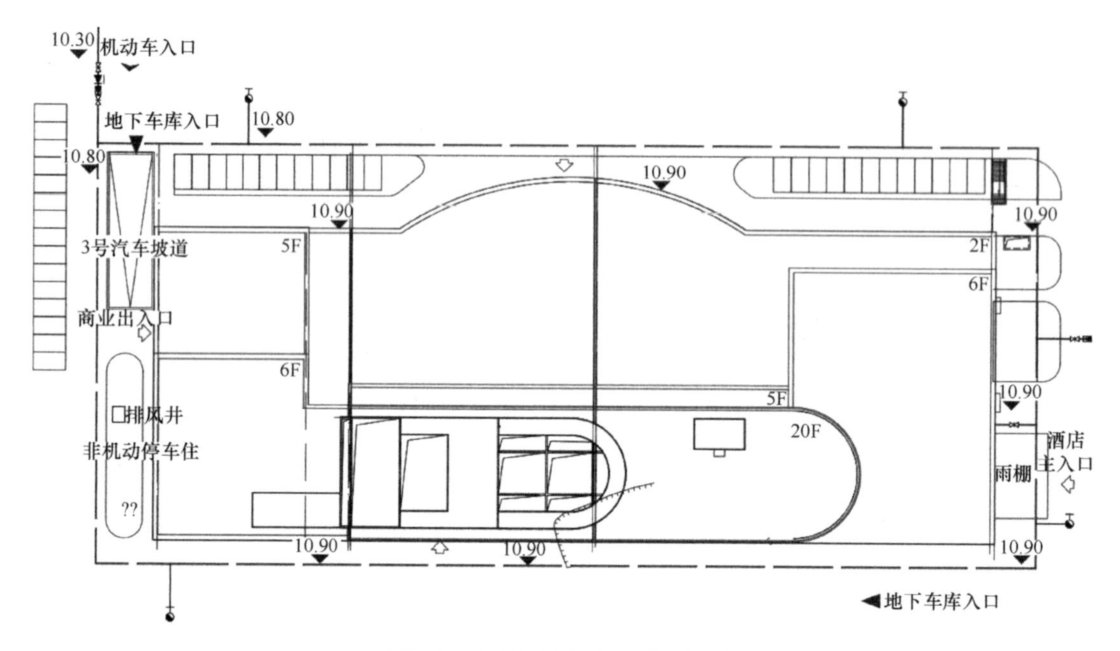

图 7-1 室外消防给水管网布置图

路消防供水的市政给水管网应符合以下要求：

1）市政给水厂应至少有两条输水干管向市政给水管网输水；

2）市政给水管网应为环状管网；

3）应至少有两条不同的市政给水干管上不少于两条引入管向消防给水系统供水。

示例：

某建筑采用市政消防管道供水，具备两根进水管，一条从西北角城市主干道引入，另一条从东侧道路引入，且设置为环状管网。如图 7-2、图 7-3 所示。

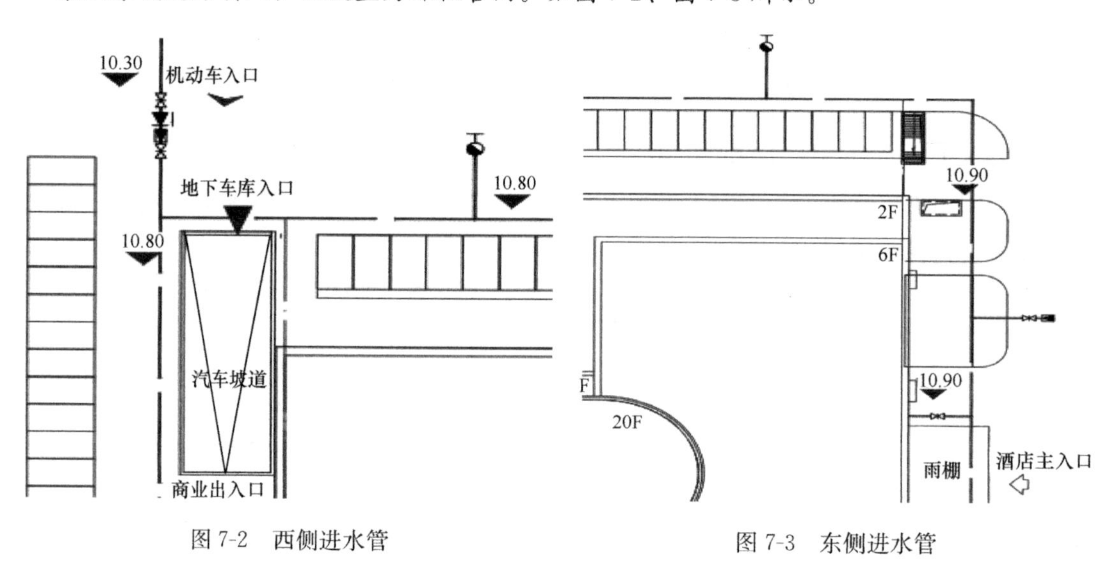

图 7-2 西侧进水管

图 7-3 东侧进水管

（5）设置消防水池的，应审查消防水池的设置位置、有效容量、水位显示与报警、取水口、取水高度等是否符合规范要求。如当消防水池采用两路消防供水，且在火灾情况下连续补水能满足消防要求时，消防水池的有效容积应根据计算确定，但不应小于 $100m^3$，当仅设有消火栓系统时不应小于 $50m^3$。消防水池取水口（井）吸水高度不应大于 6.0m。

示例：

查看该建筑的相关设计说明，该建筑消火栓系统采用 600T 消防水池一座，位于地下二层。经校核，根据《消防给水及消火栓系统技术规范》GB 50974—2014 表 3.6.2 高层公共建筑的火灾延续时间为 3h，且室内消火栓用水量为 40L/s，则计算消防水池有效容积应不低于 $3.6\times40\times3=432\ m^3$，设计 600T 合格。

(6) 设置消防水箱的，应审查消防水箱的设置位置、有效容量、补水措施、水位显示与报警等是否符合规范要求。

示例：

某建筑消火栓系统采用 18T 消防水箱一座，位于屋顶，如图 7-4 所示。根据《消防给水及消火栓系统技术规范》GB 50974—2014 第 5.2.1 条，临时高压消防给水系统的高位消防水箱的有效容积应满足初期火灾消防用水量的要求，并应符合下列规定：

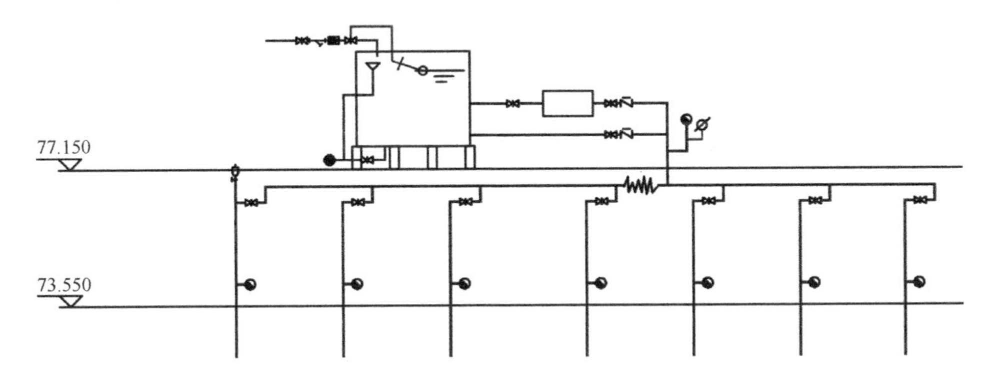

图 7-4　消防水箱设计

1) 一类高层公共建筑，不应小于 $36m^3$；但当建筑高度大于 100m 时，不应小于 $50m^3$；当建筑高度大于 150m 时，不应小于 $100m^3$；

2) 多层公共建筑、二类高层公共建筑和一类高层住宅，不应小于 $18m^3$；当一类高层住宅建筑高度超过 100m 时，不应小于 $36m^3$；

3) 二类高层住宅，不应小于 $12m^3$。

某建筑主体建筑高度为 77.15m，裙房高度为 23.75m，根据《建筑设计防火规范》GB 50016—2014（2018 年版）第 5.1.1 条，应属于一类高层建筑，因此其消防水箱不应小于 $36m^3$。但该建筑建设时间较早，其 18T 消防水箱不符合现行规范，仅符合旧版规范是可以理解的。

7.1.2　室外消防给水及消火栓系统

对于室外消防给水及消火栓系统的审查主要包括以下几点：

(1) 根据建筑的用途及其重要性、火灾危险性、火灾特性和环境条件等因素，综合审查室外消火栓系统的设计是否符合规范要求。

示例：

根据规范要求，该建筑应设置室内外消火栓系统。室外消火栓供水量为30L/s，计算得室外消火栓数量$n=30/(10\sim15)=2\sim3$个，实际设置了4个SS100/65-1.0型地上式消火栓，沿被保护建筑均匀设置，符合要求。室外消火栓距离建筑外墙均为7m，均大于5.00m，符合规范要求。

（2）根据建筑的火灾延续时间，审查室外消火栓用水量是否符合规范要求。

示例：

根据《消防给水及消火栓系统技术规范》GB 50974—2014表3.3.2，当高层民用建筑体积大于50000m³时，室外消火栓设计流量应为40L/s，见表7-1。根据此规范，建筑的火灾延续时间为3h。

建筑物室外消火栓设计流量（单位：L/s） **表7-1**

耐火等级	建筑物名称及类别			建筑体积（m³）
				$V>50000$
一级、二级	民用建筑	公共建筑	高层	40

（3）室外消防给水管网的设计是否符合规范要求。重点审查进水管的数量、连接方式、管径计算、管材选用等的设计。如当向两栋或两座及以上建筑供水时，消防给水应采用环状给水管网。

1）室外消防给水管道的设计是否符合规范要求。重点审查管道布置水压计算、阀门和倒流防止器设置等的设计。

2）室外消火栓的设计是否符合规范要求。重点审查室外消火栓数量、布置、间距和保护半径。其中地下式消火栓应设置明显标志。

3）冷却水系统的设计流量、管网设置等是否符合规范要求。

7.1.3 室内消火栓系统

对于室内消火栓系统的审查主要包括以下几点：

（1）根据建筑的用途及其重要性、火灾危险性、火灾特性和环境条件等因素，综合审查室内消火栓系统和消防软管卷盘的选型及设置是否符合规范要求。

1）应设置室内消火栓系统的建筑或场所：

① 建筑占地面积大于300m²的厂房和仓库；

② 高层公共建筑和建筑高度大于21m的住宅建筑；

注：建筑高度不大于27m的住宅建筑，设置室内消火栓系统确有困难时，可只设置干式消防竖管和不带消火栓箱的*DN*65的室内消火栓。

③ 体积大于5000m³的车站、码头、机场的候车（船、机）建筑、展览建筑、商店建筑、旅馆建筑、医疗建筑、老年人照料设施和图书馆建筑等单层、多层建筑；

④ 特等、甲等剧场，超过800个座位的其他等级的剧场和电影院等，以及超过1200个座位的礼堂、体育馆等单层、多层建筑；

⑤ 建筑高度大于15m或体积大于10000m³的办公建筑、教学建筑和其他单层、多层民用建筑。

2）应设置消防软管卷盘或轻便消防水龙的建筑和场所

① 人员密集的公共建筑；

② 建筑高度大于 100m 的建筑；

③ 建筑面积大于 200m² 的商业服务网点；

④ 老年人照料设施。

3）宜设置消防软管卷盘或轻便消防水龙的建筑和场所

① 前述未规定的建筑或场所；

② 符合前述规定的下列建筑或场所：

a. 耐火等级为一级、二级且可燃物较少的单层、多层丁、戊类厂房（仓库）；

b. 耐火等级为三级、四级且建筑体积不大于 3000m³ 的丁类厂房；耐火等级为三级、四级且建筑体积不大于 5000m³ 的戊类厂房（仓库）；

c. 粮食仓库、金库、远离城镇且无人值班的独立建筑；

d. 存有与水接触能引起燃烧爆炸的物品的建筑；

e. 室内无生产、生活给水管道，室外消防用水取自储水池且建筑体积不大于 5000m³ 的其他建筑。

（2）根据建筑的火灾延续时间，审查室内消火栓用水量是否符合规范要求。

示例： 根据《消防给水及消火栓系统技术规范》GB 50974—2014 第 3.5.2 条，建筑物室内消火栓设计流量不应小于表 3.5.2 的规定。某建筑为高层建筑，从表 7-2 中可以确定，其室内消火栓设计流量不应低于 40L/s，符合规范要求。从中也可以看出，每根竖管最小流量为 15L/s。

建筑物室内消火栓设计流量　　　　**表 7-2**

建筑物名称			高度 h（m）	消火栓设计流量（L/s）	同时使用消防水枪数（只）	每根竖管最小流量（L/s）
民用建筑	高层	一类公共建筑	$h>50$	40	8	15

（3）室内消防给水管网的设计是否符合规范要求。重点审查引入管的数量、管径和选材，管网和竖管的布置形式（环状、枝状），竖管的间距和管径，阀门的设置和启闭要求、水泵接合器等的设计。

1）消防给水应采用环状给水管网：

① 向两栋或两座及以上建筑供水时；

② 向两种及以上水灭火系统供水时；

③ 采用设有高位消防水箱的临时高压消防给水系统时；

④ 向两个及以上报警阀控制的自动水灭火系统供水时。

示例：

如图 7-5 所示，某建筑的主楼和裙房部分均采用了环状管网消火栓给水系统。

2）室内消防给水管网应符合下列规定：

① 室内消火栓系统管网应布置成环状，当室外消火栓设计流量不大于 20L/s，且室内消火栓不超过 10 个时，除另有规定外，可布置成枝状；

② 当由室外生产生活消防合用系统直接供水时，合用系统除应满足室外消防给水设

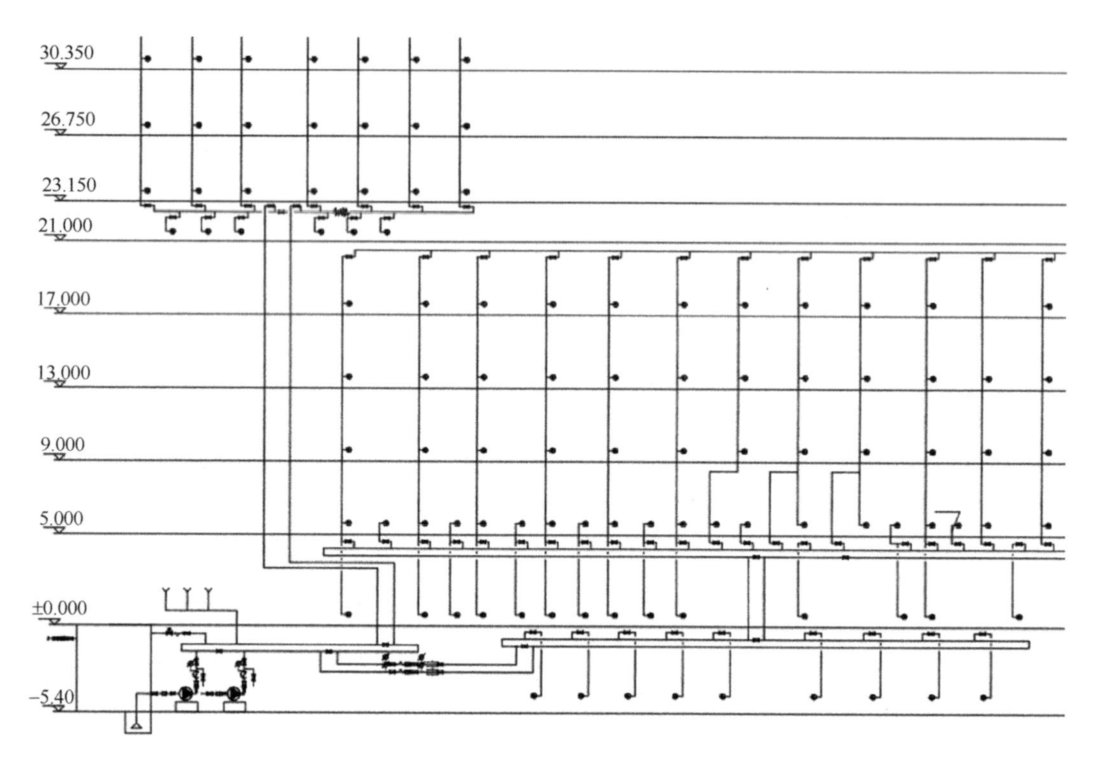

图 7-5　室内消火栓系统原理图

计流量以及生产和生活最大小时设计流量的要求外，还应满足室内消防给水系统的设计流量和压力要求；

③ 室内消防管道管径应根据系统设计流量、流速和压力要求经计算确定；室内消火栓竖管管径应根据竖管最低流量经计算确定，但不应小于 $DN100$。

示例：

某建筑室内消防竖管管径为 $DN100$。

消火栓管网最小管径计算公式为：

$$D=\sqrt{\frac{4Q}{\pi v}} \tag{7-1}$$

式中，D 为管网管径，mm；Q 为室内消火栓流量，L/s；v 为给水管网内流速，m/s。

对于消火栓立管，流量 Q 取 15L/s，流速 v 取 2.5m/s，计算得：

$$D=\sqrt{4\times15\times1000/(3.14\times2.5)}=87.4<100$$

选择 $DN100$ 满足流量要求。

（4）室内消火栓的设计是否符合规范要求。重点审查室内消火栓的布置、保护半径、间距计算等的设计。

1）设置部位的审查

① 设置室内消火栓的建筑，包括设备层在内的各层均应设置消火栓；

② 消防电梯前室应设置室内消火栓；

③ 屋顶设有直升机停机坪的建筑，应在停机坪出入口处或非电器设备机房处设置消火栓，且距停机坪机位边缘的距离不应小于 5.0m；

④ 室内消火栓应设置在楼梯间及其休息平台和前室、走道等明显易于取用以及便于火灾扑救的位置；

⑤ 住宅的室内消火栓宜设置在楼梯间及其休息平台；

⑥ 汽车库内消火栓的设置应不影响汽车的通行和车位的设置，并应确保消火栓的开启；

⑦ 同一楼梯间及其附近不同层设置的消火栓，其平面位置宜相同；

⑧ 冷库的室内消火栓应设置在常温穿堂或楼梯间内。

2）布置要求

① 室内消火栓的布置应满足同一平面有 2 支消防水枪的 2 股充实水柱同时达到任何部位的要求，但建筑高度小于或等于 24.0m 且体积小于或等于 5000m^3 的多层仓库、建筑高度小于或等于 54m 且每单元设置一部疏散楼梯的住宅，以及规定可采用 1 支消防水枪的场所，可采用 1 支消防水枪的 1 股充实水柱到达室内任何部位。

② 消火栓按 2 支消防水枪的 2 股充实水柱布置的建筑物，消火栓的布置间距不应大于 30.0m。

③ 消火栓按 1 支消防水枪的 1 股充实水柱布置的建筑物，消火栓的布置间距不应大于 50.0m。

（5）水力计算是否符合规范要求。重点审查系统设计流量、充实水柱计算、消火栓栓口所需水压、管网水力计算（最不利点确定、流量和流速确定、沿途水头损失、局部水头损失）、消防水箱设置高度计算、消防水泵扬程计算、剩余水压计算、减压孔板计算和减压阀的选用（减压孔板孔径计算、减压孔板水头损失计算、减压阀的选用）。

消火栓栓口动压力不应大于 0.50MPa；当大于 0.70MPa 时必须设置减压装置；高层建筑、厂房、库房和室内净空高度超过 8m 的民用建筑等场所，消火栓栓口动压不应小于 0.35MPa，且消防水枪充实水柱应按 13m 计算；其他场所，消火栓栓口动压不应小于 0.25MPa，且消防水枪充实水柱应按 10m 计算。

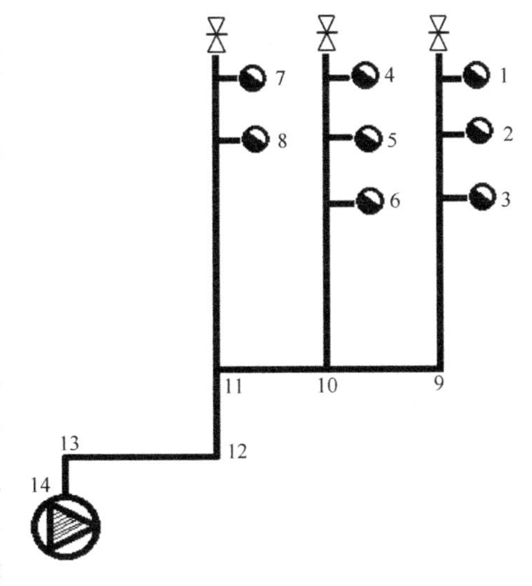

图 7-6　室内消火栓最不利、相邻竖管、次相邻竖管管路

示例：水力计算

1）确定最不利及相邻、相邻次不利消防竖管。该建筑室内消火栓用水量为 40L/s，则同时使用水枪数量按 8 支考虑。根据经验分析，最不利、相邻竖管、次相邻竖管管路，设计计算时假定出水的消火栓数量分别为 3 支、3 支和 2 支，如图 7-6 所示。该建筑最不利消火栓位于主楼顶层走道东侧，最不利消防竖管是 XL-6，相邻立管是 XL-5，次相邻竖管是 XL-4。

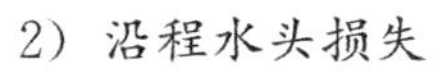
2）沿程水头损失

沿程水头损失的计算公式

$$h_f = iL \tag{7-2}$$

$$i = 105C_h^{-1.85} d_j^{-4.87} q_g^{1.85} \tag{7-3}$$

式中，h_f为管道沿程水头损失，kPa；L 为管段计算长度，m；i 为管道单位长度水头损失，kPa/m；C_h为海澄-威廉系数，和管道材料有关，该建筑中消火栓管道均采用镀锌钢管，C_h取 100；d_j为管道计算内径，m；q_g为给水设计流量，m^3/s。式（7-3）为海澄-威廉公式，是诸多管道沿程水头损失计算方法中较常用的一种。它的主要特点是，可以利用海澄-威廉系数的调整，适应不同粗糙系数管道的水力计算。如图 7-6 所示，对各管段的沿程水头损失进行了水力计算，结果见表 7-3，该表给出了室内消火栓各管段沿程水头损失计算值。

室内消火栓管段沿程水头损失　　表 7-3

计算管段	设计流量 ($L \cdot s^{-1}$)	管长（m）	公称管径 DN (mm)	计算内径 (mm)	沿程损失 (kPa)
1-2	5	3.60	100	106.3	0.230
2-3	10	3.60	100	106.3	0.828
3-9	15	43.20	100	106.3	21.049
4-5	5	3.60	100	106.3	0.230
5-6	10	3.60	100	106.3	0.828
6-10	15	43.20	100	106.3	21.049
7-8	5	3.60	100	106.3	0.230
8-11	10	46.80	100	106.3	10.770
9-10	15	8.40	150	159.3	0.571
10-11	30	12.60	150	159.3	3.086
11-12	40	23.15	150	159.3	9.655
12-13	40	62.80	150	159.3	26.192
13-14	40	5.40	150	159.3	2.252

经比较，最不利管路沿程水头损失为$\sum h_f = 63.863/1000 = 0.0639$MPa

3）局部水头损失

室内消火栓系统管道的局部水头损失，可按沿程水头损失的 10%计算。即 $h_j = 10\% h_f = 10\% \times 0.0639 = 0.0064$MPa

4）管道总水头损失

管道总水头损失$\sum h = \sum h_f + h_j = 0.0639 + 0.0064 = 0.0703$MPa

5）水泵扬程

水泵扬程按《消防给水及消火栓系统技术规范》GB 50974—2014 公式 10.1.7 计算：

$$H = H_a + H_{xh} + k \sum h \tag{7-4}$$

式中，H 为建筑物室内消火栓给水系统水泵所需扬程，MPa；H_a 为最不利点消火栓与消防水池的最低水位之间的高程差，MPa；H_{xh} 为最不利点消火栓栓口所需的水压，MPa；$\sum h$ 为管道总水头损失，MPa；k 为安全系数，可取 1.2～1.4。

$$H_a = 80.05mH_2O = 0.8005\text{MPa}$$

$$H_{xh}=0.16775\text{MPa}$$

计算得：

$$H=0.8005+0.16775+1.4\times0.0703$$

$$=1.06667\text{MPa}\approx106.667\text{mH}_2\text{O}$$

该建筑配置XBD40-150-HY型消火栓泵2台，一用一备，设备参数为：流量$Q=40\text{L/s}$，扬程$H=120\text{m}$，大于$106.667\text{mH}_2\text{O}$，符合要求。

（6）水泵接合器的数量和设置位置是否符合规范要求。

1）数量

消防水泵接合器的给水流量宜按每个10～15L/s计算。每种水灭火系统的消防水泵接合器设置的数量应按系统设计流量经计算确定，但当计算数量超过3个时，可根据供水可靠性适当减少。

2）设置位置

① 水泵接合器应设在室外便于消防车使用的地点，且距室外消火栓或消防水池的距离不宜小于15m，并不宜大于40m。

② 墙壁消防水泵接合器的安装高度距地面宜为0.70m；与墙面上的门、窗、孔、洞的净距离不应小于2.0m，且不应安装在玻璃幕墙下方。

③ 地下消防水泵接合器的安装，应使进水口与井盖底面的距离不大于0.40m，且不应小于井盖的半径。

示例：

该建筑设置SQS150-1.6型地上式消防水泵接合器3个与消火栓环管相连。室外消火栓消防用水量30L/s，计算得水泵接合器数量$n=30/(10\sim15)=2\sim3$个，如图7-7所示，选用了3个水泵接合器，符合规范要求。

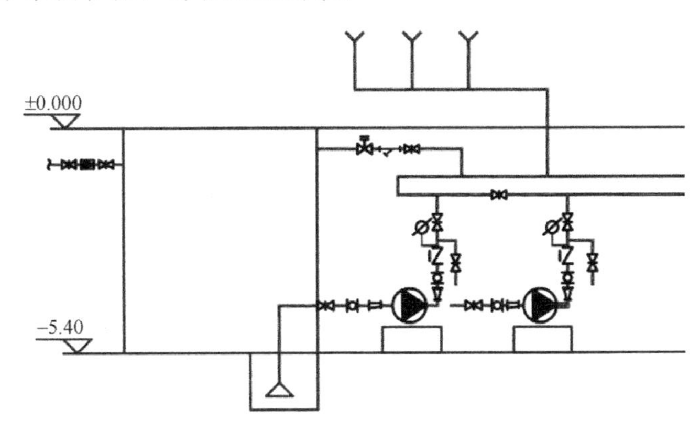

图7-7　消防水池与消火栓泵

（7）干式消防竖管的消防车供水接口和排气阀的设置是否符合规范要求。

7.2　自动喷水灭火系统设计审查

自动喷水灭火系统是一种在发生火灾时能自动喷水灭火，并同时发出火警信号的灭火系统。据资料统计表明，这种灭火系统具有较高的灵敏度和灭火效能，是扑灭建筑初期火灾非常有效的一种灭火设备。对于自动喷水灭火系统设计图纸的审查主要包括以下几点：

7.2.1 基本要求

根据建筑的用途及其重要性、火灾危险性、火灾特性和环境条件等因素审查自动喷水灭火系统的设置和选型是否符合规范要求。

(1) 设置部位

1）厂房与生产部位

① 不小于50000纱锭的棉纺厂的开包、清花车间，不小于5000锭的麻纺厂的分级、梳麻车间，火柴厂的烤梗、筛选部位；

② 占地面积大于1500m^{2}或总建筑面积大于3000m^{2}的单层、多层制鞋、制衣、玩具及电子等类似生产的厂房；

③ 占地面积大于1500m^{2}的木器厂房；

④ 泡沫塑料厂的预发、成型、切片、压花部位；

⑤ 高层乙、丙类厂房；

⑥ 建筑面积大于500m^{2}的地下或半地下丙类厂房。

2）仓库

① 每座占地面积大于1000m^{2}的棉、毛、丝、麻、化纤、毛皮及其制品的仓库（单层占地面积不大于2000m^{2}的棉花库房可不设置）；

② 每座占地面积大于600m^{2}的火柴仓库；

③ 邮政建筑内建筑面积大于500m^{2}的空邮袋库；

④ 可燃、难燃物品的高架仓库和高层仓库；

⑤ 设计温度高于0℃的高架冷库，设计温度高于0℃且每个防火分区建筑面积大于1500m^{2}的非高架冷库；

⑥ 总建筑面积大于500m^{2}的可燃物品地下仓库；

⑦ 每座占地面积大于1500m^{2}或总建筑面积大于3000m^{2}的其他单层或多层丙类物品仓库。

3）高层民用建筑或场所

① 一类高层公共建筑（除游泳池、溜冰场外）及其地下、半地下室；

② 二类高层公共建筑及其地下、半地下室的公共活动用房、走道、办公室和旅馆的客房、可燃物品库房、自动扶梯底部；

③ 高层民用建筑内的歌舞、娱乐、放映、游艺场所；

④ 建筑高度大于100m的住宅建筑。

4）单层、多层民用建筑或场所

① 特等、甲等剧场，超过1500个座位的其他等级的剧场，超过2000个座位的会堂或礼堂，超过3000个座位的体育馆，超过5000人的体育场的室内人员休息室与器材间等；

② 任一层建筑面积大于1500m^{2}或总建筑面积大于3000m^{2}的展览、商店、餐饮和旅馆建筑以及医院中同样建筑规模的病房楼、门诊楼和手术部；

③ 设置送回风道（管）的集中空气调节系统且总建筑面积大于3000m^{2}的办公建

筑等；

④ 藏书量超过50万册的图书馆；

⑤ 大、中型幼儿园，老年人照料设施；

⑥ 总建筑面积大于500m^{2}的地下或半地下商店；

⑦ 设置在地下或半地下，或地上四层及以上楼层的歌舞、娱乐、放映、游艺场所（除游泳场所外），设置在首层、二层和三层且任一层建筑面积大于300m^{2}的地上歌舞、娱乐、放映、游艺场所（除游泳场外）。

（2）选型

自动喷水灭火系统选型应根据设置场所的建筑特征、环境条件和火灾特点等选择相应的开式或闭式系统。露天场所不宜采用闭式系统。

1）环境温度不低于4℃且不高于70℃的场所，应采用湿式系统。

2）环境温度低于4℃或高于70℃的场所，应采用干式系统。

3）具有下列要求之一的场所，应采用预作用系统：

① 系统处于准工作状态时严禁误喷的场所；

② 系统处于准工作状态时严禁管道充水的场所；

③ 用于替代干式系统的场所。

4）灭火后必须及时停止喷水的场所，应采用重复启闭预作用系统。

5）具有下列条件之一的场所，应采用雨淋系统：

① 火灾的水平蔓延速度快、闭式洒水喷头的开放不能及时使喷水有效覆盖着火区域的场所；

② 设置场所的净空高度超过相关规定，且必须迅速扑救初期火灾的场所；

③ 火灾危险等级为严重危险级Ⅱ级的场所。

6）符合下列条件之一的场所，宜采用设置早期抑制快速响应喷头的自动喷水灭火系统。当采用早期抑制快速响应喷头时，系统应为湿式系统。

① 最大净空高度不超过13.5m且最大储物高度不超过12.0m，储物类别为仓库危险级Ⅰ级、Ⅱ级或沥青制品、箱装不发泡塑料的仓库及类似场所；

② 最大净空高度不超过12.0m且最大储物高度不超过10.5m，储物类别为袋装不发泡塑料、箱装发泡塑料和袋装发泡塑料的仓库及类似场所。

7）符合下列条件之一的场所，宜采用设置仓库型特殊应用喷头的自动喷水灭火系统。

① 最大净空高度不超过12.0m且最大储物高度不超过10.5m，储物类别为仓库危险级Ⅰ、Ⅱ级或箱装不发泡塑料的仓库及类似场所；

② 最大净空高度不超过7.5m且最大储物高度不超过6.0m，储物类别为袋装不发泡塑料和箱装发泡塑料的仓库及类似场所。

示例：某建筑地处华南地区，属于民用建筑，室内环境温度通常不低于4℃且不高于70℃，则应选用湿式系统。接下来应根据设置部位的实际情况确定其火灾危险等级，根据《自动喷水灭火系统设计规范》GB 50084—2017附录A，设置场所的火灾危险等级，应根据其用途、容纳物品的火灾荷载及室内空间条件等因素确定，该建筑属于高层民用建筑，地上部分应为中危险级Ⅰ级，地下车库部分属于汽车停车场，火灾危险级为中危险级Ⅱ级。见表7-4所示。

自动喷水灭火系统设置场所火灾危险等级分类 **表 7-4**

火灾危险等级		设置场所分类
轻危险级		住宅建筑、幼儿园、老年人建筑、建筑高度为 24m 及以下的旅馆、办公楼；仅在走道设置闭式系统的建筑等
中危险级	Ⅰ级	1）高层民用建筑：旅馆、办公楼、综合楼、邮政楼、金融电信楼、指挥调度楼、广播电视楼（塔）等； 2）公共建筑（含单多高层）：医院、疗养院；图书馆（书库除外）、档案馆、展览馆（厅）；影剧院、音乐厅和礼堂（舞台除外）及其他娱乐场所；火车站、机场及码头的建筑；总建筑面积小于 $5000m^2$ 的商场、总建筑面积小于 $1000m^2$ 的地下商场等； 3）文化遗产建筑：木结构古建筑、国家文物保护单位等； 4）工业建筑：食品、家用电器、玻璃制品等工厂的备料与生产车间等；冷藏库、钢屋架等建筑构件
	Ⅱ级	1）民用建筑：书库、舞台（葡萄架除外）、汽车停车场（库）、总建筑面积 $5000m^2$ 及以上的商场、总建筑面积 $1000m^2$ 及以上的地下商场、净空高度不超过 8m 且物品高度不超过 3.5m 的超级市场等； 2）工业建筑：棉毛麻丝及化纤的纺织、织物及制品，木材木器及胶合板，谷物加工，烟草及制品，饮用酒（啤酒除外），皮革及制品，造纸及纸制品，制药等工厂的备料与生产车间等
严重危险级	Ⅰ级	印刷厂，酒精制品、可燃液体制品等工厂的备料与车间，净空高度不超过 8m、物品高度超过 3.5m 的超级市场等
	Ⅱ级	易燃液体喷雾操作区域，固体易燃物品、可燃的气溶胶制品、溶剂清洗、喷涂油漆、沥青制品等工厂的备料及生产车间，摄影棚、舞台葡萄架下部等
仓库危险级	Ⅰ级	食品、烟酒，木箱、纸箱包装的不燃、难燃物品等
	Ⅱ级	木材，纸，皮革，谷物及制品，棉毛麻丝化纤及制品，家用电器，电缆，B 组塑料与橡胶及其制品，钢塑混合材料制品，各种塑料瓶盒包装的不燃、难燃物品及各类物品混杂储存的仓库等
	Ⅲ级	A 组塑料与橡胶及其制品；沥青制品等

对于系统组件的选型与布置，应重点审查喷头的选用和布置，报警阀组、水流指示器、压力开关、末端试水装置等的设置和供水管道的选材和布置，水泵接合器的数量和设置位置是否符合规范要求。该场所全部选用闭式喷头，系数 $K=80$，属于标准响应喷头，根据《自动喷水灭火系统设计规范》GB 50084—2017 第 6.1.7 条：下列场所宜采用快速响应洒水喷头，当采用快速响应洒水喷头时，系统应为湿式系统。包括：①公共娱乐场所、中庭环廊；②医院、疗养院的病房及治疗区域，老年、少儿、残疾人的集体活动场所；③超出消防水泵接合器供水高度的楼层；④地下商业场所。

在审查时，应详细对照图纸审查喷头的布置间距，满足《自动喷水灭火系统设计规范》GB 50084—2017 第 7.1.2 条要求：直立型、下垂型标准覆盖面积洒水喷头的布置，包括同一根配水支管上喷头的间距及相邻配水支管的间距，应根据设置场所的火灾危险等级、洒水喷头类型和工作压力确定，并不应大于规范规定，且不应小于 1.8m。

以商场部分平面图为例，该场所自动喷水灭火系统喷头的布置间距设置合格，如图 7-8所示。

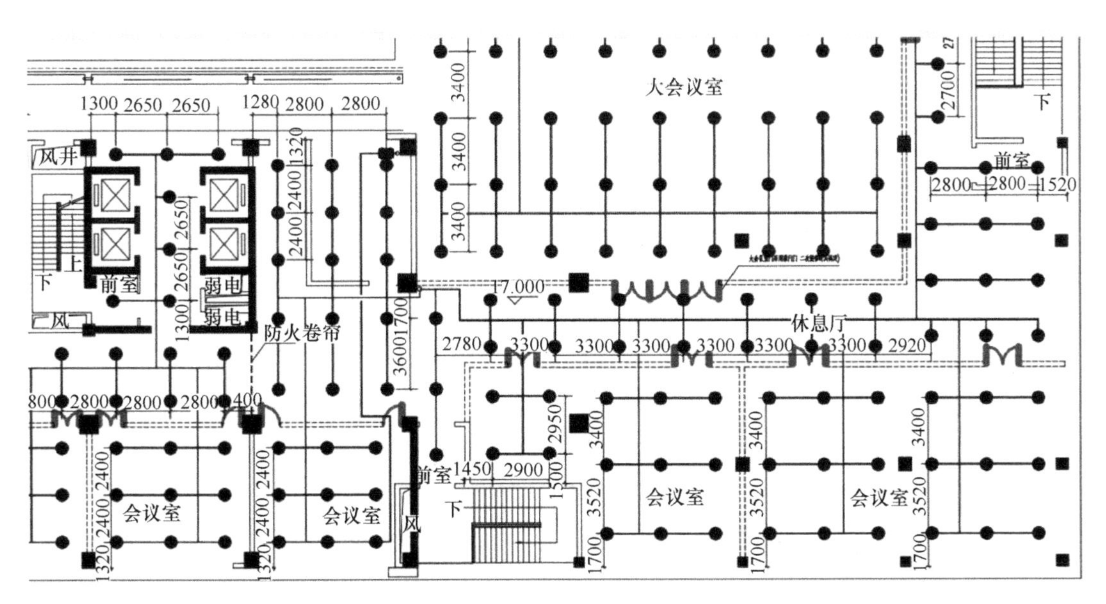

图 7-8　商业部分自动喷水灭火系统平面布置图

7.2.2　系统的设计基本参数

主要是根据系统设置部位的火灾危险等级、净空高度等因素，审查喷水强度、作用面积、喷头最大间距、喷头工作压力、持续喷水时间。

根据《自动喷水灭火系统设计规范》GB 50084—2017 5.0.1 条，民用建筑和厂房采用湿式系统时的设计基本参数不应低于表 7-5 的规定。

民用建筑和厂房采用湿式系统的设计基本参数　　表 7-5

火灾危险等级		最大净空高度 h（m）	喷水强度［L/(min·m²)］	作用面积（m²）
轻危险级		$h \leqslant 8$	4	160
中危险级	Ⅰ级		6	
	Ⅱ级		8	
严重危险级	Ⅰ级		12	260
	Ⅱ级		16	

注：系统最不利点处洒水喷头的工作压力不应低于 0.05MPa。

根据《自动喷水灭火系统设计规范》GB 50084—2017 5.0.2 条，民用建筑和厂房高大空间场所采用湿式系统的设计基本参数不应低于表 7-6 的规定。

民用建筑和厂房高大空间场所采用湿式系统的设计基本参数　　表 7-6

适用场所		最大净空高度 h（m）	喷水强度［L/(min·m²)］	作用面积（m²）	喷头间距 S（m）
民用建筑	中庭、体育馆、航站楼等	$8 < h \leqslant 12$	12	160	$1.8 \leqslant S \leqslant 3.0$
		$12 < h \leqslant 18$	15		
	影剧院、音乐厅、会展中心等	$8 < h \leqslant 12$	15		
		$12 < h \leqslant 18$	20		
厂房	制衣制鞋、玩具、木器、电子生产车间等	$8 < h \leqslant 12$	15		
	棉纺厂、麻纺厂、泡沫塑料生产车间等		20		

示例： 由于该建筑设计时间较早，因此设计参数不符合《自动喷水灭火系统设计规范》GB 50080—2017 版的要求，表现在原有建筑的中庭设计参数方面。在此提醒依据规范进行审查时，一定要留意设计的时间和所依据规范的版本。

7.2.3 系统组件的选型与布置

重点审查喷头的选用和布置，报警阀组、水流指示器、压力开关、末端试水装置等的设置和供水管道的选材和布置，水泵接合器的数量和设置位置是否符合规范要求。

(1) 洒水喷头

湿式系统的洒水喷头选型应符合下列规定：

1）不做吊顶的场所，当配水支管布置在梁下时，应采用直立型洒水喷头；

2）吊顶下布置的洒水喷头，应采用下垂型洒水喷头或吊顶型洒水喷头；

3）顶板为水平面的轻危险级及中危险级Ⅰ级住宅建筑、宿舍、旅馆建筑客房、医疗建筑病房和办公室，可采用边墙型洒水喷头；

4）易受碰撞的部位，应采用带保护罩的洒水喷头或吊顶型洒水喷头；

5）顶板为水平面，且无梁、通风管道等障碍物影响喷头洒水的场所，可采用扩大覆盖面积洒水喷头；

6）住宅建筑和宿舍、公寓等非住宅类居住建筑宜采用家用喷头；

7）不宜选用隐蔽式洒水喷头；确需采用时，应仅适用于轻危险级和中危险级Ⅰ级场所。

(2) 报警阀组

1）一个报警阀组控制的洒水喷头数应符合下列规定：

① 湿式系统、预作用系统不宜超过 800 只；干式系统不宜超过 500 只；

② 当配水支管同时设置保护吊顶下方和上方空间的洒水喷头时，应只将数量较多一侧的洒水喷头计入报警阀组控制的洒水喷头总数。

2）每个报警阀组供水的最高与最低位置洒水喷头，其高程差不宜大于 50m。

示例： 该建筑共设置了 13 个报警阀组，因喷淋系统为湿式系统，所以全部报警阀采用湿式报警阀。根据规范要求，湿式系统一个报警阀组控制的洒水喷头数不宜超过 800 只，则可控制的全部喷头数量为 10400 个。图 7-9 为自喷系统原理图中的报警阀组（立面图）。

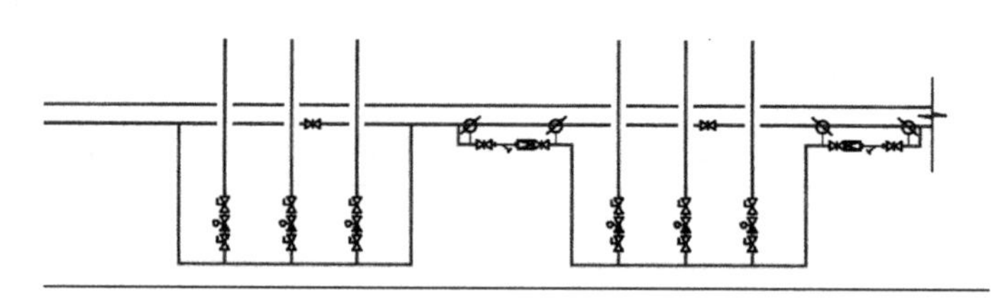

图 7-9　自动喷水灭火系统原理图中的 1～6 号报警阀

(3) 水流指示器

1）除报警阀组控制的洒水喷头只保护不超过防火分区面积的同层场所外，每个防火分区、每个楼层均应设水流指示器。

2）仓库内顶板下洒水喷头与货架内置洒水喷头应分别设置水流指示器。

3）当水流指示器入口前设置控制阀时，应采用信号阀。

示例：经审查图纸，该建筑每个防火分区、每个楼层均应设水流指示器；水流指示器入口前的控制阀采用信号阀。

(4) 压力开关

1）雨淋系统和防火分隔水幕，其水流报警装置应采用压力开关。

2）自动喷水灭火系统应采用压力开关控制稳压泵，并应能调节启停压力。

(5) 末端试水装置

1）每个报警阀组控制的最不利点洒水喷头处应设末端试水装置，其他防火分区、楼层均应设直径为25mm的试水阀。

2）末端试水装置应由试水阀、压力表以及试水接头组成。试水接头出水口的流量系数，应等同于同楼层或防火分区内的最小流量系数洒水喷头。末端试水装置的出水，应采取孔口出流的方式排入排水管道，排水立管宜设伸顶通气管，且管径不应小于75mm。

3）试水装置和试水阀应有标识，距地面的高度宜为1.5m，并应采取不被他用的措施。

(6) 配水管道

1）配水管道可采用内外壁热镀锌钢管、涂覆钢管、铜管、不锈钢管和氯化聚氯乙烯（PVC-C）管。当报警阀入口前管道采用不防腐的钢管时，应在报警阀前设置过滤器。

2）自动喷水灭火系统采用氯化聚氯乙烯（PVC-C）管材及管件时，设置场所的火灾危险等级应为轻危险级或中危险级Ⅰ级，系统应为湿式系统，并采用快速响应洒水喷头，且氯化聚氯乙烯（PVC-C）管材及管件应符合下列要求：

①应符合现行国家标准《自动喷水灭火系统 第19部分：塑料管道及管件》GB/T 5135.19的规定；

②应用于公称直径不超过$DN80$的配水管及配水支管，且不应穿越防火分区；

③当设置在有吊顶场所时，吊顶内应无其他可燃物，吊顶材料应为不燃或难燃装修材料；

④当设置在无吊顶场所时，该场所应为轻危险级场所，顶板应为水平、光滑顶板，且喷头溅水盘与顶板的距离不应大于100mm。

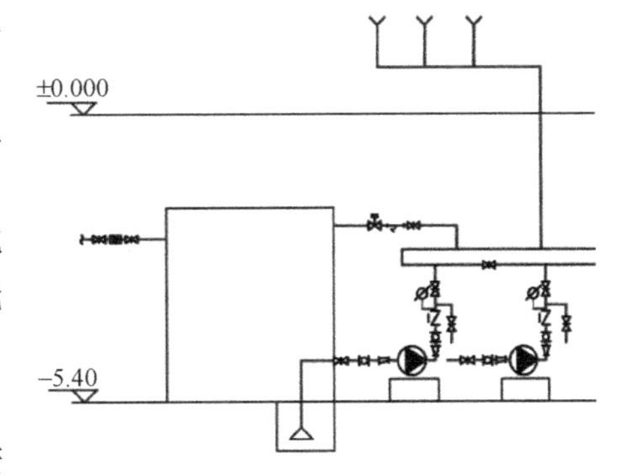

图7-10 自喷系统原理图（局部）

(7) 水泵接合器

1）系统应设消防水泵接合器，其数量应按系统的设计流量确定，每个消防水泵接合器的流量宜按10～15L/s计算。

2）当消防水泵接合器的供水能力不能满足最不利点处作用面积的流量和压力要求时，应采取增压措施。

示例：该建筑喷淋系统设置有三套水泵接合器，如图7-10所示，可供水30～45L/s，满足喷淋系统供水需要。

7.2.4 系统的操作和控制

（1）湿式系统、干式系统应由消防水泵出水干管上设置的压力开关、高位消防水箱出水管上的流量开关和报警阀组压力开关直接自动启动消防水泵。

（2）预作用系统应由火灾自动报警系统、消防水泵出水干管上设置的压力开关、高位消防水箱出水管上的流量开关和报警阀组压力开关直接自动启动消防水泵。

（3）消防水泵除具有自动控制启动方式外，还应具备下列启动方式：

1）消防控制室（盘）远程控制；

2）消防水泵房现场应急操作。

7.3 气体灭火系统审查

气体灭火系统是指平时灭火剂以液体、液化气体或气体状态存储于压力容器内，灭火时以气体（包括蒸气、气雾）状态喷射作为灭火介质的灭火系统。并能在防护区空间内形成各方向均一的气体浓度，而且至少能保持该灭火浓度达到规范规定的浸渍时间，实现扑灭该防护区的空间、立体火灾。审查气体灭火系统设计图纸时，主要从系统的设置与选型、系统设计的基本参数、防护区的设置与划分、系统组件、系统的控制与操作以及安全措施等方面进行。

7.3.1 系统适用范围

根据建筑的用途及其重要性、火灾危险性、火灾特性和环境条件等因素审查气体灭火系统的设置与选型是否符合规范要求。

（1）下列场所应设置自动灭火系统，并宜采用气体灭火系统：

1）国家级、省级或人口超过100万人的城市广播电视发射塔内的微波机房、分米波机房、米波机房、变配电室和不间断电源（UPS）室；

2）国际电信局、大区中心、省中心和一万路以上的地区中心内的长途程控交换机房、控制室和信令转接点室；

3）2万线以上的市话汇接局和6万门以上的市话端局内的程控交换机房、控制室和信令转接点室；

4）中央及省级公安、防灾和网局级及以上的电力等调度指挥中心内的通信机房和控制室；

5）A、B级电子信息系统机房内的主机房和基本工作间的已记录磁（纸）介质库；

6）中央和省级广播电视中心内建筑面积不小于120m^{2}的音像制品库房；

7）国家级、省级或藏书量超过100万册的图书馆内的特藏库；中央和省级档案馆内的珍藏库和非纸质档案库；大、中型博物馆内的珍品库房；一级纸绢质文物的陈列室；

8）其他特殊重要设备室。

注：第1）、4）、5）、8）款规定的部位，可采用细水雾灭火系统；当有备用主机和备用已记录磁（纸）介质，且设置在不同建筑内或同一建筑内的不同防火分区内时，5）款规定的部位可采用预作用自动喷水灭火系统。

（2）气体灭火系统适用于扑救下列火灾：

1）电气火灾；

2）固体表面火灾；

3）液体火灾；

4）灭火前能切断气源的气体火灾。

注：除电缆隧道（夹层、井）及自备发电机房外，K型和其他型热气溶胶预制灭火系统不得用于其他电气火灾。

（3）气体灭火系统不适用于扑救下列火灾：

1）硝化纤维、硝酸钠等氧化剂或含氧化剂的化学制品火灾；

2）钾、镁、钠、钛、锆、铀等活泼金属火灾；

3）氢化钾、氢化钠等金属氢化物火灾；

4）过氧化氢、联胺等能自行分解的化学物质火灾；

5）可燃固体物质的深位火灾。

（4）热气溶胶预制灭火系统不应设置在人员密集场所、有爆炸危险性的场所及有超净要求的场所。K型及其他型热气溶胶预制灭火系统不得用于电子计算机房、通信机房等场所。

（5）二氧化碳灭火系统按应用方式可分为全淹没灭火系统和局部应用灭火系统。全淹没灭火系统应用于扑救封闭空间内的火灾；局部应用灭火系统应用于扑救不需封闭空间条件的具体保护对象的非深位火灾。

7.3.2　系统的设计基本参数

主要是根据不同气体灭火系统的灭火特性等因素，审查灭火设计浓度或惰化设计浓度、灭火剂储存量、设计温度、设计喷放时间等。

（1）采用气体灭火系统保护的防护区，其灭火设计用量或惰化设计用量，应根据防护区内可燃物相应的灭火设计浓度或惰化设计浓度经计算确定。

（2）有爆炸危险的气体、液体类火灾的防护区，应采用惰化设计浓度；无爆炸危险的气体、液体类火灾和固体类火灾的防护区，应采用灭火设计浓度。

（3）几种可燃物共存或混合时，灭火设计浓度或惰化设计浓度，应按其中最大的灭火设计浓度或惰化设计浓度确定。

（4）两个或两个以上的防护区采用组合分配系统时，一个组合分配系统所保护的防护区不应超过8个。

（5）组合分配系统的灭火剂储存量，应按储存量最大的防护区确定。

（6）灭火系统的灭火剂储存量，应为防护区的灭火设计用量、储存容器内的灭火剂剩余量和管网内的灭火剂剩余量之和。

（7）灭火系统的储存装置72h内不能重新充装恢复工作的，应按系统原储存量的100%设置备用量。

（8）灭火系统的设计温度应采用20℃。

（9）七氟丙烷灭火系统的灭火设计浓度不应小于灭火浓度的1.3倍，惰化设计浓度不应小于惰化浓度的1.1倍。在通信机房和电子计算机房等防护区，设计喷放时间不应大于

8s；在其他防护区，设计喷放时间不应大于10s。

示例： 某建筑的一层高压室和低压室属于配电室，拟采用FM200气体保护。FM200的成分是七氟丙烷气体。但在设计说明中指出，具体方案需进一步由专业单位深化设计，参见设计说明：

1. 一层高压室和低压室采用气体灭火系统，气体灭火系统采用FM200气体。

2. 具体待建设方招标确定气体种类及其供货商后由专业单位深化设计。

3. 气体灭火系统的控制，采用同时具有自动控制、手动控制盒应急操作三种操作方式。

（10）IG541混合气体灭火系统的灭火设计浓度不应小于灭火浓度的1.3倍，惰化设计浓度不应小于惰化浓度的1.1倍。当IG541混合气体灭火剂喷放至设计用量的95%时，其喷放时间不应大于60s，且不应小于48s。

（11）热气溶胶预制灭火系统的灭火设计密度不应小于灭火密度的1.3倍。在通信机房、电子计算机房等防护区，灭火剂喷放时间不应大于90s，喷口温度不应大于150℃；在其他防护区，喷放时间不应大于120s，喷口温度不应大于180℃。

（12）二氧化碳全淹没灭火系统的二氧化碳设计浓度不应小于灭火浓度的1.7倍，并不得低于34%。当防护区内存有两种及两种以上可燃物时，防护区的二氧化碳设计浓度应采用可燃物中最大的二氧化碳设计浓度。

（13）二氧化碳局部应用灭火系统的设计可采用面积法或体积法。当保护对象的着火部位是比较平直的表面时，宜采用面积法；当着火对象为不规则物体时，应采用体积法。局部应用灭火系统的二氧化碳喷射时间不应小于0.5min。对于燃点温度低于沸点温度的液体和可熔化固体的火灾，二氧化碳的喷射时间不应小于1.5min。

7.3.3 防护区设置要求

审查气体灭火系统防护区的设置、划分是否符合规范要求，重点审查防护区数量、防护面积与容积、防护区围护结构的耐火极限与承受压强、泄压口的位置与大小等。

（1）两个或两个以上的防护区采用组合分配系统时，一个组合分配系统所保护的防护区不应超过8个。

（2）采用热气溶胶预制灭火系统的防护区，其高度不宜大于6.0m。

（3）防护区划分应符合下列规定：

1）防护区宜以单个封闭空间划分；同一区间的吊顶层和地板下需同时保护时，可合为一个防护区；

2）采用管网灭火系统时，一个防护区的面积不宜大于800m^2，且容积不宜大于3600m^3。

3）采用预制灭火系统时，一个防护区的面积不宜大于500m^2，且容积不宜大于1600m^3。

（4）防护区围护结构及门窗的耐火极限均不宜低于0.5h；吊顶的耐火极限不宜低于0.25h。

（5）防护区围护结构承受内压的允许压强不宜低于1200Pa。

（6）防护区应设置泄压口，七氟丙烷灭火系统的泄压口应位于防护区净高的2/3以上。

（7）防护区设置的泄压口宜设在外墙上。泄压口面积按相应气体灭火系统设计规定计算。

（8）喷放灭火剂前，防护区内除泄压口外的开口应能自行关闭。

（9）防护区的最低环境温度不应低于−10℃。

（10）二氧化碳灭火系统采用全淹没灭火系统的防护区，应符合下列规定：

1）对气体、液体、电气火灾和固体表面火灾，在喷放二氧化碳前不能自动关闭的开口，其面积不应大于防护区总内表面积的3%，且开口不应设在底面。

2）对固体深位火灾，除泄压口以外的开口，在喷放二氧化碳前应自动关闭。

3）防护区的围护结构及门、窗的耐火极限不应低于0.50h，吊顶的耐火极限不应低于0.25h，围护结构及门、窗的允许压强不宜小于1200Pa。

4）防护区用的通风机和通风管道中的防火阀，在喷放二氧化碳前应自动关闭。

（11）二氧化碳灭火系统采用局部应用灭火系统的保护对象，应符合下列规定：

1）保护对象周围的空气流动速度不宜大于3m/s。必要时，应采取挡风措施。

2）在喷头与保护对象之间，喷头喷射角范围内不应有遮挡物。

3）当保护对象为可燃液体时，液面至容器缘口的距离不得小于150mm。

（12）对于七氟丙烷灭火系统防护区的泄压口面积，宜按下式计算：

$$F_x = 0.15\frac{Q_x}{\sqrt{P_f}} \tag{7-5}$$

式中 F_x——泄压口面积，m^2；

Q_x——灭火剂在防护区的平均喷放速率，kg/s；

P_f——围护结构承受内压的允许压强，Pa。

（13）IG541混合气体灭火系统防护区的泄压口面积，宜按下式计算：

$$F_x = 1.1\frac{Q_x}{\sqrt{P_f}} \tag{7-6}$$

式中 F_x——泄压口面积，m^2；

Q_x——灭火剂在防护区的平均喷放速率，kg/s；

P_f——围护结构承受内压的允许压强，Pa。

（14）对于二氧化碳灭火系统的泄压口面积，可按下式计算：

$$A_x = 0.0076\frac{Q_t}{\sqrt{P_t}} \tag{7-7}$$

式中 A_x——泄压口面积，m^2；

Q_t——二氧化碳喷射率，kg/min；

P_t——围护结构的允许压强，Pa。

7.3.4 系统组件

重点审查装置数量、喷头、管网、储存装置、充装量等内容。

（1）预制灭火系统数量

1）一个防护区设置的预制灭火系统，其装置数量不宜超过10台。

2）同一防护区内的预制灭火系统装置多于1台时，必须能同时启动，其动作响应时差不得大于 2s。

3）单台热气溶胶预制灭火系统装置的保护容积不应大于 160m^3；设置多台装置时，其相互间的距离不得大于 10m。

（2）喷头

1）喷头应有型号、规格的永久性标识。设置在有粉尘、油雾等防护区的喷头，应有防护装置。

2）喷头的布置应满足喷放后气体灭火剂在防护区内均匀分布的要求。当保护对象为可燃液体时，喷头射流方向不应朝向液体表面。

3）喷头的保护高度和保护半径，应符合下列规定：

① 最大保护高度不宜大于 6.5m；

② 最小保护高度不应小于 0.3m；

③ 喷头安装高度小于 1.5m 时，保护半径不宜大于 4.5m；

④ 喷头安装高度不小于 1.5m 时，保护半径不应大于 7.5m。

4）喷头宜贴近防护区顶面安装，距顶面的最大距离不宜大于 0.5m。

5）热气溶胶预制灭火系统装置的喷口宜高于防护区地面 2.0m。

6）在二氧化碳组合分配系统中，每个防护区或保护对象应设一个选择阀。选择阀应设置在储存容器间内，并应便于手动操作，方便检查维护。选择阀上应设有标明防护区的铭牌。选择阀的工作压力：高压系统不应小于 12MPa，低压系统不应小于 2.5MPa。二氧化碳系统在启动时，选择阀应在二氧化碳储存容器的容器阀动作之前或同时打开；采用灭火剂自身作为启动气源打开的选择阀，可不受此限。

7）全淹没二氧化碳灭火系统的喷头布置应使防护区内二氧化碳分布均匀，喷头应接近天花板或屋顶安装。设置在有粉尘或喷漆作业等场所的喷头，应增设不影响喷射效果的防尘罩。

（3）管网

1）管道及管道附件应符合下列规定：

① 输送气体灭火剂的管道应采用无缝钢管。其质量应符合现行国家标准《输送流体用无缝钢管》GB/T 8163、《高压锅炉用无缝钢管》GB/T 5310 等的规定。无缝钢管内外应进行防腐处理，防腐处理宜采用符合环保要求的方式。

② 输送气体灭火剂的管道安装在腐蚀性较大的环境里，宜采用不锈钢管。其质量应符合现行国家标准《流体输送用不锈钢无缝钢管》GB/T 14976 的规定。

③ 输送启动气体的管道宜采用铜管，其质量应符合现行国家标准《铜及铜合金拉制管》GB/T 1527 的规定。

④ 管道的连接：当公称直径小于或等于 80mm 时，宜采用螺纹连接；大于 80mm 时，宜采用法兰连接。钢制管道附件应内外防腐处理，防腐处理宜采用符合环保要求的方式。使用在腐蚀性较大的环境里时，应采用不锈钢的管道附件。

2）系统组件与管道的公称工作压力，不应小于在最高环境温度下所承受的工作压力。

3）同一集流管上的储存容器，其规格、充压压力和充装量应相同。

4）同一防护区，当设计两套或三套管网时，集流管可分别设置，系统启动装置必须共用。各管网上喷头流量均应按同一灭火设计浓度、同一喷放时间进行设计。

5）管网上不应采用四通管件进行分流。

6）管网的管道内容积，不应大于流经该管网的七氟丙烷储存量体积的80%。

7）七氟丙烷灭火系统的管网布置宜设计为均衡系统，并应符合下列规定：

① 喷头设计流量应相等；

② 管网的第1分流点至各喷头的管道阻力损失，其相互间的最大差值不应大于20%。

8）在通向每个防护区的灭火系统主管道上，应设压力信号器或流量信号器。

9）组合分配系统中的每个防护区应设置控制灭火剂流向的选择阀，其公称直径应与该防护区灭火系统的主管道公称直径相等。

10）选择阀的位置应靠近储存容器且便于操作。选择阀应设有标明其工作防护区的永久性铭牌。

11）二氧化碳高压系统管道及其附件应能承受最高环境温度下二氧化碳的储存压力；低压系统管道及其附件应能承受4.0MPa的压力。并应符合下列规定：

① 管道应采用符合现行国家标准《输送流体用无缝钢管》GB/T 8163的规定，并应进行内外表面镀锌防腐处理。

② 对镀锌层有腐蚀的环境，管道可采用不锈钢管、铜管或其他抗腐蚀的材料。

③ 挠性连接的软管必须能承受系统的工作压力和温度，并宜采用不锈钢软管。

12）二氧化碳低压系统的管网中，应采取防膨胀收缩措施。在可能产生爆炸的场所，管网应吊挂安装并采取防晃措施。

13）二氧化碳管道可采用螺纹连接、法兰连接或焊接。公称直径等于或小于80mm的管道，宜采用螺纹连接；公称直径大于80mm的管道，宜采用法兰连接。

14）二氧化碳灭火剂输送管网不应采用四通管件分流。

15）二氧化碳管网中阀门之间的封闭管段应设置泄压装置，其泄压动作压力：高压系统应为（15±0.75）MPa，低压系统应为（2.38±0.12）MPa。

（4）储存装置

1）管网系统的储存装置应由储存容器、容器阀和集流管等组成；七氟丙烷和IG541预制灭火系统的储存装置应由储存容器、容器阀等组成；热气溶胶预制灭火系统的储存装置应由发生剂罐、引发器和保护箱（壳）体等组成。

2）容器阀和集流管之间应采用挠性连接。储存容器和集流管应采用支架固定。

3）储存装置上应设耐久的固定铭牌，并应标明每个容器的编号、容积、皮重、灭火剂名称、充装量、充装日期和充压压力等。

4）管网灭火系统的储存装置宜设在专用储瓶间内。储瓶间宜靠近防护区，并应符合建筑物耐火等级不低于二级的有关规定及有关压力容器存放的规定，且应有直接通向室外或疏散走道的出口。储瓶间和设置预制灭火系统的防护区的环境温度应为－10～50℃；

5）储存装置的布置应便于操作、维修及避免阳光照射。操作面距墙面或两操作面之间的距离不宜小于1.0m，且不应小于储存容器外径的1.5倍。

6）储存容器、驱动气体储瓶的设计与使用应符合国家现行《气瓶安全技术监察规程》TSGR0006及《固定式压力容器安全技术监察规程》TSG21的规定。

7）IG541混合气体灭火系统储存容器应采用无缝容器。

8）二氧化碳高压系统的储存装置，应由储存容器、容器阀、单向阀、灭火剂泄漏检测装置和集流管等组成，并应符合下列规定：

① 储存容器的工作压力不应小于 15MPa，储存容器或容器阀上应设泄压装置，其泄压动作压力应为（19±0.95）MPa。

② 储存容器中二氧化碳的充装系数应按国家现行标准《气瓶安全技术监察规程》TSG R0006 执行。

③ 储存装置的环境温度应为 0～49℃。

9）二氧化碳低压系统的储存装置应由储存容器、容器阀、安全泄压装置、压力表、压力报警装置和制冷装置等组成，并应符合下列规定：

① 储存容器的设计压力不应小于 2.5MPa，并应采取良好的绝热措施。储存容器上至少应设置两套安全泄压装置，其泄压动作压力应为（2.38±0.12）MPa。

② 储存装置的高压报警压力设定值应为 2.2MPa，低压报警压力设定值应为 1.8MPa。

③ 储存容器中二氧化碳的装置系数应按国家现行标准《固定式压力容器安全技术监察规程》TSG 21 执行。

④ 容器阀应能在喷出要求的二氧化碳量后自动关闭。

⑤ 储存装置应远离热源，其位置应便于再充装，其环境温度宜为－23～49℃

10）储存装置应具有灭火剂泄漏检测功能，当储存容器中充装的二氧化碳损失量达到其初始充装量的 10%时，应能发出声光报警信号并及时补充。

11）二氧化碳储存装置的布置应方便检查和维护，并应避免阳光直射。二氧化碳储存装置宜设在专用的储存容器间内。局部应用灭火系统的储存装置可设置在固定的安全围栏内。专用的储存容器间的设置应符合下列规定：

① 应靠近防护区，出口应直接通向室外或疏散走道。

② 耐火等级不应低于二级。

③ 室内应保持干燥和良好通风。

12）不具备自然通风条件的二氧化碳储存容器间，应设机械排风装置，排风口距储存容器间地面高度不宜大于 0.5m，排出口应直接通向室外，正常排风量宜按换气次数不小于 $4h^{-1}$确定，事故排风量应按换气次数不小于 $8h^{-1}$确定。

（5）充装量

1）七氟丙烷单位容积的充装量应符合下列规定：

① 一级增压储存容器，不应大于 $1120kg/m^3$；

② 二级增压焊接结构储存容器，不应大于 $950kg/m^3$；

③ 二级增压无缝结构储存容器，不应大于 $1120kg/m^3$；

④ 三级增压储存容器，不应大于 $1080kg/m^3$。

2）IG541 混合气体灭火剂储存容器充装量应符合下列规定：

① 一级充压（15.0MPa）系统，充装量应为 $211.15kg/m^3$；

② 二级充压（20.0MPa）系统，充装量应为 $281.06kg/m^3$。

3）组合分配系统的二氧化碳储存量，不应小于所需储存量最大的一个防护区或保护对象的储存量。

4）当组合分配系统保护 5 个及以上的防护区或保护对象时，或者在 48h 内不能恢复时，二氧化碳应有备用量，备用量不应小于系统设计的储存量。

5）对于高压系统和单独设置备用量储存容器的低压系统，备用量的储存容器应与系统管网相连，应能与主储存容器切换使用。

6）组合分配系统的二氧化碳储存量，不应小于所需储存量最大的一个防护区或保护对象的储存量。当组合分配系统保护5个及以上的防护区或保护对象时，或者在48h内不能恢复时，二氧化碳应有备用量，备用量不应小于系统设计的储存量。对于高压系统和单独设置备用量储存容器的低压系统，备用量的储存容器应与系统管网相连，应能与主储存容器切换使用。

7.3.5　系统的操作控制

重点审查系统的操作控制是否符合要求。

（1）采用气体灭火系统的防护区，应设置火灾自动报警系统，其设计应符合现行国家标准《火灾自动报警系统设计规范》GB 50116的规定，并应选用灵敏度级别高的火灾探测器。

（2）管网灭火系统应设自动控制、手动控制和机械应急操作三种启动方式。预制灭火系统应设自动控制和手动控制两种启动方式。

（3）采用自动控制启动方式时，根据人员安全撤离防护区的需要，应有不大于30s的可控延迟喷射；对于平时无人工作的防护区，可设置为无延迟的喷射。

（4）灭火设计浓度或实际使用浓度大于无毒性反应浓度（NOAEL浓度）的防护区和采用热气溶胶预制灭火系统的防护区，应设手动与自动控制的转换装置。当人员进入防护区时，应能将灭火系统转换为手动控制方式；当人员离开时，应能恢复为自动控制方式。防护区内外应设手动、自动控制状态的显示装置。

（5）自动控制装置应在接到两个独立的火灾信号后才能启动。手动控制装置和手动与自动转换装置应设在防护区疏散出口的门外便于操作的地方，安装高度为中心点距地面1.5m。机械应急操作装置应设在储瓶间内或防护区疏散出口门外便于操作的地方。

（6）气体灭火系统的操作与控制，应包括对开口封闭装置、通风机械和防火阀等设备的联动操作与控制。

（7）设有消防控制室的场所，各防护区灭火控制系统的有关信息，应传送给消防控制室。

（8）启动释放二氧化碳之前或同时，必须切断可燃、助燃气体的气源。

（9）设有火灾自动报警系统的场所，二氧化碳灭火系统的动作信号及相关报警信号、工作状态和控制状态均应能在火灾报警控制器上显示。

7.3.6　安全措施

重点审查防护区的安全疏散设计、通风换气措施、防静电接地、预制灭火系统充压压力、警示标识等。

（1）防护区应有保证人员在30s内疏散完毕的通道和出口。

（2）防护区内的疏散通道及出口，应设应急照明与疏散指示标志。防护区内应设火灾声报警器，必要时，可增设闪光报警器。防护区的入口处应设火灾声、光报警器和灭火剂喷放指示灯，以及防护区采用的相应气体灭火系统的永久性标志牌。灭火剂喷放指示灯信号，应保持到防护区通风换气后，以手动方式解除。

（3）防护区的门应向疏散方向开启，并能自行关闭；用于疏散的门必须能从防护区内打开。

（4）灭火后的防护区应通风换气，地下防护区和无窗或设固定窗扇的地上防护区，应设置机械排风装置，排风口宜设在防护区的下部并应直通室外。通信机房、电子计算机房等场所的通风换气次数应不少于 $5h^{-1}$。

（5）储瓶间的门应向外开启，储瓶间内应设应急照明；储瓶间应有良好的通风条件，地下储瓶间应设机械排风装置，排风口应设在下部，可通过排风管排出室外。

（6）经过有爆炸危险和变电、配电场所的管网，以及布设在以上场所的金属箱体等，应设防静电接地。

（7）有人工作的防护区的灭火设计浓度或实际使用浓度，不应大于有毒性反应浓度（LOAEL 浓度），该值应符合有关规定。

（8）防护区内设置的预制灭火系统的充压压力不应大于 2.5MPa。

（9）灭火系统的手动控制与应急操作应有防止误操作的警示显示与措施。

（10）热气溶胶灭火系统装置的喷口前 1.0m 内，装置的背面、侧面、顶部 0.2m 内不应设置或存放设备、器具等。

（11）设有气体灭火系统的场所，宜配置空气呼吸器。

7.4 泡沫灭火系统设计审查

泡沫灭火系统已在国内外得到广泛的应用。它是用泡沫液作为灭火剂的一种灭火方式。通过实践证明，该系统具有安全可靠、经济实用、灭火效率较高的特点，是行之有效的灭火手段，尤其是对 B 类火灾的扑救更显示出它的优越性，是目前油品火灾的基本扑救方式。在我国的石油化工企业、商品油库等场所中，基本上都采用了泡沫灭火系统。随着高、中倍数泡沫灭火系统的出现，它的使用范围更为广泛。现在，在煤矿、大型飞机库、地下工程、汽车库、各类仓库等场所也已采用。由于泡沫灭火剂本身无毒性，今后将会得到更广泛的应用。

对于泡沫灭火系统设计图纸的审查，主要包括泡沫灭火系统的设置场所与类型、设计参数、系统组件、防护区、泡沫消防泵站与泡沫站、系统的操作与控制、系统的水力计算等方面。

7.4.1 设置场所与类型

（1）甲、乙、丙类液体储罐的灭火系统设置应符合下列规定：

1）单罐容量大于 $1000m^3$ 的固定顶罐应设置固定式泡沫灭火系统；

2）罐壁高度小于 7m 或容量不大于 $200m^3$ 的储罐可采用移动式泡沫灭火系统；

3）其他储罐宜采用半固定式泡沫灭火系统；

4）石油库、石油化工、石油天然气工程中甲、乙、丙类液体储罐的灭火系统设置，应符合现行国家标准《石油库设计规范》GB 50074 等标准的规定。

（2）石油库的易燃和可燃液体储罐灭火设施的设置，应符合下列规定：

1）覆土卧式油罐和储存丙 B 类油品的覆土立式油罐，可不设泡沫灭火系统，但应按有关规定配置灭火器材。

2）设置泡沫灭火系统有困难，且无消防协作条件的四级、五级石油库，当立式储罐不多于 5 座，甲 B 类和乙 A 类液体储罐单罐容量不大于 700m^3，乙 B 和丙类液体储罐单罐容量不大于 2000m^3 时，可采用烟雾灭火方式；当甲 B 类和乙 A 类液体储罐单罐容量不大于 500m^3，乙 B 类和丙类液体储罐单罐容量不大于 1000m^3 时，也可采用超细干粉等灭火方式。

3）其他易燃和可燃液体储罐应设置泡沫灭火系统。

（3）储罐泡沫灭火系统的设置类型

1）地上固定顶储罐、内浮顶储罐和地上卧式储罐应设低倍数泡沫灭火系统或中倍数泡沫灭火系统。

2）外浮顶储罐，储存甲 B、乙和丙 A 类油品的覆土立式油罐，应设低倍数泡沫灭火系统。

（4）储罐的泡沫灭火系统的设置类型

1）容量大于 500m^3 的水溶性液体地上立式储罐和容量大于 1000m^3 的其他甲 B、乙、丙 A 类易燃、可燃液体地上立式储罐，应采用固定式泡沫灭火系统。

2）容量小于或等于 500m^3 的水溶性液体地上立式储罐和容量小于或等于 1000m^3 的其他易燃、可燃液体地上立式储罐，可采用半固定式泡沫灭火系统。

3）地上卧式储罐、覆土立式油罐、丙 B 类液体立式储罐和容量不大于 200m^3 的地上储罐，可采用移动式泡沫灭火系统。

（5）全淹没中倍数泡沫灭火系统可用于小型封闭空间场所与设有阻止泡沫流失的固定围墙或其他围挡设施的小场所。

（6）局部应用中倍数泡沫灭火系统可用于下列场所：

1）四周不完全封闭的 A 类火灾场所；

2）限定位置的流散 B 类火灾场所；

3）固定位置面积不大于 100m^2 的流淌 B 类火灾场所。

（7）移动式中倍数泡沫灭火系统可用于下列场所：

1）发生火灾的部位难以确定或人员难以接近的较小火灾场所；

2）流散的 B 类火灾场所；

3）不大于 100m^2 的流淌 B 类火灾场所。

（8）全淹没高倍数泡沫灭火系统可用于下列场所：

1）封闭空间场所；

2）设有阻止泡沫流失的固定围墙或其他围挡设施的场所。

（9）局部应用高倍数泡沫灭火系统可用于下列场所：

1）四周不完全封闭的 A 类火灾与 B 类火灾场所；

2）天然气液化站与接收站的集液池或储罐围堰区。

（10）泡沫-水喷淋系统可用于下列场所：

1）具有非水溶性液体泄漏火灾危险的室内场所；

2）存放量不超过 25L/m^2 或超过 25L/m^2 但有缓冲物的水溶性液体室内场所。

（11）泡沫喷雾系统可用于保护独立变电站的油浸电力变压器、面积不大于 $200m^2$ 的非水溶性液体室内场所。

7.4.2 设计参数

（1）低倍数泡沫灭火系统

分为固定顶储罐、外浮顶储罐、内浮顶储罐和其他场所四种情况。

1）固定顶储罐

固定顶储罐的保护面积应按其横截面积确定；泡沫混合液供给强度及连续供给时间按不同液体储罐确定。

① 非水溶性液体储罐液上喷射系统的泡沫混合液供给强度和连续供给时间见表 7-7。

非水溶性液体储罐液上喷射系统的泡沫混合液供给强度和连续供给时间　　表 7-7

系统形式	泡沫液种类	供给强度［L/（min·m^2）］	连续供给时间（min）	
			甲、乙类液体	丙类液体
固定式、半固定式系统	蛋白	6.0	40	30
	氟蛋白、水成膜、成膜氟蛋白	5.0	45	30
移动式系统	蛋白、氟蛋白	8.0	60	45
	水成膜、成膜氟蛋白	6.5	60	45

② 非水溶性液体储罐液下或半液下喷射系统，其泡沫混合液供给强度不应小于 5.0L/（min·m^2），连续供给时间不应小于 40min。

③ 水溶性液体和其他对普通泡沫有破坏作用的甲、乙、丙类液体储罐液上或半液下喷射系统的泡沫混合液供给强度和连续供给时间见表 7-8。

水溶性液体和对泡沫有破坏作用的液体储罐泡沫混合液供给强度和连续供给时间　表 7-8

液体类型	供给强度［L/（min·m^2）］	连续供给时间（min）
丙酮、异丙醇、甲基异丁酮	12	30
甲醇、乙醇、正丁醇、丁酮、丙烯腈、醋酸乙酯、醋酸丁酯	12	25
含氧添加剂含量体积比大于 10%的汽油	6	40

2）外浮顶储罐

① 保护面积：钢制单盘式与双盘式外浮顶储罐的保护面积，应按罐壁与泡沫堰板间的环形面积确定。

② 泡沫混合液供给强度及连续供给时间：非水溶性液体的泡沫混合液供给强度不应小于 12.5L/(min·m^2)；连续供给时间不应小于 30min。

3）内浮顶储罐

① 保护面积：钢制单盘式、双盘式与敞口隔舱式内浮顶储罐的保护面积，应按罐壁与泡沫堰板间的环形面积确定；其他内浮顶储罐应按固定顶储罐对待。

② 泡沫混合液供给强度及连续供给时间：非水溶性液体的泡沫混合液供给强度不应小于 12.5L/(min·m^2)；水溶性液体的泡沫混合液供给强度不应小于表 7-8 规定的 1.5

倍；泡沫混合液连续供给时间不应小于 30min。

4）其他场所

① 甲、乙、丙类液体槽车装卸栈台：火车装卸栈台的泡沫混合液流量不应小于 30L/s；汽车装卸栈台的泡沫混合液流量不应小于 8L/s；泡沫混合液连续供给时间不应小于 30min。

② 公路隧道泡沫消火栓：泡沫混合液流量不应小于 30L/min；泡沫混合液连续供给时间不应小于 20min。

（2）中倍数泡沫灭火系统

中倍数泡沫灭火系统分为全淹没中倍数泡沫灭火系统、局部应用中倍数泡沫灭火系统、移动式中倍数泡沫灭火系统、油罐固定式中倍数泡沫灭火系统等情况。

1）保护面积：油罐固定式中倍数泡沫灭火系统按油罐的横截面积确定。

2）泡沫混合液供给强度及连续供给时间：

① 对于 A 类火灾场所，局部应用中倍数泡沫灭火系统覆盖保护对象的时间不应大于 2min；泡沫混合液连续供给时间不应小于 12min；

② 对于流散 B 类火灾场所或面积不大于 $100m^2$ 的流淌 B 类火灾场所，局部应用中倍数泡沫灭火系统或移动式中倍数泡沫灭火系统的泡沫混合液供给强度与连续供给时间，应符合下列要求：沸点不低于 45℃ 的非水溶性液体，泡沫混合液供给强度应大于 $4L/(min \cdot m^2)$；室内场所的泡沫混合液连续供给时间应大于 10min；室外场所的泡沫混合液连续供给时间应大于 15min；水溶性液体、沸点低于 45℃ 的非水溶性液体，设置泡沫灭火系统的适用性及其泡沫混合液供给强度，应由试验确定；固定式中倍数泡沫灭火系统泡沫混合液供给强度不应小于 $4L/(min \cdot m^2)$，连续供给时间不应小于 30min。

（3）高倍数泡沫灭火系统

主要分为全淹没高倍数泡沫灭火系统、局部应用高倍数泡沫灭火系统及移动式高倍数泡沫灭火系统。

1）全淹没高倍数泡沫灭火系统泡沫液和水的连续供给时间：

① 当用于扑救 A 类火灾时，不应小于 25min；

② 当用于扑救 B 类火灾时，不应小于 15min。

2）局部应用高倍数泡沫灭火系统：

① 当用于扑救 A 类火灾和 B 类火灾时，其泡沫液和水的连续供给时间不应小于 12min；

② 当设置在液化天然气集液池或储罐围堰区时，泡沫连续供给时间应根据所需的控制时间确定，且不宜小于 40min；

③ 泡沫混合液供给强度应根据阻止形成蒸汽云和降低热辐射强度试验确定，并应取两项试验的较大值；

④ 当缺乏试验数据时，泡沫混合液供给强度不宜小于 $7.2L/(min \cdot m^2)$。

3）移动式高倍数泡沫灭火系统泡沫供给速率与连续供给时间应根据保护对象的类型与规模确定。

（4）泡沫-水喷淋系统与泡沫喷雾系统

主要包括泡沫-水雨淋系统、闭式泡沫-水喷淋系统和泡沫喷雾系统。泡沫-水喷淋系统：泡沫混合液连续供给时间不应小于10min；泡沫混合液与水的连续供给时间之和不应小于60min。

1）泡沫-水雨淋系统

① 保护面积应按保护场所内的水平面面积或水平面投影面积确定；

② 当保护非水溶性液体时，其泡沫混合液供给强度不应小于表7-9的规定：

泡沫混合液供给强度 表7-9

泡沫液种类	喷头设置高度（m）	供给强度［L/(min·m²)］
蛋白、氟蛋白	≤10	8
	>10	10
水成膜、成膜氟蛋白	≤10	6.5
	>10	8

当保护水溶性液体时，其混合液供给强度和连续供给时间应由试验确定。

2）闭式泡沫-水喷淋系统

① 系统的作用面积应为465m²；当防护区面积小于465m²时，可按防护区实际面积确定。

② 闭式泡沫-水喷淋系统的供给强度不应小于6.5L/(min·m²)；闭式泡沫-水喷淋系统输送的泡沫混合液应在8L/s至最大设计流量范围内达到额定的混合比。

示例：泡沫灭火系统亦属于一种水消防系统，是在消防水源、水泵、管道的基础上附加泡沫储存设备、泡沫比例混合设备、泡沫产生装置后组成的。泡沫灭火剂与水按比例混合形成混合液，再经过泡沫产生装置的发泡作用，即可生成灭火用的泡沫。泡沫可以覆盖在燃烧的可燃液体上方，通过窒息、冷却作用灭火。灭火用的泡沫按发泡倍数可分为低倍数、中倍数和高倍数泡沫。一般在石化企业和石油制品储罐区设置的是低倍数泡沫灭火系统。

近些年来，为针对汽车火灾可能泄漏的油品火灾，在汽车库的喷淋系统基础上加以升级，通过增设泡沫液储罐和比例混合器，就形成了泡沫-水喷淋灭火系统。根据喷头形式，又可以分为闭式泡沫-水喷淋、泡沫-水雨淋系统等。某建筑就采用了这样的闭式泡沫-水喷淋系统。泡沫-水喷淋系统可用于具有非水溶性液体泄漏火灾危险的室内场所。泡沫-水喷淋系统中，泡沫混合液连续供给时间不应小于10min，泡沫混合液与水的连续供给时间之和不应小于60min。闭式泡沫-水喷淋系统的作用面积应为465m²，比水喷淋系统要大，泡沫混合液的供给强度不应小于6.5L/(min·m²)。根据以上数据，可以计算出系统所需泡沫混合液的用量至少为30225L，按混合比为3%设计，泡沫量应至少为906.75L。在该建筑消防设计中，泡沫液储罐容积确定为1500L，可满足使用要求。

③ 泡沫喷雾系统保护油浸电力变压器时，泡沫混合液或泡沫预混液供给强度不应小于8L/(min·m²)；泡沫混合液或泡沫预混液连续供给时间不应小于15min。

④ 当保护非溶性液体室内场所时，泡沫混合液或预混液供给强度不应小于6.5L/(min·m²)，连续供给时间不应小于10min。

7.4.3 系统组件

（1）泡沫比例混合器（装置）

1）当采用平衡式比例混合装置时，平衡阀的泡沫液进口压力应大于水进口压力，且其压差应满足产品的使用要求；比例混合器的泡沫液进口管道上应设置单向阀；泡沫液管道上应设置冲洗及放空设施。

2）当采用计量注入式比例混合装置时，泡沫液注入点的泡沫液流压力应大于水流压力，且其压差应满足产品的使用要求；流量计进口前和出口后直管段的长度不应小于管径的10倍；泡沫液进口管道上应设置单向阀；泡沫液管道上应设置冲洗及放空设施。

3）当采用压力式比例混合装置时，泡沫液储罐的单罐容积不应大于10m³；无囊式压力比例混合装置，当泡沫液储罐的单罐容积大于5m³且储罐内无分隔设施时，宜设置1台小容积压力式比例混合装置，其容积应大于0.5m³，并应保证系统按最大设计流量连续提供3min的泡沫混合液。

4）当采用环泵式比例混合器时，出口背压宜为零或负压，当进口压力为0.7～0.9MPa时，其出口背压可为0.02～0.03MPa；吸液口不应高于泡沫液储罐最低液面1m；比例混合器的出口背压大于零时，吸液管上应有防止水倒流入泡沫液储罐的措施；应设有不少于1个的备用量。

5）当半固定式或移动式系统采用管线式比例混合器时，水进口压力应为0.6～1.2MPa，且出口压力应满足泡沫产生装置的进口压力要求；比例混合器的压力损失可按水进口压力的35%计算。

(2) 泡沫液储罐

1）储罐内应留有泡沫液热膨胀空间和泡沫液沉降损失部分所占空间；

2）储罐出液口的设置应保障泡沫液泵进口为正压，且应设置在沉降层之上；

3）储罐上应设置出液口、液位计、进料孔、排渣孔、人孔、取样口、呼吸阀或通气管。

(3) 泡沫产生装置

1）低倍数泡沫产生器应符合下列规定：固定顶储罐、按固定顶储罐对待的内浮顶储罐，宜选用立式泡沫产生器；泡沫产生器进口的工作压力应为其额定值±0.1MPa；泡沫产生器的空气吸入口及露天的泡沫喷射口，应设置防止异物进入的金属网；横式泡沫产生器的出口，应设置长度不小于1m的泡沫管；外浮顶储罐上的泡沫产生器，不应设置密封玻璃。

2）高背压泡沫产生器应符合下列规定：进口工作压力应在标定的工作压力范围内；出口工作压力应大于泡沫管道的阻力和罐内液体静压力之和；发泡倍数不应小于2，且不应大于4。

3）中倍数泡沫产生器应符合下列规定：发泡网应采用不锈钢材料；安装于油罐上的中倍数泡沫产生器，其进空气口应高出罐壁顶。

4）高倍数泡沫产生器应符合下列规定：在防护区内设置并利用热烟气发泡时，应选用水力驱动型泡沫产生器；在防护区内固定设置泡沫产生器时，应采用不锈钢材料的发泡网。

(4) 控制阀门与管道

1）当泡沫消防水泵或泡沫混合液泵出口管道口径大于300mm时，不宜采用手动阀门。

2）低倍数泡沫灭火系统的水与泡沫混合液及泡沫管道应采用钢管，且管道外壁应进行防腐处理；中倍数泡沫灭火系统的干式管道应采用钢管，湿式管道宜采用不锈钢管或内、外部进行防腐处理的钢管；高倍数泡沫灭火系统的干式管道宜采用镀锌钢管，湿式管道宜采用不锈钢管或内、外部进行防腐处理的钢管；高倍数泡沫产生器与其管道过滤器的连接管道应采用不锈钢管，泡沫液管道应采用不锈钢管。在寒冷季节有冰冻的地区，泡沫灭火系统的湿式管道应采取防冻措施；泡沫-水喷淋系统的管道应采用热镀锌钢管。其报警阀组、水流指示器、压力开关、末端试水装置、末端放水装置的设置，应符合现行国家标准《自动喷水灭火系统设计规范》GB 50084 的有关规定。

3）对于设置在防爆区内的地上或管沟敷设的干式管道，应采取防静电接地措施。钢制甲、乙、丙类液体储罐的防雷接地装置可兼作防静电接地装置。

(5) 喷头

1）泡沫-水雨淋系统喷头应选用吸气型泡沫-水喷头、泡沫-水雾喷头。

2）泡沫-水雨淋系统喷头的布置应根据系统设计供给强度、保护面积和喷头特性确定；喷头周围不应有影响泡沫喷洒的障碍物。

3）闭式泡沫-水喷淋系统喷头应选用闭式洒水喷头；当喷头设置在屋顶时，其公称动作温度应为 121～149℃；当喷头设置在保护场所的中间层面时，其公称动作温度应为 57～79℃；当保护场所的环境温度较高时，其公称动作温度宜高于环境最高温度 30℃。

4）闭式泡沫-水喷淋系统喷头的设置

① 任意四个相邻喷头组成的四边形保护面积内的平均供给强度不应小于设计供给强度，且不宜大于设计供给强度的 1.2 倍；

② 喷头周围不应有影响泡沫喷洒的障碍物；

③ 每只喷头的保护面积不应大于 $12m^2$；

④ 同一支管上两只相邻喷头的水平间距、两条相邻平行支管的水平间距，均不应大于 3.6m。

5）泡沫喷雾系统喷头的布置

① 保护面积内的泡沫混合液供给强度应均匀；

② 泡沫应直接喷洒到保护对象上；

③ 喷头周围不应有影响泡沫喷洒的障碍物；

④ 喷头应带过滤器，其工作压力不应小于其额定压力，且不宜高于其额定压力 0.1MPa。

7.4.4 防护区

重点审查全淹没高倍数泡沫灭火系统防护区的设置是否符合要求。

(1) 设置

1）全淹没高倍数泡沫灭火系统防护区应为封闭或设置灭火所需的固定围挡的区域，泡沫的围挡应为不燃结构，且应在系统设计灭火时间内具备围挡泡沫的能力；

2）在保证人员撤离的前提下，门、窗等位于设计淹没深度以下的开口，应在泡沫喷放前或泡沫喷放的同时自动关闭；

3）对于不能自动关闭的开口，全淹没系统应对其泡沫损失进行相应补偿；

4）利用防护区外部空气发泡的封闭空间，应设置排气口，排气口的位置应避免燃烧产物或其他有害气体回流到高倍数泡沫产生器进气口；

5）在泡沫淹没深度以下的墙上设置窗口时，宜在窗口部位设置网孔基本尺寸不大于3.15mm的钢丝网或钢丝纱窗；

6）排气口在灭火系统工作时应自动或手动开启，其排气速度不宜超过5m/s；

7）防护区内应设置排水设施；

8）固定安装的泡沫液桶（罐）和比例混合器不应设置在防护区内；

9）系统管道上的控制阀门应设置在防护区以外，自动控制阀门应具有手动启闭功能。

（2）泡沫淹没深度的确定

1）当用于扑救A类火灾时，泡沫淹没深度不应小于最高保护对象高度的1.1倍，且应高于最高保护对象最高点0.6m；

2）当用于扑救B类火灾时，汽油、煤油、柴油或苯火灾的泡沫淹没深度应高于起火部位2m；其他B类火灾的泡沫淹没深度应由试验确定。

7.4.5 泡沫消防泵站与泡沫站

主要审查泡沫消防泵站的设置与系统供水能力。

（1）泡沫消防泵站的设置

1）泡沫消防泵站可与消防水泵房合建，并应符合国家现行《建筑设计防火规范》GB 50016和《消防给水及消火栓系统技术规范》GB 50974对消防水泵房或消防泵房的规定。

2）采用环泵式比例混合器的泡沫消防泵站不应与生活水泵合用供水、储水设施；当与生产水泵合用供水、储水设施时，应进行泡沫污染后果的评估。

3）泡沫消防泵站与被保护甲、乙、丙类液体储罐或装置的距离不宜小于30m，且应满足在泡沫消防水泵或泡沫混合液泵启动后，将泡沫混合液或泡沫输送到保护对象的时间不大于5min。

4）当泡沫消防泵站与被保护甲、乙、丙类液体储罐或装置的距离为30～50m时，泡沫消防泵站的门、窗不宜朝向保护对象。

5）泡沫消防水泵、泡沫混合液泵应采用自灌引水启动。其一组泵的吸水管不应少于两条，当其中一条损坏时，其余的吸水管应能通过全部用水量。

6）系统应设置备用泡沫消防水泵或泡沫混合液泵，其工作能力不应低于最大一台泵的能力。当符合下列条件之一时，可不设置备用泵：

① 非水溶性液体总储量小于5000m^3，且单罐容量小于1000m^3；

② 水溶性液体总储量小于1000m^3，且单罐容量小于500m^3。

7）泡沫消防泵站的动力源应符合下列要求之一：一级电力负荷的电源；二级电力负荷的电源，同时设置作备用动力的柴油机；全部采用柴油机；不设置备用泵的泡沫消防泵站，可不设置备用动力。

8）泡沫消防泵站内应设置水池（罐）水位指示装置。泡沫消防泵站应设置与本单位消防站或消防保卫部门直接联络的通信设备。

9）当泡沫比例混合装置设置在泡沫消防泵站内，无法满足在泡沫消防水泵或泡沫混合液泵启动后，将泡沫混合液或泡沫输送到保护对象的时间不大于5min时，应设置泡沫站，且泡沫站的设置应符合下列规定：

① 严禁将泡沫站设置在防火堤内、围堰内、泡沫灭火系统保护区或其他火灾及爆炸危险区域内；

② 当泡沫站靠近防火堤设置时，其与各甲、乙、丙类液体储罐罐壁的间距应大于20m，且应具备远程控制功能；

③ 当泡沫站设置在室内时，其建筑耐火等级不应低于二级。

（2）系统供水能力

1）泡沫灭火系统水源的水质应与泡沫液的要求相适宜；水源的水温宜为4～35℃。

2）配制泡沫混合液用水不得含有影响泡沫性能的物质。

3）泡沫灭火系统水源的水量应满足系统最大设计流量和供给时间的要求。

4）灭火系统供水压力应满足在相应设计流量范围内系统各组件的工作压力要求，且应有防止系统超压的措施。

5）建（构）筑物内设置的泡沫-水喷淋系统宜设置水泵接合器，且宜设置在比例混合器的进口侧。水泵接合器的数量应按系统的设计流量确定，每个水泵接合器的流量宜按10～15L/s计算。

7.4.6 系统的操作与控制

（1）全淹没系统或固定式局部应用系统

1）全淹没系统应同时具备自动、手动和应急机械手动启动功能；

2）自动控制的固定式局部应用系统应同时具备手动和应急机械手动启动功能；手动控制的固定式局部应用系统尚应具备应急机械手动启动功能；

3）消防控制中心（室）和防护区应设置声光报警装置；

4）消防自动控制设备宜与防护区内门窗的关闭装置、排气口的开启装置，以及生产、照明电源的切断装置等联动。

（2）泡沫喷雾系统应同时具备自动、手动和应急机械手动启动方式。在自动控制状态下，灭火系统的响应时间不应大于60s。

7.4.7 系统水力计算

主要审查泡沫灭火系统的设计流量、管道水头损失、压力损失、水泵或泡沫混合液泵的扬程或系统入口的供给压力、减压措施等。

（1）储罐区泡沫灭火系统的泡沫混合液设计流量，应按储罐上设置的泡沫产生器或高背压泡沫产生器与该储罐辅助泡沫枪的流量之和计算，且应按流量之和最大的储罐确定。泡沫枪或泡沫炮系统的泡沫混合液设计流量，应按同时使用的泡沫枪或泡沫炮的流量之和确定。

（2）泡沫-水雨淋系统的设计流量，应按雨淋阀控制的喷头的流量之和确定。多个雨淋阀并联的雨淋系统，其系统设计流量应按同时启用雨淋阀的流量之和的最大值确定。

（3）系统管道输送介质的流速应符合下列规定：

1）储罐区泡沫灭火系统水和泡沫混合液流速不宜大于3m/s；

2）液下喷射泡沫喷射管前的泡沫管道内的泡沫流速宜为3～9m/s；

3）泡沫-水喷淋系统、中倍数与高倍数泡沫灭火系统的水和泡沫混合液，在主管道内的流速不宜大于5m/s，在支管道内的流速不应大于10m/s；

4）泡沫液流速不宜大于5m/s。

7.5　灭火器设计审查

灭火器是一种可携式灭火工具，是最为常见的灭火设施。审查灭火器相关设计图纸时，主要从灭火器配置场所的火灾种类和危险等级，灭火器的选择、设置与配置，灭火器配置设计计算等方面进行。

7.5.1　灭火器配置场所的火灾种类和危险等级

重点审查灭火器配置场所的火灾种类是否根据该场所内的物质及其燃烧特性进行了正确分类；工业建筑或民用建筑灭火器配置场所的危险等级确定是否合理。

(1) 灭火器配置场所的火灾种类

一般可划分为以下五类：

1）A类火灾：固体物质火灾，如木材、棉、毛、麻、纸张及其制品等燃烧的火灾；

2）B类火灾：液体火灾或可熔化固体物质火灾，如汽油、煤油、柴油、原油、甲醇、乙醇、沥青、石蜡等燃烧的火灾；

3）C类火灾：气体火灾，如煤气、天然气、甲烷、乙烷、丙烷、氢气等燃烧的火灾；

4）D类火灾：金属火灾，如钾、钠、镁、钛、锆、锂、铝镁合金等燃烧的火灾；

5）E类火灾（带电火灾）：物体带电燃烧的火灾，如发电机房、变压器室、配电间、仪器仪表间和电子计算机房等在燃烧时不能及时或不宜断电的电气设备带电燃烧的火灾。E类火灾是建筑灭火器配置设计的专用概念，主要是指发电机、变压器、配电盘、开关箱、仪器仪表和电子计算机等在燃烧时仍旧带电的火灾，必须用能达到电绝缘性能要求的灭火器来扑灭。对于那些仅有常规照明线路和普通照明灯具，而并无上述电气设备的普通建筑场所，可不按E类火灾的规定配置灭火器。

示例：某建筑的使用性质为商场和宾馆，内部可燃物主要为固体物质火灾，因此确定为A类火灾场所。室内虽然除木材、棉、毛、麻、纸张外，还有家用电器等带电设备，但综合考虑，一般选择配置磷酸铵盐灭火器，该灭火器可扑灭A、B、C、E四种类型的火灾。地下车库部分可额外考虑汽油泄漏产生的B类火灾危险，但灭火器类型仍可选用磷酸铵盐灭火器。选择同一种灭火器还可便于日常的维护管理。

(2) 工业建筑灭火器配置场所的危险等级

应根据工业建筑的生产、使用、储存物品的火灾危险性，可燃物数量，火灾蔓延速度，扑救难易程度等因素，划分为以下三级：

1）严重危险级：火灾危险性大，可燃物多，起火后蔓延迅速，扑救困难，容易造成重大财产损失的场所；

2）中危险级：火灾危险性较大，可燃物较多，起火后蔓延较迅速，扑救较难的场所；

3）轻危险级：火灾危险性较小，可燃物较少，起火后蔓延较缓慢，扑救较易的场所。

工业建筑灭火器配置场所与危险等级的对应关系见表7-10。工业建筑灭火器配置场所的危险等级举例见表7-11。

工业建筑灭火器配置场所与危险等级对应关系　　表 7-10

配置场所＼危险等级	严重危险级	中危险级	轻危险级
厂房	甲、乙类物品生产场所	丙类物品生产场所	丁、戊类物品生产场所
仓库	甲、乙类物品储存场所	丙类物品储存场所	丁、戊类物品储存场所

工业建筑灭火器配置场所的危险等级举例　　表 7-11

危险等级	举例	
	厂房和露天、半露天生产装置区	库房和露天、半露天堆场
严重危险级	(1) 闪点<60℃的油品和有机溶剂的提炼、回收、洗涤部位及其泵房、灌桶间	(1) 化学危险物品库房
	(2) 橡胶制品的涂胶和胶浆部位	(2) 装卸原油或化学危险物品的车站、码头
	(3) 二硫化碳的粗馏、精馏工段及其应用部位	(3) 甲、乙类液体储罐区、桶装库房、堆场
	(4) 甲醇、乙醇、丙酮、丁酮、异丙醇、醋酸乙酯、苯等的合成、精制厂房	(4) 液化石油气储罐区、桶装库房、堆场
	(5) 植物油加工厂的浸出厂房	(5) 棉花库房及散装堆场
	(6) 洗涤剂厂房石蜡裂解部位、冰醋酸裂解厂房	(6) 稻草、芦苇、麦秸等堆场
	(7) 环氧氢丙烷、苯乙烯厂房或装置区	(7) 赛璐珞及其制品、漆布、油布、油纸及其制品，油绸及其制品库房
	(8) 液化石油气灌瓶间	(8) 酒精度为 60 度以上的白酒库房
	(9) 天然气、石油伴生气、水煤气或焦炉煤气的净化（如脱硫）厂房压缩机室及鼓风机室	
	(10) 乙炔站、氢气站、煤气站、氧气站	
	(11) 硝化棉、赛璐珞厂房及其应用部位	
	(12) 黄磷、赤磷制备厂房及其应用部位	
	(13) 樟脑或松香提炼厂房、焦化厂精萘厂房	
	(14) 煤粉厂房和面粉厂房的碾磨部位	
	(15) 谷物筒仓工作塔、亚麻厂的除尘器和过滤器室	
	(16) 氯酸钾厂房及其应用部位	
	(17) 发烟硫酸或发烟硝酸浓缩部位	
	(18) 高锰酸钾、重铬酸钠厂房	
	(19) 过氧化钠、过氧化钾、次氯酸钙厂房	
	(20) 各工厂的总控制室、分控制室	
	(21) 国家和省级重点工程的施工现场	
	(22) 发电厂（站）和电网经营企业的控制室、设备间	
中危险级	(1) 闪点≥60℃的油品和有机溶剂的提炼、回收工段及其抽送泵房	(1) 丙类液体储罐区、桶装库房、堆场
	(2) 柴油、机器油或变压器油灌桶间	(2) 化学、人造纤维及其织物和棉、毛、丝、麻及其织物的库房、堆场
	(3) 润滑油再生部位或沥青加工厂房	(3) 纸、竹、木及其制品的库房、堆场
	(4) 植物油加工精炼部位	(4) 火柴、香烟、糖、茶叶库房

续表

危险等级	举　例	
	厂房和露天、半露天生产装置区	库房和露天、半露天堆场
中危险级	(5) 油浸变压器室和高、低压配电室	(5) 中药材库房
	(6) 工业用燃油、燃气锅炉房	(6) 橡胶、塑料及其制品的库房
	(7) 各种电缆廊道	(7) 粮食、食品库房、堆场
	(8) 油淬火处理车间	(8) 电脑、电视机、收录机等电子产品及家用电器库房
	(9) 橡胶制品压延、成型和硫化厂房	(9) 汽车、大型拖拉机停车库
	(10) 木工厂房和竹、藤加工厂房	(10) 酒精度小于60度的白酒库房
	(11) 针织品厂房和纺织、印染、化纤生产的干燥部位	(11) 低温冷库
	(12) 服装加工厂房、印染厂成品厂房	
	(13) 麻纺厂粗加工厂房、毛涤厂选毛厂房	
	(14) 谷物加工厂房	
	(15) 卷烟厂的切丝、卷制、包装厂房	
	(16) 印刷厂的印刷厂房	
	(17) 电视机、收录机装配厂房	
	(18) 显像管厂装配工段烧枪间	
	(19) 磁带装配厂房	
	(20) 泡沫塑料厂的发泡、成型、印片、压花部位	
	(21) 饲料加工厂房	
	(22) 地市级及以下的重点工程的施工现场	
轻危险级	(1) 金属冶炼、铸造、铆焊、热轧、锻造、热处理厂房	(1) 钢材库房、堆场
	(2) 玻璃原料熔化厂房	(2) 水泥库房、堆场
	(3) 陶瓷制品的烘干、烧成厂房	(3) 搪瓷、陶瓷制品库房、堆场
	(4) 酚醛泡沫塑料的加工厂房	(4) 难燃烧或非燃烧的建筑装饰材料库房、堆场
	(5) 印染厂的漂炼部位	(5) 原木库房、堆场
	(6) 化纤厂后加工润湿部位	(6) 丁、戊类液体储罐区，桶装库房，堆场
	(7) 造纸厂或化纤厂的浆粕蒸煮工段	
	(8) 仪表、器械或车辆装配车间	
	(9) 不燃液体的泵房和阀门室	
	(10) 金属（镁合金除外）冷加工车间	
	(11) 氟利昂厂房	

(3) 民用建筑灭火器配置场所的危险等级

应根据民用建筑的使用性质、人员密集程度、用电用火情况、可燃物数量、火灾蔓延速度、扑救难易程度等因素，划分为以下三级：

1）严重危险级：使用性质重要，人员密集，用电用火多，可燃物多，起火后蔓延迅速，扑救困难，容易造成重大财产损失或人员群死群伤的场所；

2）中危险级：使用性质较重要，人员较密集，用电用火较多，可燃物较多，起火后蔓延较迅速，扑救较难的场所；

3）轻危险级：使用性质一般，人员不密集，用电用火较少，可燃物较少，起火后蔓延较缓慢，扑救较易的场所。

民用建筑灭火器配置场所的危险等级举例见表7-12。

民用建筑灭火器配置场所的危险等级举例 **表7-12**

危险等级	举例
严重危险级	(1) 县级及以上的文物保护单位、档案馆、博物馆的库房、展览室、阅览室
	(2) 设备贵重或可燃物多的实验室
	(3) 广播电台、电视台的演播室、道具间和发射塔楼
	(4) 专用电子计算机房
	(5) 城镇及以上的邮政信函和包裹分检房、邮袋库、通信枢纽及其电信机房
	(6) 客房数在50间以上的旅馆、饭店的公共活动用房、多功能厅、厨房
	(7) 体育场（馆）、电影院、剧院、会堂、礼堂的舞台及后台部位
	(8) 住院床位在50张及以上的医院的手术室、理疗室、透视室、心电图室、药房、住院部、门诊部、病历室
	(9) 建筑面积在2000m² 及以上的图书馆、展览馆的珍藏室、阅览室、书库、展览厅
	(10) 民用机场的候机厅、安检厅及空管中心、雷达机房
	(11) 超高层建筑和一类高层建筑的写字楼、公寓楼
	(12) 电影、电视摄影棚
	(13) 建筑面积在1000m² 及以上的经营易燃易爆化学物品的商场、商店的库房及铺面
	(14) 建筑面积在200m² 及以上的公共娱乐场所
	(15) 老人住宿床位在50张及以上的养老院
	(16) 幼儿住宿床位在50张及以上的托儿所、幼儿园
	(17) 学生住宿床位在100张及以上的学校集体宿舍
	(18) 县级及以上的党政机关办公大楼的会议室
	(19) 建筑面积在500m² 及以上的车站和码头的候车（船）室、行李房
	(20) 城市地下铁道、地下观光隧道
	(21) 汽车加油站、加气站
	(22) 机动车交易市场（包括旧机动车交易市场）及其展销厅
	(23) 民用液化气、天然气灌装站、换瓶站、调压站

续表

危险等级	举例
中危险级	(1) 县级以下的文物保护单位、档案馆、博物馆的库房、展览室、阅览室
	(2) 一般的实验室
	(3) 广播电台电视台的会议室、资料室
	(4) 设有集中空调、电子计算机、复印机等设备的办公室
	(5) 城镇以下的邮政信函和包裹分检房、邮袋库、通信枢纽及其电信机房
	(6) 客房数在50间以下的旅馆、饭店的公共活动用房、多功能厅和厨房
	(7) 体育场(馆)、电影院、剧院、会堂、礼堂的观众厅
	(8) 住院床位在50张以下的医院的手术室、理疗室、透视室、心电图室、药房、住院部、门诊部、病历室
	(9) 建筑面积在2000m² 以下的图书馆、展览馆的珍藏室、阅览室、书库、展览厅
	(10) 民用机场的检票厅、行李厅
	(11) 二类高层建筑的写字楼、公寓楼
	(12) 高级住宅、别墅
	(13) 建筑面积在1000m² 以下的经营易燃易爆化学物品的商场、商店的库房及铺面
	(14) 建筑面积在200m² 以下的公共娱乐场所
	(15) 老人住宿床位在50张以下的养老院
	(16) 幼儿住宿床位在50张以下的托儿所、幼儿园
	(17) 学生住宿床位在100张以下的学校集体宿舍
	(18) 县级以下的党政机关办公大楼的会议室
	(19) 学校教室、教研室
	(20) 建筑面积在500m² 以下的车站和码头的候车(船)室、行李房
	(21) 百货楼、超市、综合商场的库房、铺面
	(22) 民用燃油、燃气锅炉房
	(23) 民用的油浸变压器室和高、低压配电室
轻危险级	(1) 日常用品小卖店及经营难燃烧或非燃烧的建筑装饰材料商店
	(2) 未设集中空调、电子计算机、复印机等设备的普通办公室
	(3) 旅馆、饭店的客房
	(4) 普通住宅
	(5) 各类建筑物中以难燃烧或非燃烧的建筑构件分隔的，并主要存贮难燃烧或非燃烧材料的辅助房间

示例：某建筑的地上部分为商场和宾馆，房间数量在50个以上，通过查询上述表格，确定为严重危险等级。地下车库部分根据表7-11，汽车、大型拖拉机停车库属于中危险级场所。对比消防部分设计说明，符合规范要求。设计说明内容如下：

1. 地下车库按中危险等级，B类火灾布置，地上按照严重危险等级，A类火灾设置；
2. 每个消火栓箱下设5kg装的手提式干粉磷酸铵盐灭火器，每点3具；
3. 其他部位每处设5kg装的手提式干粉磷酸铵盐落地式灭火器2具，落地式或墙上设灭火器箱，箱顶距地不大于1.5m。

7.5.2 灭火器的选择

重点审查灭火器的选择是否恰当，灭火剂是否相容。

(1) 灭火器的选择应考虑下列因素：

1) 灭火器配置场所的火灾种类；

2) 灭火器配置场所的危险等级；

3) 灭火器的灭火效能和通用性；

4) 灭火剂对保护物品的污损程度；

5) 灭火器设置点的环境温度；

6) 使用灭火器人员的体能。

(2) 在同一灭火器配置场所，宜选用相同类型和操作方法的灭火器。当同一灭火器配置场所存在不同火灾种类时，应选用通用型灭火器。

(3) 在同一灭火器配置场所，当选用两种或两种以上类型灭火器时，应采用灭火剂相容的灭火器。

(4) 不相容的灭火剂举例见表7-13。

不相容的灭火剂举例 **表7-13**

灭火剂类型	不相容的灭火剂	
干粉与干粉	磷酸铵盐	碳酸氢钠、碳酸氢钾
干粉与泡沫	碳酸氢钠、碳酸氢钾	蛋白泡沫
泡沫与泡沫	蛋白泡沫、氟蛋白泡沫	水成膜泡沫

(5) 不同火灾种类灭火器的选型要求：

1) A类火灾场所应选择水型灭火器、磷酸铵盐干粉灭火器、泡沫灭火器或卤代烷灭火器。

2) B类火灾场所应选择泡沫灭火器、碳酸氢钠干粉灭火器、磷酸铵盐干粉灭火器、二氧化碳灭火器、灭B类火灾的水型灭火器或卤代烷灭火器。极性溶剂的B类火灾场所应选择灭B类火灾的抗溶性灭火器。

3) C类火灾场所应选择磷酸铵盐干粉灭火器、碳酸氢钠干粉灭火器、二氧化碳灭火器或卤代烷灭火器。

4) D类火灾场所应选择扑灭金属火灾的专用灭火器。

5) E类火灾场所应选择磷酸铵盐干粉灭火器、碳酸氢钠干粉灭火器、卤代烷灭火器或二氧化碳灭火器，但不得选用装有金属喇叭喷筒的二氧化碳灭火器。

6) 非必要场所不应配置卤代烷灭火器。非必要场所的举例见表7-14与表7-15。必要场所可配置卤代烷灭火器。

民用建筑类非必要配置卤代烷灭火器的场所举例　　表7-14

序号	名称
1	电影院、剧院、会堂、礼堂、体育馆的观众厅
2	医院门诊部、住院部
3	学校教学楼、幼儿园与托儿所的活动室
4	办公楼
5	车站、码头、机场的候车、候船、候机厅
6	旅馆的公共场所、走廊、客房
7	商店
8	百货楼、营业厅、综合商场
9	图书馆一般书库
10	展览厅
11	住宅
12	民用燃油、燃气锅炉房

工业建筑类非必要配置卤代烷灭火器的场所举例　　表7-15

序号	名称
1	橡胶制品的涂胶和胶浆部位，压延成型和硫化厂房
2	橡胶、塑料及其制品库房
3	植物油加工厂的浸出厂房，植物油加工精炼部位
4	黄磷、赤磷制备厂房及其应用部位
5	樟脑或松香提炼厂房，焦化厂精萘厂房
6	煤粉厂房和面粉厂房的碾磨部位
7	谷物筒仓工作塔、亚麻厂的除尘器和过滤器室
8	散装棉花堆场
9	稻草、芦苇、麦秸等堆场
10	谷物加工厂房
11	饲料加工厂房
12	粮食、食品库房及粮食堆场
13	高锰酸钾、重铬酸钠厂房
14	过氧化钠、过氧化钾、次氯酸钙厂房
15	可燃材料工棚
16	可燃液体贮罐，桶装库房或堆场
17	柴油、机器油或变压器油灌桶间
18	润滑油再生部位或沥青加工厂房
19	泡沫塑料厂的发泡、成型、印片、压花部位
20	化学、人造纤维及其织物和棉、毛、丝、麻及其织物的库房
21	酚醛泡沫塑料的加工厂房
22	化纤厂后加工润湿部位，印染厂的漂炼部位

续表

序号	名称
23	木工厂房和竹、藤加工厂房
24	纸张、竹、木及其制品的库房、堆场
25	造纸厂或化纤厂的浆粕蒸煮工段
26	玻璃原料熔化厂房
27	陶瓷制品的烘干、烧成厂房
28	金属（镁合金除外）冷加工车间
29	钢材库房、堆场
30	水泥库房
31	搪瓷、陶瓷制品库房
32	难燃烧或非燃烧的建筑装饰材料库房
33	原木堆场

7.5.3 灭火器的设置

重点审查灭火器设置点的环境温度与最大保护距离。

(1) 灭火器设置点的环境温度

灭火器的使用温度范围举例见表 7-16。

灭火器的使用温度范围 **表 7-16**

灭火器类型		使用温度范围（℃）
水型灭火器	不加防冻剂	5～55
	添加防冻剂	−10～55
机械泡沫灭火器	不加防冻剂	5～55
	添加防冻剂	−10～55
干粉灭火器	二氧化碳驱动	−10～55
	氮气驱动	−20～55
洁净气体（卤代烷）灭火器		−20～55
二氧化碳灭火器		−10～55

(2) 灭火器最大保护距离

1）A 类火灾场所的灭火器最大保护距离要求见表 7-17。

A 类火灾场所的灭火器最大保护距离（单位：m） **表 7-17**

危险等级 \ 灭火器形式	手提式灭火器	推车式灭火器
严重危险级	15	30
中危险级	20	40
轻危险级	25	50

示例：某建筑的灭火器首选与室内消火栓共同配置。每个消火栓箱下设3具5kg装的手提式磷酸铵盐灭火器，其余部位设置2具5kg装的手提式磷酸铵盐落地式灭火器，落地放置或者在墙上设灭火器箱，箱顶距地不大于1.5m。灭火器的最大保护距离决定了灭火器的数量和保护范围，与消火栓系统的要求类似，灭火器的布置应保证建筑平面内的任何位置均处于灭火器的保护范围内。因此图纸审查时，应对灭火器的布置位置进行校核，确保满足表7-17的距离要求。除消火栓箱下设置的灭火器外，在不能满足最大保护距离的适当位置，应增设灭火器，如类似会议室的大房间中承重柱位置。另外灭火器的位置应不影响人员通行和建筑使用功能。

2）B、C类火灾场所的灭火器最大保护距离要求见表7-18。

B、C类火灾场所的灭火器最大保护距离（单位：m）　　**表7-18**

灭火器形式 / 危险等级	手提式灭火器	推车式灭火器
严重危险级	9	18
中危险级	12	24
轻危险级	15	30

3）D类火灾场所的灭火器，其最大保护距离应根据具体情况研究确定。

4）E类火灾场所的灭火器，其最大保护距离不应低于该场所内A类或B类火灾的规定。

7.5.4　灭火器的配置

重点审查计算单元灭火器配置数量与设置点灭火器数量是否符合要求。

(1) 配置数量

1）一个计算单元内配置的灭火器数量不得少于2具。

2）每个设置点的灭火器数量不宜多于5具。

3）当住宅楼每层的公共部位建筑面积超过100m² 时，应配置1具1A的手提式灭火器；每增加100m² 时，增配1具1A的手提式灭火器。

(2) 配置基准

1）A、B、C类火灾场所灭火器的最低配置基准见表7-19与表7-20。

A类火灾场所灭火器的最低配置基准　　**表7-19**

危险等级	严重危险级	中危险级	轻危险级
单具灭火器最小配置灭火级别	3A	2A	1A
单位灭火级别最大保护面积（m²/A）	50	75	100

B、C类火灾场所灭火器的最低配置基准　　**表7-20**

危险等级	严重危险级	中危险级	轻危险级
单具灭火器最小配置灭火级别	89B	55B	21B
单位灭火级别最大保护面积（m²/B）	0.5	1	1.5

2）D类火灾场所的灭火器最低配置基准应根据金属的种类、物态及其特性等研究确定。

3）E类火灾场所的灭火器最低配置基准不应低于该场所内A类（或B类）火灾的规定。

示例：在某建筑灭火器设计图中，选用的是5kg磷酸铵盐灭火器，其单具灭火级别是3A，满足规范要求。由于随室内消火栓共同配置，每个消火栓箱下设3具5kg装的手提式磷酸铵盐灭火器，满足一个计算单元内配置的灭火器数量不得少于2具的要求。每个设置点设置3具灭火器，亦同时满足每个设置点的灭火器数量不宜多于5具的要求。

7.5.5 灭火器配置设计计算

重点审查每个灭火器设置点实配灭火器的灭火级别和数量是否满足最小需配灭火级别和数量的计算值要求。灭火器设置点的位置和数量是否满足灭火器的最大保护距离，并应保证最不利点至少在1具灭火器的保护范围内。

（1）灭火器配置设计的计算单元划分

1）当一个楼层或一个水平防火分区内各场所的危险等级和火灾种类相同时，可将其作为一个计算单元。

2）当一个楼层或一个水平防火分区内各场所的危险等级和火灾种类不相同时，应将其分别作为不同的计算单元。

3）同一计算单元不得跨越防火分区和楼层。

（2）计算单元保护面积的确定

1）建筑物应按其建筑面积确定。

2）可燃物露天堆场，甲、乙、丙类液体储罐区，可燃气体储罐区应按堆垛、储罐的占地面积确定。

（3）计算单元的最小需配灭火级别

$$Q = K\frac{S}{U} \tag{7-8}$$

式中 Q——计算单元的最小需配灭火级别，A或B；

S——计算单元的保护面积，m^2；

U——A类或B类火灾场所单位灭火级别最大保护面积，m^2/A或m^2/B；

K——修正系数，应按表7-21取值。

修正系数 **表7-21**

计算单元	K
未设室内消火栓系统和灭火系统	1
设有室内消火栓系统	0.9
设有灭火系统	0.7
设有室内消火栓系统和灭火系统	0.5
可燃物露天堆场、甲、乙、丙类液体储罐区、可燃气体储罐区	0.3

（4）歌舞、娱乐、放映、游艺场所，网吧，商场，寺庙以及地下场所等的计算单元的最小需配灭火级别应按下式计算：

$$Q = 1.3K\frac{S}{U} \tag{7-9}$$

（5）计算单元中每个灭火器设置点的最小需配灭火级别应按下式计算：

$$Q_e = \frac{Q}{N} \tag{7-10}$$

式中　Q_e——计算单元中每个灭火器设置点的最小需配灭火级别，A或B；

N——计算单元中的灭火器设置点数，个。

第8章 特殊消防设计

8.1 特殊消防设计概述

8.1.1 特殊消防设计的发展概况

采用现行规范进行消防设计，虽然能保证建筑的防火安全，但有时限制了设计人员的创造力，可能阻碍新技术、新工艺和新材料的应用，有时造成不必要的浪费。这些情况下，可采用特殊消防设计方法。

自20世纪70年代起，一些发达国家就开始系统研究以消防安全性能为基础的建筑防火设计方法，性能化防火设计成为国际上火灾科学研究领域的一个热点。国际上著名的火灾防治研究机构和大学先后开展了许多与性能化设计有关的研究课题，如关于建筑材料燃烧基础数据库的研究、火灾过程的计算机模化、建筑中典型火灾场景的研究、性能化设计方法研究、火灾中的人员基础数据库研究、人员疏散过程动力学研究、人群疏散模型的开发等，这些为制订相应的性能化防火规范、发展性能化设计方法和开展性能化的防火设计奠定了基础。国际上一些主要的火灾科学学术刊物上均登载了大量关于性能化设计与规范方面的文章，许多研究机构纷纷探讨如何将有关的火灾科研的最新成果应用于解决工程实践的问题。日本是研究性能化防火设计方法最早的国家之一。日本建设省1982年便制订了“建筑物综合防火设计方法开发”的五年计划，并在其研究成果的基础上，编制了一套体现以火灾性能为指导的设计方法。1998年日本又对防火规范进行了一次较大的修订，更加充实了以火灾性能为基础的设计思想。英国于1985年完成了建筑规范，包括防火规范的性能化修改，新规范规定“必须建造一座安全的建筑”，但不详细规定应如何实现这一目标，为开展性能化防火设计奠定基础。澳大利亚于1989年成立了建筑规范审查工作组，起草性能化的《国家建筑防火安全系统规范》，该规范于1996年颁布，自1997年陆续被各州政府采用。新西兰1991年发布了性能化的《新西兰建筑规范》，新规范中保留了处方式的要求，并作为可接受的设计方法；1993—1998年，开展了“消防安全性能评估方法的研究”，制定了性能化建筑消防安全框架，包括防止火灾的发生、安全疏散措施、防止倒塌、消防基础设施和通道要求以及防止火灾相互蔓延5部分。美国已完成性能目标和基本完成性能级别分级的确定，并于2001年发布了《国际建筑性能规范》和《国际防火性能规范》。加拿大也于2001年发布了其性能化的建筑规范和防火规范，其要求将以不同层次的目标形式表述：1996年、1998年、2000年和2002年分别在加拿大、美国、瑞典和澳大利亚召开了4届“国际性能化设计规范与设计方法研讨会”，这标志着发展以火灾性能为基础的设计方法及其相应的规范已成为国际化的趋势。

我国也积极推进性能化设计方法的研究和应用工作。“九五”期间，针对地下建筑和大尺度建筑的火灾预防与扑救技术，以国家科技攻关项目为龙头，公安部的天津消防研究所、四川消防研究所、上海消防研究所和沈阳消防研究所、中国建筑科学研究院建筑防火研究所等单位开展了多层次、多学科交叉的联合攻关研究，在探索地下建筑与大空间建筑的火灾规律、开发高新技术的火灾探测报警、自动灭火、防排烟设备和消防部队灭火救援装备等方面，取得了一批重要种科研成果。我国最早开展消防工程专业教育的中国人民武装警察部队学院（现中国人民警察大学）在消防基础数据、人员安全疏散软件开发和火灾风险评估等方面开展了系统研究工作。

为了跟踪性能化防火设计的国际发展动态，研究制定我国的发展对策，2000 年第三届全国消防标准化技术委员会决定，成立全国性的“消防安全工程学”工作组。该工作组的主要任务是：收集、整理、分析国外相关资料；研究并提出我国消防安全工程标准的发展规划；推进相关的火灾基础研究，开发建筑物消防安全性能评价方法，建立基础数据库；研究制定性能化设计方法及相关标准。“十五”期间，在公安部消防局的主持下，公安部天津消防研究所、公安部四川消防研究所、中国建筑科学研究院、中国科学技术大学等单位共同承担《建筑物性能化防火设计技术导则》课题的研究工作。该导则规定了性能化防火设计的适用范围、设计计算工具以及设计要达到的消防安全水平。该导则还提出了在我国开展性能化防火设计的一般步骤，并结合我国的防火设计规范体系，参考中国科学技术大学火灾科学国家重点实验室等单位开展的大量火灾实验数据，对火灾场景与火灾增长分析、人员疏散计算方法、烟气流动模拟方法做了细致的描述，为性能化设计的研究和应用在我国的开展奠定了初步基础。

对于性能化防火设计的工程应用，《建设工程消防设计审查验收管理暂行规定》规定了其适用范围：

（一）国家工程建设消防技术标准没有规定，必须采用国际标准或者境外工程建设消防技术标准的；

（二）消防设计文件拟采用的新技术、新工艺、新材料不符合国家工程建设消防技术标准规定的。

对于建设工程采用性能化设计方法的具体规定，原公安部消防局制定了《建设工程消防性能化设计评估应用管理暂行规定》，该暂行规定对于性能化设计方法的适用范围：

第四条　具有下列情形之一的工程项目可采用性能化设计评估方法：

（一）超出现行国家消防技术标准适用范围的；

（二）按照现行国家消防技术标准进行防火分隔、防烟排烟、安全疏散、建筑构件耐火等设计时，难以满足工程项目特殊使用功能的。

随着奥运场馆的兴建、高铁事业的发展，再加上商业综合体的建设，性能化设计建筑日益增多。性能化设计方法解决大型建筑消防问题的同时，有些地方存在建设工程消防设计审核中执行消防法规不严、超范围运用专家评审规避国家标准制定的现象，甚至参加评审的专家与评审项目存在利害关系，评审流于形式。不同程度地放宽对建设工程的消防安全要求，留下先天性火灾隐患。为规范专家评审工作，公安部下发了《关于进一步规范建设工程专家评审工作的通知》。该通知规定：对属于《建设工程消防监督管理规定》第十六条情形之一的建设工程，才能组织专家评审。对于消防设计文件拟采用的消防设计文件拟采用的新技术、新工艺、新材料可能影响建设工程消防安全，不符合国家标准规定的，涉及安全疏散和高层建筑防火分区划分的问题，应当严格执行现行国家工程建设消防技术标准的规定，现行国家工程建设消防技术标准强制性条文有明确规定的，必须严格执行，不得规避规范标准要求。2016年，公安部消防局废除了《建设工程消防性能化设计评估应用管理暂行规定》。以后的建设工程消防性能化设计评估项目，从业人员取公安部119号令中的专业术语，称“特殊消防设计”。必须再次强调，特殊消防设计就是性能化消防设计，两者没有本质的区别，只是名称不同。

随着消防工作的改革，建设工程消防审核验收职能划归住房和城乡建设部。为规范特殊消防设计的应用范围，住房和城乡建设部《建设工程消防设计审查验收管理暂行规定》（住房和城乡建设部51号令）规定：

第十七条　特殊建设工程具有下列情形之一的，建设单位还应当同时提交特殊消防设计技术资料：

（一）国家工程建设消防技术标准没有规定，必须采用国际标准或者境外工程建设消防技术标准的；

（二）消防设计文件拟采用的新技术、新工艺、新材料不符合国家工程建设消防技术标准规定的。

前款所称特殊消防设计技术资料，应当包括特殊消防设计文件，设计采用的国际标准、境外工程建设消防技术标准的中文文本，以及有关的应用实例、产品说明等资料。

可以看出，与公安部119号令比较，住房和城乡建设部51号令进一步缩小了特殊消防设计的适用范围。

8.1.2　特殊消防设计的设计方法

特殊消防设计是针对建筑的实际情况，根据选定的安全目标，运用消防安全工程学的原理和方法，进行个性化的消防设计方法。安全目标包括人员安全、财产安全、商业和社会活动的连续性、环境保护和遗产保护。消防安全工程学包括以下内容：

（1）火灾的发生和发展及其模化；

（2）燃烧产物的产生与传播特性；

（3）火灾烟气流动特性；

（4）防火系统对火反应的评价方法与技术；

（5）火灾中人的行为与疏散模型；

（6）建筑物的消防安全评估方法与模型；

（7）性能化设计的理论与方法；

（8）火灾统计与分析研究。

既然按照《建筑设计防火规范》GB 50016—2014（2018年版）等规范和标准设计的建设工程公认是安全的，则要求按照特殊消防设计方法设计的建设工程，其安全水平不低于按照现行规范设计的建设工程的消防安全水平。虽然在设计上的目标是清楚的，但存在按现行规范设计的消防安全水平不清楚的问题。这造成特殊消防设计方法不易实施。解决该问题的思路是加强消防安全措施，比如体育场馆的防火分区的面积超过5000m^2。既然防火分区面积超出了现行规范的规定，就要在其他方面采取加强措施，可采取的加强措施包括不限于增大排烟量、增大防火分区的疏散总宽度和减小疏散距离等。建设工程采取了加强措施后，再经过消防安全工程学的计算和评估，就能保证消防安全。

8.2　人员安全疏散设计

8.2.1　人员安全疏散的基本条件

基于现行规范的疏散设计方法，整个设计过程是严格按照规范进行的。设计人员针对具体工程，只需按照建筑设计防火规范的每一条款逐条满足，设计人员好像“照方抓药”，基本无发挥的空间，因此这种设计方法也形象地称为“处方式”设计方法。该方法简单、实用且便于操作，所以在我国得到了广泛的应用。同样，消防审核部门也是按照相同的方法进行设计审核，只要符合规范每一条款的要求即认为设计合格。为弥补现行防火设计规范的不足，对于采用现行规范无法解决的防火设计，我国从 21 世纪初开始，逐步引入先进的性能化人员安全疏散设计（评估）方法。性能化人员疏散评估方法是针对建筑的实际情况，根据选定的安全目标，运用消防安全工程学的原理和方法，对建筑疏散设计进行个性化评估的方法。

目前，国际上公认的人员安全疏散的性能化判定标准是基于可用安全疏散时间（available safe egress time，ASET）和必需安全疏散时间（required safe egress time，RSET）。可用安全疏散时间 ASET 又称危险来临时间，是指从火灾发生至其发展到使建筑中特定空间的内部环境或结构达到危及人身安全的极限时间。可用安全疏散时间由火灾演化过程决定，主要取决于建筑布局、火灾荷载及其分布和通风状况。必需安全疏散时间 RSET 又称疏散时间，指从火灾发生至建筑中特定空间内的人员全部疏散到安全地点所需要的时间。因为人员疏散是一个复杂的过程，因此必需安全疏散时间不仅取决于人员身体和心理特征，还取决于建筑布局。

人员安全疏散的性能化判定标准为可用安全疏散时间 $ASET$ 必须大于必需安全疏散时间 $RSET$，即：

$$RSET < ASET \tag{8-1}$$

在（超）高层建筑内，火灾中所有人员均疏散至室外是不现实的，因此应急疏散预案往往是分阶段疏散，即先疏散着火层、着火层的上层及着火层的下层，再疏散其他楼层人员，所有人员疏散完毕需要较长时间，多达 1～2h。在这种情况下，所有人员必须在建筑坍塌之前疏散至室外。因此在疏散过程中，若建筑存在坍塌的危险，要保证人员安全，还要同时满足下面的条件：

$$RSET < \min(T_{fr}, T_f) \tag{8-2}$$

式中　T_{fr}——结构的耐火极限，min；

T_f——在可能最不利火灾条件下结构的失效时间，min。

基于现行规范的疏散设计方法，是将设计方案与规范规定的条文逐一核对，而性能化设计方法较“处方式”设计方法要复杂得多，其步骤如图 8-1 所示，具体为：

(1) 准备评估资料

主要包括两方面的资料：一是工程详细情况，包括建筑的主要使用功能、需要的空间条件、建筑内局部的主要用途及其分布、建筑环境等自然条件和建筑投资、业主的期望。

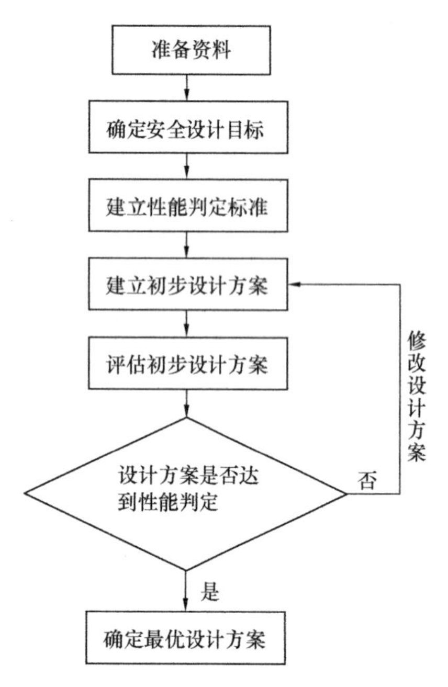

图 8-1 性能化评估步骤

二是法规的要求，包括建筑设计规范对评估工程的具体要求、工程无法解决的消防技术问题、相关规定对性能化评估的要求。

(2) 确定安全设计目标

确定设计目标时，首先要明确消防法规的相关要求、建筑工程投资方的期望及使用者的安全需求。一般特殊消防设计（评估）的安全总目标包括：

1）保证建筑内使用人员的生命安全及消防救援人员的人身安全；

2）保证建筑结构在一定时间内不会发生整体倒塌，或者建筑会发生局部坍塌，但局部破坏不致引起连续性倒塌；

3）保证建筑物内财产安全，除起火处外，尽量减少火灾损失；

4）保证建筑物发生火灾后对经营生产的连续运行产生较大影响，保护环境。

对于具体工程而言，设计目标应包括上述目标的一条或多条，其中建筑内人员生命安全是所有建筑消防设计都必须满足的安全目标。

(3) 建立性能判定标准

建筑安全设计总目标确定后，即保证建筑内人员生命安全，还需要逐步分解，依次制定功能目标、性能目标及建立性能判定标准。如为达到保证起火区域外人员生命安全，其功能目标之一是保证人员疏散至安全区域之前不受火灾危害，及保护人员不受热、热辐射和有毒气体的侵害。为此，性能目标之一可设定为将火灾限制在起火房间内，这样起火房间外人员将不受热辐射影响。一般起火房间不发生轰然，火灾很难蔓延至相邻区域，因此性能判定标准可设定为烟气层温度不超过 500℃。

虽然建筑疏散性能化评估是针对具体建筑做出的，但不同建筑工程的性能判定标准却基本相同，一般为地面以上 2m 高度处的温度不超过 60℃，能见度保持在 10m 以上，CO 浓度不超过 500ppm。

(4) 建立初步设计方案

建立疏散设计方案是性能化疏散设计的核心工作，工程技术人员可为建筑工程设计个性化的一个或多个疏散方案。安全疏散设计总的原则是安全可靠、路线简明、设施适当和节约投资。与“处方式”设计不同，设计人员满足安全目标的选择具有较大的灵活性。如为达到安全疏散的目的，既可增加疏散出口宽度，也可以缩短疏散距离，或者增大排烟量，当然也可以设置更加可靠的控火措施。

(5) 进行方案评估

完成疏散设计方案后，即可对初步设计方案按照建立的性能判据进行评估。评估时分别采用经验公式或计算模型计算可用疏散时间和必需疏散时间，计算完毕后依据式（8-1）进行判断，若满足式（8-1），说明初步设计方案达到性能判定标准，这时可确定最优设计方案并编制评估设计文件；若所有设计方案均不能满足式（8-1）要求，需要对设计方案进行修改并重新评估，直至满足性能判据。

8.2.2 可用安全疏散时间 *ASET*

在疏散性能化评估过程中，性能判定标准是确定可用安全疏散时间的依据。建立性能判定标准是将安全目标定量化的重要手段，是消防安全工程学在疏散评估中的主要应用形式。建立性能判定标准需要对影响人员安全疏散的因素进行详细分析，着重分析火灾产生的热及毒性气体对人员心理及行为的影响，据此判断火灾发展到何种程度即达到人员的耐受极限。火灾时影响人员疏散的主要因素包括：烟气层高度、烟气层温度、能见度、对人体的热辐射、对流热及烟气毒性。

(1) 烟气层高度

火灾产生的高温烟气是多种物质的混合物。烟气的成分很复杂，主要包括：①燃烧产生的气相产物，如水蒸气、CO_2、CO、多种低分子的碳氢化合物及少量的硫化氢、氯化氢、氰化氢（HCN）等；②在扩散过程中卷吸的新鲜空气；③多种微小的固体颗粒和液体颗粒。统计资料表明，高温烟气是火灾造成人员伤亡的主要因素，85%以上的死亡者是由于烟气影响造成的，因此烟气层是影响火灾中人员疏散行动及灭火救援的主要障碍。

火灾发生后，会在每层建筑的顶部产生一定厚度的烟气层。在疏散过程中，烟气层只有保持在人员头部以上一定高度，人员才不会受到高温烟气的直接威胁。因为不同国家、同一国家的不同地区之间人体身高存在差异，一般欧美发达国家的人员身高普遍高于亚洲各国、寒冷地区人员身高超过热带地区，所以烟气层安全高度的取值不尽相同，一般为1.6～2.0m。结合美国、英国、澳大利亚等国的性能化防火设计规范及我国的性能化实践，目前基本上达成共识：出于保守考虑，认为烟气层在人员疏散过程中保持在地面2m以上位置时，人员疏散是安全的。

对于高大空间建筑，由于建筑的蓄烟能力强，烟气层下降的速度慢，在确定烟气层建筑高度时，应该考虑建筑顶棚高度的影响，建议采用日本的《建筑物综合防火设计》中的计算公式：

$$H_d = H_p + 0.1H_c \tag{8-3}$$

式中 H_d——危险高度，m；

H_p——人体的平均身高，m；

H_c——建筑的顶棚高度，m。

(2) 烟气层温度

当烟气层超过人体高度，不与人直接接触时，主要通过辐射热影响人群疏散。根据人体对辐射热耐受能力的研究，人体对火灾环境的热辐射的耐受极限是2.5kW/m^2，处于该水平的热辐射灼伤几秒钟之内就会引起皮肤强烈疼痛。辐射热为2.5kW/m^{2}相当于上部烟气层的温度达到180～200℃。而对于较低的辐射热，人可以忍受5min以上，对于高于2.5kW/m^{2}的辐射热，人体耐受辐射热的时间可由下式计算：

$$t_m = \frac{1.33}{q^{1.33}} \tag{8-4}$$

式中 t_m——人体忍受辐射热时间，s；

q——单位面积辐射热，kW/m^2。

表 8-1 给出了人体对不同辐射热的耐受时间。

人体对辐射热的耐受时间　　　　表 8-1

热辐射强度	<2.5kW/m^2	2.5kW/m^2	10kW/m^2
耐受时间	>5min	30s	4s

当烟气层高度低于人体高度，热烟气与人员身体直接接触，此时主要通过热对流影响人员行动。热气流对人的伤害表现为直接烧伤。空气中的水分含量对这两种危害都有重要影响，见表 8-2。当人员暴露在水分含量小于 10%的热空气中，人体对对流热的耐受时间可由下式计算：

$$t_{\mathrm{ICONV}} = 5 \times 10^{7} \times T^{-3.4} \tag{8-5}$$

式中　t_{ICONV}——人体忍受热对流时间，min；

T——烟气层温度，℃。

人体对对流热的耐受极限　　　　表 8-2

温度和湿度条件		耐受时间（min）
水分饱和	小于 60℃	>30
水分含量<10%	100℃	12
	120℃	7
	140℃	4
	160℃	2
	180℃	1

当烟气层温度小于 60℃时，人在其中的耐受时间可以超过 30min，因此当烟气层高度低于 2m 时，温度不得超过 60℃。

综合辐射热和对流热对人员行动的影响，均需要计算火灾情况下的烟气层高度。对于双区域模型（如 CFAST），烟气层高度是模型的基本参数之一。但目前性能化评估中已很少应用区域模型，对于场模型而言，难以直接得出火场的烟气层高度。此时，可将温度判断标准定为地板以上 2m 处温度不超过 60℃。

(3) 能见度

能见度是指人们在一定环境下刚刚看到某个物体的最远距离，单位为米（m）。能见度主要由烟气的浓度决定，同时还与物体的亮度、背景的亮度及观察者对光线的敏感程度等因素有关。火灾发展过程中，随着烟气浓度增高，能见度逐渐降低，人员不仅逃生速度随之降低，而且不宜发现逃生通道。表 8-3 给出普通房间和大面积房间的能见度限值。

火灾中能见度限值　　　　表 8-3

参数	普通房间	大面积房间
能见度（m）	5	10
减光度（m^{-1}）	0.2	0.1

对于普通房间，人员对于逃生通道可能较为熟悉，要求相对较低；对于大面积房间，人员为了确定逃生方向需要看得更远，因此要求能见度较大。

（4）烟气毒性

在火灾中，85%以上的死亡者是由于烟气影响造成的，其中约有一半是由 CO 中毒引起的，另外一半则由直接烧伤、爆炸压力创伤及吸入其他有毒气体引起的。火灾中燃烧产生的有毒有害气体有 CO、HCN、CO_2、丙烯醛、氯化氢、氧化氮等。CO、HCN、CO_2 属于窒息性气体，这类气体用暴露剂量判定其毒性，暴露剂量为毒性气体浓度与暴露时间的乘积。丙烯醛、氯化氢等属于刺激性气体，刺激效应有两种类型：感觉刺激和肺刺激。感觉刺激包括对眼睛和上呼吸道的刺激，感觉效应主要与刺激物的浓度有关，一般不随暴露时间的增加而增强。肺刺激既与刺激物浓度有关，又与暴露时间有关。常见有毒有害气体的允许浓度见表 8-4。

窒息性气体按毒性大小排序，依次为 HCN、CO、CO_2，其中 HCN 的毒性约是 CO 的 20 倍。由于 CO 在火灾中更为常见且研究较多，因此在疏散安全评估中多以 CO 作为毒性气体的代表。CO 主要毒害机理在于其与血红蛋白结合成碳氧血红蛋白 COHb，极大地削弱了血红蛋白对 O_2 的结合力而使血液中 O_2 含量降低致使供氧不足。人体暴露于不同浓度的 CO 中产生的病理症状见表 8-5。目前在评估中，保守考虑，CO 的安全判定标准一般定为 500ppm。

常见有毒有害气体的允许浓度　　表 8-4

名称	长时间允许浓度（ppm）	短时间允许浓度（ppm）	来源
二氧化碳	5000	100000	含碳材料
一氧化碳	100	4000	含碳材料
氧化氮	5	120	赛璐珞
氢氰酸	10	300	羊毛、丝、皮革、含氮塑料、纤维质塑料
丙烯醛	0.5	20	木材、纸张
二氧化硫	5	500	聚硫橡胶
氯化氢	5	1500	聚氯乙烯
氟化氢	3	100	含氟材料
氨	100	4000	三聚氰胺、尼龙、尿素
苯	25	12000	聚苯乙烯
溴	0.1	50	阻燃剂
三氯化磷	0.5	70	阻燃剂
氯	1	50	阻燃剂
硫化氢	20	600	阻燃剂
光气	1	25	阻燃剂

人体暴露于不同浓度的 CO 中产生的病理症状　　表 8-5

暴露浓度（ppm）	暴露时间（min）	症状
50	360～480	不会出现副作用的临界值
200	120～180	可能出现轻微头痛
400	60～120	头痛、恶心
800	45	头痛、头晕、恶心
	120	瘫痪或可能失去知觉

续表

暴露浓度（ppm）	暴露时间（min）	症状
1000	60	失去知觉
1600	20	头痛、头晕、恶心
3200	5--10	头痛头晕
	30	失去知觉
6400	1～2	头痛、头晕
	10～15	失去知觉，有死亡危险
12800	1～3	即刻出现生理反应，失去知觉，有死亡危险

在评估时，考虑到没有一款火灾动力学模拟软件包含的燃烧模型能精确计算毒性气体的生成量，而是直接由用户输入其生成量，软件仅计算毒性气体的扩散过程及其浓度分布。同时也有研究表明，若火灾中能见度超过 10m，则不用考虑烟气的毒性对人员疏散的影响，鉴于此也可不直接考虑气体的毒性作用。

综上所述，疏散性能化评估时，性能判定标准可定为：地板以上 2m 处温度不超过 60℃；建筑内的能见度不小于 10m；空气中 CO 的浓度不超过 500ppm。

8.2.3 必需安全疏散时间 *RSET*

必需安全疏散时间 *RSET* 是指从起火时刻起到人员疏散至安全区域的时间。火灾情况下的 *RSET* 包括火灾报警时间 t_{alarm}、预动作时间 t_{pre} 和疏散行动时间 t_{move}，如图 8-2 所示。

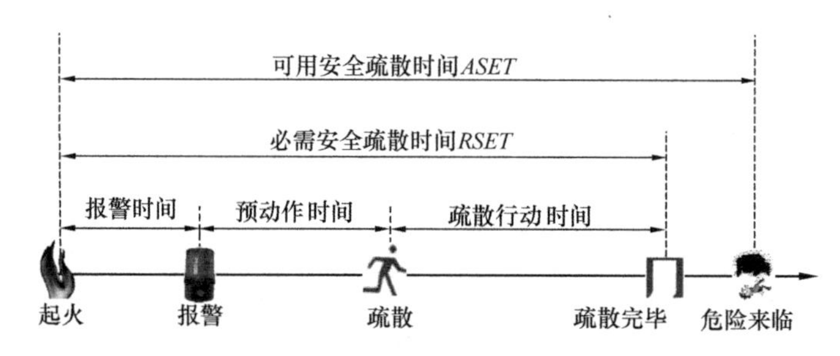

图 8-2　人员安全疏散时间判据

(1) 火灾报警时间

在公共建筑中，通常安装有感烟探测器、感温探测器等火灾报警装置，在大空间建筑中为尽早探测火灾，往往安装主动吸气式火灾探测系统。火灾发展至一定规模，产生的热烟气将触发火灾报警装置并产生报警信号。在没有安全报警器的场所，人员可以通过本身的视觉、嗅觉或听觉系统察觉到火灾征兆。从火灾发生至信号传达到建筑中的人员的时间称为火灾报警时间。

报警时间的长短不仅取决于火灾的发展速度、报警装置的类型及其布置，还取决于人员的清醒状态。感温探测器的报警时间和自动喷水灭火系统的喷头启动时间可通过导热计算进行预测。当敏感元件的温度超过动作温度时报警。这种软件的典型代表为美国国家标准与技术研究院开发的 DETECT-T2 和 DETECT-QS 模型，其导热计算中只考虑热烟气的强制对流。基本公式为：

$$T_{\mathrm{D},t+\Delta t}=(T_{\mathrm{jet},t+\Delta t}-T_{\mathrm{D},t})(1-e^{-\frac{1}{\tau}})(T_{\mathrm{jet},t+\Delta t}-T_{\mathrm{jet},t})\tau\left(e^{-\frac{1}{\tau}}+\frac{1}{\tau}-1\right) \tag{8-6}$$

式中　$T_{\mathrm{D},t+\Delta t}$——敏感元件在 $t+\Delta t$ 时刻的温度，℃；

$T_{\mathrm{jet},t+\Delta t}$——顶棚射流在 $t+\Delta t$ 时刻的温度，℃；

$T_{\mathrm{D},t}$——敏感元件在 t 时刻的温度，℃；

τ——时间参数，$\tau=RTI/\sqrt{v_{\mathrm{jet}}}$；

RTI——响应时间指数，$(\mathrm{m}\cdot\mathrm{s})^{0.5}$；

v_{jet}——顶棚射流的速率，m/s；采用式（8-7）计算；

$T_{\mathrm{jet},t}$——顶棚射流在 t 时刻的温度，℃；采用式（8-8）计算。

$$v_{\mathrm{jet}}=\begin{cases}0.95(\dot{Q}/z)^{1/3} & r/z\leqslant 0.15\\ 0.2(\dot{Q}^{1/3}z^{1/2}r^{5/6}) & r/z>0.15\end{cases} \tag{8-7}$$

式中　$\dot{Q}$——火源热释放速率，kW；

z——顶棚至火源底部的距离，m；

r——敏感元件至火源中心的距离，m。

$$T_{\mathrm{jet},t}=\begin{cases}T_{\infty}+16.9\dot{Q}^{2/3}/z^{5/3} & r/z\leqslant 0.18\\ T_{\infty}+5.38(\dot{Q}/r)^{2/3}/z & r/z>0.18\end{cases} \tag{8-8}$$

式中　T_{∞}为环境温度，℃。

感烟探测器的计算较为复杂，依据相关的技术资料，感烟探测器可探测到 100kW 的火灾并启动报警，因此可利用火灾增长系数计算火灾发展到 100kW 的时刻作为报警时间。另外，感温探测器和感烟探测器的报警时间也可以使用 FDS 火灾动力学软件计算。

(2) 预动作时间

人员的疏散预动作时间为人员从接到火灾警报之后到疏散行动开始之前的时间，包括识别时间和反应时间。

识别时间为从火灾报警或信号发出后到人员还未开始反应的这一时间段。根据建筑类型、功能与用途、在场人员的情况及建筑火灾报警和物业管理系统等因素的不同，该识别时间的长短相差较大。在管理相对完善的剧院、展厅、超市或办公建筑中，识别时间较短。在平面布置复杂或面积巨大的建筑，以及旅馆、公寓、住宅和宿舍等建筑中，该时间可能较长。表 8-6 给出了各种不同类型的建筑物采用不同报警系统时的人员识别时间统计结果。

在应用表 8-6 时，还要考虑火灾场景的影响，因此将表 8-6 中的识别时间根据人员所处位置的火灾条件作如下调整：

1）当人员处于较小着火房间或区域内，人员可以清楚地发现烟气及火焰或感受到灼热，这种情况可采用表 8-6 中给出的与 W1 报警系统相关的识别时间（即使只安装了 W2 或 W3 报警系统）。

2）当人员处于较大着火房间或区域内，人员在一定距离外也可发现烟气及火焰时，如果没有安装 W1 报警系统，则采用表 8-6 中给出的与 W2 报警系统相关的识别时间（即使只安装了 W3 报警系统）。

3）当人员处于着火房间或区域之外时，采用表 8-6 中给出所使用报警系统相关的识别时间。

各种用途的建筑物采用不同火灾报警系统时的人员识别时间　　表 8-6

建筑物用途及特性	响应时间（min）		
	报警系统类型		
	W_1	W_2	W_3
办公楼、商业或工业厂房、学校（建筑内的人员处于清醒状态，熟悉建筑物及其报警系统和疏散措施）	<1	3	>4
商店、展览馆、博物馆、休闲中心等（建筑内的人员处于清醒状态，不熟悉建筑物、报警系统和疏散措施）	<2	3	>6
旅馆或寄宿学校（建筑内的人员可能处于睡眠状态，但熟悉建筑物、报警系统和疏散措施）	<2	4	>5
旅馆、公寓（建筑内的人员可能处于睡眠状态，不熟悉建筑物、报警系统和疏散措施）	<2	4	>6
医院、疗养院及其他社会公共福利设施（有相当数量的人员需要帮助）	<3	5	>8

注：表中的火灾报警系统类型为：W_1——实况转播指示，采用声音广播系统，例如闭路电视设施的控制室；W_2——非直播（预录）声音系统、和/或视觉信息警告播放；W_3——采用警铃、警笛或其他类似报警装置的报警系统。

反应时间为从人员识别报警或信号并开始做出反应至开始直接朝出口方向疏散之间的时间。反应时间与建筑空间的环境状况有密切关系，从数秒到数分钟不等。

人员在反应时间内会采取的行动有：

① 确定火源、火警的实际情况或火警与其他警报的重要性；

② 停止机器或生产过程，保护重要文件或贵重物品等；

③ 寻找和召集儿童及其他家庭成员；

④ 灭火；

⑤ 决定合适的疏散路径；

⑥ 警告其他人员；

⑦ 其他疏散行为。

（3）疏散开始时间的计算方法

疏散开始时间是指报警时间与预动作时间之和，可以采用经验公式计算。需要说明的是，这里的疏散开始时间指区域内的所有人员都开始疏散的时间。

着火房间的疏散开始时间为：

$$T_{\mathrm{start,room}} = 2\sqrt{A_{\mathrm{room}}} \tag{8-9}$$

式中　$T_{\mathrm{start,room}}$——着火房间疏散开始时间，s；

A_{room}——着火房间的面积，m^2。

着火楼层的疏散开始时间为：

$$T_{\mathrm{start,floor}} = 2\sqrt{A_{\mathrm{floor}}} + \alpha \tag{8-10}$$

式中　$T_{\mathrm{start,floor}}$——着火楼层疏散开始时间，s；

A_{floor}——着火楼层的面积，m^2；

α——常数，建筑为住宅、宾馆时，取 300；其他建筑取 180。

(4) 疏散行动时间

疏散行动时间是指从疏散开始至所有人员疏散至安全区域的时间。可以采用经验公式或疏散模型计算人员的疏散行动时间。

1) 经验公式

① Togowa 公式

Togowa 公式主要用于人员密集场所的计算，公式为：

$$t_{\text{move}}=\frac{L_{\text{s}}}{v}+\frac{N_{\text{a}}}{w_{\text{eff}}\cdot C} \tag{8-11}$$

式中 L_{s}——离出口最近人员至安全出口的距离，m；

v——人群行走速度，m/s；

N_{a}——疏散总人数，个；

C——通行系数，人/(m · s)；

w_{eff}——出口的有效宽度，学者 Pauls 等对人员在疏散过程中的行为做研究时发现，人在通过疏散走道或疏散门时，习惯于与走道或门边缘保持一定的距离。因此，除非人员密度高度集中，否则，在疏散时并不是疏散通道的整个宽度都能得到有效利用。《SFPE Handbook of Fire Protection Engineering》对此进行了总结，并给出了有效宽度折减值，见表 8-7。

各种通道的有效宽度折减值 **表 8-7**

通道类型	有效宽度折减值（cm）
楼梯、墙壁	15
扶手	9
音乐厅座椅、体育馆长凳	0
走廊、坡道	20
广阔走廊、行人走道	46
大门、拱门	15

从式（8-11）可以看出，疏散行动时间包括两部分，步行时间和滞留时间。其中步行时间为离出口最近人员至出口的距离，而在日本《建筑基本法》提供的经验公式中，步行时间为离出口最远人员至出口的距离。式（8-11）的滞留时间考虑了所有出口的充分利用，这表明利用该公式计算的是最理想的疏散行动时间。

② Melinek 和 Booth 公式

由 Melinek 和 Booth 提出的疏散行动时间经验公式主要用来计算高层建筑的最短总体疏散时间，其公式为：

$$t_{\text{move,r}}=\frac{\sum_{i=r}^{n}N_i}{w_{\text{r}}\cdot C}+rt_{\text{s}} \tag{8-12}$$

式中 $t_{\text{move,r}}$——r 层及以上楼层的人员的最短疏散时间，s；

N_i——第 i 层上的人数，个；

w_{r}——第 $r-1$ 层和第 r 层之间的楼梯间的有效宽度，m；

C——楼梯的通行系数，人/(m·s)；

t_s——行动不受阻的人群下一层楼的时间，取16s。

若楼梯间宽度不变，则整栋楼人员疏散完毕的时间为：

$$t_{move}=\frac{N_a}{w_{eff}\cdot C}+t_s \tag{8-13}$$

式（8-13）与式（8-11）基本相同，说明两种经验公式没有本质的区别。若利用疏散软件进行疏散模拟时出口的通行系数和经验公式取值相同，则模拟的疏散行动时间基本与式（8-14）相同。

$$t_{move}=\frac{N_a}{w_{eff}\cdot C}+60 \tag{8-14}$$

2）疏散软件

为模拟建筑内人员的疏散过程，研究者提出了数十个疏散模型，并在此基础上开发了多种疏散软件。目前国内常用的疏散软件有Pathfinder、STEPS、EXODUS和simulex等，其功能及特点见表8-8。

疏散软件的功能及特点 **表8-8**

软件	模型类型	3D模型	控制通行系数	出口吸引力调整	人员指定出口	考虑火灾影响	输出三维动画	特点
Pathfinder	连续	√	√	×	√	×	√	建模简单 3D输出效果逼真
STEPS	0.5m网格	√	√	×	×	√	√	建模极其复杂 动态选择出口
EXODUS		√	√	√	√	√	√	功能强大 适于科研
simulex	0.2m网格	√	×	×	×	×	×	建模简单 适于简单建筑

在国内常用的疏散软件中，仅STEPS和EXODUS考虑火灾对疏散行为的影响。STEPS能够读取区域模型CFAST和场模型FDS的计算结果，EXODUS能够读取CFAST和场模型smartfire的计算结果，也可由用户手动输入火灾热烟气和毒性气体的数据，能考虑的燃烧产物较多，见图8-3。

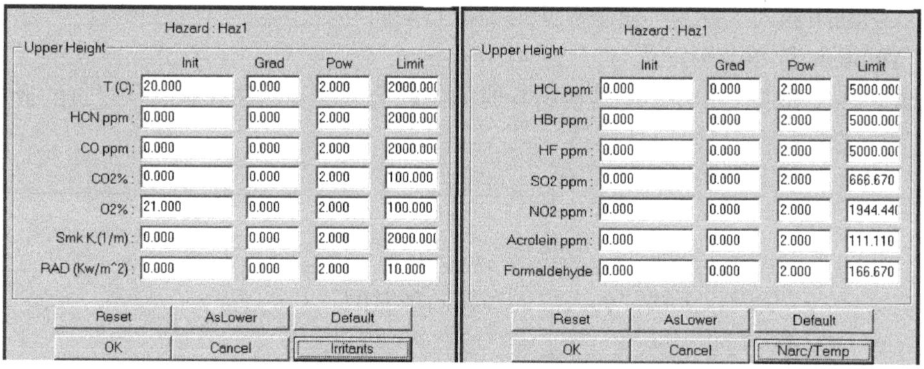

图8-3 EXODUS的热及毒性气体输入对话框

尽管 STEPS 和 EXODUS 软件能考虑火灾产物对人员疏散的影响，而目前应用最多的疏散软件 Pathfinder 却始终没有加入考虑火灾数据的功能。事实上，特殊消防设计或评估中真正考虑火灾产物对疏散影响的案例并不多见，这主要因为以下原因：①毒性气体对疏散行为的影响数据多是通过动物试验获取的，对人影响的准确性难以通过试验验证；②安全疏散的原则是人员在危害来临之前疏散至安全区域，在指导思想上不能接受疏散过程中存在有毒有害气体，也就没有必要考虑其影响了；③目前火灾模拟软件的燃烧模型无法模拟真正的燃烧，多数模拟仅是输入火源的发展功率，而对于毒性气体的生成则依赖用户的输入，由于缺少基础数据，无法精确计算。总之，疏散设计原则上没有考虑的必要，即使考虑了，其准确性也不大。

前已述及，必需安全疏散时间 $RSET$ 包括火灾报警时间 t_{alarm}、预动作时间 t_{pre} 和疏散行动时间 t_{move}，即：

$$RSET = t_{\text{alarm}} + t_{\text{pre}} + t_{\text{move}} \tag{8-15}$$

一般情况下，t_{move} 即为模拟计算所得的时间。由于在实际疏散过程中，还存在一些不利于人员疏散的不确定性因素，如人员对建筑物的熟悉程度、人员的警惕性和觉悟能力、人体的行为活动能力、消防安全疏散指示设施情况和模拟软件的准确性等，因此，有必要对疏散行动时间考虑一定的安全补偿，通常在模拟计算时间上乘以一定的安全系数，安全系数一般取值为 1.5～2，这样式（8-15）变为：

$$RSET = t_{\text{alarm}} + t_{\text{pre}} + (1.5 \sim 2.0)t_{\text{move}} \tag{8-16}$$

采用经验公式计算疏散行动时间时，由于经验公式计算得到的是最短总体疏散时间，建议疏散行动时间之前的安全系数取较大值。采用疏散模拟软件计算疏散行动时间时，若各安全出口的利用并不均匀且时间相差较长时，安全系数取较小值；若各安全出口的利用比较均匀，即各出口的人员几乎同时疏散完毕，则安全系数仍然应该取较大值。

8.3　建筑结构耐火设计

8.3.1　建筑结构耐火设计要求

建筑结构耐火设计的目的是防止建筑在火灾中失效倒塌，为建筑内人员疏散和灭火救援创造条件。结构耐火设计的要求由耐火时间来衡量。相对于灭火救援，人员疏散的时间较短，因此耐火时间主要取决于灭火扑救所需的时间。根据建筑火灾统计资料，从防火分区内火灾持续时间看，经过对 24 起高层建筑火灾的分析，在一个防火分区内连续延烧 1～2h的占起火总数的 91%；在一个防火分区内连续延烧 2～3h 的占起火总数的 5%。从整栋建筑火灾持续时间看，火灾延续时间在 1h 以内的占 80%，1.5h 以内的占 88%，火灾延续时间在 2h 以内的占 95%。

为满足灭火救援的需求，须保证建筑在一定时间内不失效倒塌，设计中以结构或构件的耐火极限表示。建筑构件的耐火极限是指在标准耐火试验条件下，建筑构件从受到火的作用时起，至失去承载能力或完整性被破坏或失去隔热作用时止所用时间。对于承重构件，试验时主要考察其承载能力；对于分隔构件，主要考察其完整性和隔热作用。综合考虑以上统计数据，将一级耐火等级建筑物楼板的耐火极限定为 1.5h，二级耐火等级建筑物楼板的耐火极限定为 1.0h。这样，80%以上的一级、二级建筑物不会被烧垮。从现实情况看，我国二级耐火等级的建筑占多数，钢筋混凝土楼板通常采用的保护层厚是 15～30mm，其耐火极限达 1.5h 以上，因此将二级建筑物楼板的耐火极限定为 1.0h 也较易满足。

由于火灾扑救难易程度等不同，建筑物所要求的耐火能力也有所不同。建筑物的耐火能力用耐火极限来衡量，不同耐火等级的建筑物，各构件的耐火极限要求各不相同。《建筑设计防火规范》GB 50016—2014（2018 年版）根据建筑的重要性、建筑高度、使用性质和火灾危险性等，将民用建筑、厂房和仓库的耐火等级分为一级、二级、三级、四级。高层建筑的耐火等级只有一级和二级。

《建筑设计防火规范》GB 50016—2014（2018 年版）对构件耐火极限的要求是统一的，未充分考虑具体建筑和设计区域内的火灾荷载情况和空间的通风条件等因素，耐火设计时应以规范规定为最低要求，根据工程的具体情况确定合理的耐火极限，而不应仅为满足规范的规定。火灾下随着构件温度的升高，材料的强度下降，构件承载力也下降。当构件承载力 R_d降至与各种作用组合效应 S_m相等时，构件达到承载能力极限状态。构件从受火到达到抗火承载能力极限状态的时间即为构件的耐火时间 t_d，即耐火极限；构件达到抗火承载能力极限状态时的构件温度即为构件的临界温度 T_d。当耐火极限按相关规范确定后，为达到相应的耐火极限，构件的抗火能力应满足下列要求之一：

（1）构件的耐火极限 t_d应不小于规定的耐火极限 t_m，即 $t_d \geqslant t_m$；

（2）在规定的结构耐火极限要求内，构件的承载力 R_d应不小于火灾下各种作用产生的组合效应 S_m，即 $R_d \geqslant S_m$；

（3）在规定的结构耐火极限要求内，构件的临界温度 T_d应不小于火灾下构件的最高温度 T_m，即 $T_d \geqslant T_m$。

结构构件抗火能力的 3 个要求是等价的，只要满足三者之一即可，可根据采用的结构耐火设计方法进行选择。

8.3.2 耐火设计方法

耐火设计既可以采用基于现行规范的设计方法，也可以采用性能化的耐火设计方法。处方式结构耐火设计方法是指依据现行建筑设计防火规范进行建筑结构耐火设计，其步骤为：首先根据建筑物的重要性、火灾危险性、扑救难度、用途、层数、面积等选定建筑物的耐火等级。建筑物越重要、火灾危险性越大、建筑高度越大、室内可燃物越多，建筑物的耐火等级应选越高级别。然后根据所选耐火等级，按规范规定的耐火设计要求确定相应结构构件应具有的耐火极限。随后设计结构构件，由标准耐火试验校准构件实际具有的耐火极限。如果构件实际耐火极限不满足规范要求，需重新设计直至满足耐火极限要求。工程应用中，无需每次设计都进行耐火试验。《建筑设计防火规范》GB 50016—2014（2018 年版）给出了部分经过耐火试验测试的构件的耐火极限和燃烧性能，设计时可供参考。但当所设计的构件与规范所给构件有实质性差别时，需进行新的耐火试验以确定构件的实有耐火极限。

与基于现行规范的耐火设计比较，性能化结构耐火设计既能为建筑结构提供最可靠的防火保护，又可以最大限度地满足建筑的使用功能、降低工程消防成本，实现安全性和经济性的统一。

(1) 基于温度场计算的设计方法

性能化的结构耐火设计多应用于大空间建筑。由于建筑空间足够大，火灾不会像一般室内火灾那样发生室内可燃物同时燃烧的轰燃现象，火源将集中在一定的区域，火灾烟气升温慢、温度低。根据大空间建筑的这一特点，进行结构抗火分析时，可采用场模型或者轴对称羽流模型计算火灾温度分布状况。轴对称羽流模型如图 8-4 所示。

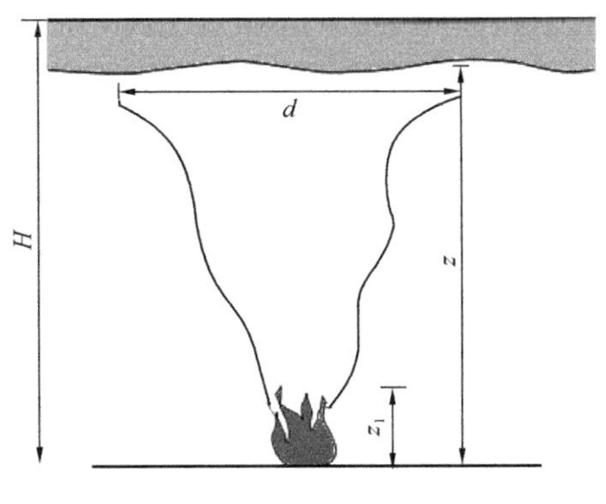

图 8-4　轴对称羽流模型

轴对称羽流火焰高度

$$z_1 = 0.166Q_c^{2/5} \tag{8-17}$$

轴对称羽流的质量卷吸量

$$m = 0.071Q_c^{1/3}z^{5/3} + 0.0018Q_c \quad (z > z_1) \tag{8-18}$$

式中　z_1——火焰高度，m；

Q_c——对流热释放速率，$0.7Q$，kW；

Q——火源热释放速率，kW；

m——羽流的质量卷吸量，kg/s；

z——可燃物上方的高度，m。

轴对称羽流的平均温度

$$T_p = T_0 + \frac{Q_c}{mC_p} \tag{8-19}$$

式中　T_p——高度 z 处的平均羽流温度,℃；

T_0——环境温度,℃；

C_p——羽流烟气的比热，kJ/(kg・℃)。

高度 z 处的轴对称羽流中心线绝对温度

$$T_{cp} = T_a + 9.1\left(\frac{T_a}{gC_p^2\rho_a^2}\right)^{1/3}\frac{Q^{2/3}}{z^{5/3}} \tag{8-20}$$

式中　T_{cp}——高度 z 处的羽流中心线绝对温度，K；

g——重力加速度，m/s^2；

T_a——环境绝对温度，K；

ρ_a——环境温度下空气密度，kg/m^3。

现以某体育场为例，剖面如图 8-5 所示，在开幕式、闭幕式或举办大型活动时，会有装扮豪华的花车进入体育场表演，花车发生火灾是体育场内可能发生的最大规模的火灾。

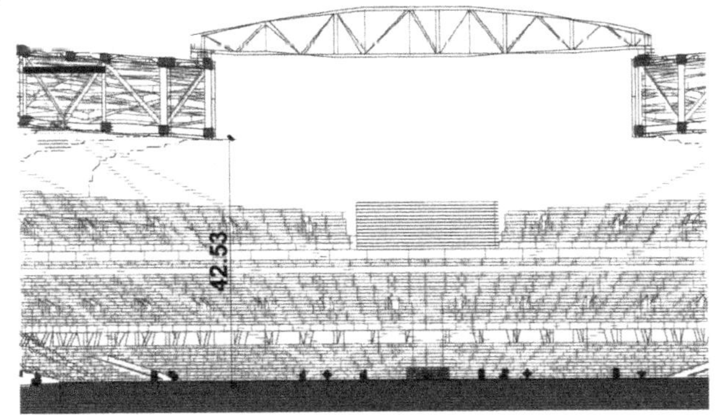

图 8-5　某体育场剖面图

根据试验资料并保守估计，花车发生火灾后其最大热释放速率取 30MW，花车距离屋顶的距离为 42m，环境温度为 25℃，空气密度取 1.2kg/m³，热烟气的比热取 1.02kJ/(kg·℃)，重力加速度取 9.8m/s²。

轴对称羽流的质量卷吸量

$$\begin{aligned} m &= 0.071 Q_c^{1/3} z^{5/3} + 0.0018 Q_c \\ &= 0.071 \times (0.7 \times 30000)^{1/3} \times 42^{5/3} + 0.0018 \times 0.7 \times 30000 \\ &= 1030\text{kg/s} \end{aligned}$$

距离地面 42m 高度处烟羽流的平均温度

$$T_p = T_0 + \frac{Q_c}{mC_p} = 25 + \frac{0.7 \times 30000}{1030 \times 1.02} = 45℃$$

距离地面 42m 高度处烟羽流中线的平均温度

$$\begin{aligned} T_{cp} &= T_a + 9.1 \left(\frac{T_a}{gC_p^2 \rho_a^2}\right)^{1/3} \frac{Q^{2/3}}{z^{5/3}} = 298 + 9.1 \left(\frac{298}{9.8 \times 1.02^2 \times 1.2^2}\right)^{1/3} \frac{30000^{2/3}}{42^{5/3}} \\ &= 345\text{K} = 72℃ \end{aligned}$$

体育场屋顶钢构件表面的温度低于 200℃，钢构件的温度不会超过 200℃，钢材的强度不会降低，因此某体育场在开幕式花车发生火灾时屋顶钢结构安全。

通过经验公式计算或者数值模拟，温度低于 200℃的部分，可不进行耐火保护；结构温度超过 200℃的部分，可进行局部耐火保护或者对结构进行整体抗火分析。

(2) 基于整体结构分析的设计方法

进行建筑结构抗火能力评估时，可采用构件模型、子结构模型及整体结构模型。在所有模型中，整体结构模型最能反映建筑的实际受力状况，因此采用整体结构模型进行建筑结构抗火能力评估。抗火能力评估时，首先应确定结构抗火设计的总体目标；然后设计火灾场景，计算每个火灾场景下的环境温度场及结构温度场；针对抗火计算进行荷载效应组合；最后进行整体结构层次的承载力极限状态分析。现以某体育馆为例进行说明。

某体育馆总建筑面积 32920m²，比赛场馆共有坐席 6000 个。整个场馆分为三层。一层是功能区，包括运动员休息室、工作人员用房以及热身用房等。二层与三层包括运动员临时休息室、技术用房等的辅助用房，均采用防火墙与比赛大厅分开。主比赛大厅贯通二、三层，屋盖采用双层球面网壳结构，覆盖直径达 149.536m，矢高 14.69m，矢跨比约为 1/10。室内地面标高为 6.00m，网壳最高点标高为 35.69m，看台座位的最高点在标高 18.46m 处。网壳通过环形桁架支承于人字形钢柱上，环形桁架由四根环梁通过腹杆连接而成。网壳杆件采用圆钢管截面，节点为焊接空心球节点。四根环梁采用圆钢管截面，人字柱沿环向倾斜设置，柱脚为铸钢球铰支座，柱顶为圆钢管相贯节点。体育馆的效果图如图 8-6 所示，剖面图如图 8-7 所示。

图 8-6 效果图

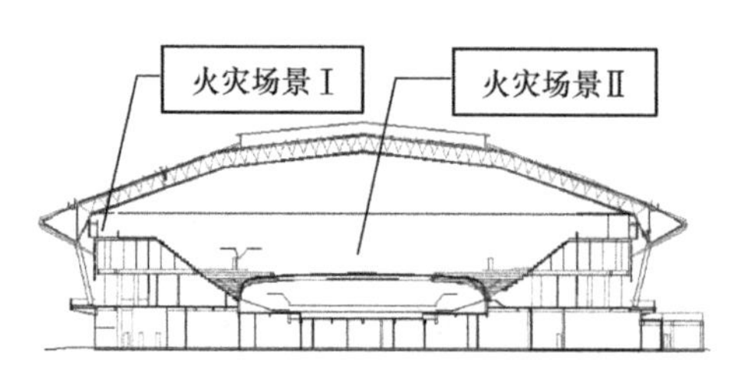

图 8-7 剖面图

温度计算时设置两个火灾场景，火源位置如图8-7所示。参考国内外相似特征火灾荷载的调查数据，并参照民用建筑防排烟技术规程，对于火灾场景Ⅰ，按照不利情况，即无喷淋的公共场所来计算喷淋失效的火灾场景时，火源功率为8MW；对于火灾场景Ⅱ，因为考虑到赛后利用问题，不能确定火灾荷载的大小，因此取规范中的最大值25kW。

火灾模拟采用国内外广泛采用的FDS火灾动力学软件。图8-8为火灾场景Ⅰ在891s时的烟气分布图，图8-9为火源上方的温度-时间曲线图。在400s左右时达到了平稳状态，并在最高温度280℃左右震荡。受到火源高温的影响，火源正上方温度最高且与其他区域存在有较大的温度梯度。

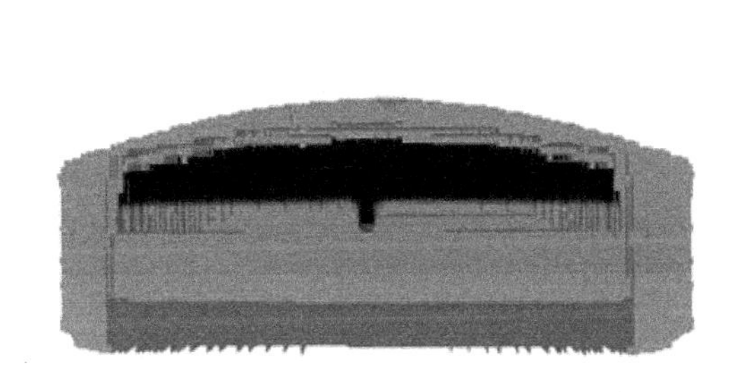

图8-8 火灾场景Ⅰ在891s时的烟气分布图

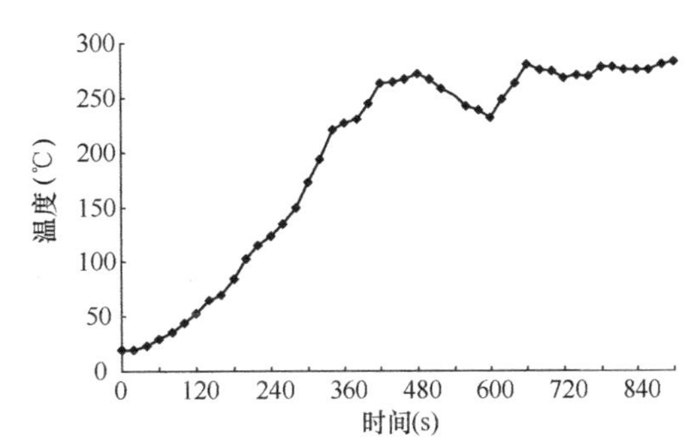

图8-9 火源正上方温度-时间曲线图

火场温度得出后，根据截面温度均匀分布的无保护层钢构件的温升公式计算钢构件温度，公式为：

$$\Delta T_s = (\alpha_r + \alpha_c)\frac{1}{\rho_s c_s}\frac{F}{V}(T_g - T_s)\Delta t \tag{8-21}$$

式中 ΔT_s——无保护层钢构件的温升,℃；

α_r——辐射传热系数，W/(m^2·℃)；

α_c——对流传热系数，纤维类火灾取25W/(m^2·℃)，烃类火灾取50W/(m^2·℃)；

T_g——空气温度,℃；

T_s——构件表面温度,℃；

F/V——构件截面系数，m^{-1}。

该体育馆为双层球面网壳结构，对该网壳抗火性能进行整体计算，可验证网壳结构杆件是否失效，若失效，是否由于内力重分布导致结构破坏。为了判定网壳结构的最危险杆件，定义温度应力比N^T：

$$N^T = \frac{\sigma_T}{\varphi_T f_T} \tag{8-22}$$

式中 σ_T——高温下的构件应力，MPa；

φ_T——高温下的稳定性系数；

f_T——钢材高温下的强度，MPa。

对于火灾场景Ⅰ，810s时，1913-1912、1913-1820、1985-2042三根杆件的温度应力比分别达到0.99、0.99及0.95，如图8-10应力分布图所示，并先后退出工作。

计算结果表明，火灾温度并未导致结构的整体破坏。但火源上方杆件1819-1913、

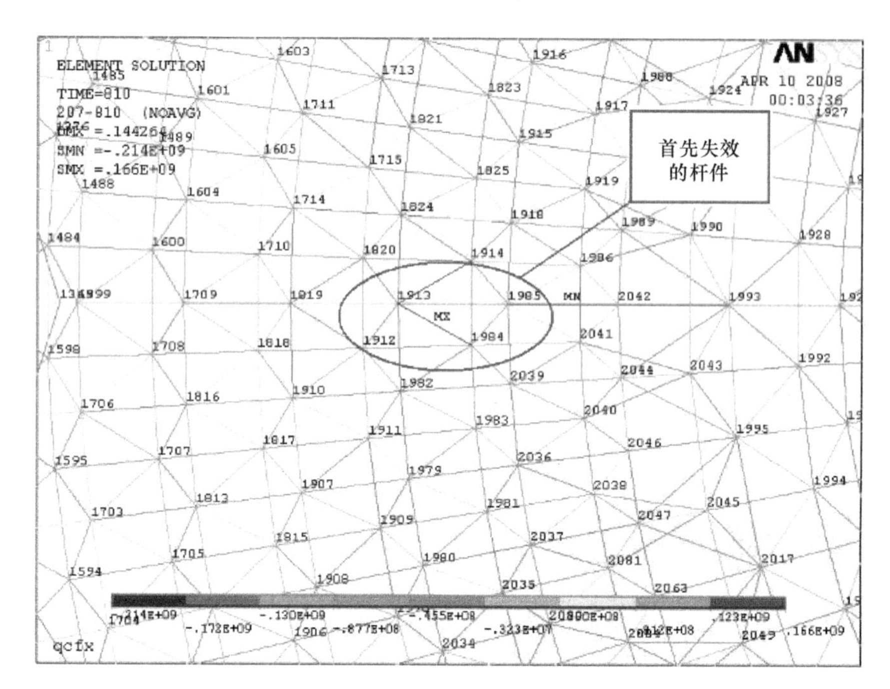

图 8-10　火灾场景Ⅰ杆件的应力分布图

1984-2041、1914-1986、1913-1820、1913-1912 及 1985-2042 先后失稳，必须进行防火保护。而杆件 1824-1918、1982-2039、1989-1991 及 2044-1995 四根杆件虽然没有失稳，但 900s 时最大温度应力比已经分别达到了 0.83、0.83、0.75 和 0.75，也应该对于这些杆件喷涂防火涂料。以此类推，最上端观众席上方的环形带状区域内的网壳杆件应进行防护保护。

参 考 文 献

[1] 霍然. 建筑火灾安全工程导论[D]. 合肥：中国科学技术大学出版社，2009.

[2] 杜兰萍. 火灾风险评估方法与应用案例[D]. 北京：中国人民公安大学出版社，2011.

[3] 余明高，郑立刚. 火灾风险评估[D]. 北京：机械工业出版社，2013.

[4] 杨立中. 建筑内人员运动规律与疏散动力学[D]. 北京：科学出版社，2012.

[5] 迟菲，胡成，李凤. 密集人群流动规律与模拟技术[D]. 北京：化学工业出版社，2012.

[6] 范维澄，孙金华，陆守香. 火灾风险评估方法学[D]. 北京：科学出版社，2004.

第9章　验收方法与常用消防验收器材

9.1　验收方法

9.1.1　法律依据

建设工程消防验收属于行政许可的范围，整个验收过程都要依法实施。验收过程主要遵照的法律依据包括：

《中华人民共和国消防法》（2021年4月29日起施行，以下简称《消防法》）。《消防法》是我国消防安全领域应该遵循的国家法律文件。

《建设工程消防设计审查验收管理暂行规定》（住房和城乡建设部令第51号，2020年6月1日起施行，以下简称《暂行规定》）。为了落实《消防法》关于建设工程消防设计审查验收的相关要求，明确建设工程消防设计、施工质量和安全责任，规范审查验收工作，主管部门制定了该规章。规定了建设工程消防设计审查验收的范围、职责、方法、程序、内容等具体内容。各省主管部门为保证审查验收工作的顺利实施，还会根据本省的实际情况，制定本省的具体实施办法或者规定。

《建设工程消防设计审查验收工作细则》（以下简称《工作细则》）。为规范建设工程消防设计审查验收行为，保证建设工程消防设计、施工质量，根据《建筑法》《消防法》《建设工程质量管理条例》等法律法规，在《暂行规定》的基础上，制定了该实施细则。同样，各省主管部门也可以根据本省的实际情况，制定本省的配套实施细则。

《建设工程消防验收评定规则》XF 836—2016（2016年9月1日起施行）。在技术层面规定了建设工程消防验收的具体内容、方法、依据、合格评定方法等内容。在《工作细则》发布之后，应当以《工作细则》为依据。但是在《工作细则》中，只列出了验收现场评定内容的大类项，对具体验收内容未做说明。因此，《建设工程消防验收评定规则》XF 836—2016中关于验收内容的部分值得参考。

各类国家工程建设消防技术标准。这是在建设工程消防验收时判定验收内容是否合格的依据。

9.1.2　验收内容

建设工程消防验收的内容包括资料审查和现场评定。

(1) 资料审查

根据《暂行规定》第二十八条，资料审查的主要内容包括：

1）消防验收申请表；

2）工程竣工验收报告；

3）涉及消防的建设工程竣工图纸。

其中，根据《暂行规定》第二十七条，工程竣工验收报告需要包括以下内容：完成工程消防设计和合同约定的消防各项内容；有完整的工程消防技术档案和施工管理资料（含涉及消防的建筑材料、建筑构配件和设备的进场试验报告）；建设单位对工程涉及消防的各分部分项工程验收合格；施工、设计、工程监理、技术服务等单位确认工程消防质量符合有关标准；消防设施性能、系统功能联调联试等内容检测合格。

除此以外，根据各省的具体实施办法或者规定，审查相应要求提交的资料。

(2) 现场评定

根据《暂行规定》第二十九条，现场评定的主要内容包括：

1）对建筑物防（灭）火设施的外观进行现场抽样查看；

2）通过专业仪器设备，对涉及距离、高度、宽度、长度、面积、厚度等可测量的指标进行现场抽样测量；

3）对消防设施的功能进行抽样测试，联调联试消防设施的系统功能。

(3) 验收要点的项目组成

根据《工作细则》第十八条，验收现场评定的要点包括18项，具体包括：

1）建筑类别与耐火等级；

2）总平面布局，应当包括防火间距、消防车道、消防车登高面、消防车登高操作场地等项目；

3）平面布置，应当包括消防控制室、消防水泵房等建设工程消防用房的布置，国家工程建设消防技术标准中有位置要求场所（如儿童活动场所、展览厅等）的设置位置等项目；

4）建筑外墙、屋面保温和建筑外墙装饰；

5）建筑内部装修防火，应当包括装修情况，纺织织物、木质材料、高分子合成材料、复合材料及其他材料的防火性能，用电装置发热情况和周围材料的燃烧性能和防火隔热、散热措施，对消防设施的影响，对疏散设施的影响等项目；

6）防火分隔，应当包括防火分区，防火墙，防火门、窗，竖向管道井及其他有防火分隔要求的部位等项目；

7）防爆，应当包括泄压设施，以及防静电、防积聚、防流散等措施；

8）安全疏散，应当包括安全出口、疏散门、疏散走道、避难层（间）、消防应急照明和疏散指示标志等项目；

9）消防电梯；

10）消火栓系统，应当包括供水水源、消防水池、消防水泵、管网、室内外消火栓、系统功能等项目；

11）自动喷水灭火系统，应当包括供水水源、消防水池、消防水泵、报警阀组、喷头、系统功能等项目；

12）火灾自动报警系统，应当包括系统形式、火灾探测器的报警功能、系统功能，以及火灾报警控制器、联动设备和消防控制室图形显示装置等项目；

13）防烟排烟系统及通风、空调系统防火，包括系统设置、排烟风机、管道、系统功能等项目；

14）消防电气，应当包括消防电源、柴油发电机房、变配电房、消防配电、用电设施等项目；

15）建筑灭火器，应当包括种类、数量、配置、布置等项目；

16）泡沫灭火系统，应当包括泡沫灭火系统防护区，以及泡沫比例混合、泡沫发生装置等项目；

17）气体灭火系统的系统功能；

18）其他国家工程建设消防技术标准强制性条文规定的项目，以及带有“严禁”“必须”“应”“不应”“不得”要求的非强制性条文规定的项目。

(4) 现场评定检查数量

根据《工作细则》第十九条，现场抽样查看、测量、设施及系统功能测试应符合下列要求：

1）每一项目的抽样数量不少于 2 处，当总数不大于 2 处时，全部检查；

2）防火间距、消防车登高操作场地、消防车道的设置及安全出口的形式和数量应全部检查。

9.1.3　验收评定

(1) 资料审查

根据《工作细则》第十五条，消防设计审查验收主管部门收到建设单位提交的特殊建设工程消防验收申请后，符合下列条件的，应当予以受理；不符合其中任意一项的，消防设计审查验收主管部门应当一次性告知需要补正的全部内容：

1）特殊建设工程消防验收申请表信息齐全、完整；

2）有符合相关规定的工程竣工验收报告，且竣工验收消防查验内容完整、符合要求；

3）涉及消防的建设工程竣工图纸与经审查合格的消防设计文件相符。

(2) 现场评定

根据《工作细则》第二十条，消防验收现场评定符合下列条件的，结论为合格；不符合下列任意一项的，结论为不合格：

1）现场评定内容符合经消防设计审查合格的消防设计文件；

2）现场评定内容符合国家工程建设消防技术标准强制性条文规定的要求；

3）有距离、高度、宽度、长度、面积、厚度等要求的内容，其与设计图纸标示的数值误差满足国家工程建设消防技术标准的要求；国家工程建设消防技术标准没有数值误差要求的，误差不超过 5%，且不影响正常使用功能和消防安全；

4）现场评定内容为消防设施性能的，满足设计文件要求并能正常实现；

5）现场评定内容为系统功能的，系统主要功能满足设计文件要求并能正常实现。

(3) 综合评定

根据《暂行规定》第三十条，消防设计审查验收主管部门应当自受理消防验收申请之日起十五日内出具消防验收意见。对符合下列条件的，应当出具消防验收合格意见：

1）申请材料齐全、符合法定形式；

2）工程竣工验收报告内容完备；

3）涉及消防的建设工程竣工图纸与经审查合格的消防设计文件相符；

4）现场评定结论合格。

对不符合前款规定条件的，消防设计审查验收主管部门应当出具消防验收不合格意见，并说明理由。

9.1.4 局部验收

《暂行规定》和《工作细则》中并未对局部验收作专门要求。但是，在实际工作中，一些建设工程确实有局部验收的需求。因此，参照《建设工程消防验收评定规则》XF 836—2016，对于大型建设工程需要局部投入使用的部分，根据建设单位的申请，实施局部建设工程消防验收。申请局部建设工程消防验收的建设工程，应符合下列条件：

1）与非使用区域有完整的符合消防技术标准要求的防火、防烟分隔；

2）局部投入使用部分的安全出口、疏散楼梯符合消防技术标准要求；

3）消防水源、消防电源均满足消防技术标准和消防设计文件要求；

4）取得局部投入使用部分的各项消防设施技术检测合格报告，并保证其独立运行；

5）消防安全布局合理，消防车通道能够正常使用。

9.2 常用消防验收器材

根据《消防技术服务机构设备配备》XF 1157—2014，我们重点介绍部分在消防验收过程中需要使用的消防验收器材。

9.2.1 秒表

(1) 应用范围

秒表在消防验收中使用广泛，可用于测量火灾自动报警系统响应时间、水力警铃动作时间、电梯迫降时间、应急照明灯具工作时间等，如图 9-1 所示。

(2) 使用方法

1）记录一个时间：在计时器显示的情况下，按“MODE”键选择，即可出现秒表功能。按一下 START/STOP 键开始自动计秒，再按一下停止计秒，显示出所计数据。按“LAP/RESET”键，则自动复零。

2）记录多个时间：若要记录多个物体同时出发，但不同时到达终点的运动，可采用多计时功能方式（具体可记录数量以表的说明书介绍为准）。即首先在秒表状态下按“START/STOP”键开始，秒表开始自动计秒，待物体到达终点时按一下“LAP/RESET”键，则显示不同物体的计秒数停止，并显示在屏幕上方。此时秒表仍在记录，内部电路仍在继续为后面的物体累积计秒。全部物体记录完成后正常停表，按“RECALL”键可进入查看前面的记录情况，上下翻动可用“START/STOP”和“LAP/RESET”两键。

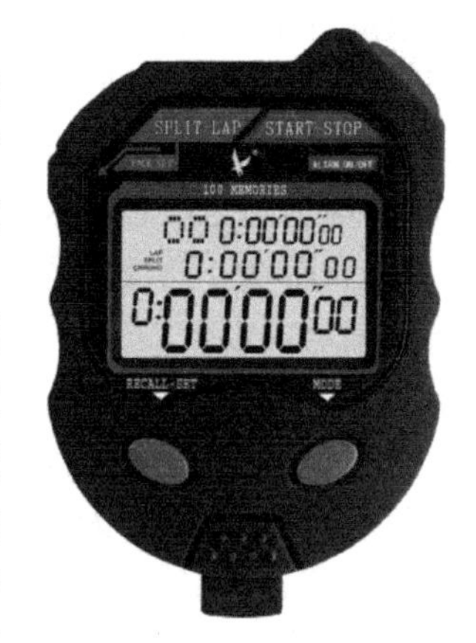

图 9-1 秒表

3）时间、日期的调整：若需要进行时刻和日期的校正与调整，可按“MODE”键，待显示时、分、秒的计秒数字时，按住“RECALL”键2s后见数字闪烁即可选择调整，直到显示出所需要调整的正确秒数时为止，再按下“RECALL”键。

(3) 注意事项

1）电子秒表应定期更换电池，一般在表盘显示变暗时即可更换，不能待电子秒表电池耗尽再更换。

2）电子秒表平时应放置在干燥、安全、无腐蚀的环境中，确保防潮、防振、防腐蚀、防火等防范措施到位。

3）避免在电子秒表上放置物品。

4）秒表损坏或者出现故障，应送专业维修单位进行维修，并定期检定。

9.2.2　卷尺

(1) 应用范围

卷尺主要为钢卷尺，如图9-2所示，主要适用于检查测量消防验收过程中需要测量的有关长度、高度等方面的指标，与激光测距仪相互补充。如检查测量手提式灭火器和推车式灭火器的喷射软管的长度、排烟口位置的合理性、消防水带的长度、防火门长度和高度的外形尺寸等。

(2) 使用方法

一手压下卷尺上的按钮，一手拉住卷尺的头进行测量，测量时钢卷尺零刻度对准测量起始点，施以适当拉力，直接读取测量终止点所对应的尺上刻度。在一些无法直接使用钢卷尺的部位，可以用钢尺或直角尺，使零刻度对准测量点，尺身与测量方向一致；用钢卷尺量取到钢尺或直角尺上某一整刻度的距离，余长用读数法量出。

图9-2　卷尺

(3) 注意事项

钢卷尺使用后要及时把尺身上的灰尘用布擦拭干净，然后用没有使用过的机油润湿，机油用量不宜过多，以润湿为准，存放备用。

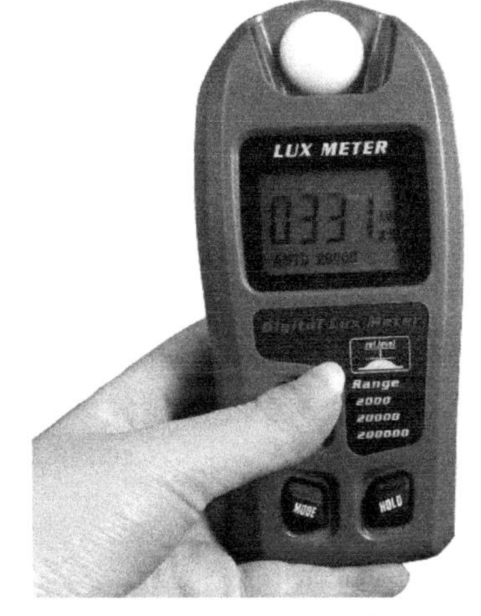

图9-3　数字照度计

9.2.3　数字照度计

(1) 应用范围

数字照度计是一种测量光度、亮度的专用仪器仪表，如图9-3所示。光照度是物体被照明的程度，即物体表面所得到的光通量与被照面积之比，单位为勒克斯（lx）。其主要用于检测应急照明灯具和疏散指示标志的照度。

(2) 使用方法

操作时按以下步骤进行：

1）打开电源。

2）选择适合测量挡位。

3）打开光检测器盖，并将光检测器水平放置在测量目标照射范围内最不利点的位置。

4）当显示数据比较稳定时读取照度计中显示的测量值。如果显示屏左端只显示“1”表示照度过高，即出现过载现象，应立即重新选择高挡量程测量。

5）测量工作完成后，将光检测器盖盖回，电源开关切至“OFF”。

(3) 注意事项

1）必须检查电池和合格标签是否在有效期内。

2）照度计受光器上必须清洁无尘。

3）关闭盖子检查零点。

4）白炽灯开启5min后开始测量，气体放电灯开启30min后开始测量。

9.2.4 数字声级计

(1) 应用范围

数字声级计，是一种按照一定的频率计权和时间计权测量声音的仪器，如图9-4所示，测量单位一般为分贝（dB），主要测量报警广播、水利警铃、电警铃、蜂鸣器等报警器件的声响效果。

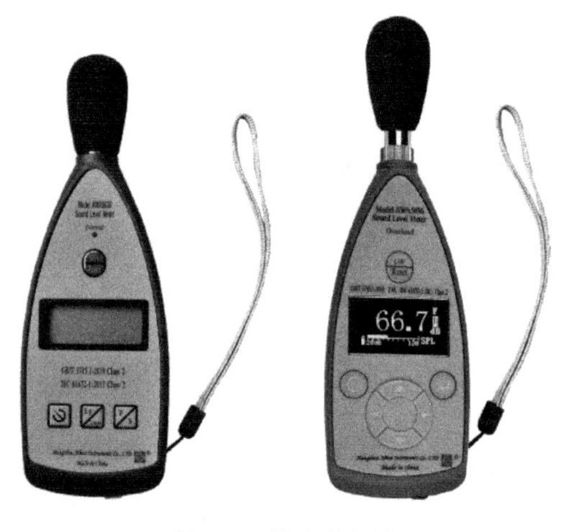

图9-4 数字声级计

(2) 使用方法

1）用声校准器检查声级计的校准情况。

2）根据被测声音的大小将量程开关置于合适的挡位，如无法估计大小，则置于“85～130”。

3）将时间计权开关置于标准所规定的位置；声级比较稳定时，置于“F”（快）；声级变化剧烈，则置于“S”（慢）。

4）将读数标志开关置于“5S”或“3S”。

5）将电源开关置于“ON”；仪器开始工作时显示数字。

6）如果显示器右端显示出过量标志“▲”（欠量标志“▼”），此时应将量程开关向上（下）移动，使量程标志消失。如果量程标志无法消失，则表示被测声级超出了仪器的测量范围。

7）调整好声级计的量程后，即可从显示屏上读取测量结果。

8）测量完毕后，建议再用声校准器检查声级计的灵敏度，以确保测量数据的准确可靠。

9）将电源开关置于“OFF”。如较长时间不再使用此仪器，务必将电池取出。

(3) 注意事项

1）测量时，仪器应根据情况选择好正确挡位，两手平握声级计两侧，传声器指向被测声源，也可使用延伸电缆和延伸杆，减少声级计外形及人体对测量的影响。声级计使用位置应根据有关规定确定。

2）声级计使用电池供电，应检查电池电压是否满足要求：电表功能开关置“电池”

挡，“衰减器”可任意设置，此时电表上的指示应在额定的电池电压范围内，否则需要更换电池。安装电池或外接电源注意极性，切勿反接。长期不用应取下电池，以免漏液损坏仪器。

3）使用前应先阅读说明书，了解仪器的使用方法与注意事项。按声级计使用说明书规定的预热时间进行预热。

4）声级计使用的电池电压不足时应更换。

5）校准放大器增益：电表功能开关至“0”挡，“衰减器”开关至“校准”，此时电表指针应处在红线位置，否则需要调节灵敏度电位器。

6）在不知道被测声级有多大时，必须把“衰减器”放在最大衰减位置，然后在测量时逐渐调整到被测声级所需要的衰减挡位置，防止被测声级超过量程损坏声级计。

7）传声器切勿拆卸，防止掷摔，不用时放置妥当。

8）传感器极其精细且易损坏，在整个操作过程中注意轻拿轻放。使用完毕后，拆下传感器放入指定地方。

9）仪器应避免放置于高温，潮湿，有污水、灰尘及含盐酸、碱成分高的空气或化学气体的地方。

10）勿擅自拆卸仪器。

9.2.5　数字风速计

(1) 应用范围

数字风速计是测量空气流速的仪器。一般为旋桨式风速计，由一个三叶或四叶螺旋桨组成感应部分，将其安装在一个风向标的前端，使它随时对准风的来向。可用来测量防烟与排烟系统中的送风口和排烟口的风速、风量，如图 9-5 所示。

(2) 使用方法

1）打开电源开关，按单位键选择风速单位。每次开机默认风速单位为 m/s。按“△”键可在“m/s”“ft/min”“km/h”之间选择，按“UNIT”确认选择。

2）手持风扇或固定于脚架上，让风由风扇上的箭头吹过。

3）等待约 4s 后以获得比较稳定正确的读值，按“HOLD”键可立刻锁定测量数值，再按“HOLD”键恢复正常测量。

4）按“ON/OFF”键开、关机。

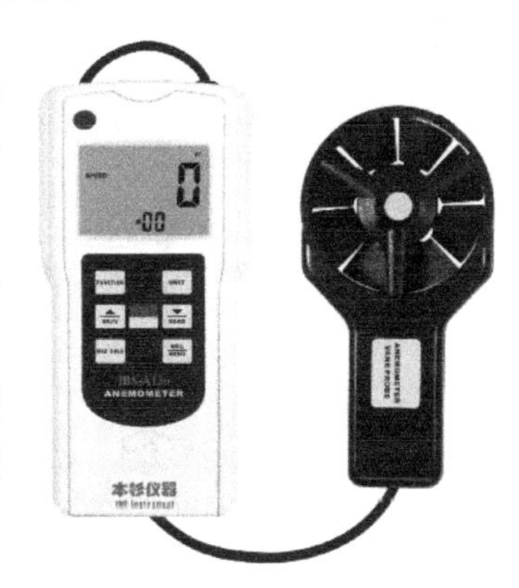

图 9-5　数字风速计

(3) 注意事项

1）禁止在可燃性气体环境中使用风速计。

2）不要拆卸或改装风速计。

3）请依据使用说明书的要求正确使用风速计。使用操作不当，可能导致触电、火灾和传感器的损坏。

4）在使用中，如遇风速计散发出异常气味、声音或冒烟，或有液体流入风速计内部，请立即关机取出电池。

5）不要将探头和风速计本体暴露在雨中。

6）不要触摸探头内部传感器部位。

7）风速计长期不使用时，请取出内部的电池。

8）不要将风速计放置在高温、高湿、多尘和阳光直射的地方。

9）不要用挥发性液体来擦拭风速计，否则可能导致风速仪壳体变形变色。风速计表面有污渍时，可用柔软的织物和中性洗涤剂来擦拭。

10）不要摔落或重压风速计。

11）不要在风速计带电的情况下触摸探头的传感器部位，否则将影响测量结果或导致风速计内部电路的损坏。

12）仪器应放在通风、干燥、没有腐蚀性气体及强烈振动和强磁场影响的室内。

9.2.6 数字微压计

(1) 应用范围

数字微压计用来测量微小压力、负压或差压，主要用于测量机械加压送风部位的余压值，如图 9-6 所示。

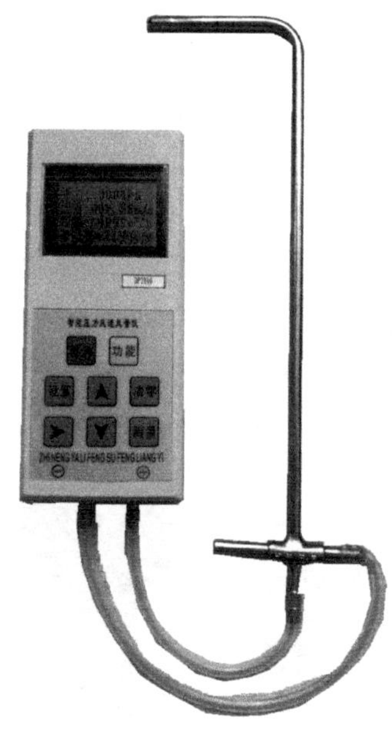

图 9-6 数字微压计

(2) 使用方法

1）将微压计左侧的开关推向“ON”，仪表通电，显示屏幕有显示。

2）通电后微压计应预热 5～15min 方可测量，否则测量读数不准。当预热 5～15min 后，屏幕显示数字乱跳，说明电池电量低，应更换电池。如预热 5～15min 后，显示数字稳定，则可转入测量。

3）此时按下微压计右侧开关，使显示屏显示数字为零。

4）用两根乳胶管的一端分别接至微压计顶端左侧的负压接嘴和右侧的正压接嘴。将正压接嘴上乳胶管的另一端置于被测部位，将负压接嘴上乳胶管的另一端置于常压部位。

5）观察微压计屏幕上的显示数值，稳定后读取并记录该值。

(3) 注意事项

1）使用前应检查微压计的外观，通电检查其显示功能是否正常。

2）开机 15min 后，屏幕显示数字乱跳、不稳定，表明微压计电池电量不足，应更换电池。

3）微压计开机后应预热 5～15min，达到预热时间后方可测量，否则会影响测量结果。

4）应远离振动及强磁场场所，尽量避免在环境温度变化剧烈的场所使用。

5）测量时，避免挤压乳胶管，以便气压正常传至微压计中的传感器。

6）微压计最大测量压力为 140kPa，测量时压力值不得大于此值，以免过载损坏仪器。

9.2.7　消火栓系统测压试水装置

(1) 应用范围

消火栓系统测压试水装置主要用于检测室内消火栓的静水压力和出水压力，并可用来校核水枪充实水柱，如图 9-7 所示。

(2) 使用方法

1）消火栓栓口静水压测量方法：将该装置连接到消火栓栓口，安装好压力表，并调整好压力表检测位置使之竖直向上，将该装置出口处后端盖拧紧，缓慢打开消火栓阀门，压力表显示的值为消火栓栓口的静水压。测量完成后，关闭消火栓阀门，将后端盖小螺丝放松，泄掉压力，旋松压力表，使装置内的水压全部泄掉，然后取出消火栓测压接头。

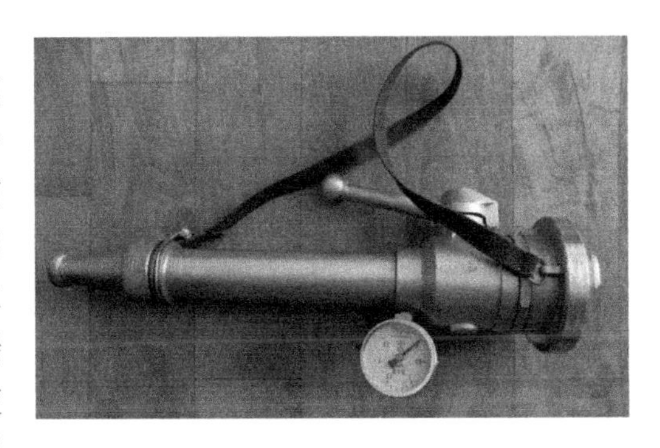

图 9-7　消火栓系统测压试水装置

2）消火栓栓口出水压力的测量方法：将水带一端连接到消火栓栓口，另一端接到试水装置的进口，打开消火栓阀门放水，此时不应挤压水带，压力表显示的水压即为消火栓栓口的出水压力。

3）校核水枪充实水柱：打开消火栓阀门放水，此时水枪充实水柱与试水检测装置上的压力表读数的对应关系见表 9-1。

消火栓口出水口压力和流量、充实水柱关系　　**表 9-1**

序号	充实水柱（m）	流量（L/s）	栓口出水压力（MPa）
1	7	3.8	0.09
2	10	4.6	0.135
3	13	5.4	0.186

(3) 注意事项

1）测量时，特别是在测量栓口静压时，开启阀门应缓慢，避免压力冲击造成检测装置损坏。

2）静压测量完成后，折下端盖缓慢旋下泄压。

3）测量出口压力和充实水柱时，应注意水带不应有弯折。

4）消火栓试水检测装置使用后，应将水擦净放回。

9.2.8　点型感烟探测器功能试验器

(1) 应用范围

点型感烟探测器功能试验器简称烟杆，由发烟器、发烟棒、聚烟罩、加长杆等部分组成。该装置能模拟点型感烟探测器动作与报警的条件，即产生烟雾，用于对点型感烟火灾探测器进行火灾响应试验，如图 9-8 所示。

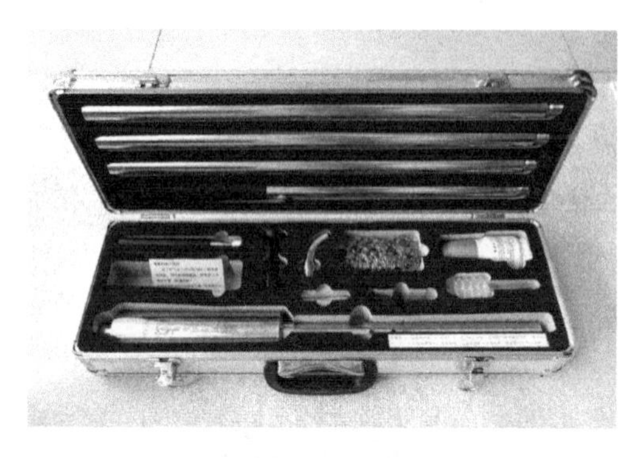

图 9-8 点型感烟探测器功能试验器

(2) 使用方法

1）将棒线香点燃置于发烟器内（棒线香燃烧部位朝下，注意保证棒线香在烟管的中心垂直位置，并留 20mm 尾部露出，以方便取出残香），如果需要使用聚烟罩，则将聚烟罩一起安装。

2）把拉伸杆安装到烟杆主体上，根据探测器安装高度调节拉伸长度，使其靠近探测器，然后把测试器顶端浮动开关顶在被检探测器下端，将烟嘴对准待检探测器进烟窗口位置。

3）将发烟棒产生的烟雾吹出排至探测器周围，待探测器报警确认灯亮后（30s 以内探测器确认灯亮，表示探测器工作正常，否则不合格），移开烟杆。

(3) 注意事项

当检验结束时，一定要将烟源取出熄灭，发烟棒应保管好，切勿受潮。

9.2.9 点型感温探测器功能试验器

(1) 应用范围

点型感温探测器功能试验器用于对点型感温探测器进行火灾响应试验时，使探测器加热升温，可以模拟火灾条件下探测器所处环境温度的变化情况，如图 9-9 所示。

(2) 使用方法

将温源接在连接杆上部，并视探测器的高度调节连接杆的长度，将电源线接入 220V 交流电插座上，温源对准待检探测器，打开电源开关，温源升温，使气流温度大于 80℃，如果 10s 内探测器确认灯亮，表明探测器工作正常，否则为不正常。

(3) 注意事项

加热器不应直接对着感温探测器，以免对探测器造成损坏，温杆用完，待温源冷却后，再放入箱中。

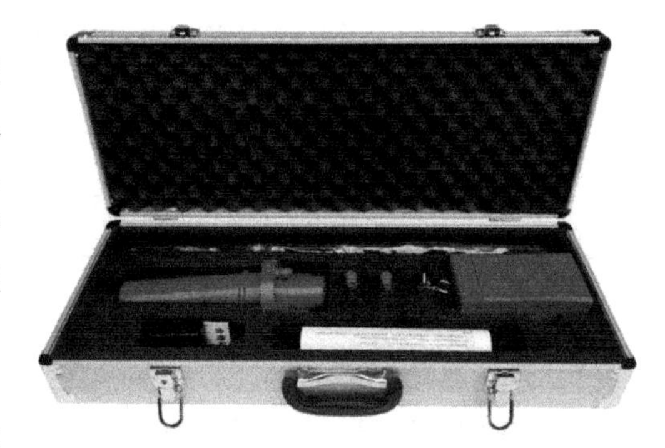

图 9-9 点型感温探测器功能试验器

9.2.10 火焰探测器功能试验器

(1) 应用范围

火焰探测器功能试验器主要用于对红外、紫外火焰探测器进行火灾响应试验，模拟火灾条件下，探测器在一定时间内能否响应，并输出火灾报警信号，同时启动报警确认灯，如图 9-10 所示。

(2) 使用方法

试验前，将探测器安装在试验装置的安装支架上，使其与标准光源处于同一水平轴线上，能最大限度地接收红外光源的辐射。接通设备，使之处于正常监视状态并保持稳定。30s 内火焰探测器应输出火灾报警信号，同时启动探测器的报警确认灯或起同等作用的其他显示器。

图 9-10 火焰探测器功能试验器

(3) 注意事项

1) 因枪体为不锈钢设计，使用时注意与带电体保持一定距离。

2) 测试枪长期闲置，应每周给电池进行一次充电，保护电池使用寿命。

3) 勿将红紫光发射窗口对准人眼。

4) 滤光片严禁用手直接触摸，若需清洗，应用清水、酒精洗净，用镜布擦干再用。

5) 光源采用汽油气化气体燃烧产生的火焰，要避免周围空气波动引起火焰本身的闪烁。

9.2.11 线型光束感烟探测器滤光片

(1) 应用范围

线型光束感烟探测器滤光片主要用于对线型光束感烟探测器的功能检测，如图 9-11 所示。

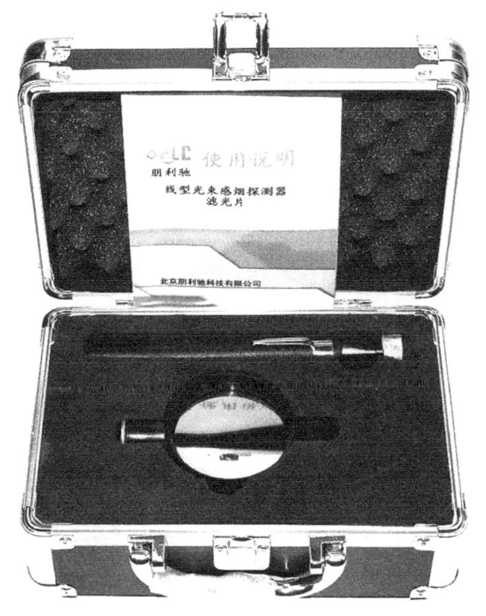

图 9-11 线型光束感烟探测器滤光片

(2) 使用方法

1) 确认线型光束感烟探测器与火灾报警控制器连接正确并接通电源，处于正常监视状态。

2) 将减光值为 0.4dB 的线型光束感烟探测器滤光片置于线型光束感烟探测器的光路中，并尽可能靠近接收器，观察火灾报警控制器的显示状态和线型光束感烟探测器的报警确认灯状态。如果 30s 内发出火灾报警信号，记录其响应阈值小于 0.5dB，结束试验。

3) 如 30s 内未发出火灾报警信号，则继续试验，将减光值为 10.0dB 的线型光束感烟火灾探测器滤光片置于线型光束感烟火灾探测器的光路中，并尽可能靠近接收器，观察火灾报警控制器的显示状态和线型光束感烟探测器的报警确认灯状态。如果 30s 内未发出火灾报警信号，记录其响应阈值大于 10.0dB。

4) 必须经过两次测试都合格，方可认为探测器正常。

(3) 注意事项

镜片不可用手擦拭，用无尘布加酒精或丙酮擦拭。

9.2.12 数字测距仪

(1) 应用范围

数字测距仪又称电子尺，该仪器应用于测量距离、面积、空间体积，如建筑物之间的防火间距，消防设施的安装高度和间距，消防车道的宽度和净高度，疏散宽度，防火分区面积，防烟楼梯间、前室及合用前室的面积等，如图 9-12 所示。

图 9-12 数字测距仪

(2) 使用方法

1）轻触启动/测量键，开启测距仪。

2）按需要以加或减键更换测量基准边（只对单次测量有效）。

3）用激光瞄准目标，再次轻触启动/测量键，记录测量值。

4）测量完毕，按下清除键直到初始画面出现。同时按下加和减键关闭测距仪。

5）90s 无工作指令的情况下，测距仪会自动关机。

6）利用标准距离可对测距仪进行自校，并可通过“Offset”菜单项进行修正。

(3) 注意事项

1）使用时不要用眼对准发射口直视，以免伤害人的眼睛。一定要按仪器说明书中安全操作规范进行测量。

2）数字测距仪装有电池，在使用时可能会发出微小电火花，因此，不能在有易燃、易爆气体的场合使用。

3）噪声会严重干扰数字测距仪工作，用户对测量结果有疑问时，应考虑测量环境的影响。

4）经常检查仪器外观，及时清除表面的灰尘脏污、油脂、霉斑等。

5）清洁激光发射窗时应使用柔软的干布。严禁用硬物刻划，以免损坏光学性能。

6）使用中应小心轻放，严禁挤压或从高处跌落，以免损坏仪器。

9.2.13 涂层测厚仪

(1) 应用范围

涂层测厚仪能快速、无损伤、精密地进行磁性金属基体上的非磁性覆盖层厚度的测量，主要用于防火涂料厚度的测量，适用于薄型、超薄型钢结构防火涂料的厚度检查和膨胀倍数检查，如图 9-13 所示。

(2) 使用方法

在已施工涂料的构件上，随机选取 3 个不同的涂层部位，分别用涂层测厚仪测量其厚度。按下涂层测厚仪控制板上四个键中的任何一个，仪器将自动开机，按下“△”键，当显示屏上出现“零位参照，放置探头”时，将测厚仪的探头垂直压在调零板上约 2s，将会在显示屏出现一组数据，此后会继续显示“零位参照，放置探头”，此时调零成功；

图 9-13 涂层测厚仪

将探头垂直压在防火涂料的涂层表面，“嘀”声后即可读取测量值；若不使用，20s 左右自动关机。

(3) 注意事项

1）使用前需要进行调零和校准，调校正确后方可进行测量。

2）测量时必须保证探头轴线垂直于被测工作表面，并且接触严密。

9.2.14　喷枪

(1) 应用范围

喷枪主要用于检测防火涂料的膨胀倍数，如图 9-14 所示。

(2) 使用方法

1）确定燃气喷枪内的丁烷气体已充满。

2）按下枪体后方点火按钮进行点火操作，旋转点火按钮调节火焰大小，旋转枪体中部的空气控制环调节火焰的温度及状态。

3）在已施工涂料的构件上随机选取三个不同的涂层部位，喷灯外焰应分别对准选定的三个位置并充分接触涂层，供火时间不低于 15min。

4）燃气喷枪使用完毕后，将点火按钮顺时针旋转到底，熄灭火源并防止气体泄漏。

5）停止供火后，观察涂层是否膨胀发泡，用游标卡尺测量其发泡厚度，薄型（膨胀型）钢结构防火涂料应≥5mm，超薄型钢结构防火涂料应≥10mm。

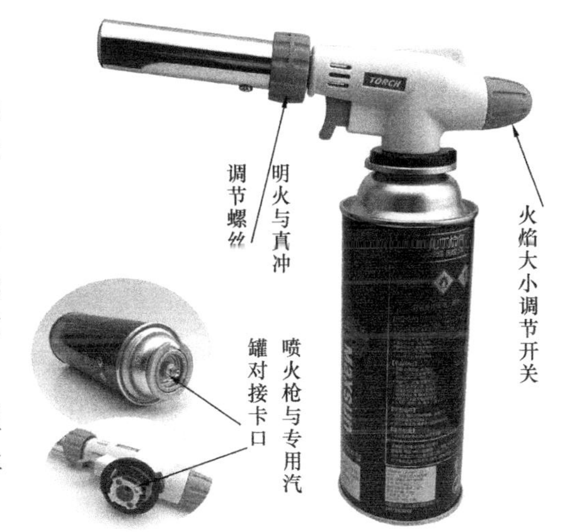

图 9-14　喷枪

9.2.15　其他

除上述主要常见的消防验收器材外，在消防验收过程中，还需注意个人防护类装备，主要包括：安全头盔、防刺鞋、防护眼镜、强光手电筒、口罩等。此外，在日常器材的维护管理中，还应注意以下要求：

（1）建立消防验收器材使用管理制度，明确专人管理维护和保养。

（2）使用人员应熟悉器材性能、技术指标及有关标准，并接受相应的培训，遵守操作规程。

（3）所有器材的技术资料、图纸、说明书、技术改造设计图、维修和计量检定记录应存档备查。

（4）凡依法需要计量检定的装备，应按国家现行有关规定进行定期计量检定，以保证装备的可靠性。

第10章 建筑防火验收

10.1 建筑类别与耐火等级验收

10.1.1 建筑类别

核对建筑的规模（面积、高度、层数）和使用性质，查阅相应资料。

(1) 资料审查

审查总平面竣工图，各楼层竣工建筑平面图、立面图和剖面图等涉及确定建筑类别要素的竣工图。要素包括使用性质、建筑高度、建筑层数、建筑总面积、每层建筑面积等。审查竣工图中决定建筑类别的要素与之前依法审核合格或者提交的消防设计文件是否一致。

(2) 现场评定

核对建筑实际的使用性质、建筑高度、建筑层数、建筑规模等是否与竣工图一致。

10.1.2 耐火等级

(1) 主要构件燃烧性能和耐火极限

核对建筑耐火等级，查阅相应资料，查看建筑主要构件燃烧性能和耐火极限。

资料审查：

根据依法审核合格的消防设计文件确定的建筑结构类型，在工程竣工验收报告中分别审查各建筑部位、各类建筑构件的施工质量验收记录。审查实际施工情况是否与设计文件一致。各建筑结构的施工质量验收记录，应分别符合《建筑工程施工质量验收统一标准》GB 50300—2013、《砌体结构工程施工质量验收规范》GB 50203—2011、《混凝土结构工程施工质量验收规范》GB 50204—2015、《钢结构工程施工质量验收标准》GB 50205—2020、《木结构工程施工质量验收规范》GB 50206—2012 的要求。

(2) 钢结构构件耐火保护

查阅相应资料，查看钢结构构件防火处理。

1）防火涂料

① 资料审查：审查钢结构防火涂料的材料进场检验记录、产品检验报告、出厂合格证，复核涂料的品种、规格、性能等是否符合国家产品标准和设计要求。

② 现场评定：与选用的样品对比，检查用于工程上的钢结构防火涂料的品种与颜色是否与设计选用及规定的相符。

2）施工质量

① 资料审查：在工程竣工验收报告中，审查钢结构防火涂料涂装施工记录和涂装分

项工程检验批质量验收记录；复核该施工过程是否符合《钢结构工程施工质量验收标准》GB 50205—2020 的有关要求，测量的厚度是否符合要求，验收结论是否合格。重点审查：

a. 涂装基层检查。查阅施工检验记录，防火涂料涂装前，钢材表面除锈及防锈漆涂装应符合设计要求和国家现行有关标准的规定，防火涂料涂装基层不应有油污、灰尘和泥沙等污垢。

b. 强度试验检查。查阅复检报告，每使用 100t 或不足 100t 薄涂型防火涂料应抽检一次粘结强度；每使用 500t 或不足 500t 厚涂型防火涂料应抽检一次粘结强度和抗压强度。

② 现场评定：

a. 涂层厚度检查。用测针（厚度测量仪）检测涂层厚度。薄涂型防火涂料的涂层厚度应符合有关耐火极限的设计要求。厚涂型防火涂料的涂层厚度，80%及以上面积应符合有关耐火极限的设计要求，且最薄处厚度不应低于设计要求的 85%。

b. 表面裂纹检查。薄涂型防火涂料涂层表面裂纹宽度不应大于 0.5mm；厚涂型防火涂料涂层表面裂纹宽度不应大于 1mm。

c. 涂层表面质量检查。防火涂料不应有误涂、漏涂，涂层应闭合无脱层、空鼓、明显缺陷、粉化松散和浮浆等外观缺陷，乳突应剔除。

10.2　总平面布局

10.2.1　验收前的准备工作

验收前需进行资料核查，即查阅相关资料，包括消防设计说明、总平面图等，了解建筑的类别、耐火等级，确定建筑应满足的防火间距后，再开展验收工作。

10.2.2　验收要点

不同类别的建筑之间的防火间距，U 形或山形建筑的两翼之间的防火间距，成组布置的建筑之间的防火间距；加油加气站，石油化工企业等火灾危险性较大的建设工程，与周围居住区、相邻厂矿企业、设施之间的防火间距，建设工程内部的建筑物、构筑物、设施之间的防火间距。

10.2.3　验收内容

建筑与周围相邻建、构筑物之间的防火间距应符合设计文件及现行国家工程建设消防技术标准的要求。验收建筑物之间的防火间距时，需要对建筑之间的实际间距进行实地测量。

验收方法：现场检查。

（1）沿建筑周围检查，选择相邻建筑物外墙相对较近处测量间距，当外墙有突出可燃构件时，从突出部分外缘测量，最近的水平距离为两建筑之间的防火间距，其允许负偏差不大于规定值的 5%且不大于 500mm。

（2）构筑物的测量点根据相应规范要求确定。

验收时应注意，现场检查时，沿建筑周围检查。相邻建筑必要的防火间距内不应被临时搭建的工棚、库房等建、构筑物或可燃物品占用。

建筑与储罐与堆场之间，储罐之间，储罐与堆场之间，堆场之间，变压器之间，变压器与建筑物、与储罐或与堆场之间，道路、铁路与建筑物、储罐或堆场之间防火间距的验收，如图 10-1 所示。

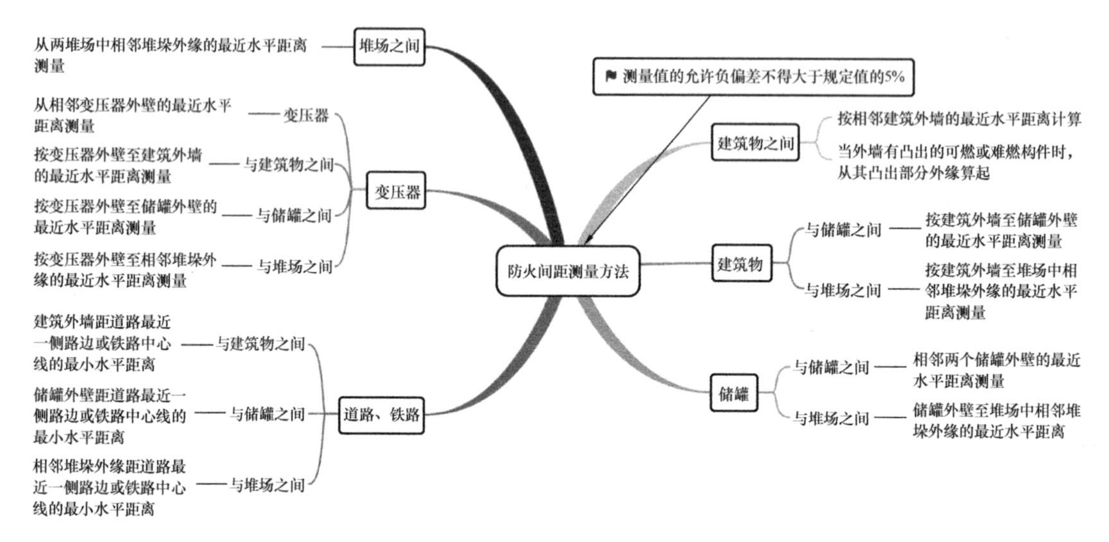

图 10-1　防火间距验收

10.3　平面布置验收

10.3.1　平面布置

平面布置的防火验收，应该结合建筑功能、空间组合、人员组织与安全疏散等因素来进行。

(1) 验收前的准备工作

查阅建筑消防设计文件，建筑平面图、剖面图，门窗表和门窗大样，防火门（窗）产品质量证明文件，锅炉、变压器说明书等，了解建筑物的使用性质、建筑层数、耐火等级、建筑的主要使用功能及布局等，确定需要验收的场所。

(2) 验收要点

1) 消防控制室

设置位置、防火分隔、安全出口，测试应急照明，查看管道布置、防淹措施。

2) 消防水泵房

设置位置、防火分隔、安全出口，测试应急照明，查看防淹措施。

3) 民用建筑中其他特殊场所

查看歌舞、娱乐、放映、游艺场所，儿童活动场所，锅炉房，空调机房，厨房，手术室等设备用房设置位置、防火分隔。

4) 工业建筑中其他特殊场所

查看高火灾危险部位，中间仓库以及总控室、员工宿舍、办公室、休息室等场所的设置位置、防火分隔。

(3) 验收内容

1）建筑总层数、高度、面积应符合设计文件要求，无擅自加层、增高、扩大建设面积等。

验收方法：资料核查，现场全数检查。

当建筑周围地面高度不一致，且需要从较高地面开始计算建筑高度或楼层时，疏散楼梯应在该地面层采取分隔措施，并设置直通该地面的安全出口。

2）人员密集场所，歌舞、娱乐、放映、游艺场所，托儿所，幼儿园，儿童游乐厅，老年人建筑，地下商店，车库等设置、平面布置应符合设计文件及现行国家工程建设消防技术标准的要求；工业建筑中员工宿舍、办公室和甲、乙类火灾危险性场所等的设置、平面布置应符合设计文件及现行国家工程建设消防技术标准的要求；有爆炸危险的甲、乙类火灾危险性的工业建筑的设置、平面布置及防爆设计应符合设计文件及现行国家工程建设消防技术标准的要求。

验收方法：资料核查，现场检查。

有爆炸危险的甲、乙类火灾危险性的工业建筑应查看泄压口设置位置、核对泄压口面积、泄压形式。

3）含可燃油的电力设备用房，燃油、燃气设备用房，消防设备用房等的设置和平面布置应符合设计文件及现行国家工程建设消防技术标准的要求。

验收方法：资料核查，现场全数检查。

4）建筑内使用可燃气体、液体作燃料时，其燃料的储存、供给和使用应符合设计文件及现行国家工程建设消防技术标准的要求。

验收方法：资料核查，现场检查。

10.3.2　防火分隔

防火分隔的作用是阻止火势蔓延，采用防火墙、防火卷帘、防火门等防火分隔设施将建筑空间划分成了若干个较小的防火空间。

防火分隔验收内容如图 10-2 所示。

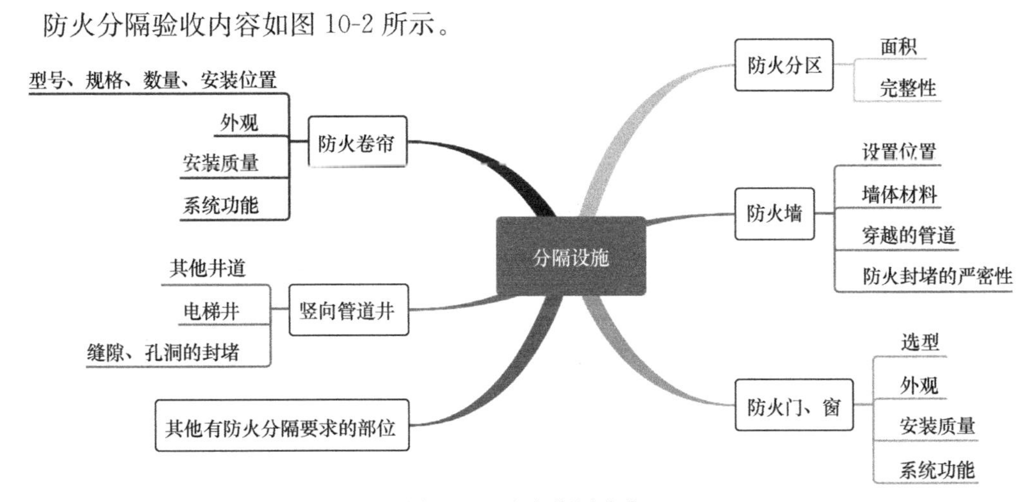

图 10-2　防火分隔验收

(1) 防火分区

1）验收前准备工作

查阅消防设计文件、建筑平面图、防火分区示意图、施工记录等资料，了解建筑分类和耐火等级、建筑的平面布局、防火分区划分的标准。

2）验收要点

核对防火分区位置、形式及完整性。

3）验收内容

防火分区的设置应符合设计文件及现行国家工程建设消防技术标准的要求。

验收方法：资料核查，现场检查。

① 对照设计文件、核查施工记录；

② 现场检查时，可根据实际情况按该建筑防火分区总数以一定比例抽查，总数少的可全数检查；

③ 防火分区建筑面积允许正偏差不应大于规定值的 5%；

④ 对于功能复杂的建筑工程，检查应涵盖不同使用功能的楼层，歌舞、娱乐、放映、游艺场所建议全数检查；

⑤ 防烟楼梯间及其前室、消防电梯前室及其合用前室、设置有防火门的封闭楼梯间可不计入防火分区面积；

⑥ 敞开连廊可不计入防火分区面积；

⑦ 防火卷帘代替防火墙划分防火分区时，卷帘需要同时具有完整性和隔热性，验收时注意检查隔热性，是否采用以背火面温升作为耐火极限判定的条件，如果不符合，卷帘两侧需要设置独立的闭式自动喷水灭火系统，用以保护卷帘，且系统喷水延续时间不能小于 3h；

⑧ 防火门设置在了变形缝附近时，防火门应设置在楼层较多的一侧，门开启时不跨越变形缝；

⑨ 检查建筑内房间隔墙和疏散走道两侧的隔墙，是否从楼地面基层砌至顶板底面基层。

(2) 防火墙

防火墙指耐火极限不低于 3.00h 的不燃性实体墙。

1）验收前准备工作

查阅消防设计文件、建筑平面图、防火分区示意图、施工记录等资料，确定防火墙的设置部位、穿越防火墙的管道等基本数据。

2）验收要点

查看设置位置及方式，查看防火封堵情况，核查墙的燃烧性能。

3）验收内容

验收内容如图 10-3 所示。

① 防火墙的设置应符合设计文件及现行国家工程建设消防技术标准的要求。

验收方法：现场检查。

a. 按防火分区总数按一定比例抽查防火墙设置，总数少时建议全数检查；

b. 沿防火墙现场检查 2 处以上管道敷设情况，防火墙上严禁可燃气体和甲、乙、丙类液体管道穿过。

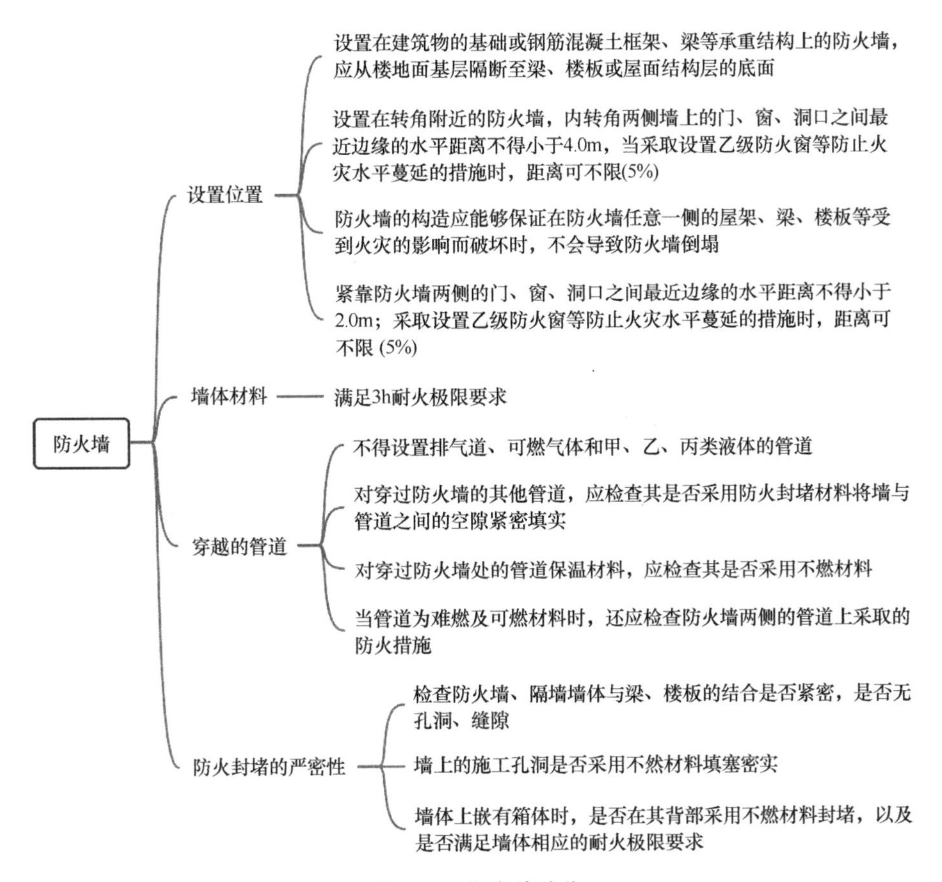

图 10-3　防火墙验收

② 防火墙、隔墙、柱、梁、楼板、疏散楼梯、屋顶承重构件等建筑构件的燃烧性能和耐火极限应符合设计文件及现行国家工程建设消防技术标准的要求。

验收方法：资料核查，现场检查：

a. 查验相关资料；

b. 每类构件按楼层（防火分区）总数按一定抽查，总数少时建议全数检查；

c. 防火墙、隔墙墙体与梁、楼板结合紧密，无孔洞、缝隙，墙上的施工孔洞应采用不燃材料填塞密实。

③ 管道穿越防火分区隔墙、楼板时，与墙、楼板及套管的间隙应用不燃材料填塞密实；大于等于 $DN100$ 的排水塑料管道穿越防火分区隔墙、楼板时，应设置阻火圈或防火套管；电气桥架在穿越防火分区隔墙、楼板时，桥架与墙、楼板的间隙应用不燃材料填塞密实，且应用不燃材料在桥架内将电缆、导线之间的空隙封堵严密。

验收方法：资料核查，现场检查。

查验相关检测报告、施工记录；按楼层（防火分区）总数按一定比例抽查，总数少时建议全数检查。

④ 跨越防火分区的变形应采用不燃材料填塞密实。

验收方法：资料核查，现场检查。

查验隐蔽工程施工记录，现场查看变形缝，按楼层（防火分区）总数按一定比例抽查，总数少时建议全数检查。

⑤ 防火墙、防火门、防火卷帘下的管线、管沟处的空隙应用不燃材料填塞密实。

验收方法：资料核查，现场检查。

查验施工记录，现场抽查防火墙、防火门及防火卷帘下设置的管线、管沟。

⑥ 墙体上嵌有箱体时，应在其背部采用不燃材料封堵，并满足墙体相应耐火极限要求。

验收方法：资料核查，现场检查。查验施工记录，现场抽查墙体上嵌有箱体的部位。

(3) 防火门

防火门是由门板、门框、锁具、闭门器、顺序器、五金件、防火密封件以及电动控制装置等组成。

1）验收前准备工作

查阅消防设计文件、建筑平面图、门窗大样；了解建筑内防火门的安装位置、选型、数量等数据；对照产品出厂合格证和符合市场准入制度规定的有效证明文件，核实一致性。

2）验收要点

查看设置位置、类型、开启方式，核对设置数量，检查安装质量；测试常闭防火门的自闭功能、常开防火门的联动控制功能；抽查防火门、闭门器等，并核对其证明文件。

3）验收内容

防火门的型号、规格、数量、安装位置等应符合设计要求，如图 10-4 所示。

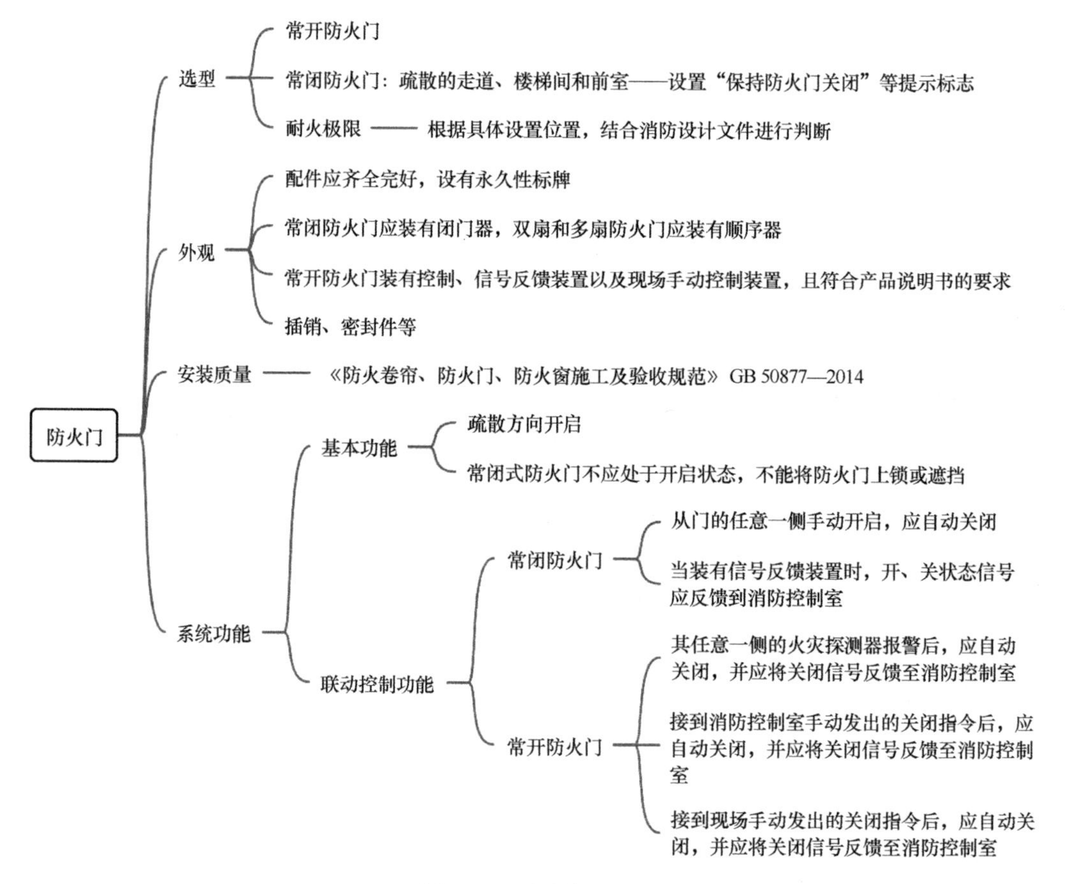

图 10-4　防火门验收

验收数量：全数检查。

验收方法：直观检查；对照设计文件查看。

(4) 防火窗

防火窗是指由窗扇、窗框、五金件、防火密封件以及窗扇启闭控制装置等组成的，符合耐火完整性和隔热性等要求的防火分隔物。

1）验收前准备工作

查阅消防设计文件、建筑平面图、门窗大样、“防火窗工程质量验收记录”等资料，了解建筑内防火窗的安装位置、选型、数量等数据。对照防火窗产品的出厂合格证和符合市场准入制度的有效证明文件，核实防火窗的型号、规格及耐火性能与消防设计的一致性。

2）验收要点

查看设置位置、类型、开启方式，核对设置数量，检查安装质量；抽查防火窗、防火玻璃等，并核对其证明文件。

3）验收内容

防火窗的型号、规格、数量、安装位置等应符合设计要求。

① 有密封要求的防火窗，其窗框密封槽内镶嵌的防火密封件应牢固、完好。

验收数量：全数检查。

验收方法：直观检查。

② 钢质防火窗窗框内应充填水泥砂浆。窗框与墙体应用预埋钢件或膨胀螺栓等连接牢固，其固定点间距不宜大于 600mm。

验收数量：全数检查。

验收方法：对照设计图纸、施工文件检查；尺量检查。

③ 活动式防火窗窗扇启闭控制装置的安装应符合设计和产品说明书要求，并应位置明显，便于操作。

验收数量：全数检查。

验收方法：直观检查；手动试验。

④ 活动式防火窗应装配火灾时能控制窗扇自动关闭的温控释放装置。温控释放装置的安装应符合设计和产品说明书要求。

验收数量：全数检查。

验收方法：直观检查；按设计图纸、施工文件检查。

⑤ 活动式防火窗，现场手动启动防火窗窗扇启闭控制装置时，活动窗扇应灵活开启，并应完全关闭，同时应无启闭卡阻现象。

验收数量：全数检查。

验收方法：手动试验。

⑥ 活动式防火窗，其任意一侧的火灾探测器报警后，应自动关闭，并应将关闭信号反馈至消防控制室。

验收数量：全数检查。

验收方法：用专用测试工具，使活动式防火窗任一侧的火灾探测器发出模拟火灾报警信号，观察防火窗动作情况及消防控制室信号显示情况。

⑦ 活动式防火窗，接到消防控制室发出的关闭指令后，应自动关闭，并应将关闭信号反馈至消防控制室。

验收数量：全数检查。

验收方法：在消防控制室启动防火窗关闭功能，观察防火窗动作情况及消防控制室信号显示情况。

⑧ 安装在活动式防火窗上的温控释放装置动作后，活动式防火窗应在60s内自动关闭。

验收数量：同一工程同类温控释放装置抽检1～2个。

验收方法：活动式防火窗安装并调试完毕后，切断电源，加热温控释放装置，使其热敏感元件动作，观察防火窗动作情况，用秒表测试关闭时间。试验前，应准备备用的温控释放装置，试验后，应重新安装。

(5) 防火卷帘

防火卷帘是指由帘板、卷轴、电机、导轨、控制箱和手动控制按钮等组成的，在一定时间内，连同框架能满足耐火完整性、隔热性等要求的卷帘，它可以有效地阻止火势的蔓延。

1) 验收前准备工作

查阅消防设计文件、建筑平面图、门窗大样、“防火卷帘工程质量验收记录”；了解建筑内防火卷帘的安装位置、选型、数量等数据；对照产品出厂合格证和符合市场准入制度规定的有效证明文件，核实一致性。

2) 验收要点

查看设置类型、位置和防火封堵严密性，测试手动、自动控制功能；抽查防火卷帘，并核对其证明文件。

3) 验收内容

防火卷帘的型号、规格、数量、安装位置等应符合设计要求。验收内容如图10-5所示。

检查数量：全数检查。

检查方法：直观检查。

(6) 竖向管道井

1) 验收前的准备工作

查阅消防设计文件、建筑平面图、施工记录等资料，确定各类竖向管道井的设置部位、封堵情况等基本信息。

2) 验收要点

查看设置位置和检查门的设置；查看井壁的耐火极限、防火封堵严密性。

3) 验收内容

竖向管道井验收内容如图10-6所示。

验收方法：资料核查，现场检查。

(7) 其他有防火分隔要求的部位

主要查看窗间墙、窗槛墙、玻璃幕墙、防火墙两侧及转角处洞口等的设置、分隔设施和防火封堵。

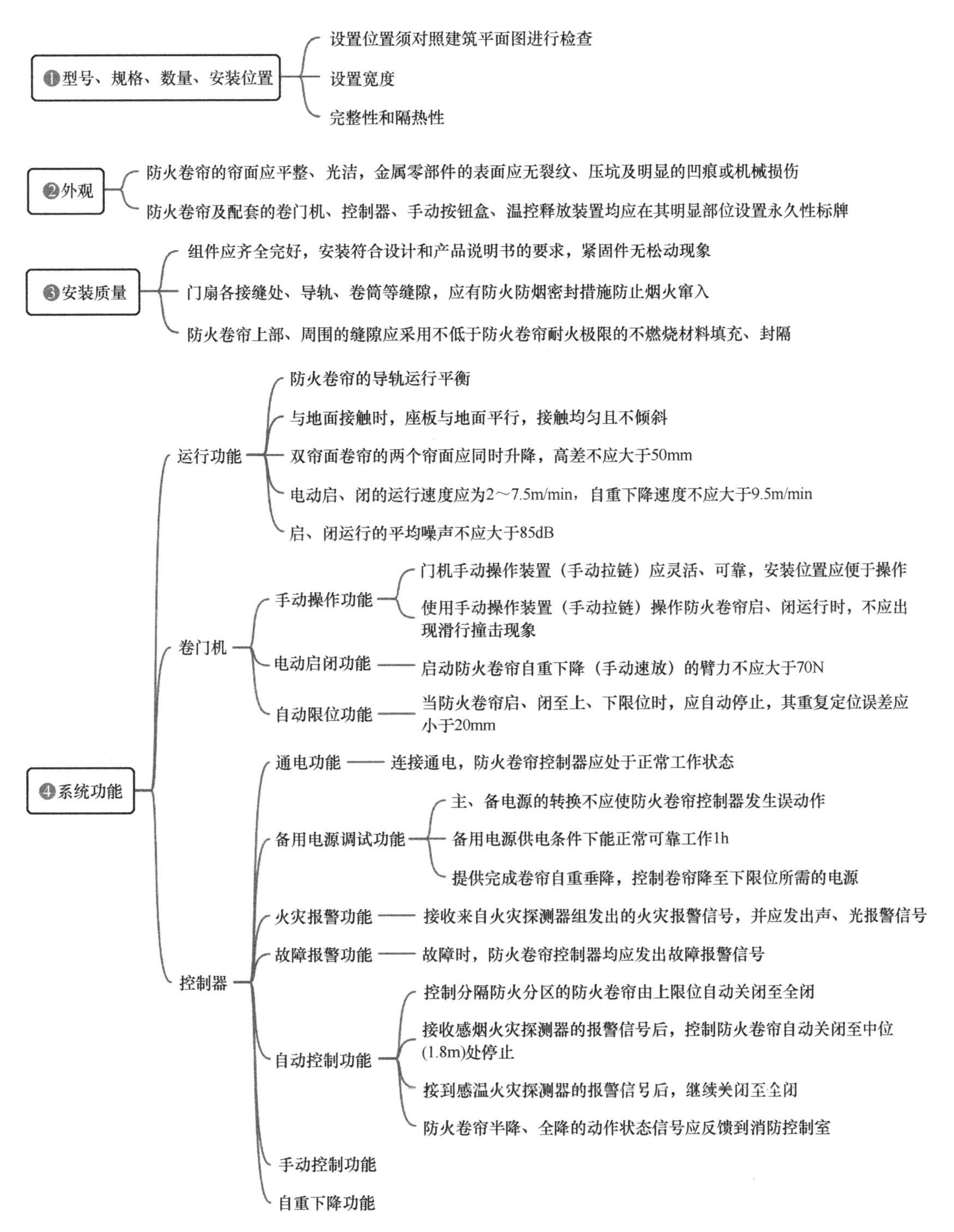

图 10-5　防火卷帘验收

以建筑幕墙为例。

建筑幕墙的设置应符合设计文件及现行国家工程建设消防技术标准的要求。

验收方法：资料核查，现场检查。

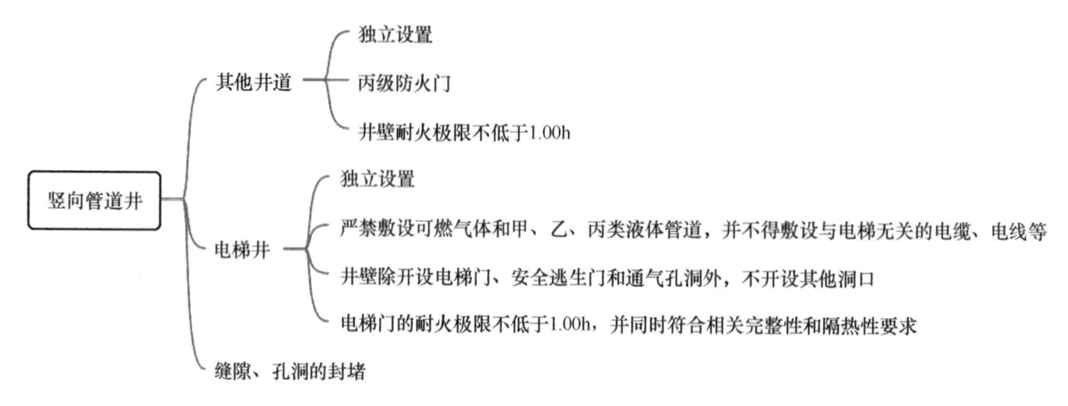

图 10-6 竖向管道井验收

1）资料核查。查验隐蔽工程施工记录、产品（防火玻璃、内填充材料、防火封堵材料等）质量证明文件及燃烧性能检测报告、设计文件。

2）现场检查、测量。按建筑设置幕墙的楼层（防火分区）总数以一定比例抽查，数量较少的建议的全数检查。

3）现场检查封堵情况，测量窗槛墙、裙墙的高度及窗间墙的宽度，负偏差不大于规定值的 5%。

4）建筑幕墙的层间封堵应满足《建筑防火封堵应用技术标准》GB/T 51410—2020 的规定。

参 考 文 献

[1] 中华人民共和国住房和城乡建设部. GB 50261—2017 自动喷水灭火系统施工及验收规范[S]. 北京：中国计划出版社，2017.

[2] 中华人民共和国住房和城乡建设部. GB/T 51410—2020 建筑防火封堵应用技术标准[S]. 北京：中国计划出版社，2020.

10.4 安全疏散验收

安全疏散设施的验收是建设工程消防验收的一项重要内容，主要验收内容包括安全出口、疏散门、疏散走道、避难层（间）、消防应急照明和疏散指示标志。根据建筑分类和耐火等级，通过对安全出口、疏散门、疏散走道、避难层（间）、消防应急照明和疏散指示标志等安全疏散设施的验收检查，为人员和物资的疏散提供可靠的保证。

10.4.1 安全出口

安全出口是指供人员安全疏散用的楼梯间、室外楼梯的出入口或直通室内外安全区域的出口，起其作用是保证在火灾时能够迅速、安全地疏散人员和抢救物资，减少人员伤亡，降低火灾损失。安全出口验收的主要内容包括五个方面，主要是查看设置形式、位置和数量；查看疏散楼梯间、前室的防烟措施；查看管道穿越疏散楼梯间、前室处及门窗洞口等防火分隔设置情况；查看地下室、半地下室与地上层共用楼梯的防火分隔；测量疏散宽度、建筑疏散距离、前室面积，核实安全出口的设置是否符合现行国家工程建设消防技术标准的要求。

(1) 查看安全出口的设置形式、位置和数量

1）验收内容

① 安全出口的设置形式

利用楼梯间作为安全出口时，疏散楼梯的设置形式与建筑物的使用性质、建筑层数、建筑高度等因素密切相关。疏散楼梯间按照防烟防火作用分为防烟楼梯间、封闭楼梯间、敞开楼梯间三种形式。

a. 防烟楼梯间

一类高层公共建筑和建筑高度大于 32m 的二类高层公共建筑，建筑高度大于 24m 的老年人照料设施，其疏散楼梯应采用防烟楼梯间。建筑高度大于 33m 的住宅建筑应采用防烟楼梯间。户门不宜直接开向前室，确有困难时，每层开向同一前室的户门不应大于 3 樘且应采用乙级防火门。建筑高度大于 32m 且任一层人数超过 10 人的厂房，应采用防烟楼梯间或室外楼梯。建筑高度大于 33m 的住宅建筑应采用防烟楼梯间。

b. 封闭楼梯间

多层医疗建筑、旅馆及类似使用功能的建筑，多层设置歌舞、娱乐、放映、游艺场所的建筑，多层商店、图书馆、展览建筑、会议中心及类似使用功能的建筑，6 层及以上的其他多层公共建筑，除与敞开式外廊直接相连的楼梯间，以及裙房和建筑高度不大于 32m 的二类高层公共建筑的疏散楼梯、不能与敞开式外廊直接连通的老年人照料设施的室内疏散楼梯，均应采用封闭楼梯间。当裙房于高层建筑主体之间设置防火墙时，裙房的疏散楼梯可按《建规》有关单层、多层建筑的要求确定。建筑高度不大于 21m 与电梯井相邻布置疏散楼梯的住宅建筑应采用封闭楼梯间。高层厂房和甲、乙、丙类多层厂房的疏散楼梯应采用封闭楼梯间或室外楼梯。高层仓库的疏散楼梯应采用封闭楼梯间。建筑高度大于 21m、不大于 33m 的住宅建筑应采用封闭楼梯间。

c. 敞开楼梯间

除应采取封闭楼梯间的其他多层公共建筑，可以采用敞开楼梯间。建筑高度不大于 21m 的住宅建筑可采用敞开楼梯间，当疏散楼梯与电梯井相邻布置、户门采用乙级防火门时，仍可采用敞开楼梯间。建筑高度大于 21m、不大于 33m 的住宅建筑，当户门采用乙级防火门时，可采用敞开楼梯间。

② 安全出口的设置位置

民用建筑内的疏散楼梯应分散布置，且建筑内每个防火分区或一个防火分区的每个楼层、每个住宅单元每层相邻两个安全出口最近边缘之间的水平距离不应小于 5m。厂房和仓库的安全出口应分散布置。每个防火分区或一个防火分区的每个楼层，其相邻 2 个安全出口最近边缘之间的水平距离不应小于 5m。

③ 安全出口的设置数量

公共建筑、厂房内每个防火分区或一个防火分区的每个楼层，其疏散楼梯的数量应经计算确定，且不应少于 2 部，当设置 1 部疏散楼梯时应符合《建规》的要求。建筑高度不大于 27m 的住宅建筑，当每个单元任一层的建筑面积大于 650m^2，或任一户门至最近安全出口的距离大于 15m 时，建筑高度大于 27m、不大于 54m 的住宅建筑，当每个单元任一层的建筑面积大于 650m^2，或任一户门至最近安全出口的距离大于 10m 时，建筑高度大于 54m 的住宅建筑，每个单元疏散楼梯的数量不应少于 2 部。建筑高度大于 27m，但不大于 54m 的住宅建筑，当每个单元设置 1 部疏散楼梯时应符合《建规》的要求。

仓库内每个防火分区疏散楼梯的数量不宜少于 2 个，当一座仓库的占地面积不大于 300m^2 时，或防火分区的建筑面积不大于 100m^2 时，可设置 1 部疏散楼梯。地下或半地下仓库（包括地下或半地下室）的疏散楼梯的数量不应少于 2 个；当建筑面积不大于 100m^2 时，可设置 1 部疏散楼梯。

2）验收方法

图 10-7 为某建筑的疏散楼梯，图 10-8 为某建筑的安全出口。安全出口的设置形式、位置和数量的具体验收方法是：查阅消防设计文件、各楼层建筑平面竣工图、建筑剖面竣工图等相关竣工图纸，了解建筑高度、使用功能、耐火等级等情况，现场实地查看安全出口的设置形式、位置和数量是否与依法审查合格的消防设计文件和竣工图纸一致。另外，安全出口的形式和数量要求全部检查，查看安全出口的设置位置时，安全出口的间距应为两个安全出口最近边缘之间的水平距离，间距测量值的允许负偏差不得大于设计图纸标示的 5%。

图 10-7　某建筑的疏散楼梯

图 10-8　某建筑的安全出口

（2）查看疏散楼梯间、前室的防烟措施

1）验收内容

建筑的防烟楼梯间及其前室应设置防烟设施。建筑高度大于 50m 的公共建筑、工业建筑和建筑高度大于 100m 的住宅建筑，其防烟楼梯间、独立前室、共用前室、合用前室及消防电梯前室应采用机械加压送风系统。建筑高度小于或等于 50m 的公共建筑、工业建筑和建筑高度小于或等于 100m 的住宅建筑，其防烟楼梯间、独立前室、共用前室、合用前室（除共用前室与消防电梯前室合用外）及消防电梯前室应采用自然通风系统；当不能设置自然通风系统时，应采用机械加压送风系统。

① 采用自然通风系统

采用自然通风方式的封闭楼梯间、防烟楼梯间，应在最高部位设置面积不小于 1.0m² 的可开启外窗或开口；当建筑高度大于 10m 时，尚应在楼梯间的外墙上每 5 层内设置总面积不小于 2.0m² 的可开启外窗或开口，且布置间隔不大于 3 层。前室采用自然通风方式时，独立前室、消防电梯前室可开启外窗或开口的面积不应小于 2.0m²，共用前室、合用前室不应小于 3.0m²。

② 采用机械加压送风系统

建筑高度大于 100m 的建筑，防烟楼梯间及其前室的机械加压送风系统应竖向分段独立设置，且每段高度不应超过 100m。采用机械加压送风系统的防烟楼梯间及其前室应分别设置送风井（管）道、送风口（阀）和送风机。建筑高度小于或等于 50m 的建筑，当楼梯间设置加压送风井（管）道确有困难时，楼梯间可采用直灌式加压送风系统，并应符合《建筑防烟排烟系统技术标准》GB 51251—2017 的要求。设置机械加压送风系统的楼梯间的地上部分与地下部分，其机械加压送风系统应分别独立设置。当受建筑条件限制，且地下部分为汽车库或设备用房时，可共用机械加压送风系统，并应符合《建筑防烟排烟系统技术标准》GB 51251—2017 的要求。设置机械加压送风系统的封闭楼梯间、防烟楼梯间，尚应在其顶部设置不小于 1m² 的固定窗。靠外墙的防烟楼梯间，尚应在其外墙上每 5 层内设置总面积不小于 2m² 的固定窗。

机械加压送风系统采用的轴流风机或中、低压离心风机及其进风口的设置位置，加压送风口的设置数量、风速及其位置，送风管道的材质、设计风速、设置和耐火极限应符合《建筑防烟排烟系统技术标准》GB 51251—2017 的要求。

2）验收方法

图 10-9 为某建筑楼梯间正压送风口的设置，图 10-10 为某建筑前室正压送风口的设置。疏散楼梯间、前室的防烟措施的具体验收方法是：查阅消防设计文件、各楼层建筑平面竣工图、建筑剖面竣工图、通风及防排烟平面图、正压送风系统原理图，了解疏散楼梯间、前室的防烟系统的设计情况，然后再查看楼梯间和前室采用的自然通风系统、机械加压送风系统是否与依法审查合格的消防设计文件和竣工图纸一致。

图 10-9 某建筑楼梯间正压送风口的设置

图 10-10 某建筑前室正压送风口的设置

(3) 查看管道穿越疏散楼梯间、前室处及门窗洞口等防火分隔设置情况

1）验收内容

建筑内的电缆井、管道井应在每层楼板处采用不低于楼板耐火极限的不燃材料或防火封堵材料封堵。建筑内的电缆井、管道井与房间、走道等相连通的孔隙时应采用防火封堵材料封堵。防烟、排烟、供暖、通风和空气调节系统中的管道及建筑内的其他管道，在穿越防火隔墙、楼板和防火墙处的孔隙时，应采用防火封堵材料封堵。风管穿过防火隔墙、楼板和防火墙时，穿越处风管上的防火阀、排烟防火阀两侧各 2.0m 范围内的风管应采用耐火风管或风管外壁应采取防火保护措施，且耐火极限不应低于该防火分隔体的耐火极限。

2）验收方法

图 10-11 为送风管道穿越疏散楼梯间处楼板的防火分隔，图 10-12 为送风管道穿越前室处防火隔墙的防火分隔。管道穿越疏散楼梯间、前室处及门、窗洞口等防火分隔设置情况的具体验收方法是：查阅建筑设计施工说明及相关的竣工图纸，了解管道穿越疏散楼梯间、前室及门窗洞口的防火分隔设置情况。现场逐一查看管道实际穿越疏散楼梯间、前室处及门窗洞口等防火分隔设置情况是否与依法审查合格的消防设计文件和竣工图纸一致，并且应查看管道穿过处是否采用防火封堵材料封堵，以及是否有各方签字的施工记录。

图 10-11　送风管道穿越疏散楼梯间处楼板的防火分隔

图 10-12　送风管道穿越前室处防火隔墙的防火分隔

(4) 查看地下室、半地下室与地上层共用楼梯的防火分隔

1）验收内容

除住宅建筑套内的自用楼梯外，建筑的地下或半地下部分与地上部分不应共用楼梯间，确需共用楼梯间时，应在首层采用耐火极限不低于 2.00h 的防火隔墙和乙级防火门将地下或半地下部分与地上部分的连通部位完全分隔，并应设置明显的标志。

2）验收方法

图 10-13 为某建筑地下室与地上层共用楼梯的防火分隔设置，图 10-14 为防火门的铭牌标识。地下室、半地下室与地上层共用楼梯的防火分隔的具体验收方法是：查阅消防设计文件及首层建筑平面竣工图、剖面竣工图，了解地下室、半地下室与地上层共用楼梯的防火分隔部位，现场逐一查看防火分隔实际设置情况是否与依法审查合格的消防设计文件和竣工图纸一致。应查看防火隔墙的施工工程构造做法相关文件，由此判定其耐火极限是否达到设计要求。另外应查看该分隔部位设置的防火门是否具有出厂合格证和符合市场准

入制度规定的有效证明文件，其型号、规格及耐火性能是否与设计文件一致。并查看每樘防火门在其明显部位是否设置了永久性标牌，另外还应查看在分隔部位是否设置明显的标志。

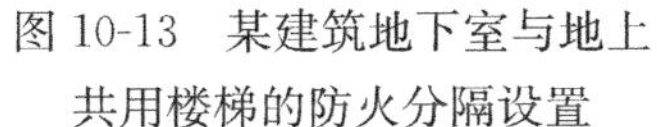

图10-13　某建筑地下室与地上共用楼梯的防火分隔设置

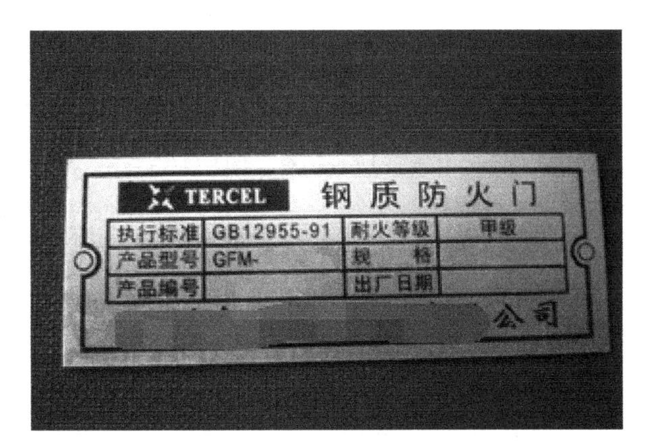

图10-14　防火门的铭牌标识

(5) 测量疏散宽度、建筑疏散距离、前室面积

1）验收内容

① 疏散宽度

公共建筑、住宅建筑内安全出口的净宽度不应小于0.90m，疏散楼梯的净宽度不应小于1.10m，厂房内疏散楼梯的最小净宽度不宜小于1.10m。高层医疗建筑内楼梯间的首层疏散门、疏散楼梯的净宽度不应小于1.30m，其他高层公共建筑内楼梯间的首层疏散门、疏散楼梯的净宽度不应小于1.20m。建筑高度不大于18m的住宅中一边设置栏杆的疏散楼梯，其净宽度不应小于1.0m。

② 疏散距离

一级、二级耐火等级公共建筑内疏散门或安全出口不少于2个的观众厅、展览厅、多功能厅、餐厅、营业厅等，其室内任一点至最近疏散门或安全出口的直线距离不应大于30m；当疏散门不能直通室外地面或疏散楼梯间时，应采用长度不大于10m的疏散走道通至最近的安全出口。当该场所设置自动喷水灭火系统时，室内任一点至最近安全出口的安全疏散距离可分别增加25%。

公共建筑、住宅内楼梯间应在首层直通室外，确有困难时，可在首层采用扩大的封闭楼梯间或防烟楼梯间前室。当层数不超过4层且未采用扩大的封闭楼梯间或防烟楼梯间前室时，可将直通室外的门设置在离楼梯间不大于15m处。

厂房内任一点至最近安全出口的直线距离应符合《建规》的规定。

③ 前室面积

公共建筑、高层厂房（仓库）防烟楼梯间前室的使用面积不应小于6.0m^2，住宅建筑不应小于4.5m^2。防烟楼梯间与消防电梯间前室合用时，公共建筑、高层厂房（仓库）合用前室的使用面积不应小于10.0m^2，住宅建筑不应小于6.0m^2。住宅单元的疏散楼梯，当分散设置确有困难且任一户门至最近疏散楼梯间入口的距离不大于10m时，采用的剪刀楼梯间的前室不宜共用；共用时，前室的使用面积不应小于6.0m^2。楼梯间的前室或共用前室不宜与消防电梯的前室合用；楼梯间的共用前室与消防电梯的前室合用时，合用前室的使用面积不应小于 12.0m²，且短边不应小于 2.4m。

2）验收方法

图 10-15 为测量疏散楼梯梯段宽度，图 10-16 为某建筑的防烟楼梯间和消防电梯合用前室。疏散宽度、建筑疏散距离、前室面积的具体验收方法是：查阅消防设计文件、各楼层建筑平面竣工图，了解建筑高度、使用功能、建筑类别、耐火等级、平面布局、消防设施的设置等情况。逐一核实每个安全出口和疏散楼梯梯段的宽度，每部楼梯的测量点不少于 5 个，查看安全出口的宽度是否与疏散走道、疏散楼梯梯段的净宽度相匹配，测量安全疏散距离、独立前室、共用前室或合用前室的使用面积，看是否与依法审查合格的消防设计文件和竣工图纸一致。安全出口和疏散楼梯的净宽度、独立前室或合用前室使用面积的测量值的允许负偏差不得大于消防设计图纸标示的 5%。安全疏散距离测量值的允许正偏差不得大于消防设计图纸标示的 5%。

图 10-15　测量疏散楼梯梯段宽度

图 10-16　某建筑的防烟楼梯间和消防电梯合用前室

10.4.2　疏散门和疏散走道

疏散门是设置在建筑内各房间直接通向疏散走道的门或安全出口上的门。疏散走道是疏散时人员从房间门至疏散楼梯或外部出口等安全出口的通道。疏散门验收的主要内容包括三个方面，主要是查看疏散门的设置位置、设置形式和开启方向，测量疏散门的疏散宽度，测试疏散门的逃生门锁装置。疏散走道验收的主要内容包括三个方面，主要是查看疏散走道的设置位置，查看疏散走道的排烟条件，测量疏散走道的疏散宽度、疏散距离。

（1）查看疏散门的设置位置、设置形式和开启方向

1）验收内容

① 疏散门的设置位置

民用建筑内的疏散门应分散布置，且建筑内每个房间相邻两个疏散门最近边缘之间的水平距离不应小于 5m。

② 疏散门的设置形式和开启方向

民用建筑和厂房的疏散门，应采用向疏散方向开启的平开门，不应采用推拉门、卷帘门、吊门、转门和折叠门。除甲、乙类生产车间外，人数不超过 60 人且每樘门的平均疏散人数不超过 30 人的房间，其疏散门的开启方向不限。仓库的疏散门应采用向疏散方向开启的平开门，但丙、丁、戊类仓库首层靠墙的外侧可采用推拉门或卷帘门。

2）验收方法

图10-17为某教室设置的疏散门，图10-18为某房间设置的疏散门。疏散门的设置位置、设置形式和开启方向的具体验收方法是：通过查阅消防设计文件、各楼层建筑平面竣工图，了解建筑层数、建筑高度、使用功能，现场实地查看疏散门的设置位置、设置形式和开启方向是否与依法审查合格的消防设计文件和竣工图纸一致。当查看疏散门的设置位置时，疏散门的间距应为两个疏散门最近边缘之间的水平距离，间距测量值的允许负偏差不得大于设计图纸标示的5%。

图10-17 某教室设置的疏散门

图10-18 某房间设置的疏散门

(2) 测量疏散门的疏散宽度

1）验收内容

公共建筑内疏散门的净宽度不应小于0.90m。人员密集的公共场所、观众厅的疏散门不应设置门槛，其净宽度不应小于1.40m，且紧靠门口内外各1.40m范围内不应设置踏步。住宅建筑户门的总净宽度应经计算确定，且户门的净宽度不应小于0.90m。厂房内疏散门的最小净宽度不宜小于0.90m。

2）验收方法

疏散门疏散宽度的具体验收方法是：通过查阅消防设计文件、各楼层建筑平面竣工图，了解建筑层数、建筑高度、使用功能，现场逐一核实每个疏散门的疏散宽度是否与依法审查合格的消防设计文件和竣工图纸一致。同时还应核实疏散门的宽度与疏散走道、疏散楼梯梯段的净宽度之间是否匹配。疏散门的宽度测量值的允许负偏差不得大于设计图纸标示的5%。

(3) 测试疏散门的逃生门锁装置

1）验收内容

人员密集场所内平时需要控制人员随意出入的疏散门和设置门禁系统的住宅、宿舍、公寓建筑的外门，应保证火灾时不需使用钥匙等任何工具即能从内部轻易打开，并应在显著位置设置具有使用提示的标识。

2）验收方法

图10-19为疏散门的逃生门锁装置。疏散门逃生门锁装置的具体验收方法是：通过查阅消防设计文件及相关竣工图纸，现场实地测试疏散门的逃生门锁装置。查看平时处于锁

闭状态的疏散门在火灾时是否能够保证不需要使用钥匙等任何工具就能从内部方便打开，查看打开后能否自行关闭，是否在显著位置设置具有使用提示的标识。

(4) 查看疏散走道的设置位置

1) 验收内容

民用建筑应根据其建筑高度、规模、使用功能和耐火等级等因素合理设置疏散走道等安全疏散设施。

2) 验收方法

图 10-20 为某建筑设置的疏散走道。疏散走道设置位置的具体验收方法是：通过查阅消防设计文件、各楼层建筑平面竣工图，了解建筑类别和平面布局，现场实地查看疏散走道的设置位置是否与依法审查合格的消防设计文件和竣工图纸一致。

图 10-19 疏散门的逃生门锁装置

图 10-20 某建筑设置的疏散走道

(5) 查看疏散走道的排烟条件

1) 验收内容

厂房或仓库建筑高度大于 32m 的高层厂房（仓库）内长度大于 20m 的疏散走道，其他厂房（仓库）内长度大于 40m 的疏散走道，民用建筑内长度大于 20m 的疏散走道，应设置排烟设施。建筑排烟系统的设计应根据建筑的使用性质、平面布局等因素，优先采用自然排烟系统。

① 自然排烟设施

民用建筑采用自然排烟系统的疏散走道应设置自然排烟窗（口）。设置排烟系统的疏散走道应采用挡烟垂壁、结构梁及隔墙等划分防烟分区，防烟分区内任一点与最近的自然排烟窗（口）之间的水平距离不应大于 30m，当公共建筑空间净高大于或等于 6m，且具有自然对流条件时，其水平距离不应大于 37.5m。当工业建筑采用自然排烟方式时，其水平距离尚不应大于建筑内空间净高的 2.8 倍。

自然排烟窗（口）应设置在排烟区域的顶部或外墙，当设置在外墙上时，自然排烟窗（口）应在储烟仓以内，但走道、室内空间净高不大于 3m 的区域的自然排烟窗（口）可设置在室内净高度的 1/2 以上。

② 机械排烟设施

当建筑的机械排烟系统沿水平方向布置时，每个防火分区的机械排烟系统应独立设置。建筑高度超过 50m 的公共建筑和建筑高度超过 100m 的住宅，其排烟系统应竖向分段独立设置，且公共建筑每段高度不应超过 50m，住宅建筑每段高度不应超过 100m。排烟系统与通风、空气调节系统应分开设置；当确有困难时可以合用，但应符合排烟系统的要求，且当排烟口打开时，每个排烟合用系统的管道上需联动关闭的通风和空气调节系统的控制阀门不应超过 10 个。排烟风机宜设置在排烟系统的最高处，应设置在专用机房内，且风机两侧应有 600mm 以上的空间，烟气出口宜朝上，并应高于加压送风机和补风机的进风口，两者垂直距离或水平距离应符合《建筑防烟排烟系统技术标准》GB 51251—2017 的规定。

防烟分区内任一点与最近的排烟口之间的水平距离不应大于 30m。排烟口宜设置在顶棚或靠近顶棚的墙面上。排烟口应设在储烟仓内，但走道、室内空间净高不大于 3m 的区域，其排烟口可设置在其净空高度的 1/2 以上；当设置在侧墙时，吊顶与其最近边缘的距离不应大于 0.5m。对于需要设置机械排烟系统的房间，当其建筑面积小于 $50m^2$ 时，可通过走道排烟，排烟口可设置在疏散走道。

2）验收方法

图 10-21 为某建筑疏散走道的机械排烟口。疏散走道排烟条件的具体验收方法是：通过查阅消防设计文件、各楼层建筑平面竣工图、建筑剖面竣工图，以及各楼层通风及防排烟平面图、排烟系统原理图，了解建筑高度、使用功能、疏散走道的长度以及疏散走道的排烟措施的设置情况，查看疏散走道设置的自然排烟系统和机械排烟系统的情况是否与依法审核合格的消防设计文件和竣工图纸一致。

（6）测量疏散走道的疏散宽度、疏散距离

1）验收内容

① 疏散走道的疏散宽度

公共建筑内疏散走道的净宽度不应小于 1.10m。高层医疗建筑单面布房和双面布房的疏散走道的净宽度分别不应小于 1.40m、1.50m。其他高层公共建筑单面布房和双面布房的疏散走道的净宽度分别不应小于 1.30m、1.40m。住宅建筑疏散走道的净宽度不应小于 1.10m。厂房内疏散走道的最小净宽度不宜小于 1.40m。

② 疏散走道的疏散距离

公共建筑内直通疏散走道位于两个安全出口之间的疏散门和位于袋形走道两侧或尽端的疏散门，住宅建筑直通疏散走道的户门至最近安全出口的直线距离应符合《建规》的规定。

图 10-21　某建筑疏散走道的机械排烟口

2）验收方法

疏散走道疏散宽度、疏散距离的具体验收方法是：查阅消防设计文件、各楼层建筑平面竣工图，了解建筑类别和平面布局，现场实地测量疏散走道的疏散宽度和疏散距离是否与依法审查合格的消防设计文件和竣工图纸一致。疏散走道疏散宽度测量值的允许负偏差不得大于消防设计图纸标示的 5%；疏散走道疏散距离测量值的允许正偏差不得大于消防设计图纸标示的5%。

10.4.3 避难层（间）

避难层（间）是建筑内用于人员在发生火灾时暂时躲避火灾及其烟气危害的楼层（房间），同时避难层（间）也可以作为行动有障碍的人员暂时避难等待救援的场所。避难层（间）验收的主要内容包括四个方面，主要是查看设置位置、形式、平面布置和防火分隔，测量有效避难面积，查看防烟条件，查看疏散楼梯、消防电梯设置。

(1) 查看避难层（间）的设置位置、形式、平面布置和防火分隔

1）验收内容

① 避难层（间）的设置位置

建筑高度大于100m的公共建筑和住宅建筑应设置避难层（间）。高层病房楼应在二层及以上的病房楼层和洁净手术部设置避难间。3层及3层以上总建筑面积大于3000m^2（包括设置在其他建筑内三层及以上楼层）的老年人照料设施，应在二层及以上各层老年人照料设施部分的每座疏散楼梯间的相邻部位设置1间避难间；当老年人照料设施设置与疏散楼梯或安全出口直接连通的开敞式外廊、与疏散走道直接连通且符合人员避难要求的室外平台等时，可不设置避难间。建筑高度大于100m的公共建筑和住宅建筑第一个避难层（间）的楼地面至灭火救援场地地面的高度不应大于50m，两个避难层（间）之间的高度不宜大于50m。

② 避难层（间）的平面布置和防火分隔

建筑高度大于100m的公共建筑和住宅建筑的避难层可兼作设备层。设备管道宜集中布置，其中的易燃、可燃液体或气体管道应集中布置，设备管道区应采用耐火极限不低于3.00h的防火隔墙与避难区分隔。管道井和设备间应采用耐火极限不低于2.00h的防火隔墙与避难区分隔，管道井和设备间的门不应直接开向避难区；确需直接开向避难区时，与避难层区出入口的距离不应小于5m，且应采用甲级防火门。

高层病房楼应在二层及以上的病房楼层和洁净手术部设置避难间。避难间服务的护理单元不应超过2个，其净面积应按每个护理单元不小25.0m^{2}确定。避难间兼作其他用途时，应保证人员的避难安全，且不得减少可供避难的净面积。避难间应靠近楼梯间，并应采用耐火极限不低于2.00h的防火隔墙和甲级防火门与其他部位分隔。避难间可以利用平时使用的房间，如每层的监护室，也可以利用电梯前室。病房楼按最少3部病床梯对面布置，其电梯前室面积一般为24～30m^2。但合用前室不适合用作避难间，以防止病床影响人员通过楼梯疏散。

2）验收方法

图10-22为某建筑高度大于100m的公共建筑设置的避难层，图10-23为某避难层的平面布置和防火分隔。避难层（间）设置位置、形式、平面布置和防火分隔的具体验收方法是：通过查阅消防设计文件、避难层（间）楼层的建筑平面竣工图，了解建筑高度、建筑类别，现场查看避难层（间）的设置楼层位置、设置形式、平面布置及防火分隔是否与依法审查合格的消防设计审查文件一致。查看防火隔墙的施工工程构造做法相关文件，由此判定其耐火极限是否达到设计要求。另外查看该连通部位设置的防火门是否具有出厂合格证和符合市场准入制度规定的有效证明文件，其型号、规格及耐火性能应与设计文件一

致。并查看每樘防火门在其明显部位是否设置永久性标牌，另外还应查看在分隔部位是否设置明显的标志。

图 10-22　某建筑高度大于 100m 的公共建筑设置的避难层

图 10-23　某避难层的平面布置和防火分隔

(2) 测量避难层（间）的有效避难面积

1）验收内容

建筑高度大于 100m 的公共建筑和住宅建筑的避难层（间）的净面积应能满足设计避难人数避难的要求，并宜按 5.0 人/m^2 计算。高层病房楼在二层及以上的病房楼层和洁净手术部设置的避难间服务的护理单元不应超过 2 个，其净面积应按每个护理单元不小于 25.0m^2 确定。避难间兼作其他用途时，应保证人员的避难安全，且不得减少可供避难的净面积。避难间内可供避难的净面积不应小于 12m^2，避难间可利用疏散楼梯间的前室或消防电梯的前室，其他要求应符合《建规》第 5.5.24 条的规定。

2）验收方法

图 10-24 为某避难层的有效避难面积。避难层（间）有效避难面积的具体验收方法是：通过查阅消防设计文件、避难层（间）楼层的建筑平面竣工图，确定建筑高度、建筑类别以及避难层（间）的设置楼层，实地测量可供避难的使用面积，测量值的允许负偏差不得大于设计图纸标示的 5%。

图 10-24　某避难层的有效避难面积

(3) 查看避难层（间）的防烟条件

1）验收内容

建筑高度大于 100m 的公共建筑和住宅建筑的避难层（间），高层病房楼在二层及以上的病房楼层和洁净手术部设置的避难间，应设置直接对外的可开启窗口或独立的机械防烟设施，外窗应采用乙级防火窗。

避难层的防烟系统可根据建筑构造、设备布置等因素选择自然通风系统或机械加压送风系统。采用自然通风方式的避难层（间）应设有不同朝向的可开启外窗，其有效面积不应小于该避难层（间）地面面积的 2%，且每个朝向的面积不应小于 2.0m^2。设置机械加压送风系统的避难层（间），尚应在外墙设置可开启外窗，其有效面积不应小于该避难层（间）地面面积的1%。

封闭避难层（间）的机械加压送风量应按避难层（间）的净面积每平方米不少于30m^3/h计算。避难走道前室的送风量应按直接开向前室的疏散门的总断面积乘以1.0m/s门洞断面风速计算。机械加压送风量应满足走廊至前室至楼梯间的压力呈递增分布，前室、封闭避难层（间）与走道之间的压差应为25～30Pa。当系统余压值超过最大允许压力差时，应采取泄压措施。

图10-25 某避难层的自然通风口

2）验收方法

图10-25为某避难层的自然通风口。避难层（间）防烟条件的具体验收方法是：通过查阅消防设计文件、避难层（间）楼层的建筑平面竣工图，建筑剖面竣工图，避难层（间）的通风及防排烟平面图、正压送风系统原理图，了解避难层（间）的防烟系统的设计情况，再实地查看设置的自然通风系统、机械加压送风系统的设置情况是否与依法审查合格的消防设计文件和竣工图纸一致。

（4）查看疏散楼梯、消防电梯在避难层（间）的设置情况

1）验收内容

建筑高度大于100m的公共建筑和住宅建筑通向避难层（间）的疏散楼梯应在避难层分隔、同层错位或上下层断开。避难层应设置消防电梯出口。

2）验收方法

图10-26为消防电梯在某避难层的设置。疏散楼梯、消防电梯在避难层（间）设置情况的具体验收方法是：查阅消防设计文件、避难层（间）楼层的建筑平面竣工图，查看疏散楼梯及消防电梯在避难层（间）的设置情况，核实通向避难层（间）的疏散楼梯是否在避难层进行了分隔，是否同层错位，上下层是否断开，消防电梯是否在避难层设置了出口，避难层（间）进入楼梯间的入口处和疏散楼梯通向避难层（间）的出口处是否设置了明显的指示标志，以及分隔部位墙体的耐火性能等情况是否与依法审查合格的消防设计文件和竣工图纸一致。

图10-26 消防电梯在某避难层的设置

10.4.4 消防应急照明和疏散指示标志

消防应急照明和疏散指示标志系统是为人员疏散、消防作业提供照明和疏散指示的系统，它是由消防应急灯具及相关装置组成。消防应急照明和疏散指示标志验收的主要内容包括四个方面，主要是查看类别、型号、数量、安装位置、间距，查看设置场所、测试应急功能及照度，查看特殊场所设置的保持视觉连续的灯光疏散指示标志或蓄光疏散指示标志，抽查消防应急照明、疏散指示、消防安全标志并核对其证明文件。

(1) 查看消防应急照明和疏散指示标志的类别、型号、数量、安装位置及间距

1）验收内容

① 消防应急照明和疏散指示标志的类别、型号

a. 应选择采用节能光源的灯具，消防应急照明灯具的光源色温不应低于2700K。

b. 不应采用蓄光型指示标志替代消防应急标志灯具。

c. 灯具的蓄电池电源宜优先选择安全性高、不含重金属等对环境有害物质的蓄电池。

d. 设置在距地面8m及以下的灯具应选择A型灯具，地面上设置的标志灯应选择集中电源A型灯具，未设置消防控制室的住宅建筑，疏散走道、楼梯间等场所可选择自带电源的B型灯具。

e. 除地面上设置的标志灯的面板可以采用厚度4mm及以上的钢化玻璃外，设置在距地面1m及以下的标志灯的面板或灯罩不应采用易碎材料或玻璃材质。在顶棚、疏散路径上方设置的灯具的面板或灯罩不应采用玻璃材质。

f. 室内高度大于4.5m的场所，应选择特大型或大型标志灯；室内高度为3.5～4.5m的场所，应选择大型或中型标志灯；室内高度小于3.5m的场所，应选择中型或小型标志灯。

g. 灯具及其连接附件在室外或地面上设置时，防护等级不应低于IP67；在隧道场所、潮湿场所内设置时，防护等级不应低于IP65；B型灯具的防护等级不应低于IP34。

h. 标志灯应选择持续型灯具。

i. 交通隧道和地铁隧道宜选择带有米标的方向标志灯。

② 消防应急照明和疏散指示标志的数量、安装位置及间距

a. 标志灯应设在醒目位置，应保证在人员疏散路径的任何位置、在人员密集场所的任何位置都能看到标志灯。

b. 出口标志灯应设置在敞开楼梯间、封闭楼梯间、防烟楼梯间、防烟楼梯间前室入口的上方；地下或半地下建筑（室）与地上建筑共用楼梯间时，应设置在地下或半地下楼梯通向地面层疏散门的上方；应设置在室外疏散楼梯出口的上方；应设置在直通室外疏散门的上方；在首层采用扩大的封闭楼梯间或防烟楼梯间时，应设置在通向楼梯间疏散门的上方；应设置在直通上人屋面、平台、天桥、连廊出口的上方；地下或半地下建筑（室）采用直通室外的竖向梯疏散时，应设置在竖向梯开口的上方；需要借用相邻防火分区疏散的防火分区中，应设置在通向被借用防火分区甲级防火门的上方；应设置在步行街两侧商铺通向步行街疏散门的上方；应设置在避难层、避难间、避难走道防烟前室、避难走道入口的上方；应设置在观众厅、展览厅、多功能厅和建筑面积大于400m^{2}的营业厅、餐厅、演播厅等人员密集场所疏散门的上方。

c. 方向标志灯设置在有维护结构的疏散走道、楼梯时，应设置在走道、楼梯两侧距地面、梯面高度1m以下的墙面、柱面上；当安全出口或疏散门在疏散走道侧边时，应在疏散走道上方增设指向安全出口或疏散门的方向标志灯；方向标志灯的标志面与疏散方向垂直时，灯具的设置间距不应大于20m；方向标志灯的标志面与疏散方向平行时，灯具的

设置间距不应大于 10m。

方向标志灯设置在展览厅、商店、候车（船）室、民航候机厅、营业厅等开敞空间场所的疏散通道时，当疏散通道两侧设置了墙、柱等结构时，方向标志灯应设置在距地面高度 1m 以下的墙面、柱面上；当疏散通道两侧无墙、柱等结构时，方向标志灯应设置在疏散通道的上方。方向标志灯的标志面与疏散方向垂直时，特大型或大型方向标志灯的设置间距不应大于 30m，中型或小型方向标志灯的设置间距不应大于 20m；方向标志灯的标志面与疏散方向平行时，特大型或大型方向标志灯的设置间距不应大于 15m，中型或小型方向标志灯的设置间距不应大于 10m。

保持视觉连续的方向标志灯应设置在疏散走道、疏散通道地面的中心位置；灯具的设置间距不应大于 3m。

方向标志灯箭头的指示方向应按照疏散指示方案指向疏散方向，并导向安全出口。

d. 楼梯间每层应设置指示该楼层的标志灯。

e. 人员密集场所的疏散出口、安全出口附近应增设多信息复合标志灯具。

2）验收方法

图 10-27 为某建筑的消防应急照明和疏散指示标志。消防应急照明和疏散指示标志类别、型号、数量、安装位置及间距的具体验收方法是：通过查阅消防设计文件、各楼层照明平面图以及产品说明书，实地查看消防应急照明和疏散指示标志的类别、型号、数量、水平安装位置、竖向安装位置，用尺测量灯具的间距，测量灯具的安装高度，核查灯具是否影响人员通行、周围是否存在遮挡物、指示灯是否易于观察，用卡尺测量安装高度距地面不大于 1m 灯具凸出墙面或柱面的最大水平距离，并检查灯具表面是否有尖锐角、毛刺等突出物。核查这些情况是否与依法审查合格的消防设计文件和竣工图纸一致。

图 10-27　某建筑的消防应急照明和疏散指示标志

（2）查看消防应急照明和疏散指示标志的设置场所、测试应急功能及照度

1）验收内容

① 消防应急照明和疏散指示标志的设置场所及照度

a. 病房楼或手术部的避难间，人员密集场所，老年人照料设施，病房楼或手术部内的楼梯间、前室或合用前室、避难走道，逃生辅助装置存放处等特殊区域，屋顶直升机停机坪，地面水平最低照度不应低于 10.0lx。

b. 除人员密集场所、老年人照料设施、病房楼或手术部规定的敞开楼梯间、封闭楼梯间、防烟楼梯间及其前室，室外楼梯，避难走道，消防电梯间的前室或合用前室，寄宿制幼儿园和小学的寝室，医院手术室及重症监护室等病人行动不便的病房等需要救援人员协助疏散的区域，地面水平最低照度不应低于 5.0lx。

c. 除病房楼或手术部规定的避难层（间），观众厅，展览厅，电影院，多功能厅，建筑面积大于 200m² 的营业厅、餐厅、演播厅，建筑面积超过 400m² 的办公大厅、会议室等人员密集场所，人员密集厂房内的生产场所，室内步行街两侧的商铺，建筑面积大于 100m² 的地下或半地下公共活动场所，地面水平最低照度不应低于 3.0lx。

d. 除上述规定场所的疏散走道、疏散通道，室内步行街，城市交通隧道两侧、人行横通道和人行疏散通道，宾馆、酒店的客房，自动扶梯上方或侧上方，安全出口外面及附近区域、连廊的连接处两端，进入屋顶直升机停机坪的途径，配电室、消防控制室、消防水泵房、自备发电机房等发生火灾时仍需工作、值守的区域，地面水平最低照度不应低于 1.0lx。

② 测试消防应急照明和疏散指示标志的应急功能

a. 集中控制型消防应急照明系统的自动应急启动功能

a）系统自动应急启动功能

测试前应将应急照明控制器与火灾报警控制器或消防联动控制器相连，使应急照明控制器处于正常监视状态。

应急照明控制器接收到火灾报警控制器发送的火灾报警输出信号后，应发出启动信号，显示启动时间。

系统内所有的非持续型照明灯的光源应应急点亮，持续型灯具的光源应由节电点亮模式转入应急点亮模式，高危场所灯具光源点亮的响应时间不应大于 0.25s，其他场所灯具光源点亮的响应时间不应大于 5s。

系统配接的 A 型应急照明配电箱、A 型应急照明集中电源应保持主电源输出；系统主电源断电后，A 型应急照明集中电源应转入蓄电池电源输出，A 型应急照明配电箱应切断主电源输出。

b）系统手动应急启动功能

手动操作应急照明控制器的一键启动按钮后，应急照明控制器应发出手动应急启动信号，显示启动时间。

系统内所有的非持续型照明灯的光源应应急点亮，持续型灯具的光源应由节电点亮模式转入应急点亮模式。

集中电源应转入蓄电池电源输出，应急照明配电箱应切断主电源的输出。

b. 非集中控制型消防应急照明系统的自动应急启动功能

a）设置区域火灾报警系统的场所，系统自动应急启动功能

灯具采用集中电源供电时，集中电源收到火灾报警控制器发出的火灾报警输出信号后，应转入蓄电池电源输出，并控制其所配接的非持续型照明灯光源应应急点亮，持续型灯具的光源应由节电点亮模式转入应急点亮模式，高危场所灯具点亮的响应时间不应大于 0.25s，其他场所灯具点亮的响应时间不应大于 5s。

灯具采用自带蓄电池供电时，应急照明配电箱收到火灾报警控制器发出的火灾报警输出信号后，应切断主电源输出，并控制其所配接的非持续型照明灯光源应应急点亮，持续型灯具的光源应由节电点亮模式转入应急点亮模式，高危场所灯具点亮的响应时间不应大于 0.25s，其他场所灯具点亮的响应时间不应大于 5s。

b）系统手动应急启动功能

灯具采用集中电源供电时，应能手动控制集中电源转入蓄电池电源输出，并控制其所

配接的非持续型照明灯光源应应急点亮，持续型灯具的光源应由节电点亮模式转入应急点亮模式，高危场所灯具点亮的响应时间不应大于 0.25s，其他场所灯具点亮的响应时间不应大于 5s。

灯具采用自带蓄电池供电时，应能手动控制应急照明配电箱切断电源输出，并控制其所配接的非持续型照明灯光源应应急点亮，持续型灯具的光源应由节电点亮模式转入应急点亮模式，高危场所灯具点亮的响应时间不应大于 0.25s，其他场所灯具点亮的响应时间不应大于 5s。

2）验收方法

图 10-28 为消防应急照明的应急点亮状态，图 10-29 为测试消防应急照明的照度计。消防应急照明和疏散指示标志的设置场所、测试应急功能及照度的具体验收方法是：通过查阅消防设计文件、各楼层照明平面图，查看消防应急照明和疏散指示标志的设置场所，测试集中控制型和非集中控制型消防应急照明系统的系统自动应急启动功能和系统手动应急启动功能，检查应急照明控制器发出启动信号的情况，检查该区域灯具光源的点亮情况，用秒表计时灯具光源点亮的响应时间，检查集中电源、应急照明配电箱的工作状态；保持灯具的应急工作状态，用照度计测量上述场所或部位的地面最低水平照度是否与依法审查合格的消防设计文件和竣工图纸一致。

图 10-28　消防应急照明的应急点亮状态

图 10-29　测试消防应急照明的照度计

（3）查看特殊场所设置的保持视觉连续的灯光疏散指示标志或蓄光疏散指示标志

1）验收内容

保持视觉连续的方向标志灯应设置在疏散走道、疏散通道地面的中心位置，灯具的设置间距不应大于 3m。标志灯的所有金属构件应采用耐腐蚀构件或做防腐处理，标志灯配电、通信线路的连接应采用密封胶密封。标志灯表面应与地面平行，高于地面距离不应大于 3mm，标志灯边缘与地面垂直距离高度不应大于 1mm。方向标志灯箭头的指示方向应按照疏散指示方案指向疏散方向，并导向安全出口。

2）验收方法

图 10-30 为某地铁站的保持视觉连续的灯光疏散指示标志。特殊场所设置的保持视觉连续的灯光疏散指示标志或蓄光疏散指示标志的具体验收方法是：通过查阅消防设计文件

件、各楼层照明平面图，了解设置保持视觉连续的灯光疏散指示标志或蓄光疏散指示标志的特殊场所的位置，现场实地查看这些特殊场所设置的保持视觉连续的灯光疏散指示标志或蓄光疏散指示标志。对照设计文件核查建（构）筑物方向标志灯的设置情况，用尺测量灯具的间距，核查灯具安装的隐蔽工程检验记录，检查灯具的安装情况，用卡尺测量灯具高于地面的距离、标志灯边缘与地面的垂直距离，是否与依法审查合格的消防设计文件和竣工图纸一致。

图 10-30　某地铁站的保持视觉连续的灯光疏散指示标志

(4) 抽查消防应急照明、疏散指示、消防安全标志并核对其证明文件

抽查消防应急照明、疏散指示、消防安全标志并核对其证明文件的具体验收内容和验收方法是：现场实地抽查消防应急照明、疏散指示、消防安全标志，并检查产品出厂合格证，核查产品的认证证书、认证标识和检验报告等文件是否齐全、有效，核查产品的名称、型号、规格是否与认证证书和检验报告等消防产品市场准入证明文件一致。

10.5　建筑装修和保温验收

10.5.1　建筑保温及外墙装饰防火

(1) 墙体和屋面的外保温

1）检查内容

① 保温材料的燃烧性能

根据建筑不同的保温系统、建筑类别、建筑高度，核查保温材料的燃烧性能等级。对于屋面、地下室外墙面不得使用岩棉、玻璃棉等吸水率高的保温材料。

② 防护层的设置

对于选用非 A 级材料做保温材料的外墙体，应检查建筑的外墙外保温系统外侧是否按要求设置了不燃材料制作的防护层，是否将保温材料完全包覆。需要注意不同的保温结构、不同的保温材料等级，需要的防护层厚度不同。

③ 防火隔离带的设置

检查采用燃烧性能为 B1、B2 级的保温材料为建筑的外墙外保温系统时，应注意检查是否在保温系统的每层沿楼板位置设置不燃材料制作的水平防火隔离带，隔离带的设置高度要求不小于 300mm，同时还应查看隔离带是否与建筑外墙体全面积粘贴密实。如果检查的建筑的屋面和外墙外保温系统均采用燃烧性能为 Bl、B2 级的保温材料，还要注意检查外墙和屋面分隔处是否按要求设置了不燃材料制作的防火隔离带，防火隔离带的宽度不应小于 500mm。

④ 每层的防火封堵

检查的建筑外墙外保温系统与基层墙体、装饰层之间有空腔时，应注意检查在每层楼板处是否采用防火封堵材料进行了有效封堵。

⑤ 电气线路和电器配件

检查电气线路有无穿越或敷设在非 A 级保温材料中的情况；对确需穿越或敷设的，检查是否采取穿金属导管等防火保护措施。

设置开关、插座等电器配件的部位周围是否采取不燃隔热材料进行防火隔离等防火保护措施。

2）检查方法

① 资料检查。通过查阅消防设计文件中节能设计专篇、建筑剖面图、建筑外墙节点大样、施工记录、隐蔽工程验收记录、相关材料（保温材料、防护层、防火隔离带等）质量证明文件和性能检测报告或型式检验报告等资料，了解建筑高度、建筑类别和保温体系类型。

② 现场检查。现场可采用钢针插入法测量防护层的厚度，用长度测量仪测定水平防火隔离带的高度或宽度，测量值不得小于规范要求，不允许有负偏差。

（2）建筑外墙装饰

1）主要检查内容

① 装饰材料的燃烧性能

检查高度超过 50m 的建筑，其外墙的装饰层应采用燃烧性能等级为 A 级的材料，当建筑高度不大于 50m 时，可采用 B1 级材料。

② 广告牌的设置位置

检查广告牌是否设置在灭火救援窗或自然排烟窗的外侧，消防车登高面一侧外墙上有无凸出的广告牌。

③ 设置发光广告牌墙体的燃烧性能

有可燃、难燃材料的墙体上不得设置发光广告牌。

2）检查方法

① 资料检查。通过查阅消防设计文件、建筑立面图、装饰材料的燃烧性能检测报告等资料，了解建筑高度和墙体材质，明确消防车登高面、每层灭火救援窗和自然排烟窗的设置部位。

② 现场检查。沿建筑四周对外墙的装饰开展现场检查。

10.5.2 建筑内部装修

（1）检查要点

1）装修功能与原建筑类别一致性

建筑内部装修不得改变所在建筑原设计功能，更不得影响原有建筑分类。注意核查装修工程的装修范围和建筑面积。

2）装修工程的平面布置

主要检查装修后工程的平面布置是否满足相关要求，防火分区的面积及防火分隔设施的设置是否符合要求。

3）装修材料燃烧性能等级

根据建筑类别、建筑规模和使用部位对照规范检查装修材料的燃烧性能等级是否符合要求。

4）装修对疏散设施的影响

核查建筑内部装修后是否减少了安全出口、疏散出口和疏散走道的设计净宽度和数量，是否增大了疏散距离。

5）装修对消防设施的影响

查看装修后有无饰物遮掩消火栓门，门的颜色与四周的装修材料颜色是否有明显区别；检查装修材料有无遮挡各种消防设施。

6）照明灯具和配电箱的安装

① 开关、插座、配电箱不得直接安装在低于 B1 级的装修材料上，安装在 B1 级以下的材料基座上时，是否采用具有良好隔热性能的不燃材料进行隔绝。

② 高温灯具、镇流器等不得直接设置在可燃装修材料或可燃构件上。

③ 照明灯具的高温部位靠近非 A 级装修材料时，是否采取了隔热、散热等防火保护措施。灯饰材料的燃烧性能等级不应低于 B1 级。

7）公共场所内阻燃制品标识张贴

公共场所内建筑制品、织物、塑料或橡胶、泡沫塑料类、家具及组件、电线电缆应使用阻燃制品并加贴阻燃标识。

(2) 检查方法

1）资料审查

要求建设方提交的资料包括：

① 消防设计专篇；

② 设计说明、图例（含设计依据、工程概述、装修材料及其燃烧性能汇总表等）；

③ 消防总平面图（含消防车道、扑救场地、消防控制室等）；

④ 报审范围内的装修各层平面图（含防火分区、疏散宽度计算依据、疏散距离、消防电梯等）；

⑤ 报审范围内的装修地面图；

⑥ 报审范围内的装修天花图（标注材料、高度等）；

⑦ 报审范围内的装修剖面图、立面图（标注材质、燃烧性能等级等）；

通过查阅消防设计文件和装修工程施工图，了解建筑类别、装修范围、使用功能等基本要素，审查建筑各部位装修材料的燃烧性能等级，核实内部装修材料的选用和施工与提供的“施工现场质量管理检查记录”“装修材料进场验收记录”“建筑内部装修工程防火施工过程检查记录”和“建筑内部装修工程防火验收记录”等记录内容是否一致。

2）现场检查

对现场进行阻燃处理的材料等进行检查时，应查看材料的燃烧性能型式检验报告、见证取样检验报告、现场对材料进行阻燃处理的施工记录以及隐蔽工程验收记录，对照报告及记录内容进行现场核查。

对于采用不同装修材料进行分层装修的，应核查各层装修材料的燃烧性能等级是否符合相关规定。采用复合型装修材料的，可核查经专业检测机构进行整体测试后确定其燃烧性能等级的证明。

对公共场所进行检查时，应检查其内部使用的阻燃制品的标识使用证书，并现场检验标识粘贴情况。

10.6 消防救援设施验收

10.6.1 消防车道

(1) 检查内容

消防车道检查内容主要包括：

1）查看消防车道设置的形式、位置、树木等障碍物；

2）车道的净宽、净高；

3）转弯半径、回车场；

4）查看设置坡度、承载力。

(2) 基本要求

1）平面尺寸

① 车道的净宽度和净空高度均不应小于4.0m。

② 转弯半径应满足消防车转弯的要求。

③ 尽头式消防车道应设置回车道或回车场，回车场的面积不应小于12m×12m；对于高层建筑，不宜小于15m×15m；供重型消防车使用时，不宜小于18m×18m。

2）空间布局

① 在穿过建筑物或进入建筑物内院的消防车道两侧，不应设置影响消防车通行或人员安全疏散的设施。

② 消防车道与建筑之间不应设置妨碍消防车操作的树木、架空管线等障碍物。

③ 消防车道靠建筑外墙一侧的边缘距离建筑外墙不宜小于5m。

④ 消防车道的边缘距离取水点不宜大于2m。

⑤ 消防车道不宜与铁路正线平交，确需平交时，应设置备用车道，且两车道的间距不应小于一列火车的长度。

3）构造要求

① 消防车道的坡度不宜大于8%。

② 消防车道的路面、救援操作场地、消防车道和救援操作场地下面的管道和暗沟等，应能承受重型消防车的压力。

(3) 检查方法

1）查看消防车道路全程情况。检查消防车道与厂房（仓库）、民用建筑之间是否设有妨碍消防车作业的树木、架空管线等障碍物。

2）选择消防车道路面最狭窄部位，测量消防车道宽度是否满足要求。宽度测量值的允许负偏差不得大于规定值的5%，且不影响正常使用。

3）查看消防车道正上方是否有突出物，测量突出物与车道的垂直高度是否满足要求。

高度测量值的允许负偏差不大于规定值的 5%。

4）测量回车场面积。对于不规则回车场，可以划出内接正方形为回车场地核验或进行消防车通行试验。

5）核查消防车道设计承受荷载及施工记录；查验消防车通行试验报告。

10.6.2　消防车登高操作场地

（1）检查内容

1）消防车登高面的设置

2）消防车登高操作场地的设置

3）消防车登高操作场地的荷载

消防车登高操作场地及其下面的建筑结构、管道和暗沟等，应能承受重型消防车的压力。当建筑屋顶或高架桥等兼作消防车登高操作场地时，屋顶或高架桥等的承载能力要符合消防车满载时的停靠要求。

对于建筑高度超过 100m 的建筑，还需考虑大型消防车辆灭火救援作业的需求。

4）消防救援口

① 消防救援口的设置位置

消防救援口的设置位置与消防车登高操作场地相对应。窗口的玻璃易于破碎，并在外侧设置易于识别的明显标志。

② 消防救援口洞口的尺寸

消防救援口洞口的净高度和净宽度均不小于 1.00m，其窗口下沿距室内地面不宜大于 1.20m。

③ 消防救援口的设置数量

消防救援口沿建筑外墙逐层设置，设置间距不宜大于 20m，并保证每个防火分区不少于 2 个。

（2）检查方法

1）检查消防车登高操作场地与厂房、仓库、民用建筑之间是否存在妨碍消防车操作的架空高压电线、树木、车库出入口等障碍。

2）测量消防车登高操作场地的长度、宽度、坡度，场地靠建筑外墙一侧的边缘至建筑外墙的距离等数据。

消防车登高面的长度应至少大于高层建筑一个长边或周边长度的 1/4 且不小于一个长边的长度。测量该范围内裙房的进深是否超过 4m，检查在登高操作场地范围内是否设有直通室外的楼梯或直通楼梯间的入口。对于建筑高度不大于 50m 的建筑，消防车登高面间隔布置时，间隔的距离是否大于 30m。

测量场地靠建筑外墙一侧的边缘距离建筑外墙是否在 5～10m 之间，测量场地的坡度是否大于 3%。

场地的长度和宽度分别不小于 15m 和 10m。对于建筑高度大于 50m 的建筑，场地的长度和宽度分别不小于 20m 和 10m。

长度、宽度测量值的允许负偏差不得大于规定值的 5%。

3）查验施工记录，核查消防车登高场地设计承受荷载是否满足要求。

4）通过查阅消防设计文件及图纸，确定是否需要设置可供消防救援人员进入的窗口，对照检查内容进行逐项检查。

10.6.3 消防电梯

(1) 检查内容

1）消防电梯设置的数量

2）消防电梯前室的设置

主要检查消防电梯前室设置位置、使用面积、首层能否直通室外或通向室外的通道长度。前室或合用前室的门不允许采用防火卷帘，前室的短边不应小于 2.4m。

3）消防电梯井、机房的设置

4）消防电梯的配置

主要检查消防电梯的载重量、行驶速度、轿厢的内部装修材料、通信设备的配置，以及消防电梯的动力与控制电缆、电线、控制面板采取的防水措施。

5）消防电梯的排水

消防电梯的井底设置排水设施，排水井的容量不小于 $2m^3$，排水泵的排水量不小于 10L/s。消防电梯间前室的门口设置挡水设施。

(2) 检查方法

通过查阅消防设计文件、建筑平面图、剖面图等资料，了解建筑的性质、高度和楼层的建筑面积或防火分区情况，确定是否需要设置消防电梯，并开展现场检查。消防电梯是否设置在不同防火分区内，且每个防火分区不少于 1 台。

检查时应先查阅资料，核查电梯检测主管部门核发的有关证明文件，检查消防电梯的载重量、消防电梯的井底排水设施。查看消防电梯井、机房与相邻其他电梯井、机房之间是否采用耐火极限不低于 2.00h 的防火隔墙隔开，检查隔墙上的门是否采用甲级防火门。

然后测量消防电梯前室面积、前室短边的长度和首层消防电梯间通向室外的安全出口通道的长度。要求面积测量值的允许负偏差不得大于规定值的 5%，通道长度测量值的允许正偏差不得大于规定值的 5%。

对消防电梯必须进行功能检查，具体检查方法如下：

对消防电梯应进行 1～2 次人工控制和自动控制功能检验，其控制功能、信号均应正常。

1）触发首层的消防电梯迫降按钮，检查消防电梯能否下降至首层，此时其他楼层按钮不能呼叫消防电梯，但能在轿厢内控制。检查消防电梯的运行是否发出反馈信号。

2）模拟火灾报警，查看消防控制设备能否手动和自动控制电梯回落首层，能否接收到反馈信号。

3）轿厢内的专用电话应能与消防控制室或电梯机房通话。

4）观测从首层到顶层的运行时间是否超过 60s。

10.6.4 直升机停机坪

(1) 检查内容

1）停机坪与周边突出物的间距；

2）直通屋面出口的设置；

3）设施的配置。

（2）检查方法

通过查阅消防设计文件、图纸，确定是否需要设置直升机停机坪。

对照检查内容进行逐项检查：

1）测量设在屋顶的停机坪与设备机房、电梯机房、水箱间、共用天线等突出物的距离是否不小于5m。

2）查看从建筑主体通向停机坪的出口数量是否不少于2个，每个出口的宽度是否不小于0.90m。

3）查看直升机停机坪四周设置的航空障碍灯、应急照明设施和消火栓等是否符合相关要求。

10.7　建筑防爆验收

10.7.1　验收项目

建筑防爆的验收项目包括：

（1）查看爆炸危险场所（部位）设置形式、建筑结构、设置位置、分隔措施。

（2）查看泄压设施的设置，核对泄压口面积、泄压形式。

（3）核对防爆区电气设备的类型、标牌和合格证明文件。

（4）查看防静电、防积聚、防流散等措施的设置形式。

10.7.2　验收项目具体内容

（1）爆炸危险场所（部位）

1）爆炸危险区域的确定

主要判定爆炸危险环境类别及区域等级是否符合要求。

① 爆炸性气体环境

危险区域范围主要根据释放源的级别和位置、易燃易爆物质的性质、通风条件、障碍物及生产条件、运行经验等因素经技术经济比较后综合确定。

② 爆炸性粉尘环境

危险区域范围主要根据粉尘量、释放率、浓度和物理特性，以及同类企业相似厂房的运行经验确定。

2）有爆炸危险厂房的总体布局

主要检查有爆炸危险的甲、乙类厂房，总（分）控制室和相关设备用房的布置位置。

① 有爆炸危险的甲、乙类厂房宜独立设置。

② 有爆炸危险的甲、乙类厂房的总控制室需独立设置；分控制室宜独立设置，当采用耐火极限不低于3.00h的防火隔墙与其他部位分隔时，可贴邻外墙设置。

③ 净化有爆炸危险粉尘的干式除尘器和过滤器宜布置在厂房外的独立建筑内，且建筑外墙与所属厂房的防火间距不小于10m。对符合一定条件可以布置在厂房内的单独房间

内时，需检查是否采用耐火极限不低于3.00h的防火隔墙和耐火极限不低于1.50h的楼板与其他部位分隔。

3）有爆炸危险厂房的平面布置

主要检查有爆炸危险的甲、乙类生产部位和设备、疏散楼梯、办公室和休息室、排风设备在厂房内的布置。

① 有爆炸危险的甲、乙类生产部位，布置在单层厂房靠外墙的泄压设施或多层厂房顶层靠外墙的泄压设施附近。

② 有爆炸危险的设备避开厂房的梁、柱等主要承重构件布置。

③ 在爆炸危险区域内的楼梯间、室外楼梯或有爆炸危险的区域与相邻区域连通处，设置门斗等防护措施。门斗的隔墙采用耐火极限不低于2.00h的防火隔墙，采用甲级防火门并与楼梯间的门错位设置。

④ 办公室、休息室不得布置在有爆炸危险的甲、乙类厂房内。当必须贴邻本厂房设置时，建筑耐火等级不得低于二级，并采用耐火极限不低3.00h的防爆墙与厂房分隔和设置独立的安全出口。

⑤ 排除有燃烧或爆炸危险气体、蒸汽和粉尘的排风系统的排风设备不得布置在地下或半地下建筑（室）内。

4）爆炸危险性环境变、配电所和控制室的布置

变、配电所一般布置在爆炸危险场所区域范围以外，当确需与爆炸危险场所毗连时，要考虑到产生火花、电弧和危险温度的电气设备与爆炸危险场所的互相影响。

① 爆炸危险场所的正上方或正下方，不得设置变、配电所。必须毗连时，变、配电所尽量靠近楼梯间和外墙布置。

② 根据爆炸危险场所的危险等级，确定变、配电所与之共用墙面的数量，共用隔墙和楼板为抹灰的实体和非燃烧体。

③ 当变、配电所为正压室且布置在1区、2区内时，室内地面宜高出室外地面0.6m左右。

（2）泄压设施

主要对有爆炸危险的厂房或仓库、厂房或仓库内有爆炸危险的部位，检查其泄压设施设置的有效性。

1）有爆炸危险的甲、乙类厂房宜采用敞开或半敞开式，承重结构宜采用钢筋混凝土或钢框架、排架结构。

2）泄压设施的材质宜采用轻质屋面板、轻质墙体和易于泄压的门、窗等，并采用安全玻璃等在爆炸时不产生尖锐碎片的材料。作为泄压设施的轻质屋面板和墙体，每平方米的质量不宜大于60kg。

3）泄压设施的设置应避开人员密集场所和主要交通道路，并宜靠近有爆炸危险的部位。有粉尘爆炸危险的筒仓，其泄压设施设置在顶部盖板。屋顶上的泄压设施采取防冰雪积聚措施。

4）散发较空气轻的可燃气体、可燃蒸气的甲类厂房，宜采用轻质屋面板作为泄压面积。顶棚尽量平整、无死角，厂房上部空间保证通风良好。

5）有爆炸危险的厂房、粮食筒仓工作塔和上通廊设置的泄压面积严格按计算确定，

具体计算方法见第四章内容。

(3) 电气防爆

通过对导线材料和允许载流量、线路的敷设和连接、电气设备的选型和带电部件的接地等进行检查，核实易燃易爆场所的电气设备是否满足现行国家工程建设消防技术标准的要求。

1）导线材质

爆炸危险环境的配线工程，因为铝线机械强度差、容易折断，需要进行过渡连接而加大接线盒，同时在连接技术上难于控制并保证质量，所以应选用铜芯绝缘导线或电缆。铜芯导线或电缆的截面面积在1区为2.5mm^2以上，2区为1.5mm^2以上。

2）导线允许载流量

为避免过载、防止短路把电线烧坏或过热形成火源，绝缘电线和电缆的允许载流量不得小于熔断器熔体额定电流的1.25倍和自动开关长延时过电流脱扣器整定电流的1.25倍。

3）线路的敷设方式

当爆炸环境中气体、蒸气的密度比空气大时，电气线路应敷设在高处或埋入地下。架空敷设时选用电缆桥架；电缆沟敷设时，沟内应填充沙并设置有效的排水措施。

当爆炸环境中气体、蒸气的密度比空气小时，电气线路敷设在较低处或用电缆沟敷设。敷设电气线路的沟道、钢管或电缆，在穿过不同区域之间的墙或楼板处的孔洞时，应采用非燃性材料严密堵塞，防止爆炸性混合物或蒸气沿沟道、电缆管道流动。

4）线路的连接

导线或电缆的连接，采用有防松措施的螺栓固定，或压接、钎焊、熔焊，但不得绕接。铝芯与电气设备的连接，采用可靠的铜一铝过渡接头等措施。

5）电气设备的选择

根据爆炸性气体环境爆炸危险区域的分区、电气设备的种类和防爆结构的要求，选择相应的电气设备。防爆电气设备的级别和组别不得低于该爆炸性气体环境内爆炸性气体混合物的级别和组别。当存在两种以上易燃性物质形成的爆炸性气体混合物时，应按危险程度较高的级别和组别选用防爆电气设备。爆炸性粉尘环境防爆电气设备的选型，根据粉尘的种类，选择防尘结构或尘密结构的粉尘防爆电气设备。

6）带电部件的接地

许多电气设备在一般情况下可以不接地，但为了防止带电部件发生接地产生火花或危险温度而形成引爆源，所以在爆炸危险场所内仍须接地。

① 在不良导电地面处，交流额定电压1000V以下和直流额定电压1500V及以下的电气设备正常不带电的金属外壳。

② 在干燥环境，交流额定电压为127V及以下，直流电压为110V及以下的电气设备正常不带电的金属外壳。

③ 安装在已接地的金属结构上的电气设备；敷设铠装电缆的金属构架。

接地干线宜设置在爆炸危险区域的不同方向，且不少于两处与接地体相连。

(4) 防静电、防积聚、防流散等措施

主要检查有爆炸危险的厂房、仓库是否采取有效的防静电、防积聚、防流散等措施。

1）散发较空气重的可燃气体、可燃蒸气的甲类厂房和有粉尘、纤维爆炸危险的乙类厂房，其地面采用不发火花的地面。当采用绝缘材料作为整体面层时，应采取防静电措施。地面下不宜设置地沟，确需设置时，其盖板严密，并采用不燃烧材料紧密填实。地沟采取防止可燃气体、可燃蒸气和粉尘、纤维在地沟积聚的有效措施，且在与相邻厂房连通处采用不燃烧防火材料密封。

2）散发可燃粉尘、纤维的厂房内地面应平整、光滑，并易于清扫。

3）使用和生产甲、乙、丙类液体厂房，其管、沟不得与相邻厂房的管、沟相通，下水道设置隔油设施，避免流淌或滴漏至地下管沟的液体遇火源后引起燃烧爆炸事故并殃及相邻厂房。

4）甲、乙、丙类液体仓库设置防止液体流散的设施，例如，在桶装仓库门洞处修筑高为150～300mm的慢坡；或在仓库门口砌筑高度为150～300mm的门槛，再在门槛两边填沙土形成慢坡，便于装卸。

5）遇湿会发生燃烧爆炸的物品仓库应采取防止水浸渍的措施，例如，使室内地面高出室外地面、仓库屋面严密遮盖，防止渗漏雨水，装卸这类物品的仓库栈台应设防雨水的遮挡等。

第11章　防烟排烟系统及供暖、通风和空气调节系统验收

11.1　防烟排烟系统

防排烟系统设计施工质量的优劣，直接影响人员的安全疏散。防排烟系统设置不完善、自然排烟设施达不到排烟的目的、机械加压送风系统难以达到所要求的余压和机械排烟系统的排烟效果不明显，以及火灾报警、风阀、风机之间的联动控制功能不完善，是防排烟系统验收与监督检查中存在的突出问题。

防排烟系统验收时，主要检查防排烟的设置部位、防烟分区的划分和挡烟设施的设置是否符合规范要求，系统设置方式是否正确。

验收包括资料审查、现场查看、抽样检查和功能测试几个环节。

11.1.1　防烟分区

(1) 检查内容

1) 防烟分区的划分

具体检查要求为：

① 防烟分区不得跨越防火分区。

② 有特殊用途的场所，如防烟楼梯间、消防电梯前室、避难层（间）等，必须独立划分防烟分区；不设排烟设施的部位可不划分防烟分区。

2) 防烟分区的面积

对于空间净高≤3m的场所，最大允许防烟分区的面积为500m^2；对于空间净高>3m或≤6m的场所，防烟分区最大允许面积为1000m^2；对于空间净高>6m且≤9m的场所，防烟分区最大允许面积为2000m^2。

(2) 检查方法

防烟分区的审查主要是查阅消防设计文件、建筑平面图和剖面图。首先需要确定需要设置机械排烟设施的部位及其室内净高，了解防烟分区的具体划分。然后现场测量最大防烟分区的面积，测量值的允许正偏差不得大于设计值的5%。

11.1.2　分隔设施

防烟分区挡烟分隔设施主要有挡烟垂壁、屋顶挡烟隔板和从顶棚下突出的不小于500mm的梁等。

(1) 检查内容

1) 挡烟设施的高度。挡烟垂壁的高度应不小于储烟仓厚度。当采用自然排烟方式时，

储烟仓的厚度不应小于空间净高的20%，且不应小于500mm；当采用机械排烟方式时，储烟仓的厚度不应小于空间净高的10%，且不应小于500mm。储烟仓底部距地面的高度应大于安全疏散所需的最小清晰高度，最小清晰高度应按现行国家标准《建筑防烟排烟系统技术标准》GB 51251的规定计算确定。

2）挡烟垂壁的设置。主要检查挡烟垂壁的外观、材料、尺寸与搭接宽度、控制运行等。

(2) 检查方法

1）外观检查。查看挡烟垂壁的标牌是否牢固，标识是否清楚，表面有无明显凹痕或机械损伤，各零部件的组装、拼接处有无错位。

2）搭接宽度。对于卷帘式挡烟垂壁，挡烟部件由两块或两块以上织物缝制时，搭接宽度不得小于20mm；单节挡烟垂壁采用多节垂壁搭接的形式使用时，卷帘式挡烟垂壁的搭接宽度不得小于100mm，翻板式挡烟垂壁的搭接宽度不得小于20mm。测量值的允许负偏差不得大于规定值的5%。

3）挡烟垂壁边沿与建筑物结构表面的最小距离应不大于20mm，测量值的允许正偏差不得大于规定值的5%。

4）运行速度和时间。测量工具可使用秒表和卷尺，测量活动式挡烟垂壁的下降速度和时间。卷帘式挡烟垂壁的运行速度应大于或等于0.07m/s；翻板式挡烟垂壁的运行时间应小于7s。查看挡烟垂壁是否设置限位装置，当其运行至上、下限位时，能否自动停止。

5）采用加烟的方法使感烟探测器发出模拟烟火灾报警信号，或由消防控制中心发出控制信号，观察防烟分区内的活动式挡烟垂壁能否自动运行。

6）切断系统正常供电，观察挡烟垂壁能否自动下降。

检查时按30%数量进行抽查。

11.1.3 防烟排烟系统

(1) 资料审查

对防排烟系统验收时，首先进行资料审查，主要包括：

1）竣工验收申请报告。

2）设计说明书。应包括设置防排烟的区域及其方式、防排烟系统风量确定、防排烟系统设施配置及控制方式简述。

3）防排烟系统竣工图。主要应包括防排烟系统的系统图、平面布置图等。

4）防排烟系统施工过程质量检查记录。

5）防排烟系统测试、运行记录。

(2) 现场检查

防排烟系统现场检查内容主要有：

1）系统的设置形式；

2）自然排烟设置的位置、外窗开启方式、开启的面积；

3）机械排烟、正压送风系统设置的位置、数量和形式，以及开启方式和复位情况；

4）排烟风机设置的位置和数量，风机的种类、规格和型号，风机的安装是否正确牢固，风机的供电情况，测试风机功能，抽查核对风机的证明文件；

5）管道的布置、材质和保温材料；风管表面是否平整、无损坏；接管是否合理，风管的连接以及风管与风机的连接有无明显缺陷；风管、部件及管道的支、吊架形式、位置及间距是否符合要求；

6）防火阀、排烟防火阀设置的位置、型号以及数量是否符合要求；各类调节装置应安装正确牢固、调节灵活、操作方便；抽查核对防火阀、排烟防火阀的证明文件。

检查时各系统按 30％数量抽查。

(3) 系统功能测试

系统功能测试可以从五个方面来进行。

1）系统设备手动功能的测试

① 送风机、排烟风机

手动启动和停止送风机、排烟风机，风机能够正常工作，其工作状态能在消防控制室显示。

② 送风口、排烟阀或排烟口

手动启动和复位送风口、排烟阀或排烟口，设备能正常动作，阀门关闭严密，动作信号能够在消防控制室显示。

③ 活动挡烟垂壁、自动排烟窗

手动开启和复位活动挡烟垂壁、自动排烟窗，动作信号能在消防控制室显示。

④ 风机最末一级配电箱

检查风机是否采用消防电源，并在最末一级配电箱上作切换功能试验。

检查时各系统按 30％数量抽查。

2）系统设备联动功能测试

① 送风口的开启和送风机的启动

用以下 4 种方法测试送风口和送风机的启动：

a. 现场手动启动；

b. 通过火灾自动报警系统自动启动；

c. 消防控制室手动启动；

d. 开启系统中任一常闭加压送风口，加压风机应能自动启动。

② 排烟风机、补风机的控制

排烟风机、补风机的启动可采用以下 4 种方法。

a. 现场手动启动；

b. 通过火灾自动报警系统自动启动；

c. 消防控制室手动启动；

d. 开启系统中任一排烟阀或排烟口，排烟风机、补风机自动启动。

排烟风机入口处应设置在 280℃时能自行关闭排烟防火阀，并应能连锁关闭排烟风机和补风机。

③ 观测活动挡烟垂壁开启到位的时间

火灾确认后，火灾自动报警系统应在 15s 内联动相应防烟分区的全部活动挡烟垂壁，60s 以内挡烟垂壁应开启到位。

④ 观测自动排烟窗开启完毕的时间

采用与火灾自动报警系统自动启动时，自动排烟窗应在60s内或小于烟气充满储烟仓的时间内开启完毕。带有温控功能的自动排烟窗，其温控释放温度应大于环境温度30℃且小于100℃。

⑤ 观测各部件、设备动作状态信号在消防控制室显示

检查时应对所有系统全数检查。

3）自然通风及自然排烟设施检查

检查采用自然排烟场所的可开启外窗的布置方式和面积，主要包括以下场所：

① 封闭楼梯间、防烟楼梯间、前室及消防电梯前室；

② 避难层（间）；

③ 其他设置自然排烟的场所。

检查数量：各系统按30%检查。

4）机械防烟风压和风速测试

对于机械防烟系统，重要的一项内容是测试风压值及疏散门的门洞断面风速值。

测试时应选取送风系统末端所对应的送风最不利的三个连续楼层，对于封闭避难层（间）可只选取本层。采用风速仪和风压仪测试前室及封闭避难层（间）的风压值及疏散门的门洞断面风速值，查看是否符合规范的规定，要求偏差不大于设计值的10%。需要注意的是，测试门洞断面风速，应同时开启所选定的三个楼层的疏散门。

应单独分别对楼梯间和前室进行测试。

检查时对所有系统全数检查。

5）机械排烟系统风速测试

机械排烟系统风速测试主要是排烟口和补风口处的风速测定。

① 选定任一防烟分区，开启全部排烟口，风机启动稳定后，使用风速仪测试排烟口处的风速，风速、风量应符合设计要求，且偏差不大于设计值的10%；

② 设有补风系统的场所，使用风速仪测试补风口风速，风速、风量应符合设计要求且偏差不大于设计值的10%。

检查时对各系统全数检查。

11.2 供暖、通风和空气调节系统防火

供暖、通风和空气调节系统防火的验收主要包括对供暖、通风与空气调节系统机房设置、形式选择、管道和防火阀的设置，通风系统的风机、除尘器、过滤器、导除静电等设备的选择和设置进行检查。

11.2.1 检查内容

（1）查看设施的平面布置情况

主要检查供暖、通风与空气调节系统机房的设置位置，建筑防火分隔措施，内部设施管道布置。

严禁厂房内用于有爆炸危险场所的排风管道穿过防火墙和有爆炸危险的房间隔墙。

甲、乙、丙类厂房内的送、排风管道宜分层设置。对排除有燃烧或爆炸危险气体、蒸气和粉尘的排风系统，检查其排风管是否为明装，并须检查其是否采用金属管道直接通向室外安全地点。

(2) 检查系统的形式选择是否合适

1）检查甲、乙类厂房及丙类厂房内含有燃烧或爆炸危险粉尘、纤维的空气处置方法；民用建筑内空气中含有容易起火或爆炸危险物质的房间，设置自然通风或独立的机械通风设施，且其空气不循环使用；

2）甲、乙类厂房和甲、乙类仓库内是否采用明火和电热散热器供暖；不应采用循环使用热风供暖的场所是否采用循环热风供暖。

(3) 检查通风系统的风机、除尘器、过滤器、导除静电等设备的选择和设置

1）不同类型场所送排风系统的风机选型是否符合规范要求。

对空气中含有易燃、易爆危险物质的房间，检查其送、排风系统是否选用防爆型的通风设备。当送风机布置在单独分隔的通风机房内且送风干管上设置防止回流设施时，可采用普通型的通风设备。对燃气锅炉房，检查其是否选用防爆型的事故排风机，以及其排风量是否满足换气次数不少于 $12h^{-1}$。

2）含有燃烧和爆炸危险粉尘等场所通风、空气调节系统的除尘器、过滤器设置是否符合规范要求。

对排除含有燃烧和爆炸危险粉尘的空气的排风机，检查在进入排风机前的除尘器是否采用不产生火花的除尘器；对于遇水可能形成爆炸的粉尘，严禁采用湿式除尘器。

3）检查导除静电设置。

对排除有燃烧或爆炸危险气体、蒸气和粉尘的排风系统，以及燃油或燃气锅炉房的机械通风设施，检查其是否设置导除静电的接地装置。

(4) 检查供暖、通风空调系统管道

检查管道的设置形式，设置位置、管道材料与可燃物之间的距离、绝热材料等是否符合规范要求。

供暖管道不得穿过存在与供暖管道接触能引起燃烧或爆炸的气体、蒸气或粉尘的房间，必须穿过时，应检查是否采用不燃材料隔热。供暖管道与可燃物之间的距离应满足：当温度大于100℃时，此距离不小于100mm或采用不燃材料隔热；当温度不大于100℃时，此距离不小于50mm或采用不燃材料隔热。

在散发可燃粉尘、纤维的厂房内，散热器表面的平均温度不得超过82.5℃。输煤廊的散热器的表面平均温度不得超过130℃。

(5) 检查防火阀的设置。查看防火阀的动作温度、设置位置和设置要求是否符合规范的规定。

(6) 检查排除有燃烧或爆炸危险气体、蒸气和粉尘的排风系统，燃油或燃气锅炉房的通风系统设置是否符合《建规》相关要求。

11.2.2　检查方法

对于通风系统，可以通过查阅消防设计文件、通风空调平面图和设备材料表、隐蔽工程施工记录、通风空调设备有关产品质量证明文件及相关资料，了解建筑的用途、规模，是否有爆炸危险场所或部位后，对照检查内容逐项开展现场检查，核实风机选型、接地装置等产品质量证明文件与消防设计文件的一致性。

对于供热系统，可以通过查阅消防设计文件，供暖系统设备清单，供暖系统隔热、绝热材料的产品质量证明文件及相关资料，了解建筑使用性质，核查是否有爆炸危险性，对供暖方式、管道敷设、管道和设备绝热材料的燃烧性能开展现场检查，并实地测量散热器表面温度，核实供暖系统的设置是否满足现行国家工程建设消防技术标准的要求。

第12章　消防电气与火灾自动报警系统验收

12.1　消防电气验收

在对消防电气进行竣工验收时，主要针对消防电源、备用发电机、柴油发电机房、变配电房、其他备用电源、消防配电、用电设施、电气火灾监控系统等几个方面进行验收。进行消防电气的验收时，可依据《建筑设计防火规范》GB 50016—2014（以下简称《建规》）、《建筑电气工程施工质量验收规范》GB 50303—2015、《建设工程消防验收评定规则》XF 836—2016等相关的国家设计规范和电气设计规范、标准等。

12.1.1　验收前的准备

验收时，应对施工单位提供的下列资料进行齐全性、完整性和真实性检查，并填写相应记录。

（1）设计文件和图纸会审记录及设计变更与工程洽商记录；

（2）主要设备、器具、材料的合格证和进场验收记录；

（3）隐蔽工程检查记录；

（4）电气设备交接试验检验记录；

（5）电动机检查（抽芯）记录；

（6）接地电阻测试记录；

（7）绝缘电阻测试记录；

（8）接地故障回路阻抗测试记录；

（9）剩余电流动作保护器测试记录；

（10）电气设备空载试运行和负荷试运行记录；

（11）EPS应急持续供电时间记录；

（12）灯具固定装置及悬吊装置的载荷强度试验记录；

（13）建筑照明通电试运行记录；

（14）接闪线和接闪带固定支架的垂直拉力测试记录；

（15）接地（等电位）联结导通性测试记录；

（16）工序交接合格等施工安装记录。

12.1.2　现场验收的内容与方法

（1）消防电源的验收

1）查看配电室现场，查验消防负荷等级、供电形式是否符合消防技术标准和消防设计文件要求；

2）应为正式供电。

（2）备用发电机的验收

1）查看备用发电机的铭牌，核对设计文件，查验备用发电机的规格、型号及功率是否符合消防技术标准和设计要求。

2）查验备用发电机的设置位置是否符合消防技术标准和设计要求。

3）查验发电机的仪表、指示灯及开关按钮等是否完好，显示是否正常。

4）查验燃料配备情况

① 技术要求

发电机燃料配备应符合消防设计文件要求。设计文件无要求时，储油箱内的油量应能满足发电机在设计连续供电时间内正常运行的用量，液位显示应正常。燃油应能满足发电机在最不利环境下正常运行的要求。

② 验收方法

根据机房的环境条件，对照设计文件与设备说明书等资料核对燃油标号；查看油位计及油位，按发电机的用油量核对储油箱内的储油量。

5）测试应急启动发电机

① 技术要求

自动启动，发电机达到额定转速并发电的时间不应大于30s，发电机的运行及输出功率、电压、频率、相位的显示均应正常。

② 验收方法

利用秒表、功率分析仪测试备用发电机应急启动时的启动时间以及能否正常运行。

a. 查阅设计文件，确定消防用电负荷分级和启动时间。设计无要求时，当消防用电负荷为一级时，应设自动启动装置，并应在30s内供电；当消防用电负荷为二级，若设计为手动启动时，可采用手动启动装置试验；

b. 设计为自动时，确定应急发电机或其他备用电源处于自动状态；

c. 中断市电供电，并用秒表开始计时，机组应能自启动，并应在30s内向负荷供电；

d. 发电机运行30s（其他备用电源按设计转换时间）后核对仪表的显示及其数据（可参考设备自带仪表显示），观察运行情况；

e. 当市电恢复供电后，应自动切换并延时停机；

f. 当连续三次自动启动失败，应发出报警信号。

（3）柴油发电机房的验收

《建规》中对于布置在民用建筑内的柴油发电机房有如下规定：不应布置在人员密集场所的上一层、下一层或贴邻。应采用耐火极限不低于2.00h的防火隔墙和耐火极限不低于1.50h的不燃性楼板与其他部位分隔，门应采用甲级防火门。机房内设置储油间时，其总储存量不应大于1m^3，储油间应采用耐火极限不低于3.00h的防火隔墙与发电机间分隔；确需在防火隔墙上开门时，应设置甲级防火门。应设置火灾报警装置。应设置与柴油发电机容量和建筑规模相适应的灭火设施，当建筑内其他部位设置自动喷水灭火系统时，机房内应设置自动喷水灭火系统。应设置备用照明，其作业面的最低照度不应低于正常照明的照度。

因此，在对柴油发电机房进行验收时，主要验收内容有：

1）查看柴油发电机房的设置位置、耐火等级、防火分隔、疏散门等建筑防火要求是否符合消防技术标准和消防设计文件要求；

2）查看储油间的设置是否符合消防技术标准和消防设计文件要求；

3）测试应急照明，检查作业面的最低照度是否达到正常照度。

（4）变配电房的验收

1）技术要求

《建规》中对于变配电房的平面布置有如下规定：油浸变压器、充有可燃油的高压电容器和多油开关等确需贴邻民用建筑布置时，应采用防火墙与所贴邻的建筑分隔，且不应贴邻人员密集场所，该专用房间的耐火等级不应低于二级；确需布置在民用建筑内时，不应布置在人员密集场所的上一层、下一层或贴邻。此外还应满足下述条件：

① 变压器室应设置在首层或地下一层的靠外墙部位。

② 变压器室的疏散门均应直通室外或安全出口。

③ 变压器室等与其他部位之间应采用耐火极限不低于 2.00h 的防火隔墙和耐火极限不低于 1.50h 的不燃性楼板分隔。在隔墙和楼板上不应开设洞口，确需在隔墙上设置门、窗时，应采用甲级防火门、窗。

④ 变压器室之间、变压器室与配电室之间，应设置耐火极限不低于 2.00h 的防火隔墙。

⑤ 油浸变压器、多油开关室、高压电容器室，应设置防止油品流散的设施。油浸变压器下面应设置能储存变压器全部油量的事故储油设施。

⑥ 应设置火灾报警装置。

⑦ 应设置与变压器、电容器和多油开关等的容量及建筑规模相适应的灭火设施，当建筑内其他部位设置自动喷水灭火系统时，应设置自动喷水灭火系统。

⑧ 油浸变压器的总容量不应大于 1260kV・A，单台容量不应大于 630kV・A。

⑨ 配电室应设置备用照明，其作业面的最低照度不应低于正常照明的照度。

2）验收内容和方法

① 查看变配电房的设置位置、耐火等级、防火分隔、疏散门等建筑防火要求是否符合消防技术标准和消防设计文件要求；

② 测试应急照明，检查作业面的最低照度是否达到正常照度。

（5）其他备用电源的验收

1）查验 EPS、UPS 等其他备用电源的规格、型号及功率是否符合消防技术标准和设计要求。

2）查验 EPS、UPS 等其他备用电源的仪表、指示灯及开关按钮等是否完好，显示应正常。

（6）消防配电的验收

1）对照设计文件和消防技术标准，查看消防用电设备是否设置专用供电回路。

2）查看消防用电设备的配电箱及末端切换装置及断路器的设置情况是否符合消防技术标准和设计要求。对照设计文件，查看消防设备配电箱是否有区别于其他配电箱的明显标志，不同消防设备的配电箱是否有明显区分标志。核对各消防用电设备的配电方式、配电箱的控制方式和操作程序，进行以下试验并查看最末一级配电箱运行情况：

① 自动控制方式下，手动切断消防主电源，观察备用消防电源的投入及指示灯的显示情况；

② 手动控制方式下，在低压配电室应先切断消防主电源，后闭合备用消防电源，观察备用消防电源的投入及指示灯的显示情况。

3）查看配电线路敷设及防护措施是否符合消防技术标准和消防设计文件要求。

(7) 用电设施的验收

1）查看架空线路与保护对象的间距是否符合消防技术标准和消防设计文件要求。

2）查看开关、灯具等装置的发热情况和隔热、散热措施是否符合消防技术标准和消防设计文件要求。

(8) 电气火灾监控系统的验收

1）核查消防产品准入的证明文件

核查电气火灾监控探测器、电气火灾监控设备的消防产品认证证书和认证标识。

2）电气火灾监控探测器的规格、型号、类别等

对照设计文件和现行的《警规》，核查电气火灾监控探测器的规格、型号、类别、设置位置和数量是否符合消防设计文件以及规范的要求。查看电气火灾监控系统的设置是否符合消防技术标准和消防设计文件要求。

3）安装质量

对照竣工图检查，观察设备的安装情况，设备安装应满足下列条件：

① 安装电气火灾监控探测器时，应注意使探测器周围应适当留出更换与标定的作业空间；剩余电流式电气火灾监控探测器负载侧的中性线不应与其他回路共用，且不应重复接地；测温式电气火灾监控探测器应采用产品配套的固定装置固定在保护对象上。

② 电气火灾监控设备安装应牢固，不能倾斜；安装在轻质墙上时，应采取加固措施。

4）基本功能

① 电气火灾监控探测器

对照设计，抽查电气火灾监控探测器的下列功能：

a. 对剩余电流式电气火灾监控探测器进行下列功能检查，应符合设计和标准要求：采用剩余电流发生器对监控探测器施加剩余电流，检查其报警功能；电气火灾监控器接收和显示探测器报警信号情况；监控探测器特有的其他功能。

b. 对测温式电气火灾监控探测器进行下列功能检查，应符合设计和标准要求：采用发热试验装置给监控探测器加热，检查其报警功能；电气火灾监控器接收和显示探测器报警信号情况；检查监控探测器特有的其他功能。

② 电气火灾监控设备

对照设计，使用秒表检测时间，抽查电气火灾监控设备的下列功能：

a. 自检功能；

b. 操作级别；

c. 与探测器之间的连线断路，电气火灾监控器应在 100s 内发出故障信号（短路时发出报警信号除外）；

d. 与探测器之间的连线短路，电气火灾监控器应在 100s 内发出故障信号（短路时发出报警信号除外）；

e. 在故障状态下，使任一非故障部位的探测器发出报警信号，电气火灾监控器应在 1min 内发出报警信号；

f. 消音功能；

g. 再使其他探测器发出报警信号，检查电气火灾监控器的再次报警功能；

h. 复位功能；

i. 与备用电源之间的连线断路，电气火灾监控器应在 100s 内发出故障信号；

j. 与备用电源之间的连线短路，电气火灾监控器应在 100s 内发出故障信号；

k. 屏蔽功能；

l. 主、备电源的自动转换功能；

m. 电气火灾监控器特有的其他功能。

12.2 火灾自动报警系统验收

在对火灾自动报警系统进行竣工验收时，主要针对火灾自动报警系统的系统形式、火灾探测器、消防通信、布线、应急广播及警报装置、火灾报警控制器、联动设备及消防控制室图形显示装置、系统功能等几个方面进行验收。进行火灾自动报警系统的验收时，可依据《建筑设计防火规范》GB 50016—2014（以下简称《建规》）、《火灾自动报警系统设计规范》GB 50116—2013（以下简称《警规》）、《火灾自动报警系统施工及验收标准》GB 50166—2019（以下简称《警验》）、《建设工程消防验收评定规则》XF 836—2016 等相关的国家设计规范和电气设计规范、标准等。

12.2.1 验收前的准备

验收时，应对施工单位提供的下列资料进行齐全性和符合性检查，并填写相应记录。

（1）竣工验收申请报告、设计变更通知书、竣工图；

（2）工程质量事故处理报告；

（3）施工现场质量管理检查记录；

（4）系统安装过程质量检查记录（包括火灾自动报警系统材料、设备、配件进场检查记录）；

（5）系统部件的现场设置情况记录；

（6）系统联动编程设计记录；

（7）系统调试记录；

（8）系统设备的检验报告、合格证及相关材料。

12.2.2 现场验收的内容与方法

（1）系统形式的验收

查看火灾自动报警系统的设置形式是否符合消防技术标准和消防设计文件的要求。

（2）火灾探测器的验收

1）核查消防产品准入的证明文件

核查火灾探测器、可燃气体探测器、手动火灾报警按钮、消火栓按钮等消防产品的认证证书和认证标识。

2）火灾探测器的规格、型号、适用场所、设置数量

对照设计文件和现行的《警规》，核查火灾探测器的规格、型号、适用场所、设置数量是否符合消防设计文件以及规范的要求。

3）安装质量

探测器的安装位置、线型感温火灾探测器的敷设、管路采样式吸气感烟火灾探测器的采样管的敷设等应符合《警规》的规定和消防设计文件中的设计要求。此外，火灾探测器在有爆炸危险性场所的安装，应符合《电气装置安装工程 爆炸和火灾危险环境电气装置施工及验收规范》GB 50257—2014 的相关要求。

① 技术要求

a. 探测器底座和报警确认灯的安装

探测器的底座应安装牢固，与导线连接应可靠压接或焊接，当采用焊接时，不应使用带腐蚀性的助焊剂；连接导线应留有不小于 150mm 的余量，且在其端部应设置明显的永久性标识；穿线孔宜封堵，安装完毕的探测器底座应采取保护措施。

探测器报警确认灯应朝向便于人员观察的主要入口方向。

b. 点型感烟火灾探测器、点型感温火灾探测器、一氧化碳火灾探测器、点型家用火灾探测器、独立式火灾探测报警器的安装，应能满足下列条件：

探测器至墙壁、梁边的水平距离不应小于 0.5m；探测器周围水平距离 0.5m 内不应有遮挡物；探测器至空调送风口最近边的水平距离不应小于 1.5m，至多孔送风顶棚孔口的水平距离不应小于 0.5m；在宽度小于 3m 的内走道顶棚上安装探测器时，宜居中安装，点型感温火灾探测器的安装间距不应超过 10m，点型感烟火灾探测器的安装间距不应超过 15m，探测器至端墙的距离不应大于安装间距的一半；探测器宜水平安装，当确需倾斜安装时，倾斜角不应大于 45°。

c. 线型光束感烟火灾探测器的安装应符合下列规定：

探测器光束轴线至顶棚的垂直距离宜为 0.3～1.0m，高度大于 12m 的空间场所增设的探测器的安装高度应符合设计文件和现行国家标准《警规》的规定：探测器、发射器和接收器（反射式探测器的探测器和反射板）之间的距离不应超过 100m；相邻两组探测器光束轴线的水平距离不应大于 14m，探测器光束辅线至侧墙水平距离不应大于 7m，且不应小于 0.5m；发射器和接收器（反射式探测器的探测器和反射板）应安装在固定结构上，且应安装牢固，确需安装在钢架等容易发生位移形变的结构上时，结构的位移不应影响探测器的正常运行；发射器和接收器（反射式探测器的探测器和反射板）之间的光路上应无遮挡物；应保证接收器（反射式探测器的探测器）避开日光和人工光源直接照射。

d. 线型感温火灾探测器的安装应符合下列规定：

敷设在顶棚下方的线型差温火灾探测器至顶棚距离宜为 0.1m，相邻探测器之间的水平距离不宜大于 5m，探测器至墙壁距离宜为 1.0～1.5m；在电缆桥架、变压器等设备上安装时，宜采用接触式布置，在各种皮带输送装置上敷设时，宜敷设在装置的过热点附近；探测器敏感部件应采用产品配套的固定装置固定，固定装置的间距不宜大于 2m；缆式线型感温火灾探测器的敏感部件应采用连续无接头方式安装，如确需中间接线，应采用专用接线盒连接，敏感部件安装敷设时应避免重力挤压冲击，不应硬性折弯、扭转，探测

器的弯曲半径宜大于 0.2m；分布式线型光纤感温火灾探测器的感温光纤不应打结，光纤弯曲时，弯曲半径应大于 50mm，每个光通道配接的感温光纤的始端及末端应各设置不小于 8m 的余量段，感温光纤穿越相邻的报警区域时，两侧应分别设置不小 8m 的余量段；光栅光纤线型感温火灾探测器的信号处理单元安装位置不应受强光直射，光纤光栅感温段的弯曲半径应大于 0.3m。

e. 管路采样式吸气感烟火灾探测器的安装应符合下列规定：

当高灵敏度吸气式感烟火灾探测器设置为高灵敏度时，可安装在天棚高度大于 16m 的场所，并应保证至少有两个采样孔低于 16m；非高灵敏度的吸气式感烟火灾探测器不宜安装在天棚高度大于 16m 的场所；采样管应牢固安装在过梁、空间支架等建筑结构上；在大空间场所安装时，每个采样孔的保护面积、保护半径应满足点型感烟火灾探测器的保护面积、保护半径的要求，当采样管道布置形式为垂直采样时，每 2℃温差间隔或 3m 间隔（取最小者）应设置一个采样孔，采样孔不应背对气流方向；采样孔的直径应根据采样管的长度及敷设方式、采样孔的数量等因素确定，并应满足设计文件和产品使用说明书的要求，采样孔需要现场加工时，应采用专用打孔工具；当采样管道采用毛细管布置方式时，毛细管长度不宜超过 4m；采样管和采样孔应设置明显的火灾探测器标识。

f. 点型火焰探测器和图像型火灾探测器的安装应符合下列规定：

安装位置应保证其视场角覆盖探测区域，并应避免光源直接照射在探测器的探测窗口；探测器的探测视角内不应存在遮挡物；在室外或交通隧道场所安装时，应采取防尘、防水措施。

g. 可燃气体探测器的安装应符合下列规定：

安装位置应根据探测气体密度确定，若其密度小于空气密度，探测器应位于可能出现泄漏点的上方或探测气体的最高可能聚集点上方，若其密度大于或等于空气密度，探测器应位于可能出现泄漏点的下方；在探测器周围应适当留出更换和标定的空间；线型可燃气体探测器在安装时，应使发射器和接收器的窗口避免日光直射，且在发射器与接收器之间不应有遮挡物，发射器和接收器的距离不宜大于 60m，两组探测器之间的轴线距离不应大于 14m。

h. 电气火灾监控探测器的安装应符合下列规定：

探测器周围应适当留出更换与标定的作业空间；剩余电流式电气火灾监控探测器负载侧的中性线不应与其他回路共用，且不应重复接地；测温式电气火灾监控探测器应采用产品配套的固定装置固定在保护对象上。

② 验收方法

采用卷尺、激光测距仪测量火灾探测器的安装间距、保护半径、探测器下表面至顶棚或屋顶的距离、探测器至墙壁梁边遮挡物等的距离是否满足设计文件和《火灾自动报警系统施工及验收标准》GB 50166—2019 的要求。采用量角器测量火灾探测器的倾斜角度。采用卷尺、激光测距仪测量安装底座时预留导线的余量长度。检查底座和探测器导线连接情况设备的安装情况、底座的防护措施。观察探测器报警确认灯的安装位置。

4）基本功能

① 点型感烟、感温火灾探测器及一氧化碳火灾探测器

a. 离线故障报警功能

点型感烟、感温火灾探测器及一氧化碳火灾探测器离线故障报警功能的技术要求主要包括以下几点：探测器离线时，控制器应能发出故障声、光信号；控制器应显示故障部件的类型和地址注释信息，且显示的地址注释信息应与探测器现场设置情况记录一致。

其验收方法为：使探测器处于离线状态，观察控制器的故障报警情况；检查控制器故障信息显示情况。

b. 火灾报警功能

点型感烟、感温火灾探测器及一氧化碳火灾探测器火灾报警功能的技术要求有：探测器处于报警状态时，探测器的火警确认灯应点亮并保持；控制器应发出火警声光信号，记录报警时间；控制器应显示发出报警信号部件的类型和地址注释信息，显示的地址注释信息应与探测器现场设置情况记录一致。

其验收方法是：对可恢复探测器采用专用的检测仪器或模拟火灾的方法，使探测器监测区域的烟雾浓度、温度、气体浓度达到探测器的报警设定阈值；对不可恢复的探测器采取模拟报警方法，使探测器处于火灾报警状态，观察探测器火警确认灯点亮情况；检查控制器火灾报警情况、火警信息记录情况；检查控制器火警信息显示情况。

c. 复位功能

点型感烟、感温火灾探测器及一氧化碳火灾探测器复位功能的技术要求是：可恢复探测器的监测区域恢复正常、不可恢复探测器恢复正常后，控制器应能对探测器的报警状态进行复位，探测器的火警确认灯应熄灭。

其验收方法为：使可恢复探测器的监测区域恢复正常，使不可恢复探测器恢复正常，手动操作火灾报警控制器的复位键，观察探测器的火警确认灯熄灭情况。

② 线型光束感烟火灾探测器

a. 离线故障报警功能

线型光束感烟火灾探测器离线故障报警功能的技术要求是：探测器处于离线状态时，控制器应能发出故障声、光信号；控制器应显示故障部件的类型和地址注释信息，且显示的地址注释信息应与探测器现场设置情况记录一致。

其验收方法为：由控制器供电时，使探测器处于离线状态，不由火灾报警控制器供电的，使探测器的电源线和通信线分别处于断开状态，观察控制器的故障报警情况；检查控制器故障信息显示情况。

b. 火灾报警功能

线型光束感烟火灾探测器火灾报警功能的技术要求包括以下几点：探测器光路的减光率未达到探测器报警阈值时，探测器应处于正常监视状态；探测器光路的减光率达到探测器报警阈值时，探测器的火警确认灯应能点亮并保持，火灾报警控制器应能发出火灾报警声、光信号，并记录报警时间；探测器光路的减光率超过探测器报警阈值时，探测器的火警或故障确认灯应能点亮；火灾报警控制器应能发出火灾报警或故障报警的声、光信号，并记录报警时间；控制器应显示发出报警信号部件的类型和地址注释信息，显示的地址注释信息应与探测器现场设置情况记录一致。

其验收方法为：调整探测器的光路调节装置，使探测器处于正常监视状态；用减光率为 0.9dB 的减光片或者等效设备来遮挡光路，观察探测器的工作状态；用减光率为 1.0～10.0dB 的减光片或者等效设备来遮挡光路（选择反射式探测器时，应在探测器正前方

0.5m 处遮挡光路），观察探测器的火警确认灯点亮情况、控制器火灾报警情况，检查控制器火警信息记录情况；用减光率为 11.5dB 的减光片或者等效设备来遮挡光路（反射式探测器应在探测器正前方 0.5m 处遮挡光路），观察探测器报警确认灯点亮情况、控制器火灾报警情况，检查控制器报警信息记录情况；检查控制器火警信息显示情况。

c. 复位功能

线型光束感烟火灾探测器复位功能的技术要求是探测器监测区域恢复正常后，控制器应能对探测器报警状态复位，探测器的报警确认灯应熄灭。

其验收方法是：撤除减光片或等效设备，手动操作火灾报警控制器的复位键，观察探测器火警确认灯的熄灭情况。

③ 线型感温火灾探测器

a. 离线故障报警功能

线型感温火灾探测器离线故障报警功能的技术要求有：探测器处于离线状态时，控制器应能发出故障声、光信号；控制器应显示故障部件的类型和地址注释信息，且显示的地址注释信息应与探测器现场设置情况记录一致。

其验收方法是：由控制器供电时，使探测器处于离线状态，不由火灾报警控制器供电的，使探测器的电源线和通信线分别处于断开状态，观察控制器的故障报警情况；检查控制器故障信息显示情况。

b. 敏感部件故障报警功能

线型感温火灾探测器敏感部件故障报警功能的技术要求有：敏感部件与信号处理单元断开时，探测器信号处理单元的故障指示灯应点亮，控制器应发出故障声、光警信号；控制器应显示故障部件的类型和地址注释信息，且显示的地址注释信息应与探测器现场设置情况记录一致。

其验收方法是：使线型感温火灾探测器的信号处理单元和敏感部件间处于断路状态，观察信号处理单元故障指示灯的点亮情况以及控制器的故障报警情况；检查控制器故障信息显示情况。

c. 火灾报警功能

线型感温火灾探测器火灾报警功能的技术要求包括：探测器处于报警状态时，探测器的火警确认灯应点亮并保持；控制器应发出火警声光信号，记录报警时间；控制器应显示发出报警信号部件的类型和地址注释信息，显示的地址注释信息应与探测器现场设置情况记录一致。

其验收方法为：对可恢复探测器采用专用的检测仪器或模拟火灾的方法，使任一段长度为标准报警长度敏感部件周围的温度达到探测器报警设定阈值；对不可恢复的探测器采取模拟报警的方法，使探测器处于火灾报警状态，观察探测器火警确认灯的点亮情况；检查控制器火灾报警情况、火警信息记录情况；检查控制器火警信息显示情况。

d. 复位功能

线型感温火灾探测器复位功能的技术要求是：可恢复探测器的监测区域恢复正常、不可恢复探测器恢复正常后，控制器应能对探测器的报警状态进行复位，探测器的火警确认灯应熄灭。

其验收方法是：使可恢复探测器的监测区域恢复正常，使不可恢复探测器恢复正常，手动操作火灾报警控制器的复位键，观察探测器的火警确认灯熄灭情况。

e. 小尺寸高温报警响应功能

线型感温火灾探测器小尺寸高温报警响应功能的技术要求有以下几个方面：长度为100mm敏感部件周围的温度达到探测器小尺寸高温报警设定阈值时，探测器的火警确认灯应点亮并保持；控制器应发出火警声光信号，记录报警时间；控制器应显示发出报警信号部件的类型和地址注释信息，显示的地址注释信息应与探测器现场设置情况记录一致；恢复探测器正常连接后，控制器应能对探测器报警状态进行复位，探测器的火警确认灯应熄灭。

其验收方法为：在探测器末端用专用的检测仪器或者模拟火灾的方法，使任一段长度为100mm敏感部件周围温度达到探测器小尺寸高温报警设定阈值，观察探测器火警确认灯的点亮情况；检查控制器火灾报警情况、火警信息记录情况；检查控制器火警信息显示情况；使探测器监测区域的环境恢复正常，剪除试验段敏感部件，恢复探测器的正常连接，手动操作火警报警控制器的复位键，观察探测器火警确认灯的熄灭情况。

④ 管路采样式吸气感烟火灾探测器

a. 离线故障报警功能

管路采样式吸气感烟火灾探测器离线故障报警功能的技术要求有：探测器处于离线状态时，控制器应能发出故障声、光信号；控制器应显示故障部件的类型和地址注释信息，且显示的地址注释信息应与探测器现场设置情况记录一致。

其验收方法是：由控制器供电时，使探测器处于离线状态，不由火灾报警控制器供电的，使探测器的电源线和通信线分别处于断开状态，观察控制器的故障报警情况；检查控制器故障信息显示情况。

b. 气流故障报警功能

管路采样式吸气感烟火灾探测器气流故障报警功能的技术要求有如下几个方面：采样管路的气流改变时，探测器或其控制装置的故障指示灯应点亮，控制器应发出故障声、光信号；控制器应显示故障部件的类型和地址注释信息，且显示的地址注释信息应与探测器现场设置情况记录一致；采样管路的气流恢复正常后，探测器应能恢复正常监视状态。

功能验收时，需要根据产品说明书改变探测器的采样管路气流，观察探测器或其控制装置故障指示灯的点亮情况，观察控制器的故障报警情况；检查控制器故障信息显示情况；恢复采样管路的正常气流，使探测器处于正常监视状态。

(3) 消防通信的验收

1）核对证明文件

核对消防电话是否与其市场准入证明文件一致。

2）消防电话的设置位置及设置数量

对照设计文件和现行的《警规》，核查消防电话的规格、型号、设置位置及设置数量是否符合消防设计文件以及规范的要求。

3）安装质量

① 技术要求

a. 消防电话总机应安装牢固，不应倾斜；安装在轻质墙上时，应采取加固措施；落地安装时，其底边宜高出地（楼）面100～200mm。

b. 消防电话分机和电话插孔宜安装在明显、便于操作的位置，采用壁挂方式安装时，其底边距地（楼）面的高度宜为 1.3～1.5m；消防电话分机和电话插孔应设置明显的永久性标识；避难层中的消防专用电话分机或电话插孔的安装间距不应大于 20m；电话插孔不应设置在消火栓箱内。

② 验收方法

采用卷尺、激光测距仪对照设计文件，进行尺量检查及直观检查。

4）基本功能

接通电源，使消防电话处于正常工作状态，对消防电话总机、消防电话分机、消防电话插孔的下列主要功能进行操作检查并记录，这些功能均应符合《消防联动控制系统》GB 16806—2006 的规定。

① 消防电话总机

消防电话总机应具有：自检功能；故障报警功能；消音功能；复位功能；总机的群呼、录音、记录和显示等功能；消防控制室的外线电话与另外一部外线电话模拟报警电话通话，语音应清晰；使消防专用电话总机与一个消防专用电话分机或消防电话插孔间连接线断线，非故障消防专用电话分机应能与消防专用电话总机正常通话；消防联动控制器接收和显示消防专用电话总机的故障信息情况。

② 消防电话分机

消防电话分机应具有：消防专用电话总机与消防专用电话分机互相呼叫与通话，总机应能显示每部分机的位置，呼叫音和通话语音应清晰；使消防专用电话总机与消防专用电话分机间连接线断线，消防电话主机应在 100s 内发出故障信号，并显示出故障部位；使消防专用电话总机与消防电话分机间连接线短路，消防电话主机应在 100s 内发出故障信号，并显示出故障部位（短路时显示通话状态除外）。

③ 消防电话插孔

消防电话插孔应具有：消防专用电话总机与电话插孔互相呼叫与通话，总机应能显示每个电话插孔的位置，呼叫音和通话语音应清晰；使消防专用电话总机与电话插孔间连接线断线，消防电话主机应在 100s 内发出故障信号，并显示出故障部位；使消防专用电话总机与电话插孔间连接线短路，消防电话主机应在 100s 内发出故障信号，并显示出故障部位（短路时显示通话状态除外）。

（4）布线情况验收

1）导线的类别、规格型号等

对照设计文件和现行的《警规》，核查导线的类别、规格型号、电压等级、敷设方式及相关的防火保护措施是否符合消防设计文件以及规范的要求。

2）安装质量

① 技术要求

a. 各类管路明敷时，应采用单独的卡具吊装或支撑物固定，吊杆直径不应小 6mm。

b. 各类管路暗敷时，应敷设在不燃结构内，且保护层厚度不应小于 30mm。

c. 管路经过建筑物的沉降缝、伸缩缝、抗震缝等变形缝处，应采取补偿措施，线缆跨越变形缝的两侧应固定，并应留有适当余量。

d. 敷设在多尘或潮湿场所管路的管口和管路连接处，均应做密封处理。

e. 达到下列条件之一时，管路应在便于接线处装设接线盒：管路长度每超过 30m 且无弯曲；管路长度每超过 20m 且有 1 个弯曲；管路长度每超过 10m 且有 2 个弯曲；管路长度每超过 8m 且有 3 个弯曲。

f. 金属管路入盒外侧应套锁母，内侧应装护口，在吊顶内敷设时，盒的内外侧均应套锁母。塑料管入盒应采取相应固定措施。

g. 槽盒敷设时，应在槽盒转角或分支处、直线段不大于 3m 处、槽盒始端、终端及接头处等部位设置吊点或支点，吊杆直径不应小于 6mm。

h. 槽盒接口应平直、严密，槽盖应齐全、平整、无翘角。并列安装时，槽盖应便于开启。

i. 导线的种类、电压等级应符合设计文件和现行国家标准《警规》的规定。

j. 同一工程中的导线，应根据不同用途选择不同颜色加以区分，相同用途的导线颜色应一致。电源线正极应为红色，负极应为蓝色或黑色。

k. 在管内或槽盒内的布线，应在建筑抹灰及地面工程结束后进行，管内或槽盒内不应有积水及杂物。

l. 系统应单独布线，除设计要求以外，系统不同回路、不同电压等级和交流与直流的线路，不应布在同一管内或槽盒的同一槽孔内。

m. 线缆在管内或槽盒内不应有接头或扭结。导线应在接线盒内采用焊接、压接、接线端子可靠连接。

n. 从接线盒、槽盒等处引到探测器底座、控制设备、扬声器的线路，当采用可弯曲金属电气导管保护时，其长度不应大于 2m。可弯曲金属电气导管应入盒，盒外侧应套锁母，内侧应装护口。

o. 系统的布线除应符合本标准上述规定外，还应符合现行国家标准《建筑电气工程施工质量验收规范》GB 50303 的相关规定。

p. 系统导线敷设结束后，应用 500V 兆欧表测量每个回路导线对地的绝缘电阻，且绝缘电阻值不应小于 20MΩ。

② 验收方法

查看施工现场质量管理检查记录、火灾自动报警系统检测报告了解布线情况，并进行抽样检查。

(5) 应急广播及警报装置的验收

1）应急广播及警报装置的设置位置、设置数量

对照设计文件和现行的《警规》，核查应急广播及警报装置的设置位置、同区域设置数量是否符合消防设计文件以及规范的要求。

2）核查消防产品准入的证明文件

核查消防应急广播设备及火灾警报装置的消防产品的认证证书和认证标识。

3）安装质量

① 技术要求

火灾警报器、扬声器安装应牢固可靠，表面不应有破损；火灾光警报装置应安装在安全出口附近明显处，其底边距地面高度应大于 2.2m。光警报器与消防应急疏散指示标志不宜在同一面墙上，安装在同一面墙上时，距离应大于 1m；扬声器和火灾声警报器宜在报警区域内均匀安装。

② 验收方法

使用卷尺、激光测距仪对照设计尺量检查及直观检查。

4）功能试验

① 消防应急广播控制设备功能

a. 自检功能；

b. 将所有共用扬声器强行切换至应急广播状态，对扩音机进行全负荷试验，应急广播的语音应清晰，每两个扬声器中间距地面 1.5～1.6m 处的声压级（A 计权）应在 65～105dB；

c. 监听、显示、预设广播信息、通过传声器广播及录音功能；

d. 主、备电源的自动转换功能；

e. 消防联动控制器接收和显示消防应急广播控制设备的故障信息情况；

f. 四种方式试验消防应急广播系统联动控制功能：

手动控制——消防应急广播扬声器语音的清晰及同步情况；语音信息的播放时间；消防应急广播的广播分区工作状态的显示情况；

合用广播手动控制（开启状态下的手动控制）——使普通广播或背景音乐广播处于开启状态，手动切换至消防应急广播状态，检查广播切换情况；扬声器语音的清晰及同步情况；语音信息的播放时间；广播分区工作状态的显示情况；

合用广播手动控制（关闭状态下的手动控制）——使普通广播或背景音乐广播处于关闭状态，手动切换至消防应急广播状态，检查广播切换情况；扬声器语音的清晰及同步情况；语音信息的播放时间；广播分区工作状态的显示情况；

自动控制——火灾报警控制器接收联动触发信号情况；消防联动控制器发出联动控制信号及模块动作情况；合用广播时，检查广播切换情况；消防应急广播扬声器语音的清晰及同步情况；语音信息的播放时间；消防应急广播的广播分区工作状态的显示情况；语音信息播放与火灾声警报的交替工作情况；手动控制插入优先功能；

g. 音频输出回路：使任一个扬声器断路，其他扬声器的工作状态不受影响。

② 扬声器

a. 应急广播的语音应清晰；

b. 每两个扬声器中间距地面 1.5～1.6m 处的声压级（A 计权）应在 65～105dB；

c. 与消防应急广播控制设备间的广播信息传输线路断路，消防应急广播控制设备应在 100s 内发出故障信号，并显示出故障部位；

d. 与消防应急广播控制设备间的广播信息传输线路短路，消防应急广播控制设备应在 100s 内发出故障信号，并显示出故障部位。

③ 火灾警报器

a. 操作火灾报警控制器或消防联动控制器使火灾声警报器启动，每个楼层或防火分区相邻两个火灾声警报器中间距地面 1.5～1.6m 处的声压级（A 计权）应大于 60dB，环境噪声大于 60dB 时，其声压级（A 计权）应高于背景噪声 15dB，带有语音提示功能的声警报应能清晰播报语音信息。

b. 操作火灾报警控制器或消防联动控制器使火灾光警报器启动，在正常环境光线下，火灾光警报器的光信号应清晰可见。

c. 使消防联动控制器处于手动状态，依据消防设备联动控制逻辑设计文件的要求，手动控制火灾声光警报器的启动，进行下列功能检查并记录：火灾声光警报器的动作情况；带有语音提示功能的声警报语音的清晰情况；声警报时间。

d. 使消防联动控制器处于自动状态，依据消防设备联动控制逻辑设计文件的要求，发出联动触发信号，进行下列功能检查并记录：火灾报警控制器接收联动触发信号情况；消防联动控制器发出联动控制信号及模块动作情况；检查火灾声光警报器的动作情况、带有语音提示功能的声警报语音的清晰情况、声警报时间；火灾声警报与消防应急广播语音信息播放的交替工作情况；手动控制插入优先功能。

(6) 火灾报警控制器、联动设备及消防控制室图形显示装置的验收

1）核查消防产品准入的证明文件

核查火灾报警控制器、消防联动控制器、火灾显示盘、消防设备电源监控器、消防控制室图形显示装置、消防电气控制装置等消防产品的认证证书和认证标识。

2）核查选型、规格、设备布置等

对照设计文件和现行的《警规》，核查火灾报警控制器、消防联动控制器及消防控制室图形显示装置等设备的选型、规格、设备布置是否符合消防设计文件以及规范的要求。查看火灾报警控制器、消防联动控制器、火灾显示盘、消防设备电源监控器、消防控制室图形显示装置、消防电气控制装置等设备的打印、显示、声光报警功能是否符合消防设计文件以及规范的要求。查看火灾报警控制器（联动型）、消防联动控制器等对相关设备的联动控制功能是否符合消防设计文件以及规范的要求。

3）安装质量

① 技术要求

火灾报警控制器、消防联动控制器、火灾显示盘、消防设备电源监控器、消防控制室图形显示装置、消防电气控制装置等设备的安装应符合下列规定：

a. 应安装牢固，不应倾斜；安装在轻质墙上时，应采取加固措施。

b. 控制器的主电源应有明显的永久性标志，并应直接与消防电源连接，严禁使用电源插头。控制器与其外接备用电源之间应直接连接。

c. 控制器的接地应牢固，并有明显的永久性标志。

d. 引入控制器的电缆或导线，应符合下列要求：配线应整齐，不宜交叉，并应固定牢靠；在电缆芯线和所配导线的端部，均应使用不脱落、字迹清晰且不易褪色的方式统一编号，并应与相应竣工图上的编号一致；端子板的每个接线端，接线不得超过 2 根；电缆芯和导线，应留有不小于 200mm 的余量；导线应绑扎成束；导线穿管、槽盒后，应将管口、槽口封堵。

e. 消防电气控制装置外接导线的端部应设置明显的永久性标识。

② 验收方法

对照竣工图检查，观察设备安装情况；用尺测量线缆的余量长度，当设备落地安装时，用尺测量设备底边与地（楼）面的距离；检查设备内部配线情况，对照设计文件抽查线缆的标号及布置情况，检查端子的接线情况，检查管口、槽口的封堵情况。

4）基本功能

查看火灾报警控制器、消防联动控制器、火灾显示盘、消防设备电源监控器、消防控制室图形显示装置、消防电气控制装置等设备的消防电源的设置情况，并进行主、备电源切换，自动切换功能应能正常运行。

① 火灾报警控制器

使用感烟探测器功能试验器、秒表，对照设计文件，进行功能测试抽查。火灾报警控制器应具备以下功能：

a. 自检功能；

b. 操作级别；

c. 一次报警功能，控制器应在10s内发出报警信号；

d. 消声功能；

e. 二次报警功能，控制器应在10s内发出报警信号；

f. 与探测器之间的连线断路，控制器应在100s内发出故障信号；

g. 与探测器之间的连线短路，控制器应在100s内发出故障信号（短路时发出火灾报警信号除外）；

h. 在故障状态下，使任一非故障部位的探测器发出火灾报警信号，控制器应在1min内发出火灾报警信号；

i. 再使其他探测器发出火灾报警信号，检查控制器的再次报警功能；

j. 复位功能；

k. 屏蔽功能；

l. 与备用电源之间的连线断路，控制器能在100s内发出故障信号；

m. 与备用电源之间的连线短路，控制器能在100s内发出故障信号；

n. 使总线隔离器保护范围内的任一点短路，检查总线隔离器的隔离保护功能；

o. 使任一总线回路上不少于10只的火灾探测器同时处于火灾报警状态，检查控制器的负载功能；

p. 主、备电源的自动转换功能；

q. 在备电工作状态下，使任一总线回路上不少于10只的火灾探测器同时处于火灾报警状态，检查控制器的负载功能；

r. 控制器特有的其他功能。

② 消防联动控制器

使用秒表对照设计文件进行功能测试抽查。消防联动控制器应具备以下功能：

a. 自检功能；

b. 操作级别；

c. 与各模块之间的连线断路时，消防联动控制器能在100s内发出故障信号；

d. 与各模块之间的连线短路时，消防联动控制器能在100s内发出故障信号；

e. 消防联动控制器与备用电源之间的连线断路时，消防联动控制器应能在100s内发出故障信号；

f. 消防联动控制器与备用电源之间的连线短路时，消防联动控制器应能在100s内发出故障信号；

g. 消声功能；

h. 复位功能；

i. 屏蔽功能；

j. 使总线隔离器保护范围内的任一点短路，检查总线隔离器的隔离保护功能；

k. 输入/输出模块总数少于 50 只时，使所有模块处于动作状态；模块总数不少于 50 只时，使至少 50 只模块同时处于动作状态，检查消防联动控制器的最大负载功能；

l. 检查主、备电源的自动转换功能；

m. 在备电工作状态下，输入/输出模块总数少于 50 只时，使所有模块处于动作状态；模块总数不少于 50 只时，使至少 50 只模块同时处于动作状态，检查消防联动控制器的最大负载功能。

③ 消防控制室图形显示装置

使用秒表，对照设计文件进行功能测试抽查。消防控制室图形显示装置应具备以下功能：

a. 操作显示装置使其显示建筑总平面布局图、各层平面图和系统图，图中应明确标示出报警区域、疏散路线、主要部位，显示各消防设备（设施）的名称、物理位置和状态信息；

b. 与控制器及其他消防设备（设施）之间的通信线路断路，消防控制室图形显示装置应在 100s 内发出故障信号；

c. 与控制器及其他消防设备（设施）之间的通信线路短路，消防控制室图形显示装置应在 100s 内发出故障信号；

d. 消音功能；

e. 复位功能；

f. 使火灾报警控制器和消防联动控制器分别发出火灾报警信号和联动控制信号，显示装置应在 3s 内接收，并准确显示相应信号的物理位置，且能优先显示火灾报警信号相对应的界面；

g. 使具有多个报警平面图的显示装置处于多报警平面显示状态，各报警平面应能自动和手动查询，并应有总数显示，且应能手动插入使其立即显示首火警相应的报警平面图；

h. 使火灾报警控制器和消防联动控制器分别发出故障信号，消防控制室图形显示装置应能在 100s 内显示故障状态信息，然后输入火灾报警信号，显示装置应能立即转入火灾报警平面的显示；

i. 信息记录功能；

j. 信息传输功能。

④ 火灾显示盘

对照设计文件，进行火灾显示盘功能测试。火灾显示盘应具备以下功能：

a. 接收和显示火灾报警信号的功能

火灾显示盘应能接收与其连接的火灾报警控制器发出的火灾报警信号，并在火灾报警控制器发出火灾报警信号后 3s 内发出火灾报警声、光信号，显示火灾发生部位；火灾报警声信号应能手动消除，当再有火灾报警信号输入时，应再次启动；火灾报警光信号应保持至火灾报警控制器复位。当接收的火灾报警信号为手动火灾报警按钮报警信号时，火灾显示盘应能显示该火灾报警信号为手动火灾报警按钮报警。

火灾显示盘还应设有专用火警总指示灯，火灾显示盘处于火灾报警状态时，该指示灯应点亮。

此外，火灾显示盘应能显示其设定区域范围内的所有火灾报警信息。采用显示器显示火灾报警信息时，如不能同时显示所有火灾报警信息，应显示首个火灾报警信息，后续火灾报警信息应能手动可查，每手动查询一次，只能查询一个火灾报警部位及相关信息，查询结束 1min 内，应自动返回显示首个火灾报警信息；采用自动循环显示方式显示后续火灾报警信息时，每次应显示一条完整的火灾报警信息，首个火灾报警信息应在显示器顶部或采用独立的显示器单独显示，手动查询应操作优先。

b. 消音功能

c. 复位功能；

d. 操作级别；

e. 非火灾报警控制器供电的火灾显示盘，主、备电源的自动转换功能；

f. 电源故障报警功能：应使火灾显示盘的主电源处于故障状态，火灾显示盘应在 100s 内发出故障声、光信号，并显示故障的类型；故障声信号应与火灾报警声信号有明显区别；故障声信号应能手动消除，再有故障信号输入时，应再次启动；故障光信号应保持至故障排除或火灾报警控制器复位。

⑤ 消防设备电源监控系统

a. 接通监控器的主电源，观察并记录监控器的工作状态；

b. 断开监控器的主电源，观察并记录监控器在备用电源供电状态下的工作状态；

c. 观察监控器显示所监控的电源的实时工作状态信息，观察并记录监控器的工作状态和传感器的输出参数、采集数值；

d. 使监控器与传感器之间的连线断路，观察并记录监控器的工作状态；

e. 使监控器与传感器之间的连线短路，观察并记录监控器的工作状态；

f. 操作监控器自检机构，观察并记录监控器的工作状态；

g. 检查使用说明书中描述的其他功能。

(7) 系统功能的验收

任选 2 个防火分区或楼层，进行模拟火灾试验，依据消防设备联动控制逻辑设计文件的要求，检查火灾探测报警系统、火灾警报、消防应急电话系统、消防应急广播系统、防火门及防火卷帘系统、防排烟系统、消防应急照明和疏散指示系统、消防电梯和非消防电梯的回降控制装置、切断非消防电源的控制装置等相关系统的协同动作情况。系统应具备以下功能：

1）探测器报警功能、手动报警功能能够正常启动，控制器显示的发出报警信号部件的类型和地址注释信息准确，声、光报警装置启动并打印相关信息。

2）探测器报警、手动报警启动时，相关联动设备启动，且联动逻辑关系和联动执行情况符合消防技术标准和消防设计文件要求；各个消防系统的联动测试方法及程序可以参照《警验》第四章相关方法进行。

3）系统内任意组件出现故障时，控制器可以准确显示故障位置，有声光报警并打印相关信息。

参 考 文 献

[1] 中华人民共和国住房和城乡建设部. GB 50052—2009 供配电系统设计规范[S]. 北京：中国计划出版社，2010.

[2] 中华人民共和国住房和城乡建设部. GB 51348—2019 民用建筑电气设计标准[S]. 北京：中国计划出版社，2020.

[3] 中华人民共和国住房和城乡建设部. GB 50016—2014 建筑设计防火规范[S]. 北京：中国计划出版社，2018.

[4] 中华人民共和国住房和城乡建设部. GB 50303—2015 建筑电气工程施工质量验收规范[S]. 北京：中国计划出版社，2015.

[5] 中华人民共和国住房和城乡建设部. GB 50116—2013 火灾自动报警系统设计规范[S]. 北京：中国计划出版社，2014.

[6] 中华人民共和国住房和城乡建设部. GB 50166—2019 火灾自动报警系统施工及验收标准[S]. 北京：中国计划出版社，2020.

[7] 北京市质量技术监督局. DB11/1354—2016 建筑消防设施检测评定规程[S].

第13章 建筑灭火设施验收

13.1 消火栓系统验收

对于消火栓系统的验收，主要验收内容有供水水源、消防水池、消防水泵、消防给水设备、消防水箱、消火栓管网、室外消火栓及取水口、室内消火栓、水泵接合器、消防水炮及系统功能等方面。

13.1.1 供水水源

(1) 查看管网的进水管管径及供水能力，检查高位消防水箱、高位消防水池和消防水池等的有效容积和水位测量装置等是否符合设计要求，如通过外观判断消防水箱容积，通过水位测量装置检查水位。

(2) 水源作为消防水源时，其水位、水量、水质等是否符合设计要求。

(3) 检查天然水源枯水期最低水位、常水位和洪水位时，确保消防用水是否符合设计要求。

(4) 抽水试验资料确定常水位、最低水位、出水量和水位测量装置等技术参数和装备是否符合设计要求。

13.1.2 消防水池

(1) 查看设置位置是否符合设计要求。

(2) 核对消防水池、高位消防水池的有效容积、水位、报警水位等是否符合设计要求，如通过外观判断水池水位或在地下泵房通过水位测量装置判断水位。

(3) 查看进出水管、溢流管、排水管等是否符合设计要求，且溢流管、排水管是否采用了间接排水。

(4) 查看管道、阀门和进水浮球阀等是否便于检修，人孔和爬梯位置是否合理。

(5) 查看消防水池吸水井、吸（出）水管喇叭口等设置位置是否符合设计要求。

(6) 查看水位及消防用水不被他用的设施。水位及消防用水不被他用的设施应正常，补水设施应正常。

(7) 寒冷地区防冻措施完好。

13.1.3 消防水泵

(1) 消防水泵

1) 查看消防水泵运转是否平稳，无不良噪声与振动。

2) 查看工作泵、备用泵、吸水管、出水管及出水管上的泄压阀、水锤消除设施、止回阀、信号阀等的规格、型号和数量是否符合设计要求；吸水管、出水管上的控制阀应锁定在常开位置，是否有明显标记。

3）查看消防水泵是否采用自灌式引水方式，是否保证全部有效储水被有效利用。

4）分别开启系统中的每一个末端试水装置、试水阀和试验消火栓，测试水流指示器、压力开关、压力开关（管网）、高位消防水箱流量开关等信号的功能是否符合设计要求。

5）打开消防水泵出水管上的试水阀，当采用主电源启动消防水泵时，消防水泵是否启动正常；关掉主电源，主、备电源是否能正常切换；备用泵启动和相互切换是否正常；消防水泵就地和远程启停功能是否正常；在消防水泵房控制柜处启动水泵，查看运行情况。压力表、试水阀及防超压装置等均应正常。在消防控制室启动水泵，查看运行及反馈信号。启动运行应正常，应向消防控制设备反馈水泵状态的信号。

6）消防水泵停泵时，水锤消除设施后的压力不应超过水泵出口设计工作压力的1.4倍。

7）采用固定和移动式流量计和压力表测试消防水泵的性能，水泵性能是否满足设计要求。

（2）消防水泵控制柜

1）消防水泵控制柜的规格、型号、数量是否符合设计要求。

2）消防水泵控制柜是否有注明所属系统及编号的标志。消防水泵控制柜的塑封图纸是否牢固粘贴于柜门内侧。

3）查看消防水泵控制柜的仪表、指示灯、控制按钮和标识。消防水泵控制柜的按钮、指示灯及仪表是否正常，是否能按钮启停每台水泵。

4）消防水泵控制柜的质量是否符合产品标准和有关要求。

5）模拟主泵故障，查看主、备用电源自动切换装置的设置是否符合设计要求。同时查看仪表及指示灯显示。主泵不能正常投入运行时，应自动切换启动备用泵。

6）消防水泵启动控制是否置于自动启动挡。

（3）消防水泵房

1）消防水泵房的建筑防火要求应符合设计要求和有关规定。

2）消防水泵房设置的应急照明、安全出口应符合设计要求。

3）消防水泵房的采暖通风、排水和防洪等措施应符合设计要求。

4）消防水泵房的设备进出和维修安装空间应满足设备要求。

5）消防水泵控制柜的安装位置和防护等级应符合设计要求。

13.1.4 消防给水设备

主要查看气压罐的调节容量，稳压泵的规格、型号、数量，管网连接情况。测试稳压泵的稳压功能。抽查消防气压给水设备、增压稳压给水设备等，并核对其证明文件。

（1）稳压泵

1）稳压泵的型号、性能等应符合设计要求。

2）稳压泵的控制应符合设计要求，并应有防止稳压泵频繁启动的技术措施。

3）稳压泵在1h内的启停次数应符合设计要求，并不宜大于15次/h。

4）稳压泵供电应正常，自动手动启停应正常；关掉主电源，主、备电源应能正常切换。

(2) 气压罐

1）气压罐的有效容积、调节容积和稳压泵启泵次数应符合设计要求。

2）气压罐气侧压力应符合设计要求。

13.1.5 消防水箱

查看消防水箱设置位置、水位显示与报警装置。核对有效容量，并查看确保水量的措施及管网连接情况。

（1）高位消防水箱的设置位置应符合设计要求。

（2）高位消防水箱的有效容积、水位、报警水位等应符合设计要求。

（3）进出水管、溢流管、排水管等应符合设计要求，且溢流管应采用间接排水。

（4）管道、阀门和进水浮球阀等应便于检修，人孔和爬梯位置应合理。

（5）查看水位及消防用水不被他用的设施。水位及消防用水不被他用的设施应正常。消防水泵启动后，查看水位是否上升。

（6）消防出水管上的止回阀关闭时应严密。

（7）寒冷地区查看防冻设施，防冻措施应完好。

13.1.6 消火栓管网

主要核实消火栓管网的结构形式、供水方式；查看管道的材质、管径、接头、连接方式及采取的防腐、防冻措施；查看管网组件的设置，如闸阀、截止阀、减压孔板、减压阀、柔性接头、排水管及泄压阀等。

(1) 管网

1）管道的材质、管径、接头、连接方式及采取的防腐、防冻措施应符合设计要求，管道标识应符合设计要求。

2）管网排水坡度及辅助排水设施应符合设计要求。

3）系统中的试验消火栓、自动排气阀应符合设计要求。

4）管网不同部位安装的报警阀组、闸阀、止回阀、电磁阀、信号阀、水流指示器、减压孔板、节流管、减压阀、柔性接头、排水管、排气阀、泄压阀等，均应符合设计要求。

5）干式消火栓系统允许的最大充水时间不应大于5min。

6）干式消火栓系统报警阀后的管道仅应设置消火栓和有信号显示的阀门。

7）架空管道的立管、配水支管、配水管、配水干管设置的支架，应符合有关规定。

8）室外埋地管道应符合有关规定。

(2) 室外消火栓及取水口

主要查看室外消火栓数量、设置位置与标识；测试室外消火栓压力、流量；查看消防车取水口；抽查室外消火栓、消防水带、消防水枪等，并核对其证明文件。

1）查看室外消火栓外观，室外消火栓不应被埋压、圈占。

2）寒冷地区室外消火栓的防冻措施应完好。

3）栓体外表油漆应无脱落、锈蚀情况。

4）用专用扳手转动消火栓启闭杆，启闭应灵活。

5）橡胶垫圈等密封件应无损坏、老化或丢失情况。

6）地下消火栓应有明显的标志，地下消火栓井内应有足够的操作空间，不应有积水或积聚的垃圾、砂土。

7）出口处安装压力表，打开阀门，查看出水压力。

（3）室内消火栓

1）室内消火栓的设置场所、位置、规格、型号应符合设计要求和有关规定。

2）室内消火栓的安装高度应符合设计要求。

3）室内消火栓的设置位置应符合设计要求和有关规定，并应符合消防救援和火灾扑救的要求。

4）室内消火栓的减压装置和活动部件应灵活可靠，栓后压力应符合设计要求。

5）查看室内消火栓标志、箱体、组件及箱门。消火栓箱应有明显标志。消火栓箱组件应齐全，箱门应开关灵活，开启角度应符合要求。消火栓的阀门应启闭灵活，查看栓口位置。栓口位置应便于连接水带。

6）抽查室内消火栓、消防水带、消防水枪、消防软管卷盘等，并核对其证明文件。

（4）水泵接合器

1）消防水泵接合器数量及进水管位置应符合设计要求，消防水泵接合器应采用消防车车载消防水泵进行充水试验，且供水最不利点的压力、流量应符合设计要求；当有分区供水时，应确定消防车的最大供水高度和接力泵的设置位置的合理性。

2）查看水泵接合器的标志牌、止回阀。水泵接合器应有注明所属系统和区域的标志牌。转动手轮查看控制阀及泄水阀。控制阀应常开，且启闭灵活；单向阀安装方向应正确，止回阀应严密关闭。

3）寒冷地区查看防冻措施。防冻措施应完好。

4）用消防车等加压设施供水时，查看系统压力变化。

（5）消防水炮

1）查看消防水炮外观，转动手轮，查看入口控制阀。控制阀应启闭灵活。人为操作消防水炮，查看回转与仰俯角度及定位机构。回转与仰俯操作应灵活，操作角度应符合设定值，定位机构应可靠。

2）查看启泵按钮外观和配件。启泵按钮外观完好，有透明罩保护，并配有击碎工具。触发按钮后，查看消防泵启动情况、按钮确认灯和反馈信号显示情况。启泵按钮被触发时，应直接启动消防泵，同时确认灯显示。按钮手动复位，确认灯随之复位。水炮系统从启动至炮口喷射水的时间不应大于5min，出水压力应符合设计要求。

（6）系统功能

1）测试压力、流量（有条件时，应测试在模拟系统最大流量时最不利点压力），应通过系统流量、压力检测装置和末端试水装置进行放水试验，系统流量、压力和消火栓充实水柱等应符合设计要求。选择最不利处消火栓，连接压力表及闷盖，开启消火栓，测量栓口静水压力。消火栓栓口处的静水压力应符合设计要求，且不应大于0.8MPa。连接水带、水枪，触发启泵按钮，查看消防泵启动和信号显示，测量栓口静水压力。按设计出水量开启消火栓，测量最不利处与有利处消火栓出水压力。消防水泵应确保从接到启泵信号到水泵正常运转的自动启动时间不大于 2min。消防水泵启动后，栓口出水压力应符合设计要求，且不大于 0.5MPa。

2）测试压力开关或流量开关自动启泵功能，应能启动水泵，水泵不能自动停止。

3）测试消火栓箱启泵按钮报警信号，应有反馈信号显示。

4）测试控制室直接启动消防水泵功能，应能启动水泵，有反馈信号显示。

13.2　自动喷水灭火系统验收

对自动喷水灭火系统进行验收时，主要从供水水源、消防水源、消防水泵、气压给水设备、消防水箱、报警阀组、管网、喷头、水泵接合器、系统功能等方面入手。

13.2.1　供水水源

（1）查看天然水源的水量、水质、枯水期技术措施、消防车取水高度、取水设施（码头、消防车道）是否符合消防技术标准和消防设计文件要求。

（2）查验市政供水的进水管数量、管径、供水能力。

13.2.2　消防水池

（1）查看设置位置、水位显示与报警装置。消防水池的有效消防容积，应按出水管或吸水管喇叭口（或防止旋流器淹没深度）的最低标高确定。

（2）核对有效容量。

13.2.3　消防水泵

（1）查看工作泵、备用泵、吸水管、出水管及出水管上的泄压阀、水锤消除设施、截止阀、信号阀等的规格、型号、数量；吸水管、出水管上的控制阀状态是否符合消防技术标准和消防设计文件要求；吸水管、出水管上的控制阀锁定在常开位置，并有明显标识。

（2）查看吸水方式，消防水泵应采用自灌式引水或其他可靠的引水措施。

（3）测试水泵启停是否符合消防技术标准和消防设计文件要求。分别开启系统中的每一个末端试水装置和试水阀，水流指示器、压力开关等信号装置的功能均应符合设计要求。湿式自动喷水灭火系统的最不利点做末端放水试验时，自放水开始至水泵启动时间不应超过 5min。

（4）测试主、备电源切换和主、备泵启动、故障切换。打开消防水泵出水管上试水阀，当采用主电源启动消防水泵时，消防水泵应启动正常；关掉主电源，主、备电源应能正常切换。备用电源切换时，消防水泵应在 1min 或 2min 内投入正常运行。自动或手动启动消防泵时应在 55s 内投入正常运行。

（5）查看消防水泵启动控制装置。消防水泵启动控制应置于自动启动挡，消防水泵应互为备用。

（6）测试水锤消除设施后的压力。消防水泵停泵时，水锤消除设施后的压力不应超过水泵出口额定压力的 1.3～1.5 倍。

（7）抽查消防泵组，并核对其证明文件，应与消防产品市场准入证明文件一致。

13.2.4 气压给水设备

（1）查看气压罐的调节容量，稳压泵的规格、型号及数量，管网连接是否符合消防技术标准和消防设计文件要求。

（2）测试稳压泵的稳压功能。

1）核对启泵与停泵压力，查看运行情况。启动运行应正常；启泵与停泵压力应符合设定值；压力表显示应正常。稳压泵供电应正常，自动手动启停应正常；关掉主电源，主、备电源能正常切换。

2）稳压泵的控制符合设计要求，并有防止稳压泵频繁启动的技术措施；当系统气压下降到设计最低压力时，通过压力变化信号应能启动稳压泵。稳压泵在 1h 内的启停次数应符合设计要求，不大于 15 次/h。

3）查看稳压泵、增压泵及气压水罐进出口阀门开启程度。进出口阀门应常开。稳压泵吸水管应设置明杆闸阀，稳压泵出水管应设置消声止回阀和明杆闸阀，如图 13-1 和图 13-2所示。

（3）抽查消防气压给水设备、增压稳压给水设备等，并核对其证明文件，应与消防产品市场准入证明文件一致。

图 13-1　消声止回阀图

图 13-2　明杆闸阀

13.2.5 消防水箱

（1）查看消防水箱设置位置是否符合消防技术标准和消防设计文件要求。

（2）核对消防水箱容量。高位消防水箱的有效消防容积，应按出水管或吸水管喇叭口（或防止旋流器淹没深度）的最低标高确定。

（3）查看补水措施。

（4）查看确保水量的措施。

（5）查看管网连接情况。

13.2.6 报警阀组

（1）查看设置位置及组件位置、组件齐全情况及符合产品要求情况。

（2）测试系统流量、压力。系统流量、压力应符合消防技术标准和消防设计文件要求。

（3）查看水力警铃是否设置在有人值守位置，测试水力警铃喷嘴压力及警铃声强，水力警铃喷嘴处压力及警铃声强应符合消防技术标准要求，水力警铃的设置位置应正确。测试时，水力警铃喷嘴处压力不应小于0.05MPa，且距水力警铃3m远处警铃声声强不应小于70dB。

（4）测试雨淋阀。打开手动试水阀或电磁阀，雨淋阀组动作是否可靠。

（5）查看控制阀状态是否锁定在常开位置。

（6）测试压力开关动作后，消防水泵及联动设备的启动、信号反馈应符合消防技术标准和消防设计文件要求。

（7）排水设施设置情况。房间内应装有便于使用的排水设施。

（8）抽查报警阀，并核对其证明文件，应与消防产品市场准入证明文件一致。

1）湿式报警阀组

查看湿式报警阀组外观、标志牌、压力表，应有注明系统名称和保护区域的标志牌，压力表显示应符合设定值。查看控制阀，查看锁具或信号阀及其反馈信号。控制阀应全部开启，并用锁具固定手轮，启闭标志应明显；采用信号阀时，反馈信号应正确。打开试验阀，查看压力开关、水力警铃动作情况及反馈信号。报警阀等组件应灵敏可靠；压力开关动作应向消防控制设备反馈信号。

2）干式报警阀组

查看干式报警阀组外观、标志牌、压力表，干式报警阀组应有注明系统名称和保护区域的标志牌，压力表显示应符合设定值。查看控制阀，查看锁具或信号阀及其反馈信号。打开试验阀，查看压力开关、水力警铃动作情况及反馈信号。控制阀应全部开启，并用锁具固定手轮，启闭标志应明显；采用信号阀时，反馈信号应正确。报警阀等组件应灵敏可靠；压力开关动作应向消防控制设备反馈信号。缓慢开启试验阀小流量排气，空气压缩机启动后关闭试验阀，查看空气压缩机的运行情况，核对启停压力。空气压缩机和气压控制装置状态应正常，压力表显示应符合设定值。

3）预作用报警阀组

查看预作用报警阀组外观、标志牌、压力表，应有注明系统名称和保护区域的标志牌，压力表显示应符合设定值。查看控制阀，查看锁具或信号阀及其反馈信号。控制阀应全部开启，并用锁具固定手轮，启闭标志应明显；采用信号阀时，反馈信号应正确。报警阀等组件应灵敏可靠；压力开关动作应向消防控制设备反馈信号。配有充气装置时，空气压缩机和气压控制装置状态应正常；压力表显示应符合设定值。充气装置检验方法：缓慢开启试验阀小流量排气，空气压缩机启动后关闭试验阀，查看空气压缩机的运行情况、核对启停压力。关闭报警阀入口控制阀，消防控制设备输出电磁阀控制信号，查看电磁阀动作情况及反馈信号。电磁阀的启闭及反馈信号应灵敏可靠。

4）雨淋报警阀组

查看雨淋报警阀组外观、标志牌、压力表，应有注明系统名称和保护区域的标志牌，压力表显示应符合设定值。查看控制阀，查看锁具或信号阀及其反馈信号。控制阀应全部开启，并用锁具固定手轮，启闭标志应明显；采用信号阀时，反馈信号应正确。报警阀等组件应灵敏可靠；压力开关动作应向消防控制设备反馈信号。电磁阀的启闭及反馈信号应灵敏可靠。电磁阀检验方法：关闭报警阀入口控制阀，消防控制设备输出电磁阀控制信号，查看电磁阀动作情况及反馈信号。当系统采用传动管控制时，核对传动管压力设定值。气压传动管的供气装置检验方法：缓慢开启试验阀小流量排气，空气压缩机启动后关闭试验阀，查看空气压缩机的运行情况，核对启停压力。配置传动管时，传动管的压力表显示应符合设定值；气压传动管的供气装置应符合：空气压缩机和气压控制装置状态应正常；压力表显示应符合设定值。

13.2.7　管网

（1）核实管网结构形式、供水方式是否符合消防技术标准和消防设计文件要求。

（2）查看管道的材质、管径、接头、连接方式及采取的防腐、防冻措施。

（3）查看管网排水坡度及辅助排水设施。

1）管道横向安装宜设2‰～5‰的坡度，且应坡向排水管；当局部区域难以利用排水管将水排净时，应采取相应的排水措施。

2）当喷头数量小于或等于5只时，可在管道低凹处加设堵头；当喷头数量大于5只时，宜装设带阀门的排水管。

（4）查看系统中的末端试水装置、试水阀、排气阀。查看末端试水装置阀门、压力表、试水接头及排水管。末端试水装置阀门、试水接头、压力表和排水管应正常。开启末端试水装置，查看消防控制设备报警信号；关闭末端试水装置，查看复位信号。水流指示器的启动与复位应灵敏可靠，并同时反馈信号。

（5）查看管网组件：闸阀、单向阀、电磁阀、信号阀、水流指示器、减压孔板、节流管、减压阀、柔性接头、排水管、排气阀、泄压阀等的设置。查看水流指示器标志及信号阀。水流指示器应有明显标志（标明水流方向的箭头），如图13-3所示；信号阀应全开，并应反馈启闭信号，一种信号蝶阀的外观如图13-4所示。

图13-3　水流指示器

图13-4　信号蝶阀

（6）测试干式系统、预作用系统的管道充水时间。干式系统、由火灾自动报警系统和充气管道上设置的压力开关开启预作用装置的预作用系统，其配水管道充水时间不宜大于1min；雨淋系统和仅由火灾自动报警系统联动开启预作用装置的预作用系统，其配水管道充水时间不宜大于2min。

（7）查看配水支管、配水管、配水干管设置的支架、吊架和防晃支架。

（8）抽查消防闸阀、球阀、蝶阀、电磁阀、截止阀、信号阀、单向阀、水流指示器、末端试水装置等，并核对其证明文件与消防产品市场准入证明文件是否一致。

13.2.8　喷头

（1）查看设置场所、规格、型号、公称动作温度、响应时间指数（RTI）是否符合消防技术标准和消防设计文件要求。闭式喷头玻璃泡色标应符合设计要求，如表13-1所示。不得有变形和附着物、悬挂物。

不同闭式喷头的公称动作温度和色标　　表13-1

玻璃球喷头		易熔合金喷头	
公称动作温度（℃）	工作液色标	公称动作温度（℃）	轭臂色标
57	橙色	57～77	本色
68	红色	80～107	白色
79	黄色	121～149	蓝色
93	绿色	163～191	红色
100	灰色	204～246	绿色
121	天蓝色	260～302	橙色
141	蓝色	320～343	黑色
163	淡紫色		
182	紫红色		
204	黑色		
227	黑色		
260	黑色		
343	黑色		

（2）查看喷头安装间距以及喷头与楼板、墙、梁等障碍物的距离。

（3）查看有腐蚀性气体的环境和有冰冻危险场所安装的喷头是否采取了防护措施。

（4）查看有碰撞危险的场所安装的喷头是否加设了防护罩。

（5）查看备用喷头，各种不同规格的喷头均应有备用品，其数量不应小于安装总数的1%，且每种备用喷头不应少于10个。

（6）抽查喷头，并核对其证明文件与消防产品市场准入证明文件是否一致。

13.2.9　水泵接合器

（1）查看数量、设置位置、标识，测试充水情况是否符合消防技术标准和消防设计文件要求。

1）消火栓水泵接合器与消防车道之间不应设有妨碍消防车加压供水的障碍物（用于保护接合器的装置除外）。

2）水泵接合器的安全阀及止回阀安装位置和方向应正确，阀门启闭应灵活。

3）水泵接合器应设置明显的耐久性指示标志，当系统采用分区或对不同系统供水时，必须标明水泵接合器的供水区域及系统区别的永久性固定标志。

4）地下消防水泵接合器应采用铸有“消防水泵接合器”标志的铸铁井盖，并在附近设置指示其位置的永久性固定标志；进水口与井盖底面的距离不大于0.4m，且不应小于井盖的半径。

5）消防水泵接合器数量及进水管位置应符合设计要求，消防水泵接合器应采用消防车车载消防水泵进行充水试验，且供水最不利点的压力、流量应符合设计要求；当有分区供水时，应确定消防车的最大供水高度和接力泵的设置位置的合理性。

6）水泵接合器距室外消火栓或消防水池的距离宜为15～40m。

7）墙壁消防水泵接合器的安装应符合设计要求。设计无要求时，其安装高度距地面宜为0.7m；与墙面上的门、窗、孔、洞的净距离不应小于2.0m，且不应安装在玻璃幕墙下方。

（2）消防水泵接合器应进行充水试验，且系统最不利点的压力、流量应符合设计要求。

（3）抽查水泵接合器，并核对其证明文件是否与消防产品市场准入证明文件一致。

13.2.10 系统功能

（1）测试报警阀、水力警铃动作情况，报警阀动作时，水力警铃应鸣响。

（2）测试水流指示器动作情况，应有反馈信号显示。

（3）测试压力开关动作情况，打开试水阀放水，压力开关应动作，并有反馈信号显示。

（4）测试雨淋阀动作情况，电磁阀打开时，雨淋阀应开启，并应有反馈信号显示。

（5）测试消防水泵的远程手动、压力开关连锁启动情况。应启动消防水泵，并应有反馈信号显示。

（6）测试干式系统加速器动作情况，加速器动作后，应有反馈信号显示。

（7）测试其他联动控制设备启动情况，应有反馈信号显示。

1）湿式系统

开启湿式系统最不利处末端试水装置，查看压力表显示；查看水流指示器、压力开关和消防水泵的动作情况及反馈信号。开启末端试水装置后，出水压力不应低于0.05MPa。水流指示器、报警阀、压力开关应动作。测量自开启末端试水装置至消防水泵投入运行的时间。应在开启末端试水装置后5min内自动启动消防水泵。用声级计测量水力警铃声强值。报警阀动作后，距水力警铃3m远处的声压级不应低于70dB。消防控制设备应显示水流指示器、压力开关及消防水泵的反馈信号。

2）干式系统

开启干式系统最不利处末端试水装置控制阀，查看水流指示器、压力开关和消防水泵、电动阀的动作情况及反馈信号，以及排气阀的排气情况。开启末端试水装置阀门后，报警阀、压力开关应动作，联动启动排气阀入口电动阀与消防水泵，水流指示器报警。报警阀动作后，距水力警铃3m远处的声压级不应低于70dB。测量自开启末端试水装置到出水压力达到0.05MPa的时间。开启末端试水装置后1min，其出水压力不应低于0.05MPa。消防控制设备应显示水流指示器、压力开关、电动阀及消防水泵的反馈信号。

3）预作用系统

先后触发防护区内两个火灾探测器，查看电磁阀、电动阀、消防水泵和水流指示器、压力开关的动作情况及反馈信号，以及排气阀的排气情况。火灾报警控制器确认火灾后，应自动启动雨淋阀、排气阀入口电动阀及消防水泵；水流指示器、压力开关应动作，用声级计测量水力警铃声强值。距水力警铃3m远处的声压级不应低于70dB。报警后2min打开末端试水装置，测量出水压力。火灾报警控制器确认火灾后2min，末端试水装置的出水压力不应低于0.05MPa。消防控制设备应显示电磁阀、电动阀、水流指示器及消防水泵的反馈信号。

4）雨淋系统

并联设置多台雨淋阀的系统，核对控制雨淋阀的逻辑关系。并联设置多台雨淋阀组的系统，逻辑控制关系应符合设计要求。先后触发防护区内两个火灾探测器或为传动管泄压，查看电磁阀、消防水泵及压力开关的动作情况及反馈信号。应能自动和手动启动消防水泵和雨淋阀。当采用传动管控制的系统时，传动管泄压后，应联动消防水泵和雨淋阀。用声级计测量水力警铃声强值。压力开关应动作，距水力警铃3m远处的声压级不得低于70dB。不宜进行实际喷水的场所，应在试验前关严雨淋阀出口控制阀。消防控制设备应显示电磁阀、消防水泵与压力开关的反馈信号。

5）水幕系统

先后触发防护区内两个火灾探测器或为传动管泄压，查看电磁阀、消防水泵及压力开关的动作情况及反馈信号。应能自动和手动启动消防水泵和雨淋阀。当采用传动管控制的系统时，传动管泄压后，应联动消防水泵和雨淋阀。压力开关应动作，用声级计测量水力警铃声强值。距水力警铃3m远处的声压级不得低于70dB。不宜进行实际喷水的场所，应在试验前关严雨淋阀出口控制阀。人为操作系统查看控制阀及压力表。控制阀的启闭应灵活可靠。

6）水喷雾系统

应能自动和手动启动消防水泵和雨淋阀。并联设置多台雨淋阀的系统，核对控制雨淋阀的逻辑关系，逻辑控制关系应符合设计要求。先后触发防护区内两个火灾探测器或为传动管泄压，查看电磁阀、消防水泵及压力开关的动作情况及反馈信号。当采用传动管控制的系统时，传动管泄压后，应联动消防水泵和雨淋阀。用声级计测量水力警铃声强值。压力开关应动作，距水力警铃3m远处的声压级不得低于70dB。不宜进行实际喷水的场所，应在试验前关严雨淋阀出口控制阀。消防控制设备应显示电磁阀、消防水泵与压力开关的反馈信号。

13.3　气体灭火系统验收

对气体灭火系统进行验收时，主要从气体灭火系统的防护区、储存装置间、灭火剂储存装置、驱动装置、气体灭火系统管网、喷嘴及系统功能等方面入手。

13.3.1　防护区

在验收气体灭火系统防护区时，要注意防护区或保护对象的位置、用途、划分、几何尺寸、开口、通风、环境温度、可燃物的种类、防护区围护结构的耐压、耐火极限及门、窗可自行关闭装置是否符合设计要求。

（1）查看保护对象设置位置、划分、用途、环境温度、通风及可燃物种类。

（2）估算防护区几何尺寸、开口面积。

（3）查看防护区围护结构耐压、耐火极限和门窗自行关闭情况。

（4）查看防护区的疏散通道、疏散指示标志和应急照明装置。

（5）查看防护区出入口处声光警报装置设置，如图 13-5 所示。

（6）查看气体喷放指示灯设置和安全标志，如图 13-6 所示。

图 13-5　声光警报器

图 13-6　气体喷放指示灯

（7）查看无窗或固定窗扇的地上防护区和地下防护区的排气装置或泄压装置设置，如图 13-7 所示。

（8）查看专用呼吸器具配备，是否有专用的空气呼吸器或氧气呼吸器，如图 13-8 所示。

图 13-7　气体灭火系统泄压装置

图 13-8　空气呼吸器

13.3.2　储存装置间

（1）查看储存装置间的设置位置。

（2）查看通道、耐火等级、应急照明、火灾报警控制装置。

（3）查看其他安全措施，如地下储存装置间机械排风装置是否符合设计要求。

13.3.3　灭火剂储存装置

（1）查看灭火剂储存容器的数量、型号、规格、位置、固定方式、标志，以及灭火剂储存容器的安装质量是否符合消防技术标准和消防设计文件要求。

1）查看灭火剂瓶组与储罐外观、铅封、压力表和标志牌及称重装置。储瓶应有编号，储罐应注明灭火剂名称，驱动装置和选择阀应有分区标志牌，选择阀手动启闭应灵活。一种气体灭火系统的结构如图 13-9 所示。

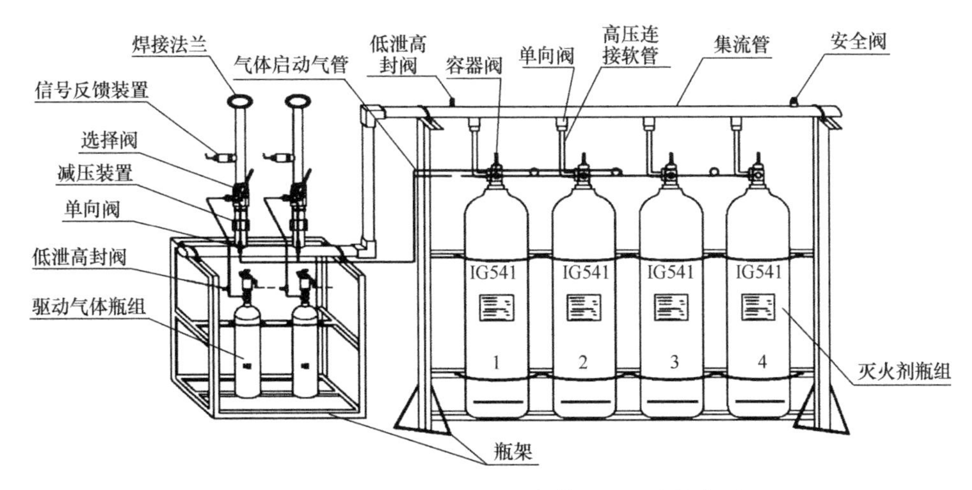

图 13-9　组合分配式 IG541 气体灭火系统结构图

2）储瓶的称重装置应正常，并应有原始重量标记。

3）操作选择阀的手动装置，打开后再复位。

4）组件应固定牢固，手动操作装置的铅封应完好，压力表的显示应正常。

5）对高压二氧化碳灭火系统，按灭火剂储瓶内二氧化碳的设计储存量，设定允许的最大损失量。采用拉力计，向储瓶施加与最大允许损失量相等的向上拉力，查看检漏装置能否发出报警信号。二氧化碳储瓶及储罐应在灭火剂的损失量达到设定值时发出报警信号。

6）对低压二氧化碳储罐，查看制冷装置及温度计。低压二氧化碳储罐的制冷装置应正常运行，控制的温度和压力应符合设定值。

（2）查验灭火剂充装量、压力、备用量是否符合设计要求。

（3）抽查气体灭火剂，并核对其证明文件与消防产品市场准入证明文件是否一致。

13.3.4　驱动装置

（1）查看集流管的材质、规格、连接方式和布置是否符合消防技术标准和消防设计文件要求。

（2）查看选择阀及信号反馈装置规格、型号、位置和标志。

（3）查看驱动装置规格、型号、数量和标志，驱动气瓶的介质名称、充装量和压力，以及气动驱动装置管道的规格、布置和连接方式是否符合设计要求和有关规定。

（4）查看驱动气瓶和选择阀的应急手动操作处是否有标明对应防护区或保护对象名称的永久标志。驱动气瓶的机械应急操作装置是否设置了安全销并加铅封，现场手动启动按钮是否有防护罩。

（5）抽查气体灭火设备，并核对其证明文件是否与消防产品市场准入证明文件一致。

13.3.5 管网

（1）查看管道及附件材质、布置规格、型号和连接方式是否符合消防技术标准和消防设计文件要求。

1）集流管的材料、规格、连接方式、布置及其泄压装置的泄压方向是否符合设计要求和有关规定。

2）选择阀及信号反馈装置的数量、型号、规格、位置、标志及其安装质量是否符合设计要求和有关规定。

3）灭火剂输送管道的布置与连接方式、支架和吊架的位置及间距、穿过建筑构件及其变形缝的处理、各管段和附件的型号规格以及防腐处理和涂刷油漆颜色，是否符合设计要求和有关规定。

（2）查看管道的支、吊架设置。

（3）其他防护措施。

13.3.6 喷嘴

（1）查看喷嘴的规格、型号和安装位置、方向，是否符合设计要求和有关规定。查看喷嘴外观，喷嘴口方向是否正确、有无堵塞现象。

（2）核对设置数量。

13.3.7 系统功能

（1）测试主、备电源自动切换是否正常。切断主电源，查看备用直流电源的自动投入和主、备电源的状态显示情况。主电源断电时应自动转换至备用电源供电，主电源恢复后应自动转换为主电源供电，并应分别显示主、备电源的状态。

（2）测试灭火剂主、备用量切换是否正常。

（3）模拟自动启动系统，电磁阀、选择阀动作正常，有信号反馈。

1）火灾报警功能、故障报警功能、自检功能、显示与计时功能等，应符合《火灾报警控制器》GB 4717—2005 的相关要求。对面板上所有的指示灯、显示器和音响器件进行功能自检。将控制方式设定在手动，然后转换为自动，分别查看控制器的显示。自动、手动转换功能应正常，无论装置处于自动或手动状态，手动操作启动均应有效。

2）在备用直流电源供电状态下，模拟下列故障并查看控制器的显示：火灾探测器断路；启动钢瓶的启动信号线断路。

3）选择阀后主管道上压力信号器的接线短路。故障报警期间，采用发烟装置或温度不低于 54℃的热源，先后向同一回路中两个探测器施放烟气或加热，查看火灾报警控制器的显示和记录，用万用表测量联动输出信号。断路状态下，查看继电器输出触点，并用万用表测量触点“C”与“NC”间、“C”与“NO”间的电压。装置所处状态应有明显标志或灯光显示，反馈信号显示应正常。

4）查看防护区内的声光报警装置，入口处的安全标志、声光报警装置，以及紧急启、停按钮。

5）系统设定在自动控制状态，拆开该防护区启动钢瓶的启动信号线，并与万用表连接。将万用表调节至直流电压挡后，触发该防护区的紧急启动按钮并用秒表开始计时，测量延时启动时间，查看防护区内声光报警装置、通风设施以及入口处声光报警装置等的动作情况，查看气体灭火控制器与消防控制室显示的反馈信号。防护区内和入口处的声光报警装置，入口处的安全标志、紧急启停按钮应正常。

6）先后触发防护区内两个火灾探测器，查看气体灭火控制器的显示。在延时启动时间内，触发紧急停止按钮，达到延时启动时间后，查看万用表的显示及相关联动设备。火灾报警控制器确认火灾报警后的延时启动时间应符合设定值。

13.4　泡沫灭火系统验收

对泡沫灭火系统进行验收时，主要从消防水池、泡沫消防泵、防护区、泡沫液储罐、泡沫比例混合装置、泡沫发生装置、泡沫炮、系统功能等方面入手。

13.4.1　消防水池

（1）查看消防水池水位及消防用水不被他用的设施。水位及消防用水不被他用的设施应正常。

（2）查看消防水池补水设施。补水设施应正常。

（3）寒冷地区查看防冻设施是否完好。

13.4.2　泡沫消防泵

（1）查看泡沫消防泵和阀门的标志。转动阀门手轮，检查阀门状态。

（2）在泡沫消防泵房控制柜处启动泡沫消防泵，查看运行情况，启动运行应正常；启泵与停泵压力应符合设定值；压力表显示应正常。

（3）在消防控制室启动泡沫消防泵，查看运行及反馈信号。

13.4.3　泡沫灭火系统防护区

查看保护对象的设置位置、性质、环境温度，核对系统选型。

13.4.4　泡沫液储罐

（1）查看设置位置。泡沫液储罐的规格、型号及安装质量要符合设计要求。泡沫液储罐的配件应齐全完好，如出液口、液位计、进料孔、排渣孔、人孔、取样口、呼吸阀或通气管等。液位计、呼吸阀、安全阀及压力表状态应正常。

（2）查验泡沫灭火剂种类和数量。泡沫液储罐的铭牌标记要清晰，要标有泡沫液种类、型号、出厂与灌装日期及储存量等。罐体或铭牌、标志牌上应清晰注明泡沫灭火剂的型号、配比浓度、出厂与灌装日期、有效日期和储量。

（3）抽查泡沫灭火剂，并核对其证明文件。

13.4.5　泡沫比例混合装置

（1）查看泡沫比例混合装置的规格、型号。比例混合器应符合设计选型，液流方向应正确。阀门启闭应灵活，压力表应正常。

（2）查看设置位置及安装。泡沫比例混合装置的规格、型号及安装质量应符合设计及安装要求。当采用平衡式比例混合装置时，比例混合器的泡沫液进口管道上应设置单向阀；泡沫液管道上应设置冲洗及放空设施。当采用计量注入式比例混合装置时，流量计进口前和出口后直管段的长度不应小于管径的 10 倍；泡沫液进口管道上应设置单向阀；泡沫液管道上应设置冲洗及放空设施。当采用压力式比例混合装置时，泡沫液储罐的单罐容积不应大于 $10m^3$。当采用环泵式比例混合器时，吸液口不应高于泡沫液储罐最低液面 1m。当半固定式或移动式系统采用管线式比例混合器时，水进口压力应为 0.6～1.2MPa，且出口压力应满足泡沫产生装置的进口压力要求。平衡式比例混合装置、计量注入式比例混合装置、压力式比例混合装置、管线式比例混合器的外形分别如图 13-10～图 13-13 所示。

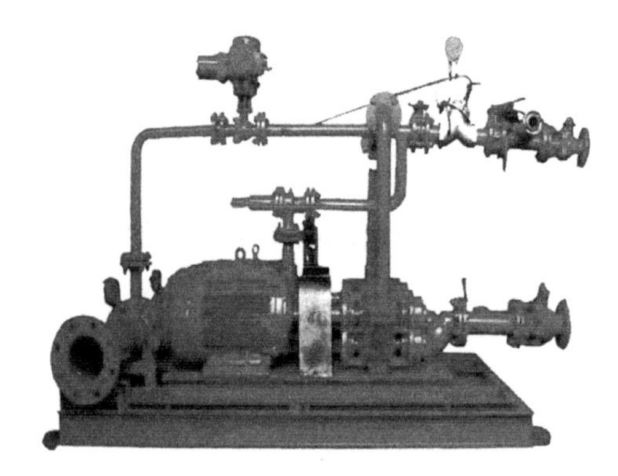

图 13-10　平衡式比例混合装置

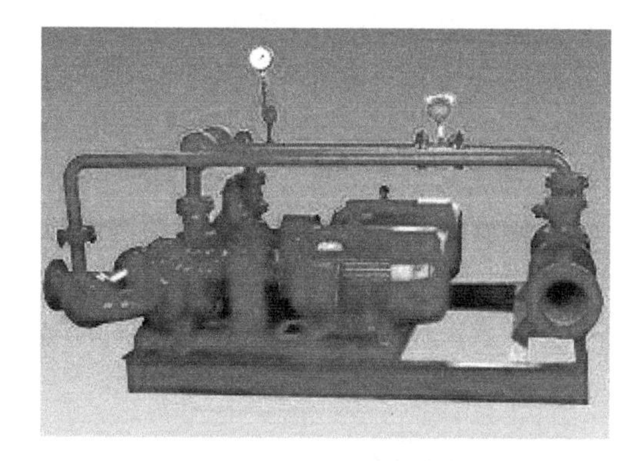

图 13-11　计量注入式比例混合装置

图 13-12　压力式比例混合装置

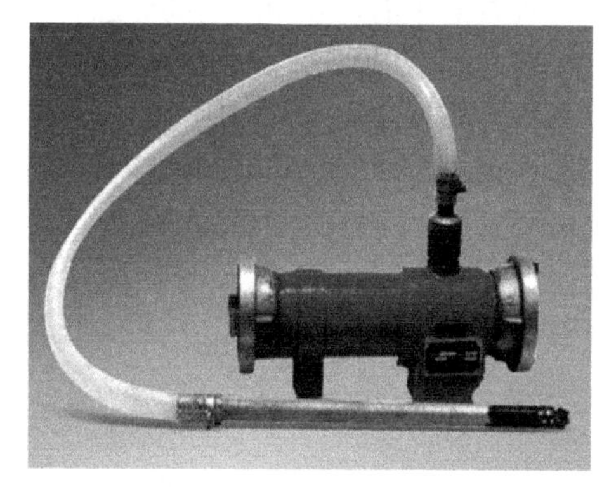

图 13-13　管线式比例混合装置

13.4.6　泡沫发生装置

（1）查看泡沫发生装置的规格、型号。泡沫发生装置的规格、型号及安装质量要符合设计及安装要求。吸气孔、发泡网及暴露的泡沫喷射口，不得有杂物进入或堵塞；泡沫出口附近不得有阻挡泡沫喷射及泡沫流淌的障碍物。查看泡沫栓外观，用消火栓扳手开闭阀门。阀门启闭应灵活。

（2）查看泡沫喷头吸气孔、发泡网。泡沫喷头应符合设计选型，吸气孔、发泡网不应堵塞。

（3）抽查泡沫灭火设备，并核对其证明文件。

13.4.7　控制阀门与管道

（1）查看泡沫灭火系统中所用的控制阀门是否有明显的启闭标志。

（2）查看管道设置情况。

1）低倍数泡沫灭火系统的水与泡沫混合液及泡沫管道应采用钢管，且管道外壁应进行防腐处理。

2）中倍数泡沫灭火系统的干式管道应采用钢管；湿式管道宜采用不锈钢管或内、外部进行防腐处理的钢管。

3）高倍数泡沫灭火系统的干式管道宜采用镀锌钢管；湿式管道宜采用不锈钢管或内、外部进行防腐处理的钢管；高倍数泡沫发生器与其管道过滤器的连接管道应采用不锈钢管。

4）泡沫液管道应采用不锈钢管。

5）在寒冷季节有冰冻的地区，泡沫灭火系统的湿式管道应采取防冻措施。

6）泡沫-水喷淋系统的管道应采用热镀锌钢管。

7）对于设置在防爆区内的地上或管沟敷设的干式管道，应采取防静电接地措施。

8）涂色要求。泡沫混合液泵、泡沫液泵、泡沫液储罐、泡沫发生器、泡沫液管道、泡沫混合液管道、泡沫管道、管道过滤器宜涂红色；泡沫消防水泵、给水管道宜涂绿色；当管道较多，泡沫系统管道与工艺管道涂色有矛盾时，可涂相应的色带或色环；隐蔽工程管道可不涂色。

13.4.8　系统功能

（1）查验喷泡沫试验记录，核对中、低倍泡沫灭火系统泡沫混合液的混合比、发泡倍数及泡沫供给速率。

（2）查看泡沫消防泵控制柜仪表、指示灯、控制按钮和标识。模拟主泵故障，查看泡沫消防泵控制柜自动切换启动备用泵情况，同时查看仪表及指示灯显示。查看启泵按钮外观和配件。按设定的控制方式启动泡沫消防泵，查看泡沫消防泵、比例混合器、泡沫枪、泡沫发生器的压力表显示，以及泡沫枪、泡沫发生器的发泡情况。触发启泵按钮后，查看泡沫消防泵启动情况、按钮确认灯和反馈信号显示情况。触发消防炮启泵按钮，查看消防泵启动和信号显示，记录炮入口压力表数值。具有自动或远程控制功能的消防炮，根据设计要求检测消防炮的回转、仰俯与定位控制。触发启泵按钮时，消防水泵应启动；泡沫炮系统从启动至炮口喷射水或泡沫的时间不应大于 5min，干粉炮系统从启动至炮口喷射干粉的时间不应大于 2min；出水压力应符合设计要求。

13.5　灭火器验收

对灭火器进行验收时，主要从灭火器的配置和布置两方面入手。关于灭火器的配置验收内容，主要是查看灭火器类型、规格、灭火级别和配置数量，同时抽查灭火器，并核对其证明文件。关于灭火器的布置验收内容，主要是测量灭火器设置点距离，查看灭火器设置点位置、摆放和使用环境，以及查看设置点的数量。

13.5.1 灭火器配置

（1）对照建筑灭火器配置设计图确认灭火器的类型、规格、灭火级别和配置数量，应符合建筑灭火器配置设计要求。

（2）现场直观检查，查验产品有关质量证书，确保灭火器的产品质量符合国家有关产品标准的要求。筒体应无明显锈蚀和凹凸等损伤，手柄、插销、铅封、压力表等组件应齐全完好；灭火器型号标识应清晰、完整。压力表指针应在绿色区域范围内。查看生产日期、维修标志、外观及压力表，核对使用有效期。灭火器应在有效期内使用，经过维修的应有维修标志；报废年限应符合《灭火器维修》XF 95—2015 第 7.1 条要求：灭火器自出厂日期算起，达到以下年限的应报废：

1）水基型灭火器 6 年；

2）干粉灭火器 10 年；

3）洁净气体灭火器 10 年；

4）二氧化碳灭火器和贮气瓶 12 年。

（3）对照建筑灭火器配置设计文件和灭火器铭牌，现场核实在同一灭火器配置单元内，采用不同类型灭火器时，其灭火剂应能相容。

13.5.2 灭火器的布置

（1）灭火器的保护距离应符合有关规定，灭火器的设置应保证配置场所的任一点都在灭火器设置点的保护范围内。

（2）灭火器的设置点应通风、干燥、洁净，其环境温度不得超出灭火器的使用温度范围。附近应无障碍物，取用灭火器方便，且不得影响人员安全疏散。设置在室外和特殊场所的灭火器应采取相应的保护措施。

（3）灭火器箱不应被遮挡、上锁或拴系，灭火器箱的箱门开启应方便灵活，其箱门开启后不得阻挡人员安全疏散。除不影响灭火器取用和人员疏散的场合外，开门型灭火器箱的箱门开启角度不应小于 175°，翻盖型灭火器箱的翻盖开启角度不应小于 100°。

（4）灭火器的挂钩、托架安装后应能承受一定的静载荷，不应出现松动、脱落、断裂和明显变形。挂钩、托架安装应符合下列要求：

1）应保证可用徒手的方式便捷地取用设置在挂钩、托架上的手提式灭火器。

2）当两具及两具以上的手提式灭火器相邻设置在挂钩、托架上时，应可任意地取用其中一具。

3）设有夹持带的挂钩、托架，夹持带的打开方式应从正面可以看到。当夹持带打开时，灭火器不应掉落。

4）灭火器采用挂钩、托架或嵌墙式灭火器箱安装设置时，灭火器的设置高度应符合现行国家标准《建筑灭火器配置设计规范》GB 50140 的要求：手提式灭火器其顶部离地面高度不应大于 1.50m；底部离地面高度不宜小于 0.08m。其设置点与设计点的垂直偏差不应大于 0.01m。

（5）推车式灭火器的设置和防止自行滑动的固定措施等均不得影响其操作使用和正常

行驶移动。推车式灭火器宜设置在平坦场地，不得设置在台阶上。在没有外力作用下，推车式灭火器不得自行滑动。

（6）灭火器的位置标识。在有视线障碍的设置点安装设置灭火器时，应在醒目的地方设置指示灭火器位置的发光标志。在灭火器箱的箱体正面和灭火器设置点附近的墙面上应设置指示灭火器位置的标志，并宜选用发光标志。